全国中等职业学校电工类专业通用教材
全国技工院校电工类专业通用教材（中级技能层级）

可编程序控制器及其应用（西门子）

（第二版）

人力资源社会保障部教材办公室　组织编写

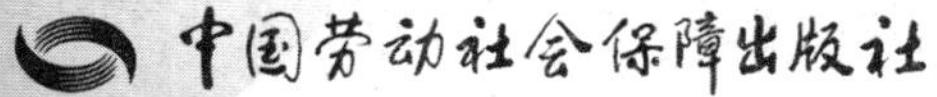

简介

本书主要内容包括可编程序控制器基础知识、基本控制指令应用、顺序控制设计法及顺序控制继电器指令应用、功能指令应用和 PLC 综合应用技术。

本书由林尔付任主编，赵杰、吴佑林任副主编，刘昕雅、唐志忠、郭文娟、李苏扬、桑风景、王辉参与编写，李长军任主审。

图书在版编目（CIP）数据

可编程序控制器及其应用：西门子 / 人力资源社会保障部教材办公室组织编写 . -- 2 版 . -- 北京：中国劳动社会保障出版社，2021

全国中等职业学校电工类专业通用教材　全国技工院校电工类专业通用教材 . 中级技能层级

ISBN 978-7-5167-5033-9

Ⅰ. ①可…　Ⅱ. ①人…　Ⅲ. ①可编程序控制器 – 中等专业学校 – 教材　Ⅳ. ①TM571.6

中国版本图书馆 CIP 数据核字（2021）第 224158 号

中国劳动社会保障出版社出版发行

（北京市惠新东街 1 号　邮政编码：100029）

*

北京市科星印刷有限责任公司印刷装订　　新华书店经销

787 毫米 ×1092 毫米　16 开本　22 印张　421 千字

2021 年 12 月第 2 版　　2023 年 1 月第 3 次印刷

定价：43.00 元

营销中心电话：400-606-6496

出版社网址：http：//www.class.com.cn

http：//jg.class.com.cn

版权专有　　侵权必究

如有印装差错，请与本社联系调换：（010）81211666

我社将与版权执法机关配合，大力打击盗印、销售和使用盗版图书活动，敬请广大读者协助举报，经查实将给予举报者奖励。

举报电话：（010）64954652

前　言

为了更好地适应全国技工院校电工类专业的教学要求，全面提升教学质量，人力资源社会保障部教材办公室组织有关学校的一线教师和行业、企业专家，在充分调研企业生产和学校教学情况、广泛听取教师使用反馈意见的基础上，吸收和借鉴各地技工院校教学改革的成功经验，对现有电工类专业通用教材进行了修订（新编）。

本次教材修订（新编）工作的重点主要体现在以下几个方面。

更新教材内容

◆ 根据企业岗位需求变化和教学实践，确定学生应具备的知识与能力结构，调整部分教材内容，增补开发教材，使教材的深度、难度、广度与实际需求相匹配。

◆ 根据相关专业领域的最新技术发展，推陈出新，补充新知识、新技术、新设备、新材料等方面的内容。

◆ 根据最新的国家标准、行业标准编写教材，保证教材的科学性和规范性。

◆ 根据一体化教学理念，提高实践性教学内容的比重，进一步强化理论知识与技能训练的有机结合，体现“做中学、学中做”的教学理念。

优化呈现形式

◆ 创新教材的呈现形式，尽可能使用图片、实物照片和表格等形式将知识点生动地展示出来，提高学生的学习兴趣，提升教学效果。

◆ 部分教材将传统黑白印刷升级为双色印刷和彩色印刷，提升学生的阅读体验。例如，《电工基础（第六版）》和《电子技术基础（第六版）》采用双色设计，使电路图、波形图的内涵清晰明了；《安全用电（第六版）》将图片进行彩色重绘，符合学生的认知习惯。

提升教学服务

为方便教师教学和学生学习，除全面配套开发习题册外，还提供二维码资源、电子教案、电子课件、习题参考答案等多种数字化教学资源。

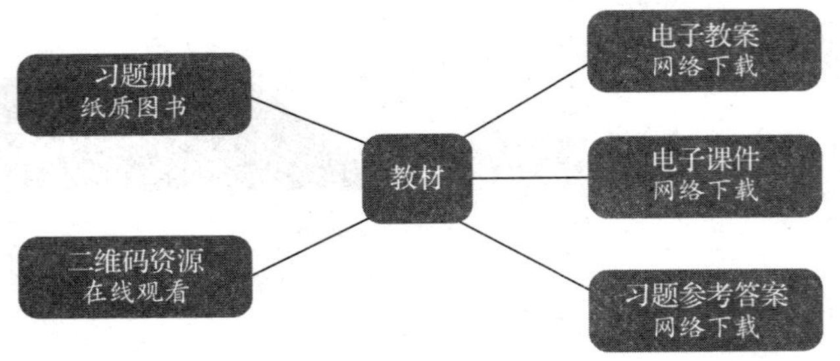

二维码资源——在部分教材中，针对重点、难点内容制作微视频，针对拓展学习内容制作电子阅读材料，使用移动设备扫描即可在线观看、阅读。

电子教案——结合教材内容编写教案，体现教学设计意图，为教师备课提供参考。

电子课件——依据教材内容制作电子课件，为教师教学提供帮助。

习题参考答案——提供教材中习题及配套习题册的参考答案，为教师指导学生练习提供方便。

电子教案、电子课件、习题参考答案均可通过中国技工教育网（http://jg.class.com.cn）下载使用。

致谢

本次教材的修订（新编）工作得到了辽宁、江苏、山东、河南、广西等省（自治区）人力资源社会保障厅及有关学校的大力支持，在此我们表示诚挚的谢意。

人力资源社会保障部教材办公室

2020 年 9 月

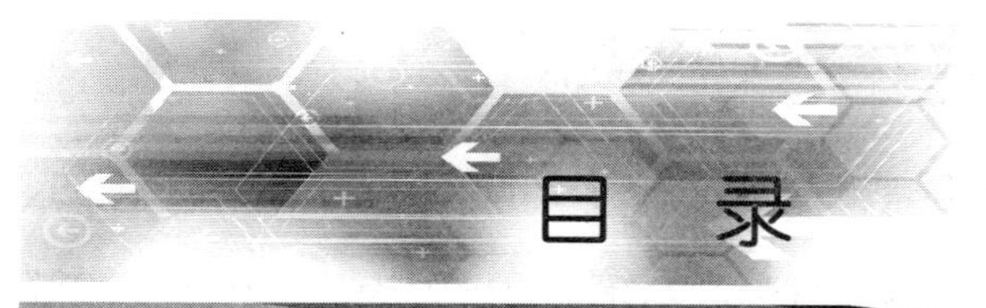

课题一 可编程序控制器基础知识

课题二 基本控制指令应用

课题三 顺序控制设计法及顺序控制继电器指令应用

课题四 功能指令应用

课题五　PLC 综合应用技术

附录　编程元件和指令索引

课题一
可编程序控制器基础知识

任务1　初识可编程序控制器

学习目标

1. 了解可编程序控制器的特点、主要性能指标及分类。

2. 了解西门子 S7–200 系列可编程序控制器的基本型号及性能。

3. 能识别常用可编程序控制器品牌，并能通过查阅资料了解常用可编程序控制器的主要性能指标。

4. 掌握可编程序控制器的选型方法，能根据控制要求进行可编程序控制器的选型。

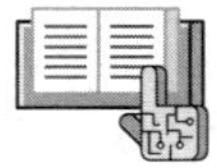

任务引入

可编程序（逻辑）控制器［programmable（logic）controller，PLC］是以微处理器为基础，综合了计算机技术、自动控制技术和通信技术发展起来的一种通用工业自动控制装置。PLC 已经广泛应用于自动控制的各个领域，并与 CAD/CAM 技术、工业机器人共同成为现代工业控制的三大支柱。

本任务是通过现场参观企业或观看 PLC 应用视频等形式，直观了解 PLC 在实际生产生活中的应用以及常用 PLC 品牌和实物外形，并根据某电气控制设备的 PLC 控制要求完成 PLC 的选型。

实施本任务所使用的实训设备可参考表 1–1–1。

表 1-1-1　实训设备清单

序号	设备名称	型号及规格	数量	单位	备注
1	可编程序控制器	西门子 LOGO！、S7-200、S7-200 SMART、S7-300、S7-400 系列 PLC	若干	台	
2		西门子 S7-1200、S7-1500 系列 PLC	若干	台	
3		其他品牌 PLC	若干	台	

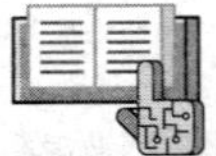

相关知识

IEC（国际电工委员会）对 PLC 的定义为：可编程序控制器是一种数字运算操作的电子系统，专为在工业环境应用而设计。它采用一类可编程序的存储器，用于其内部存储程序，执行逻辑运算、顺序控制、定时、计数与算术操作等面向用户的指令，并通过数字或模拟式输入 / 输出控制各种类型的机械或生产过程。可编程序控制器及其相关外部设备，都按易于与工业控制系统联成一个整体，易于扩充其功能的原则设计。

经过数十年的发展和工业应用，PLC 以其所具有的逻辑控制、定时与计数控制、运动控制、闭环过程控制、数据处理及通信联网等强大的功能渗透到了工业控制的各个领域，如机械、汽车、冶金、石油、化工、轻工、纺织、交通、电力、电信、采矿、建材、食品、造纸、军工和家电等领域。

一、PLC 的特点

1．编程简单易学

PLC 最常用的编程语言为源于继电器电路图的梯形图，如图 1-1-1 所示。表 1-1-2 给出了 PLC 内部各类等效继电器的线圈和触点的图形符号与继电器电路的对照关系，PLC 等效继电器的动作原理与传统继电器完全一致。梯形图语言形象直观，易学易懂，很容易被熟悉继电器控制电路图的电气技术人员所接受。

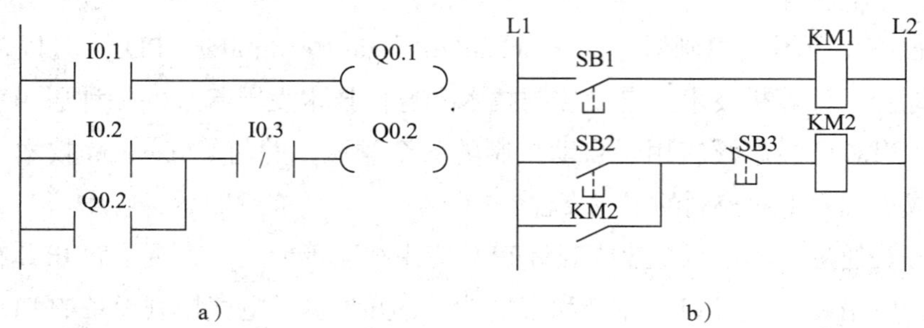

图 1-1-1　PLC 梯形图和继电器电路图
a）PLC 梯形图　b）继电器电路图

表 1-1-2　PLC 等效继电器与继电器电路的电气符号对照

触点或线圈	PLC 等效继电器符号	继电器符号
常开触点	─┤ ├─	──/──
常闭触点	─┤/├─	──ʎ──
线圈	─( )─	─□─

2. 功能强，性价比高

一台小型 PLC 内有成百上千个可供用户使用的编程元件，可以实现非常复杂的控制功能。与相同功能的继电器控制系统相比，具有很高的性价比。PLC 可以通过通信联网，实现分散控制、集中管理。

3. 使用灵活方便，适应性强

PLC 产品已经标准化、系列化、模块化，配备有品种齐全的各种硬件装置供用户选用，用户能灵活方便地进行系统配置，组成不同功能、不同规模的系统。PLC 的安装接线也很方便，一般通过接线端子连接外部接线。PLC 属于存储程序控制方式，其控制功能是通过执行存放在存储器内的控制程序来实现的。当生产工艺发生改变时，只需修改 PLC 控制程序，而外部端子接线一般不需要变化，实现了硬件控制的软件化，使用非常方便。PLC 有较强的带负载能力，可以直接驱动一般的电磁阀和小型交流接触器。

硬件配置确定后，可以通过修改用户程序，方便快速地适应工艺条件的变化。

4. 可靠性高，抗干扰能力强

传统的继电器控制系统使用了大量的中间继电器和时间继电器，容易因触点接触不良而出现故障。PLC 用软件代替大量的中间继电器和时间继电器，其外部仅剩下与输入和输出有关的少量硬件元件，接线比继电器控制系统少得多，因触点接触不良造成的故障大为减少。

PLC 采取了一系列硬件和软件抗干扰措施，具有很强的抗干扰能力，可以直接用于有强烈干扰的工业生产现场，已被公认为最可靠的工业控制设备之一。

5. 开发周期短，维护方便

PLC 用软件功能取代了继电器控制系统中大量的中间继电器、时间继电器、计数器等器件，使控制柜的设计、安装和接线工作量大大减少。

编写一般控制系统的 PLC 梯形图程序比较简单，编写复杂控制系统的 PLC 梯形图程序通常使用顺序控制设计法，这种编程方法很有规律，容易掌握，可节省大量的设计时间。

PLC 的用户程序可以在实验室模拟调试，输入信号用小开关或按钮来模拟，通过 PLC 上的发光二极管可观察输入、输出信号的状态。系统的调试时间比继电器控制系统短得多。

PLC 的故障率很低，且有完善的自诊断和显示功能。PLC、外部输入装置和执行机构发生故障时，可以根据 PLC 上的发光二极管或编程软件提供的信息迅速查明故障原因，一般用更换模块的方法即可迅速排除故障。

6. 体积小，功耗低

PLC 采用微电子技术制造，复杂的控制系统使用 PLC 后，可以减少大量的中间继电器和时间继电器，体积小，功耗低。

二、PLC 的主要性能指标

1. 输入 / 输出点数

输入 / 输出（input/output，I/O）点数是指 PLC 外部的输入、输出端子的个数，包括主机集成的 I/O 点数和能扩展的最多点数。I/O 点数是 PLC 最重要的性能指标之一，是选用 PLC 的一个重要依据。

2. 存储容量

存储容量是指用户程序存储器的容量，不包括系统程序存储器。存储容量决定了 PLC 可以容纳的用户程序的长度，一般以“字节”为单位来计算，1 024 个字节为 1 KB。从微型 PLC 到大型 PLC，存储容量的范围大约为 1 KB ~ 2 MB。

3. 扫描速度

扫描速度是指 PLC 执行程序的速度，是衡量 PLC 性能的重要指标。例如，西门子 S7-200 系列 PLC 执行一条布尔指令所用的时间为 0.22 μs，这在小型机中属于速度较快的。

4. 编程指令的种类和条数

PLC 编程指令的种类和条数越多，说明它的软件功能越强，即处理能力和控制能力越强。

5. 扩展能力和功能模块种类

PLC 的扩展能力取决于主机 CPU 的寻址能力和电源容量。要完成复杂的控制功能，除了主机外，还需要配接各种功能模块。主机可实现基本控制功能，一些特殊的专门功能则需要通过配接各种功能模块来实现。因此，功能模块种类的多少也反映了 PLC 功能的强弱，是衡量 PLC 产品档次高低的一个重要标志。

三、PLC 的分类

PLC 产品按地域分类主要有美国、欧洲和日本三大流派。美国和欧洲的 PLC 技术是在相互隔离的情况下独立研究开发的，因此美国和欧洲的 PLC 产品有明显的差异性。而日本的 PLC 技术是由美国引进的，对美国的 PLC 产品有一定的继承性，但日本的主推产品定位在小型 PLC 上。美国和欧洲以大中型 PLC 而闻名，而日本则以小型 PLC 著称。

目前，PLC 比较通行的分类方法有两种：按结构形式分类和按数字量输入 / 输出点数分类。

1．按结构形式分类

按结构形式不同，PLC 可分为整体式和模块式两种类型。

整体式 PLC 如图 1–1–2a 所示，其基本结构如图 1–1–2b 所示。它将电源、CPU、存储器、输入 / 输出接口、通信接口、I/O 扩展接口等各个功能集成在一个机壳内，形成一个整体，常称之为 PLC 主机或基本单元。用户通过按钮、开关或各种传感器及其相应的变送器等输入设备就能将数字量或模拟量（需要经过 A/D 转换）由输入接口输入并存入主机存储器的输入映像寄存器，经过运算或处理得到的数字量（需要经过 D/A 转换）或模拟量的控制信号经由输出接口输出到用户的被控设备。主机与编程器组合就构成了最小的 PLC 控制系统。当输入或输出的路数较多时，就需要通过 I/O 扩展接口连接数字量 I/O 扩展模块以扩展输入或输出的点数；当需要扩展 PLC 的功能时，也需要通过 I/O 扩展接口连接一些特殊功能模块。编程器、上位计算机或其他 PLC 等外部设备需要由通信接口与 PLC 主机连接。

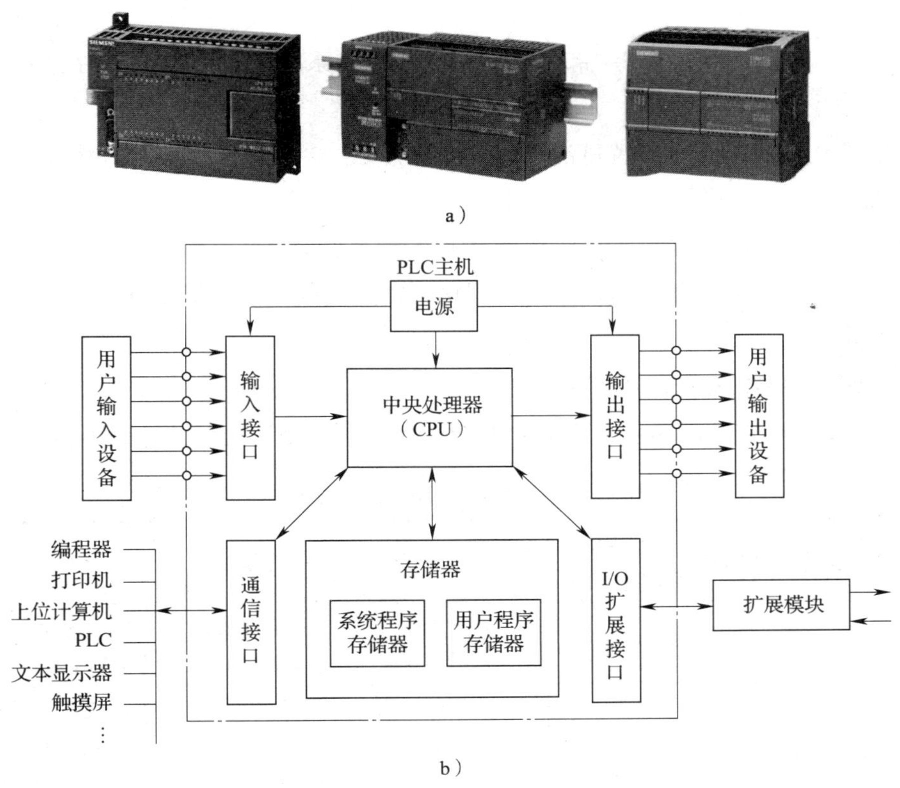

图 1–1–2　整体式 PLC 实物及基本结构
a）实物图　b）基本结构

整体式 PLC 的特点是结构紧凑、体积小、价格低，小型 PLC 多采用这种结构，如西门子 LOGO！、S7–200、S7–200 SMART、S7–1200 等。

模块式 PLC 如图 1-1-3a 所示，其基本结构如图 1-1-3b 所示。它将整体式 PLC 主机内的各个部分制成单独的模块，如 CPU 模块、输入模块、输出模块、通信模块、各种智能 I/O 模块以及电源模块等，这些模块通过总线连接，安装在机架或导轨上。

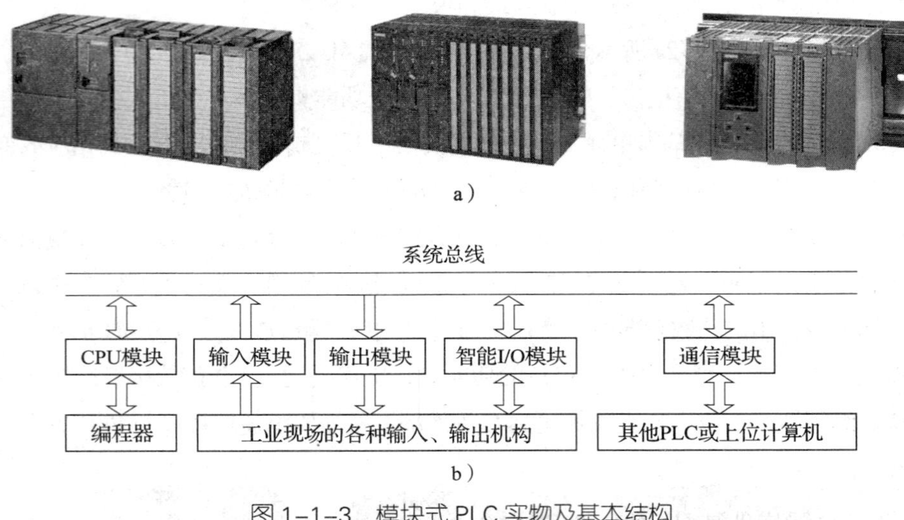

图 1-1-3　模块式 PLC 实物及基本结构
a）实物图　b）基本结构

模块式 PLC 的特点是配置灵活、装配维护方便，一般中、大型 PLC 多采用这种结构，如西门子 S7-300、S7-400、S7-1500 等。

由上述可见，模块式 PLC 比整体式 PLC 的配置更加灵活，输入和输出的点数能够自由选择。整体式 PLC 虽然也能通过扩展接口连接其他模块，但能够扩展的模块数量是很有限的。

2. 按数字量输入 / 输出点数分类

按数字量 I/O 点数的多少，可将 PLC 分成小型、中型和大型，见表 1-1-3。

表 1-1-3　按数字量 I/O 点数分类

类型	数字量 I/O 点数	用户程序存储器容量	说明
小型	256 点以下	4 KB 以下	功能单一，以数字量控制功能为主，可用于数字量控制、定时 / 计数控制、顺序控制及少量模拟量控制场合
中型	256～2 048 点	4～16 KB	功能比较丰富，除了具有小型机功能，还增加了模拟量输入 / 输出（AI/AO）、算术运算、数据传送、数据通信等功能，可完成既有数字量又有模拟量的复杂控制，如闭环过程控制等
大型	2 048 点以上	16 KB 以上	功能更加完善，除了具有小型、中型机功能，还具有数据运算、模拟调节、联网通信、监视记录和打印等功能，用于大规模过程控制、集散式控制和工厂自动化网络

四、西门子 S7-200 系列 PLC 的型号及性能

S7-200 系列 PLC 虽然是小型 PLC，但是许多功能已经达到中、大型 PLC 的水平，具有很高的性价比。S7-200 系列 PLC 包括 CPU 模块和扩展模块。

扫描右侧二维码，可了解西门子 LOGO!、S7-200、S7-1200、S7-300、S7-400、S7-1500 系列 PLC 产品的简介。

1. CPU 模块

S7-200 系列 PLC 的 CPU 模块将电源、CPU、存储器、I/O 接口、通信接口和 I/O 扩展接口等各个功能集成在一个紧凑的外壳中，从而形成一个整体式小型 PLC。CPU 模块也常称为 PLC 主机、本机或基本单元。

S7-200 系列 PLC 的 CPU 模块有 CPU221、CPU222、CPU224 和 CPU226 四种基本型号共计六种，表 1-1-4 所列为这几种不同型号 CPU 模块的一些技术指标。每一种基本型号的 CPU 模块都有 DC 24 V 和 AC 120 ~ 220 V 两种电源供电类型。例如，CPU226 有 CPU226（DC/DC/DC）和 CPU226（AC/DC/RLY）两种。其中，DC/DC/DC 表示 24 V 直流电源供电 / 直流数字量输入 / 场效应晶体管直流数字量输出；AC/DC/RLY 表示 120 ~ 220 V 交流电源供电 / 直流数字量输入 / 继电器数字量输出。

表 1-1-4 S7-200 系列 CPU 模块的技术指标

型号		CPU221	CPU222	CPU224	CPU224XP CPU224XPsi	CPU226
外形						
外形尺寸 /mm		90 × 80 × 62	90 × 80 × 62	120.5 × 80 × 62	140 × 80 × 62	190 × 80 × 62
本机 I/O 点数		6DI/4DO	8DI/6DO	14DI/10DO	14DI/10DO， 配有 2AI/1AO	24DI/16DO
扩展模块 / 个		0	2	7	7	7
用户程序存储器 / 字节		4 096	4 096	12 288	16 384	24 576
用户数据存储区 / 字节		2 048	2 048	8 192	10 240	10 240
掉电保持时间 /h		50	50	100	100	100
高速计数器	单相	4 路 30 kHz	4 路 30 kHz	6 路 30 kHz	4 路 30 kHz， 2 路 200 kHz，	6 路 30 kHz
	双相	2 路 20 kHz	2 路 20 kHz	4 路 20 kHz	3 路 20 kHz， 1 路 100 kHz	4 路 20 kHz

续表

型号	CPU221	CPU222	CPU224	CPU224XP CPU224XPsi	CPU226
高速脉冲输出（DC）	2 路 20 kHz	2 路 20 kHz	2 路 20 kHz	2 路 100 kHz	2 路 20 kHz
模拟电位器 / 个	1	1	2	2	2
RS-485 通信口 / 个	1	1	1	2	2
数字 I/O 映像寄存器 / 个	256（128 入 /128 出）				
布尔指令执行速度	0.22 μs/ 指令				
DC 24 V 传感器电流 /mA	180	180	280	280	400

2. 扩展模块

为了完成比较复杂的控制功能，S7-200 系列 PLC 还配置了各种功能的扩展模块，如数字量 I/O 模块、模拟量 I/O 模块和智能模块等。其中，智能模块是指具有自己的 CPU 和系统的模块。表 1-1-5 列出了 S7-200 系列 PLC 数字量 I/O 和模拟量 I/O 扩展模块及其基本参数。

表 1-1-5　S7-200 系列 PLC 数字量 I/O 和模拟量 I/O 扩展模块及其基本参数

扩展模块		类型			
数字量 I/O 模块	输入模块 EM221	8×DC 输入	8×AC 输入	16×DC 输入	
	输出模块 EM222	4×DC 输出	4× 继电器输出	8× 继电器输出	
		8×DC 输出	8×AC 输出		
	混合模块 EM223	4×DC 输入 / 4×DC 输出	8×DC 输入 / 8×DC 输出	16×DC 输入 / 16×DC 输出	32×DC 输入 / 32×DC 输出
		4×DC 输入 / 4× 继电器输出	8×DC 输入 / 8× 继电器输出	16×DC 输入 / 16× 继电器输出	32×DC 输入 / 32× 继电器输出
模拟量 I/O 模块	输入模块 EM231	4× 模拟输入	8× 模拟输入	4× 热电偶输入	8× 热电偶输入
		2×RTD（热电阻）输入	4×RTD 输入		
	输出模块 EM232	2× 模拟输出	4× 模拟输出		
	混合模块 EM235	4× 模拟输入 / 1× 模拟输出			

五、PLC 的选型方法

PLC 的选择主要应从 PLC 的机型、容量、I/O 模块、电源模块等方面加以综合考虑。

1. PLC 机型的选择

PLC 机型选择的基本原则是在满足功能要求及保证可靠、维护方便的前提下，力争最佳的性价比。选择时主要考虑以下几点：

（1）合理的结构形式

PLC 主要有整体式和模块式两种结构形式。整体式 PLC 的一个 I/O 点的平均价格比模块式低，且体积相对较小，一般用于系统工艺过程较为固定的小型控制系统中；模块式 PLC 的功能扩展灵活方便，在 I/O 点数、输入点数与输出点数的比例、I/O 模块的种类等方面选择余地大且维修方便，一般用于较复杂的控制系统。

（2）安装方式

PLC 系统的安装方式分为集中式、远程 I/O 式以及多台 PLC 联网的分布式。集中式不需要设置驱动远程 I/O 硬件，系统反应快、成本低；远程 I/O 式适用于大型系统，系统装置的分布范围很广，远程 I/O 可以分散安装在现场装置附近，连线短，但需要增设驱动器和远程 I/O 电源；多台 PLC 联网的分布式适用于多台设备分别独立控制，又要相互联系的场合，可以选用小型 PLC，但必须附加通信模块。

（3）相应的功能要求

一般小型（低档）PLC 具有逻辑运算、定时、计数等功能，能够满足只需要数字量控制系统的需求。

对于以数字量控制为主，具有少量模拟量控制的系统，可选用具有 A/D 和 D/A 转换单元以及加减算术运算、数据传送功能的增强型低档 PLC。

对于控制较复杂，要求实现 PID 运算、闭环控制和通信联网等功能的系统，可视控制规模大小及复杂程度，选用中档或高档 PLC。但是中、高档 PLC 价格较贵，一般用于大规模过程控制和集散控制系统等场合。

（4）响应速度的要求

PLC 的扫描工作方式所引起的响应延迟可达 2 ~ 3 个扫描周期。在一般应用场合中，PLC 的响应速度可以满足要求。但对于某些特殊场合，则要考虑选用扫描速度高的 PLC，或选用具有高速 I/O 处理功能指令的 PLC 或具有快速响应模块和中断输入模块的 PLC 等，以减少 PLC 的 I/O 响应延迟时间。

（5）系统可靠性的要求

对于一般系统，PLC 的可靠性均能满足需求。对于可靠性要求很高的系统，应考虑采用冗余系统或热备用系统。

（6）机型尽量统一

对于同一个企业，应尽可能使用机型统一的 PLC。这是因为：

1）机型统一，其模块可互为备用，便于备品、备件的采购和管理。

2）机型统一，其功能和使用方法类似，有利于技术人才的培训和技术水平的提高。

3）机型统一，其外部设备通用，资源可共享，易于联网通信，配置上位计算机后易于形成一个多级分布式控制系统。

2. PLC 容量的选择

PLC 的容量选择包括 I/O 点数和用户程序存储容量两个方面参数的选择。

（1）I/O 点数的选择

PLC 的 I/O 点平均价格较高，因此应该合理控制 I/O 点的数量，在满足需求的前提下力争使用的 I/O 点最少，但必须留有一定的余量。通常 I/O 点数是根据被控对象的输入、输出信号的实际需要，再加上 10% ~ 15% 的余量来确定。

（2）用户程序存储容量的选择

用户程序所需的存储容量大小与 PLC 系统的功能有关。一般可按下式估算，再按实际需要留适当的余量（20% ~ 30%）来选择。

$$存储容量 = 数字量\ I/O\ 点总数 \times 10 + 模拟量通道数 \times 100$$

3. I/O 模块的选择

一般来说，I/O 模块的价格占 PLC 价格的一半以上。

（1）数字量输入模块的选择

数字量输入模块可以接收现场输入设备的开关信号，并将输入信号转换为 PLC 内部能够接收的低电压信号，同时实现 PLC 内、外信号的电气隔离。选择时主要应考虑：

1）输入信号的类型及电压等级。数字量输入模块有直流输入、交流输入和交流 / 直流输入三种类型，主要根据现场输入信号和周围环境因素等进行选择。直流输入模块的延迟时间较短，还可以直接与接近开关、光电开关等电子输入设备连接；交流输入模块的可靠性好，适用于有油雾、粉尘的恶劣环境。

PLC 的数字量输入模块按输入信号的电压大小分类有：直流 5 V、24 V、48 V、60 V 和交流 110 V、220 V 等。应根据现场输入设备与输入模块之间的距离来选择。一般 5 V、24 V 适用于传输距离较近的场合，传输距离较远的场合应选择电压等级较高的模块。

2）输入接线方式。数字量输入模块主要有汇点式和分组式两种接线方式。汇点式数字量输入模块的所有输入点共用一个公共端，例如西门子数字量混合模块 EM 223（4 × DC 输入 /4 × DC 输出）和 EM 223（4 × DC 输入 /4 × 继电器输出），如图 1-1-4a 所示。而分组式数字量输入模块是将输入点分成若干组，每一组（几个输入点）有一个公共端，各组之间是分隔的，如西门子 S7-200 系列的 CPU221（DC/DC/DC）和 CPU221（AC/DC/RLY）模块，如图 1-1-4b 所示。分组式数字量输入模块的每点平均价格较汇点式高。

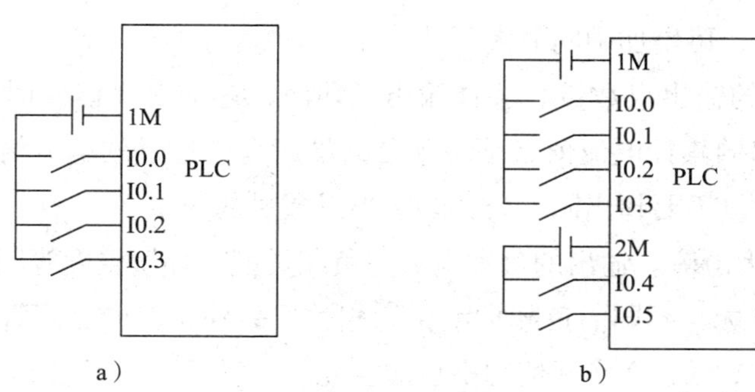

图 1-1-4　数字量输入模块的接线方式

a）汇点式输入　b）分组式输入

3）同时接通的输入点数量。若选用高密度的输入模块（如 24 点、40 点等），则该模块同时接通的输入点数量一般不要超过输入点数量的 60%。

4）输入门槛电平。为了提高系统的可靠性，必须考虑输入门槛电平的高低。门槛电平越高，抗干扰能力越强，传输距离也越远。

（2）数字量输出模块的选择

选择时主要应考虑以下因素：

1）输出方式。数字量输出模块有 3 种输出方式：继电器输出、场效应晶体管输出和双向晶闸管输出。

2）输出接线方式。按 PLC 输出接线方式的不同，数字量输出模块一般有分组式输出和分隔式输出两种。例如，西门子 S7-200 系列的 CPU222（AC/DC/RLY）模块就采用分组式输出接线方式，如图 1-1-5a 所示；西门子数字量输出扩展模块 EM222（4× 继电器输出）采用了分隔式输出接线方式，如图 1-1-5b 所示。

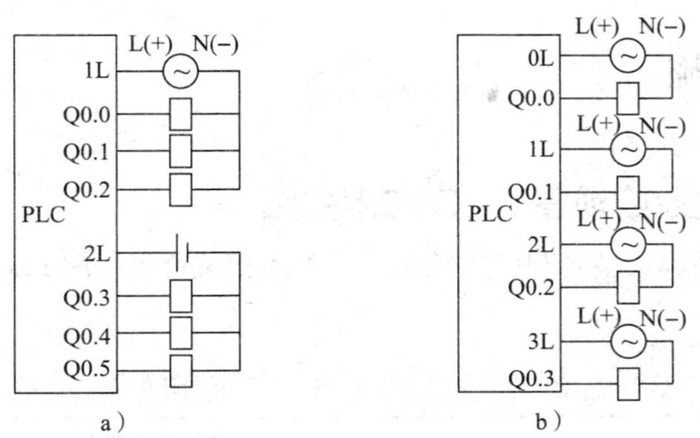

图 1-1-5　数字量输出模块的接线方式

a）分组式输出　b）分隔式输出

3）驱动能力。输出模块的输出电流（驱动能力）必须大于负载的额定电流。用户应根据实际负载电流的大小选择输出模块的输出电流。如果实际负载电流较大，输出模块无法直接驱动，可增加中间放大环节。

4）同时接通的输出点数量。选择输出模块时，还应考虑能同时接通的输出点数量。同时接通输出的累计电流值必须小于公共端所允许通过的电流值。一般来说，同时接通的输出点数量不要超出同一公共端输出点数量的 60%。

5）输出的最大电流。输出的最大电流与负载类型、环境温度等因素有关。数字量输出模块的技术指标与不同的负载类型密切相关。另外，双向晶闸管的最大输出电流随环境温度升高而降低，在实际使用中也应注意。

（3）模拟量 I/O 模块的选择

模拟量 I/O 模块的主要功能是数据转换，其与 PLC 内部总线相连，且为了安全还设有电气隔离功能。模拟量输入（A/D）模块是将现场由传感器检测而产生的连续的模拟量信号转换成 PLC 内部可接收的数字量；模拟量输出（D/A）模块是将 PLC 内部的数字量转换为模拟量信号输出。

典型模拟量 I/O 模块的量程为 -10 ~ 10 V、0 ~ 10 V、4 ~ 20 mA 等，可根据实际需要选用，同时还应考虑其分辨率和转换精度等因素。

一些 PLC 制造厂家还提供特殊模拟量输入模块，可用来直接接收低电平信号（如 RTD、热电偶等信号）。

4. 电源模块的选择

电源模块的选择仅对于模块式 PLC 而言，整体式 PLC 无须进行电源模块的选择。

电源模块的选择主要考虑电源额定输出电流和电源输入电压。电源模块的额定输出电流必须大于 CPU 模块、I/O 模块和其他特殊模块等消耗电流的总和，同时还应考虑未来 I/O 模块的扩展等因素；电源输入电压一般根据现场的实际需要而定。

任务实施

一、参观企业或观看 PLC 应用视频

记录 PLC 的品牌、型号和应用领域，并查阅相关资料了解 PLC 的主要性能指标，填写于表 1-1-6 中。

表 1-1-6　参观企业或观看 PLC 应用视频记录表

序号	品牌	型号	主要性能指标	应用领域
1				
2				
3				

二、PLC 的选型

现有一套电气控制设备，需要用到一台 PLC 的小型机，要求通过按钮、行程开关、接近开关和光电开关等数字量输入信号控制继电器、接触器和电磁阀等数字量输出信号，无其他特殊功能要求。经统计，输入信号共 16 个，输出信号共 8 个，根据控制要求进行 PLC 的选型。

1. 分析控制要求，选择 PLC 品牌

通过对控制要求的分析可知，本控制系统只需简单的数字量控制，并且 I/O 点数较少。因此，S7–200 系列的 CPU 模块都能满足其控制要求，可从性价比较高的 S7–200 系列的 CPU 模块开始选型。

2. 分析所需 I/O 点数，选择 CPU 模块类型

分析控制要求可知，此设备控制需要的 I/O 点数为 24 个，且输出信号为 8 个。因此，根据表 1–1–4 所列 S7–200 系列 CPU 模块技术指标中的本机 I/O 点数可排除 24 点以下的 S7–200 系列 CPU221 模块（6DI/4DO）和 CPU222 模块（8DI/6DO）。

3. 确定 PLC 的型号规格

从 S7–200 系列的 CPU 模块来看，主要有以下两款基本型号的 CPU 模块能满足上述要求。

（1）CPU224 模块（14DI/10DO）

由于该型号 CPU 模块的输出点数是 10 点，而控制要求需要的输出点数是 8 点，因此，可满足输出点数的要求，并留有一定的余量。但控制要求需要 16 个输入点，而该型号 CPU 模块只有 14 个输入点，无法满足要求。若要选择该型号的 CPU 模块，则可以通过增加扩展模块的方式满足输入点数的要求。从表 1–1–5 所列 S7–200 系列 PLC 数字量输入扩展模块基本参数可知，只要增加一个 8 点的数字量输入扩展模块 EM221（8DI × DC 24 V），输入点数（14 点 +8 点 =22 点）即可满足要求。

（2）CPU226 模块（24DI/16DO）

若选择该型号 CPU 模块，则 I/O 点数不仅可以满足要求，而且剩余许多。

对上述两款 CPU 模块进行分析可知，若选用 CPU224 模块需增加 1 个 EM221（8DI × DC 24 V）扩展模块，而 CPU226 模块可以直接选用。因此只需比较两者的价格就可以确定所选用 PLC 的型号。如果 CPU224 模块的价格为 1 600 元，EM221（8DI × DC 24 V）扩展模块为 200 元；而 CPU226 模块的价格也是 1 800 元，则应选择性价比较高的 CPU226 模块。这是因为它们的价格虽然相同，但 CPU226 模块的 I/O 点数更多，可满足以后设备改造增加 I/O 点数的需要。

CPU226 模块有 DC 24 V 和 AC 120 ~ 220 V 两种电源供电类型，相应的类型代号分别为 DC/DC/DC 和 AC/DC/RLY，两者价格几乎相同。由于本任务要求的数字量输出信号变化不频繁，因此优先选用 AC/DC/RLY 类型，所以本任务最终选择的 PLC 为性价比较高的 S7-200 系列 CPU226（AC/DC/RLY）。

小提示

在进行 PLC 选型时，不能忽视 I/O 点数的余量。因为在使用过程中一些不可预测的因素，如 PLC 的 I/O 点人为或自然损坏，因升级改造需要增加 I/O 点数等，会导致 I/O 点数不足，给使用 PLC 带来不便。所以在选择 PLC 的 I/O 点数时，必须留有一定余量。可以根据被控对象的输入、输出信号的实际需要，再加上 10% ~ 15% 的余量来确定 I/O 点数。

任务测评

任务测评见表 1-1-7。

表 1-1-7　任务测评表

序号	考核内容	配分	考核要求	评分标准	扣分	得分
1	参观企业或观看 PLC 应用视频	20	（1）正确记录 PLC 的品牌及型号 （2）正确描述 PLC 主要技术指标及特点	（1）记录 PLC 的品牌及型号有错误或遗漏，每处扣 2 分 （2）描述 PLC 主要技术指标及特点有错误或遗漏，每处扣 2 分		
2	PLC 的选型	80	（1）能根据控制要求，正确选择 PLC 品牌 （2）能根据控制要求，分析 I/O 点数，正确选择 CPU 模块类型 （3）能根据控制要求，分析性价比，确定 PLC 的型号规格	（1）不能根据控制要求正确选择 PLC 品牌，扣 20 分 （2）不能通过分析 I/O 点数正确选择 CPU 模块类型，扣 30 分 （3）不能通过分析性价比确定 PLC 的型号规格，扣 30 分		
3	安全与文明生产		遵守安全与文明生产规程	违反安全与文明生产规程，酌情扣分		
开始时间		结束时间			成绩	

任务 2 可编程序控制器硬件安装与接线

学习目标

1. 熟悉 PLC 的硬件结构，了解各组成部分的作用。
2. 熟悉 PLC 的软件组成，了解 PLC 常用的编程语言。
3. 掌握 PLC 的工作原理，熟悉 PLC 的工作过程。
4. 能识别 PLC 的外部特征并正确安装 PLC，能正确进行 PLC 外部端子的接线。

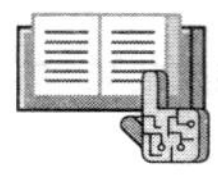

任务引入

一个 PLC 控制系统包括硬件和软件两部分。对于用户来说，硬件部分的工作主要是根据控制要求进行 PLC 的选型、安装与接线。

本任务首先通过对照实物认识 PLC 的外部特征，了解外部端子的作用，理解外部端子的接线原理；然后按照给定的输入 / 输出设备，分配 PLC 的 I/O 端子，绘制其外部端子接线图；最后按照工艺要求完成 PLC 的安装及其外部端子的接线、检测和调试。

实施本任务所使用的实训设备可参考表 1–2–1。

表 1–2–1 实训设备清单

序号	设备名称	型号及规格	数量	单位	备注
1	微型计算机	带 STEP7–Micro/WIN 软件	1	台	
2	编程电缆	PC/PPI	1	条	
3	可编程序控制器	CPU226（AC/DC/RLY）	1	台	配 C45 导轨
4	开关式稳压电源	S–150–24，AC 220 V/DC 24 V，150 W	1	台	
5	低压断路器	Multi9 C65N D20，单极	3	个	
6	熔断器	RT28–32/4	1	个	
7	单极开关	自定	1	个	

续表

序号	设备名称	型号及规格	数量	单位	备注
8	按钮	LA4–2H	1	个	
9	行程开关	LX19–222	1	个	
10	接近开关	欧姆龙 E2E–X7D1S M18	1	个	二线制
11	接近开关	欧姆龙 E2E–X10E1 M30，电感式，NPN 型	1	个	三线制
12	热继电器	JR36–20，整定范围 1.5 ~ 2.4 A	1	个	
13	交流接触器	CJ10–10，AC 220 V	2	个	
14	中间继电器	MY2N–J，DC 24 V	1	个	
15	电磁阀	自定，额定电压 DC 24 V	1	个	
16	指示灯	自定，额定电压 DC 24 V	1	个	
17	变频器	西门子 V20，0.75 kW，2.2 A	1	台	
18	接线端子排	TB–1520，20 位	2	条	
19	配电盘	600 mm × 900 mm	1	块	

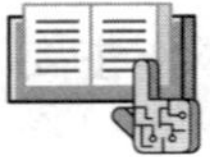

相关知识

PLC 实质上是一种工业控制计算机，与通用计算机一样，PLC 也是由硬件和软件两大部分组成的。

一、PLC 硬件

PLC 硬件的基本组成包括中央处理器（CPU）、存储器、输入 / 输出接口、I/O 扩展接口、通信接口及电源等，如图 1–2–1 所示。

1．CPU

CPU 是 PLC 的运算和控制中心，一般由控制电路、运算器和寄存器组成，它通过控制总线、地址总线和数据总线与存储器、输入 / 输出接口、通信接口等联系。常用的 CPU 类型有通用微处理器、单片机、位片式微处理器或专用微处理芯片等。

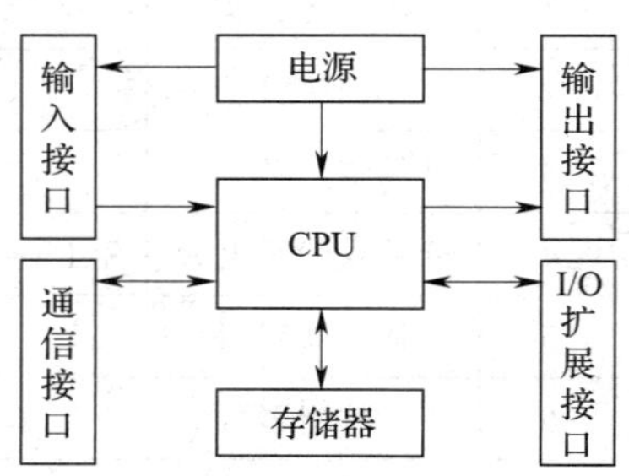

图 1–2–1　PLC 硬件的基本组成

CPU 按系统程序赋予的功能，指挥 PLC 有条不紊地工作。归纳起来，CPU 的功能主要包括以下几个方面：

（1）接收并存储从编程器输入的用户程序和数据。

（2）诊断电源及 PLC 内部电路的工作故障，并检查用户程序的语法错误。

（3）采用扫描方式接收现场各输入设备的状态或数据，并存储到输入映像寄存器和数据存储器中。

（4）进入运行方式后，按顺序读取、解释、执行用户程序，完成用户程序所规定的各种操作，并将运算结果存入输出映像寄存器或数据存储器内。

（5）根据运算结果更新有关标志位的状态，刷新输出映像寄存器的内容，再经输出设备实现输出控制、打印制表或数据通信等功能。

2. 存储器

PLC 使用随机存取存储器（RAM）、只读存储器（ROM）和电可擦可编程只读存储器（EEPROM）。根据用途不同，PLC 中的存储器可分为系统程序存储器和用户程序存储器。

（1）系统程序存储器用来存放系统程序。系统程序是用来控制和完成 PLC 各种功能的程序，这些程序由 PLC 制造厂家用相应 CPU 的指令系统编写并固化到 ROM 中，用户不能更改其中的内容。

（2）用户程序存储器用来存放用户程序及工作数据。用户程序是用户根据自己的控制要求编写的应用程序，因为需要经常改动，所以用户程序存储器多为可随时读写的 RAM 或 EEPROM。由于 RAM 掉电会丢失数据，因此需要使用后备电池（锂电池）保护 RAM。较先进的 PLC 采用快闪存储器（flash memory）作为用户程序存储器，则不需要后备电池。

3. 输入 / 输出接口

输入 / 输出接口是 PLC 与工业生产现场之间的连接部件。其中，输入接口的作用是将用户输入设备（如按钮、行程开关、接近开关、传感器及其相应的变送器等）向 PLC 发出的信号（数字量或模拟量信号）转换成 CPU 能够接收和处理的信号，并送给输入映像寄存器。输出接口的作用是将经过 CPU 处理的信号转换成外部输出设备所需要的驱动信号（数字量或模拟量信号），以驱动各种执行机构（如继电器、接触器、报警器、电磁阀、调节阀、调速装置等）。

输入接口电路的电源可以由外部提供，也可以由 PLC 内部提供。输出接口电路的电源必须由外部提供。各数字量 I/O 点的通 / 断状态通过发光二极管（LED）显示。

（1）输入接口

图 1–2–2 所示为 S7–200 系列 CPU 模块的直流输入接口电路，图中只画出对应于一个输入点 I0.0 的输入接口电路，输入电流为数毫安，其他各个输入点所对应的输入接口电路均相同。西门子 PLC 的输入点用字母 I 表示，采用八进制编号。CPU226 模块的输入点共有 24 个，即 I0.0 ~ I0.7、I1.0 ~ I1.7 和 I2.0 ~ I2.7。1M 是同一组输入点各内部输入电路的公共点。

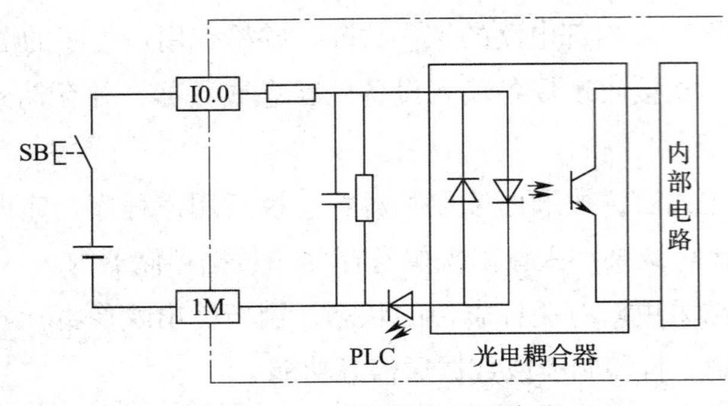

图 1–2–2　直流输入接口电路

S7–200 系列 CPU 模块可以用模块内部的 DC 24 V 电源作输入回路的电源，该电源还可以为接近开关、光电开关等传感器提供电源。输入接口电路的主要器件是光电耦合器，具有光电隔离作用。光电耦合器一般由发光二极管和光敏三极管组成，其输入端为发光二极管，输出端为光敏三极管，通过电 – 光 – 电转换传递信号。光电耦合器可以有效防止各种干扰信号和高电压信号进入 PLC，提高了抗干扰能力和安全性能，并完成高低电平（24 V/5 V）转换。

直流输入接口电路的工作原理是：当按下按钮 SB 时，光电耦合器中两个反并联的发光二极管中的一个点亮，光敏三极管饱和导通，相应的输入状态指示灯 LED 点亮，通过内部电路使输入映像寄存器 I0.0 为“1”状态；当松开按钮 SB 时，光电耦合器中的发光二极管熄灭，光敏三极管截止，相应的输入状态指示灯 LED 熄灭，通过内部电路使输入映像寄存器 I0.0 为“0”状态。输入映像寄存器 I0.0 的逻辑状态通过数据总线送至 CPU，用于控制程序的逻辑运算。

S7–200 系列 CPU 模块还有 AC 120 V/230 V 数字量输入接口，适合在有油雾、粉尘的恶劣环境下使用。

（2）输出接口

S7–200 系列 CPU 模块的数字量输出接口电路有继电器输出型、场效应晶体管输出型和双向晶闸管输出型三种。

图 1–2–3 所示是继电器输出接口电路，继电器同时起电气隔离和功率放大作用，每一路只给用户提供一对常开触点。图中只画出对应于一个输出点 Q0.0 的输出电路，其他各个输出点所对应的输出电路均相同。西门子 PLC 的输出点用字母 Q 表示，采用八进制编号。CPU226 模块的输出点共有 16 个，即 Q0.0 ~ Q0.7 和 Q1.0 ~ Q1.7。1L 是第一组输出点各内部输出电路的公共点。输出电流的额定值与负载的性质有关。例如，S7–200 系列 CPU 模块的继电器输出电路的每一个输出点可以驱动 2 A 的电阻性负载，但是只能驱动 200 W 的白炽灯。输出接口电路一般分为若干组，对每一组的总电流也有限制，每一个公共点为 10 A。

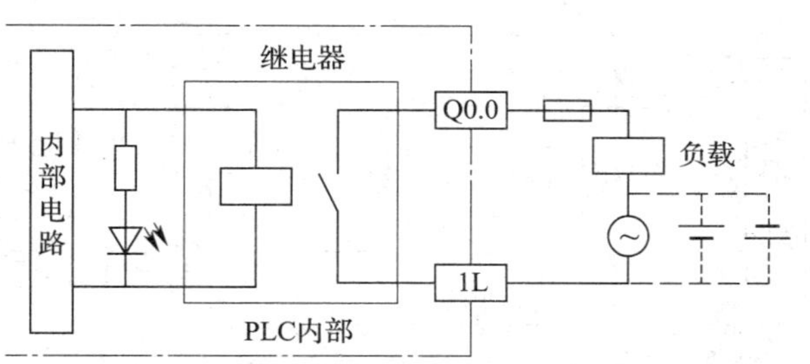

图 1–2–3 继电器输出接口电路

继电器输出接口电路的工作原理是：在内部电路中，CPU 通过数据总线将执行用户程序后的逻辑运算结果送至输出映像寄存器 Q0.0。当输出映像寄存器 Q0.0 的状态为“1”时，相应的输出状态指示灯 LED 点亮，相应的输出继电器（确实存在的小型物理继电器，位于 PLC 面板后）线圈得电，其常开触点闭合，负载得电；当输出映像寄存器 Q0.0 的状态为“0”时，相应的输出状态指示灯 LED 熄灭，相应的输出继电器线圈断电，其触点断开，负载断电。继电器输出接口电路既可以驱动交流负载，也可以驱动直流负载。其优点是使用电压范围广，导通压降小，承受瞬时过电压和过电流的能力较强；缺点是动作速度较慢，使用寿命（动作次数）有一定的限制。因此，继电器型输出模块适用于控制继电器和接触器线圈、电磁阀等。如果系统输出量的变化不是很频繁，建议优先选用继电器型输出模块。

图 1–2–4 所示是场效应晶体管（MOSFET）输出接口电路。其工作原理是：输出信号送至内部电路中的输出锁存器，再经光电耦合器送至场效应晶体管，后者的饱和导通状态和截止状态相当于触点的接通和断开。图中的稳压二极管用来抑制关断过电压和外部的浪涌电压，以保护场效应晶体管。场效应晶体管输出接口电路驱动负载的能力是每一个输出点为 0.75 A，每一个公共点为 6 A。场效应晶体管输出接口电路只能驱动直流负载。其优点是可靠性高、反应速度快、使用寿命长；缺点是过载能力稍差。场效应晶体管型输出模块适用于驱动高速（Q0.0、Q0.1 点达 20 kHz）、小功率直流负载，例如，作为直流电子开关输出高速脉冲信号控制步进电动机等。

S7–200 系列 PLC 的数字量扩展模块中还有一种使用双向晶闸管作为输出元件的 AC 120 V/230 V 的输出模块，如图 1–2–5 所示。每点的额定输出电流为 0.5 A，白炽灯功率为 60 W，最大漏电流为 1.8 mA，由接通到断开的最长时间为 0.2 ms 与工频交流电半周期之和。双向晶闸管型输出模块的优缺点与场效应晶体管型输出模块相似，适用于驱动高速、大功率的交流负载。

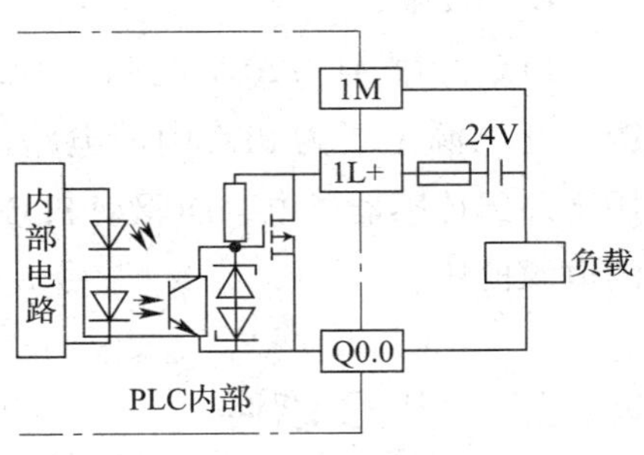

图 1–2–4 场效应晶体管输出接口电路

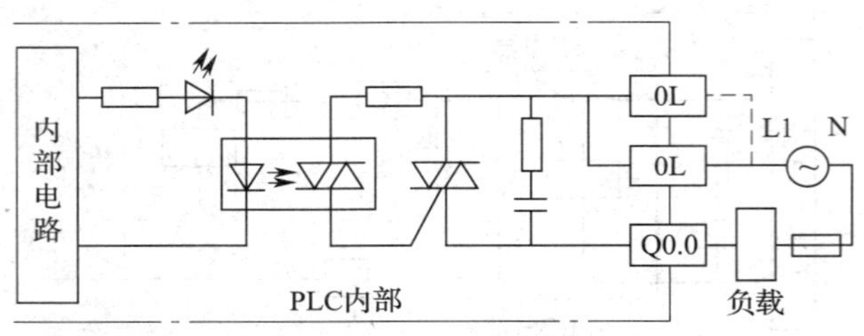

图 1-2-5 双向晶闸管输出接口电路

注意

1）PLC 的输出接口本身不具备电源，必须由外部提供。同时应在输出回路串联熔断器，避免因负载电流过大而损坏输出设备或电路板。

2）感性负载断电时会产生很高的反电动势，对输出电路产生冲击。因此，对于大电感或频繁关断的感性负载应使用外部抑制电路，一般采用阻容吸收电路或二极管吸收电路。

3）CPU224XPsi 模块具有 MOSFET 漏型输出（电流从输出端子流入），可以驱动具有源型输入的设备。S7-200 系列所有其他场效应晶体管型输出的 CPU 模块都是 MOSFET 源型输出（电流从输出端子流出）。

4. 扩展接口

扩展接口用来扩展 PLC 的 I/O 点数，当用户所需要的 I/O 点数超过 PLC 基本单元（即主机，带 CPU）的 I/O 点数时，可通过此接口用扁平电缆线将 I/O 扩展模块（不带 CPU）与 PLC 基本单元相连接，以增加 PLC 的 I/O 点数，从而满足控制系统的要求。其他特殊功能模块也常通过该接口与 PLC 基本单元相连。

5. 通信接口

通信接口专用于数据通信，主要功能是实现“人—机”对话和“机—机”对话。PLC 通过通信接口可与编程设备、打印机、显示面板、触摸屏、其他 PLC 以及计算机等外部设备实现通信。

6. 电源

PLC 使用 AC 220 V 电源或 DC 24 V 电源。小型整体式 PLC 内部有开关式稳压电源，此电源主要为 PLC 内部电路供电，有的 PLC 也能向外部提供 24 V 的直流电源，用于外部传感器供电，而驱动 PLC 负载的电源由用户提供。中、大型 PLC 都配有专门的电源模块。

二、PLC 软件

PLC 的软件由系统程序和用户程序两大部分组成。

1. 系统程序

系统程序由 PLC 制造厂商采用汇编语言设计编写，固化于 ROM 型系统程序存储器中，用于控制 PLC 本身的运行，用户不能直接读写与更改。系统程序分为系统管理程序、用户指令解释程序以及标准程序模块和系统调用程序。

2. 用户程序

用户程序又称为应用程序，是指 PLC 的使用者（用户）根据各种控制要求使用制造厂商提供的编程软件自行编写的程序。为同一台 PLC 编写不同的应用程序，就如同将继电器控制系统改变了硬接线一样，可以实现不同的控制功能，这就是所谓的“可编程”。用户的应用程序存放在用户程序存储器内，可以随时修改。

由于 PLC 是专门为工业控制开发的装置，其主要使用者是广大电气技术人员，考虑到他们的传统习惯和掌握能力，PLC 的编程语言采用比计算机语言更简单、易懂、形象的专用语言。

小提示

国际电工委员会正式颁布的 IEC 61131-3（可编程序控制器编程语言标准）规定了文本化编程语言和图形化编程语言两大类编程语言。前者包括指令表（instruction list，IL）和结构化文本（structured text，ST），后者包括梯形图（ladder diagram，LD）和功能块图（function block diagram，FBD）。与旧标准相比，新标准没有将顺序功能图（sequential function chart，SFC）单独列为编程语言的一种，而是将它在公用元素中予以规范。也就是说，不论在文本化语言中还是在图形化语言中，都可以运用 SFC 的概念、句法和语法。因此，在目前使用的编程语言中，可以在梯形图中使用 SFC，也可以在指令表中使用 SFC。

西门子 PLC 将梯形图简称为 LAD，将指令表称为语句表（statement list，STL）。西门子 S7-200 系列 PLC 支持梯形图、语句表和功能块图三种编程语言。

（1）梯形图

梯形图是使用最多的图形编程语言，被称为 PLC 的第一编程语言。梯形图沿用了电气工程师熟悉的传统继电器电路图的形式和概念，与继电器电路图很相似，如图 1-1-1 所示。梯形图直观易懂，很容易掌握，特别适用于数字量逻辑控制。

西门子 PLC 梯形图由触点、线圈和用方框表示的功能块组成。触点代表逻辑输入条件，如外部的按钮、开关和内部条件等。线圈通常代表逻辑输出结果，用来控制外部的指示灯、继电器、接触器和内部的输出条件等。功能块用来表示定时器、计数器或者数学运算等指令。西门子 PLC 将梯形图中的一个梯级即由触点和线圈等组成的一个独立电路称为网络（network）。用西门子 PLC 编程软件编写的梯形图和语句表程序中有网络编号，允许以网络为单位，并给梯形图加注释，如图 1-2-6 所示。

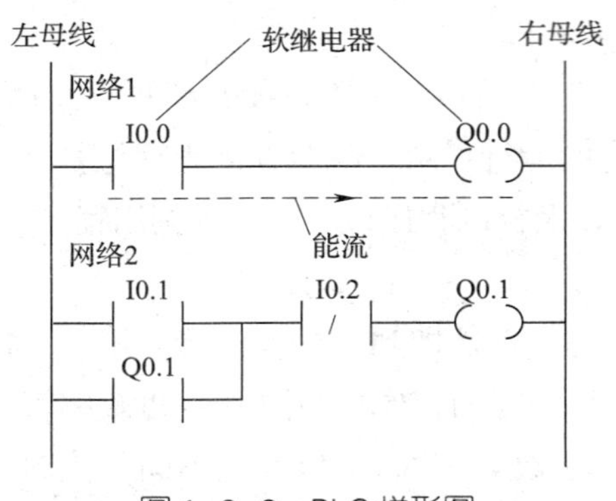

图 1-2-6　PLC 梯形图

尽管 PLC 梯形图是从继电器电路图发展而来的，但是二者存在着本质的差别。

1）PLC 梯形图中的某些元件沿用了继电器这一名称，如输入继电器 I、输出继电器 Q 等，但是这些继电器并不是实际存在的物理继电器，因此常称其为软继电器。每一个软继电器都对应于 PLC 元件映像寄存器的一个具体的存储单元（寄存器位）。如果某个存储单元为"1"状态，则表示梯形图中对应的软继电器的线圈得电；反之，如果某个存储单元为"0"状态，则表示梯形图中对应的软继电器的线圈断电。这样，就能根据 PLC 元件映像寄存器的某个存储单元的状态，判断与之对应的软继电器的线圈是否得电。

2）PLC 梯形图中保留了常开触点和常闭触点的名称，这些触点的接通或断开同样取决于其线圈是否得电。在梯形图中，当程序扫描到某个软继电器的触点时，就去检查其线圈是否得电，即检查与之对应的存储单元的状态是"1"还是"0"来决定该触点是接通还是断开。如果该触点是常开触点，就取它的原状态；如果该触点是常闭触点，就取它的反状态。例如，对应输出继电器 Q0.0 的存储单元的状态是"1"（表示线圈得电），当程序扫描到 Q0.0 的常开触点时，就取它的原状态"1"（表示常开触点接通）；当程序扫描到 Q0.0 的常闭触点时，就取它的反状态"0"（表示常闭触点断开）。

由于每个软继电器与 PLC 内部的存储单元相对应，用户可以无限次地读 / 写存储单元的内容，所以可以认为 PLC 软继电器可供使用的触点数量是无限的，而继电器电路中的物理继电器的触点数量是有限的。

3）输入继电器供 PLC 接收外部输入信号，而不是由内部其他软继电器的触点驱动。因此，梯形图中只出现输入继电器的触点，而不能出现输入继电器的线圈。输入继电器的触点表示相应的输入信号。

4）在继电器电路图中，左、右两侧的母线（bus bar）为电源线，在电源线之间的各个支路（或梯级）上都加有电压，当某些支路满足接通条件时，就会有电流流过触点和线圈。而 PLC 梯形图两侧的垂直公共线为逻辑母线，每一个支路都从逻辑母线开始，到线圈或其他输出功能结束。PLC 梯形图的逻辑母线上不加电源，软继电器和连线之间也不存在电流，但它确实在传递信息。在分析 PLC 梯形图中的逻辑关系时，为了借用继电器电路图的分析方法，可以想象左右两侧的逻辑母线是左正右负的两条直流电源线，也常称为左母线和右母线（右母线可以省略不画）。这样当触点接通而导致某一线圈得电时，便有一个假想的“概念电流”或“能流（power flow）”从左向右流动，这一方向与执行用户程序时的逻辑运算顺序是一致的。

5）PLC 梯形图中各软继电器触点的串并联连接，实质上是将对应这些软继电器的存储单元的状态依次取出，进行“逻辑与”“逻辑或”等逻辑运算。触点的串联可实现“逻辑与”运算，触点的并联可实现“逻辑或”运算，用常闭触点控制线圈可实现“逻辑非”运算，如图 1–2–7 所示。图中的 I0.0、I0.1 为输入逻辑变量，Q0.0 为输出逻辑变量，它们之间的“逻辑与”“逻辑或”“逻辑非”运算关系见表 1–2–2。多个触点的串、并联电路可以实现复杂的逻辑运算。

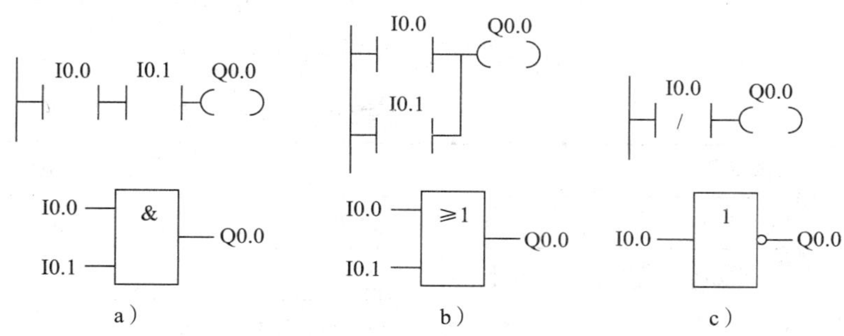

图 1–2–7 基本逻辑运算
a）逻辑与 b）逻辑或 c）逻辑非

表 1–2–2 基本逻辑运算关系

逻辑与			**逻辑或**			**逻辑非**	
Q0.0=I0.0 · I0.1			Q0.0=I0.0+I0.1			Q0.0=$\overline{\text{I0.0}}$	
I0.0	I0.1	Q0.0	I0.0	I0.1	Q0.0	I0.0	Q0.0
0	0	0	0	0	0	0	1
0	1	0	0	1	1	1	0
1	0	0	1	0	1		
1	1	1	1	1	1		

相对于继电器电路中的接线称为“硬接线”，PLC 梯形图中软继电器之间的接线常称为“软接线”，这种“软接线”是通过编写程序来实现的。

6）根据 PLC 梯形图中各触点的状态和逻辑关系，求出与图中各线圈对应的元件的状态，称为梯形图的逻辑运算。在每一个梯级中，逻辑运算是按照从左至右的方向执行的，与“能流”的方向一致。而各梯级的逻辑运算是按照从上至下的顺序执行的，前一梯级的逻辑运算结果可以被后面的逻辑运算所利用。按从上至下、从左至右的顺序执行完所有的梯级后，再返回最上面的梯级重新执行，如此循环下去。逻辑运算时输入继电器触点的状态是根据输入映像寄存器中的值，而不是根据运算瞬时外部输入触点的状态来决定的。

7）在继电器电路中，各个并联电路是同时加电压且并行工作的，由于元件动作的机械惯性可能会导致触点竞争现象。在 PLC 梯形图中，逻辑运算是按照从上至下、从左至右的顺序依次执行的，即按串行方式工作，因此不会发生触点竞争现象。

（2）语句表

语句表编程语言类似于计算机的汇编语言，但是比汇编语言通俗易懂，也是 PLC 最基础的编程语言。通常每条指令由操作码（操作码用助记符表示）和操作数两部分组成，一般与梯形图语言配合使用，互为补充。对同样功能的指令，不同厂家的 PLC 使用的助记符一般不同。与图 1–2–6 所示梯形图对应的语句表见表 1–2–3。语句表比较适合熟悉 PLC 和程序设计的经验丰富的程序员使用。

表 1–2–3　语句表

语句	说明
LD　I0.0	常开触点 I0.0 与左母线连接
=　Q0.0	输出软继电器 Q0.0
LD　I0.1	常开触点 I0.1 与左母线连接
O　Q0.1	常开触点 Q0.1 与常开触点 I0.1 并联
AN　I0.2	串联一个常闭触点 I0.2
=　Q0.1	输出软继电器 Q0.1

三、PLC 的工作原理

1. PLC 的操作模式

PLC 有两种操作模式，即 RUN（运行）模式与 STOP（停止）模式。在 CPU 模块的面板上用 RUN 和 STOP 发光二极管显示当前的操作模式。

在 RUN 模式下，CPU 通过执行反映控制要求的用户程序来实现控制功能。在 STOP 模式下，CPU 不执行用户程序，可以用编程软件将用户程序和硬件组态信息下载到 PLC。

2. PLC 的循环扫描工作方式

PLC 通电后，需要对硬件和软件做一些初始化工作。为了使 PLC 的输出及时地响应各种输入信号，初始化后需要反复地分阶段处理各种不同的任务（见图 1–2–8），这种周而复始的循环工作方式称为循环扫描工作方式，每次循环的时间称为扫描周期。

在 RUN 模式下，扫描周期由图 1–2–8a 中的 5 个阶段组成；在 STOP 模块下，扫描周期由图 1–2–8b 中的 4 个阶段组成。

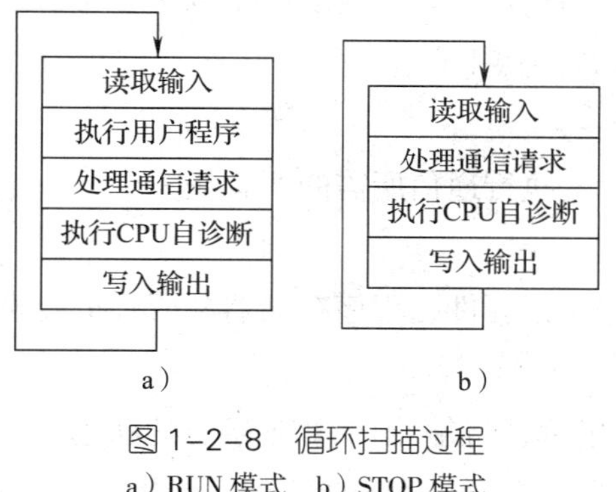

图 1–2–8 循环扫描过程
a）RUN 模式 b）STOP 模式

（1）读取输入

PLC 的输入映像寄存器和输出映像寄存器分别用来存放输入信号和输出信号的状态。

在读取输入阶段，PLC 把所有外部数字量输入电路的 I/O 状态读入输入映像寄存器。外接的输入电路闭合时，对应的输入映像寄存器为“1”状态（或称为 ON），梯形图中对应输入点的常开触点接通，常闭触点断开。外接的输入电路断开时，对应的输入映像寄存器为“0”状态（或称为 OFF），梯形图中对应输入点的常开触点断开，常闭触点接通。

如果没有启用模拟量输入滤波，CPU 在正常扫描周期中不会读取模拟量输入值。当程序访问模拟量输入时，将立即从扩展模块读取模拟量值。

（2）执行用户程序

PLC 的用户程序由若干条指令组成，指令在存储器中顺序排列。在 STOP 模式下不执行用户程序。在 RUN 模式下的程序执行阶段，如果没有跳转指令，CPU 将从第一条指令开始，逐条顺序地执行用户程序。

在执行指令时，从 I/O 映像寄存器或其他位元件的寄存器读出其状态（“0”或“1”），并根据指令的要求执行相应的逻辑运算，运算的结果写入相应的映像寄存器中。因此，各寄存器（只读的输入映像寄存器除外）的内容会随着程序的执行而变化。

在程序执行阶段，即使外部输入信号的状态发生了变化，输入映像寄存器的状态也不会随之改变，输入信号状态的变化只能在下一个扫描周期的读取输入阶段被读入。

执行程序时，对输入 / 输出的读写通常是通过 I/O 映像寄存器，而不是实际的 I/O 点，这样做有以下好处：

1）在整个程序执行阶段，各输入点的状态是固定不变的，程序执行完之后再用输出映像寄存器的值更新输出点，使系统运行稳定。

2）用户程序读写 I/O 映像寄存器比读写 I/O 点快得多，这样可以提高程序的执行速度。

3）I/O 点是一位一位的物理接点，只能以位或字节为单位来存取，但是可以按位、字节、字或双字来访问 I/O 映像寄存器。

（3）处理通信请求

在处理通信请求阶段，执行通信所需的所有任务。

（4）执行 CPU 自诊断

自诊断测试功能用来保证固件、程序存储器和所有扩展模块正常工作。

（5）写入输出

CPU 执行完用户程序后，将输出映像寄存器的状态（“0”或“1”）传送到输出模块并锁存起来。梯形图中某一输出点的线圈“得电”时，对应的输出映像寄存器的值为 1。信号经输出模块隔离和功率放大后，继电器型输出模块中对应的硬件继电器的线圈得电，其常开触点闭合，使外部负载通电工作。若梯形图中输出点的线圈“断电”，则对应的输出映像寄存器的值为 0，将它送到继电器型输出模块，对应的硬件继电器的线圈断电，其常开触点断开，外部负载断电，停止工作。

当程序访问模拟量输出模块时，模拟量输出被立即刷新，与扫描周期无关。

当 CPU 的操作模式从 RUN 变为 STOP 时，数字量输出被置为系统块中的输出表定义的状态，或保持当时的状态，默认的设置是将所有的数字量输出清零。

执行用户程序的过程中，如果遇到中断程序或立即输入 / 输出指令，PLC 将有特定的处理方式。扫描右侧二维码，可了解遇到中断程序或立即输入 / 输出指令时 PLC 的处理方式。

整个扫描工作过程中，PLC 对用户程序的扫描有读取输入、执行用户程序和写入输出三个阶段，如图 1-2-9 所示，图中的序号表示该图中梯形图程序的执行顺序。

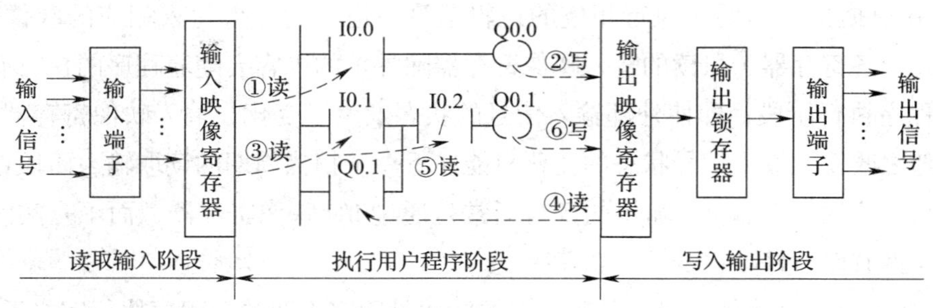

图 1-2-9　用户程序扫描阶段

PLC 在 RUN 模式时，执行一次如图 1–2–8 所示完整的扫描工作过程所需要的时间称为扫描周期，其典型值为 1 ~ 100 ms。其中，执行用户程序所需的时间与用户程序的长短、指令的种类和 CPU 执行指令的速度有很大的关系。用户程序较长时，用户程序执行时间在扫描周期中占相当大的比例。

输入滤波器对信号的延迟、输出继电器的动作延迟和 PLC 采用的循环扫描工作方式都会导致输入 / 输出（系统响应）的滞后。扫描右侧二维码，可了解输入 / 输出滞后时间及 PLC 控制系统与继电器控制系统的区别。

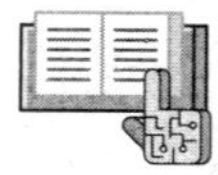

任务实施

一、认识 S7–200 系列 PLC 的外部特征

图 1–2–10 所示为 S7–200 系列 CPU226（AC/DC/RLY）模块的实物外观。

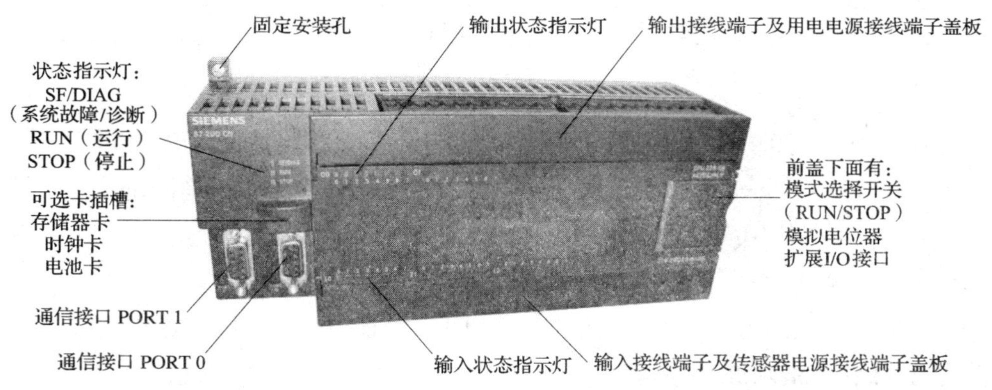

图 1–2–10　S7–200 系列 CPU226（AC/DC/RLY）模块

1. 接线端子

PLC 通过接线端子与外部接线连接。在 CPU 模块的面板底部和顶部分别有一排接线端子。底部的接线端子是输入信号的接线端子及传感器电源接线端子，顶部的接线端子是输出信号的接线端子及 PLC 用电电源接线端子。

（1）底部端子，如图 1–2–11 所示。

I0.0 ~ I1.4、I1.5 ~ I2.7：第一、二组输入继电器接线端子。

1M、2M：第一、二组输入继电器的公共端口。

M、L+：内部 DC 24 V 电源负、正极，接外部传感器或为输入继电器供电。

（2）顶部端子，如图 1–2–12 所示。

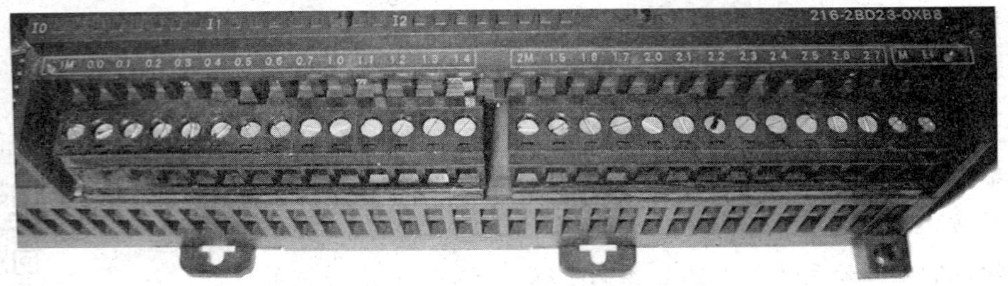

图 1-2-11 PLC 输入接线端子及传感器电源接线端子

图 1-2-12 PLC 输出接线端子及用电电源接线端子

Q0.0 ~ Q0.3、Q0.4 ~ Q1.0、Q1.1 ~ Q1.7：第一、二、三组输出继电器接线端子。

1L、2L、3L：第一、二、三组输出继电器的公共端口。输出各组之间是互相独立的，这样负载可以使用多个电压系列（如 AC 220 V、DC 24 V 等）。

•：带黑点的端子上不要外接导线，以免损坏 PLC。

⏚、N、L1：接地线、电源中线和电源相线，交流电压为 85 ~ 265 V。

2. I/O 状态指示灯

在 CPU 模块的面板下方和上方分别有一排状态指示灯（LED），分别指示输入和输出的逻辑状态。当输入或输出为高电平时，LED 亮，否则不亮。

3. 状态指示灯

在 CPU 模块的左侧有 3 个状态指示灯，分别指示 SF/DIAG（系统故障 / 诊断）状态、RUN 状态和 STOP 状态。S7-200 系列 CPU 有 RUN 和 STOP 两种操作模式，要改变操作模式有以下 3 种方法：

（1）使用 CPU 模块上的模式选择开关。如图 1-2-13 所示，打开 CPU 模块右侧的前盖，模式选择开关有 3 个转换位置：RUN、TERM（terminal，终端）和 STOP。开关拨到 RUN 位置时，CPU 模块运行程序，即 PLC 按照扫描周期循环执行用户程序，此时不能向 PLC 写入程序；开关拨到 STOP 位置时，CPU 模块停止执行用户程序，此时

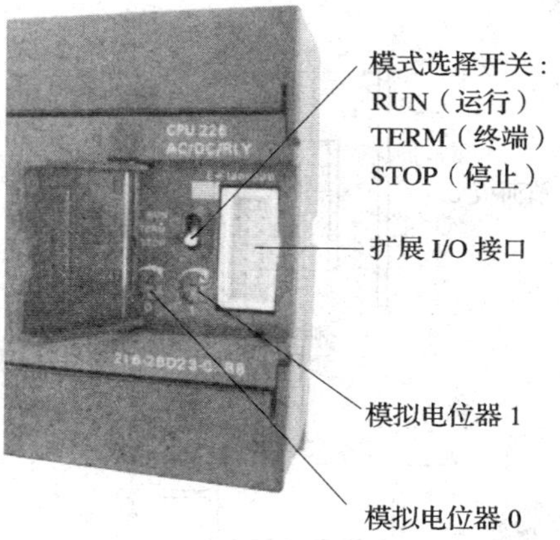

可以利用编程软件向 PLC 写入程序，也可以利用编程软件检查部分用户程序存储器内容、改变存储器内容或改变 PLC 的各种设置；开关拨到 TERM 位置时，不改变当前操作模式，此模式多用于联网的 PLC 网络或现场调试。

模式选择开关在 STOP 或 TERM 位置时，电源通电后 CPU 自动进入 STOP 模式；在 RUN 位置时，电源通电后自动进入 RUN 模式。

（2）将模式选择开关拨到 RUN 或 TERM 位置时，可以由编程软件控制 CPU 模块的运行和停止。

图 1-2-13　CPU 模块右侧前盖下的布局

（3）在程序中插入 STOP 指令，可以在条件满足时将 CPU 模块设置为停止模式。

4．可选卡插槽与可选卡

在 CPU 模块的左侧有一个可选卡插槽。可根据需要，在可选卡插槽内插入存储器卡、电池卡或时钟卡。

5．通信接口和扩展 I/O 接口

CPU 模块左侧的通信接口（CPU224XP/224XPsi/226 模块各有两个通信接口，即 PORT 0 和 PORT 1；其他模块则只有一个通信接口，即 PORT 0）是连接编程器或其他外部设备的接口，S7-200 系列 PLC 的通信接口为 RS-485 口。扩展 I/O 接口位于 CPU 模块右侧的前盖下，它是连接各种扩展模块的接口。

6．模拟电位器

CPU 模块右侧的前盖下有一个或两个模拟电位器（CPU221/222 模块各有 1 个，其他模块各有 2 个）。调节模拟电位器可以改变特殊存储器 SMB28 和 SMB29 这两个字节中的值（数值范围为 0 ~ 255），以改变程序运行时的参数，如定时器、计数器的预置值和过程量的控制参数。

二、S7-200 系列 PLC 的安装与拆卸

1．安装位置

如图 1-2-14 所示，S7-200 系列 PLC 既可以安装在控制柜背板上，也可以安装在标准 DIN 导轨上；既可以水平安装，也可以垂直安装。水平安装时 CPU 模块在所有扩展模块的左侧，垂直安装时 CPU 模块在所有扩展模块的下方。垂直安装时允许的最高环境温度比水平安装时低 10 ℃，因此建议尽量选择水平安装方式。

S7-200 系列 PLC 安装时应与高电压和电子噪声隔离开，应尽量安装在控制柜中温度较低的区域，并在其上下方都保留 25 mm 及以上的空间，以便于正常的散热，而且前面板与背板（安装板）之间的距离应在 75 mm 及以上。

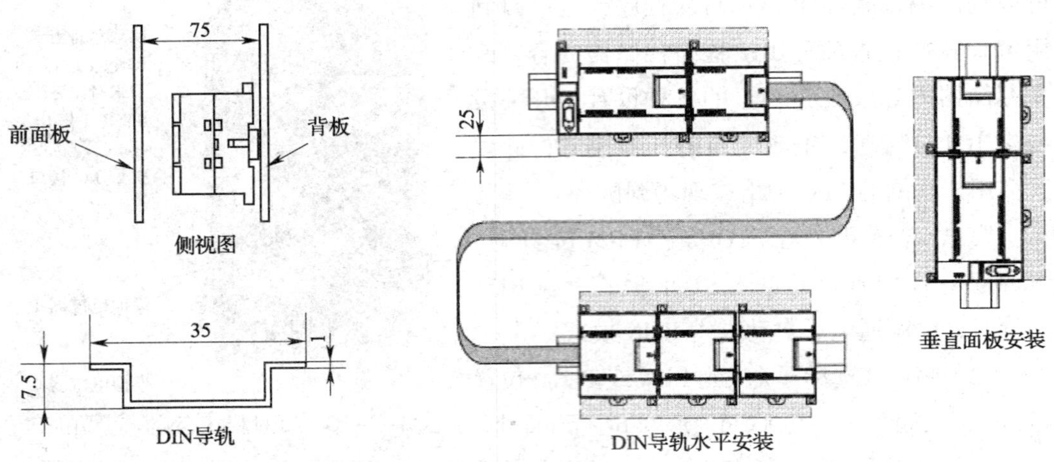

图 1-2-14　S7-200 系列 PLC 的安装方式、方向和间距

在安装 S7-200 系列 PLC 时，应留出足够的接线和连接通信电缆的空间，也可以使用 I/O 扩展通信电缆，但一套 S7-200 系列 PLC 只允许使用一根长度不超过 30 cm 的 I/O 扩展电缆。

2. 安装 CPU 模块或扩展模块

（1）面板方式安装

1）按照规定的尺寸要求定位打孔。

2）用合适的螺钉将 CPU 模块固定于背板上。注意固定螺钉时用力要适当，以防固定孔开裂。

3）如果使用了扩展模块，则应将扩展模块的扁平电缆连到其前一模块（CPU 模块或扩展模块）前盖下的扩展口中。

（2）导轨方式安装

1）将导轨固定在背板上，保持前面板与背板间距在 75 mm 及以上。

2）打开 CPU 模块底部的 DIN 夹子，将模块背部卡在 DIN 导轨上。

3）如果使用了扩展模块，则应将扩展模块的扁平电缆连到其前一模块（CPU 模块或扩展模块）前盖下的扩展口中。

4）旋转 CPU 模块使其贴近 DIN 导轨，合上 DIN 夹子，把模块固定在导轨上。

3. 拆卸 CPU 模块或扩展模块

（1）切断所有连接到要拆卸的 CPU 模块或扩展模块上的设备电源。

（2）切断并拆除 S7-200 系列 PLC 的供电电源。

（3）拆除模块上的所有连线和电缆。

（4）如果有其他模块连接到要拆卸的 CPU 模块或扩展模块上，则打开前盖，拔掉相邻模块的扁平电缆。

（5）拆掉安装螺钉或打开 DIN 夹子。

（6）拆下 CPU 模块或扩展模块。

4. 拆卸和安装端子排

为了安装和替换模块方便，S7–200 系列 PLC 的大多数 CPU 模块和扩展模块具有可拆卸的端子排，使用者不需要断开端子排上的外部连线，就可以迅速地更换模块。

（1）端子排的拆卸

1）打开端子排安装位置的上盖板。

2）把旋具插入端子块中央的槽口中。

3）按照图 1–2–15 所示方式用力下压并撬出端子排。

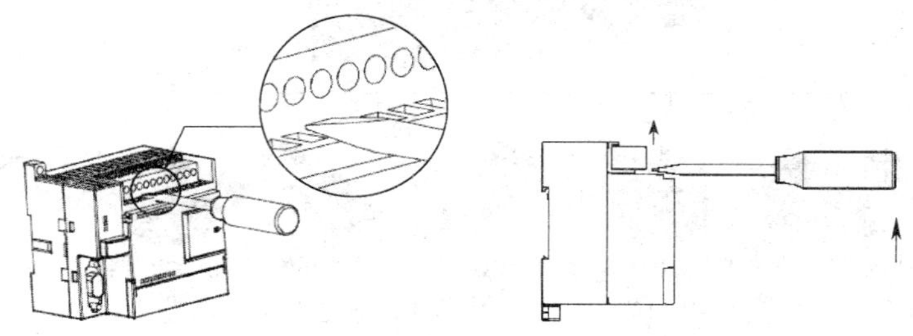

图 1–2–15 拆卸端子排

（2）端子排的重新安装

1）打开端子排安装位置的上盖板。

2）确保 CPU 模块上的插针与端子排边缘的小孔对正。

3）将端子排向下压入模块，确保端子排对准位置并锁住。

三、S7–200 系列 PLC 的接线

PLC 的接线包括输入设备的接线、输出设备的接线以及用电电源的接线等。

输入设备是 PLC 控制系统的信号输入部分，主要有按钮、开关及各种传感器等，用于发送控制指令。PLC 输出接口电路带负载的能力是有限的，它是通过执行装置，如继电器、接触器、气动与液动执行装置的电磁阀等来带动生产机械工作的，这些执行装置就是 PLC 的输出设备。PLC 常用输入、输出设备实物图如图 1–2–16 所示。

1. 输入设备的接线

S7–200 系列 CPU 模块的输入回路采用直流输入形式，既可以由外接的开关式稳压电源供电，也可以由 CPU 模块自带的传感器电源 DC 24 V（L+、M）供电（前提是不超过传感器电源的容量）。图 1–2–17 所示为 CPU226（AC/DC/RLY）模块的输入设备接线图，其中接近开关分别为二线制接近开关和三线制 PNP 型接近开关。CPU226（DC/DC/DC）模块的输入设备接线与图 1–2–17 相同。

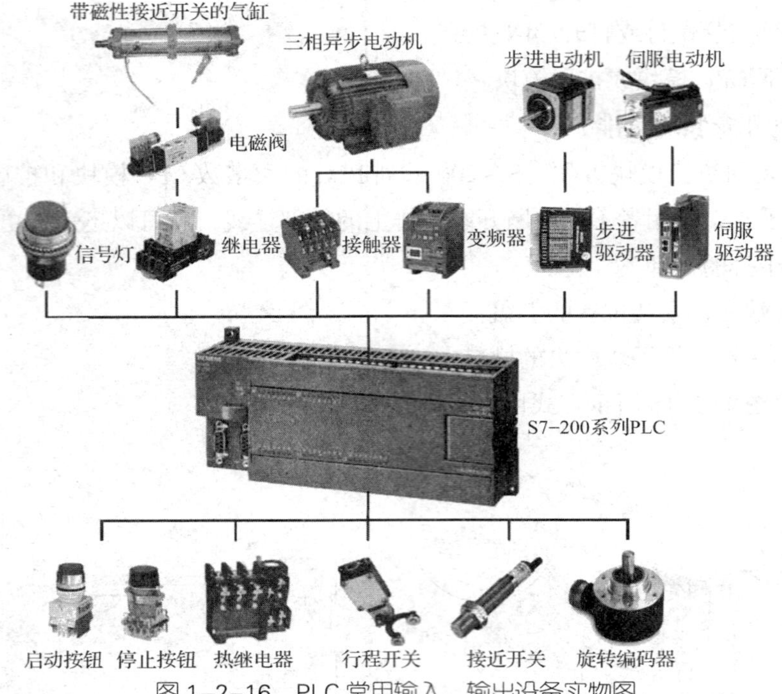

图 1-2-16　PLC 常用输入、输出设备实物图

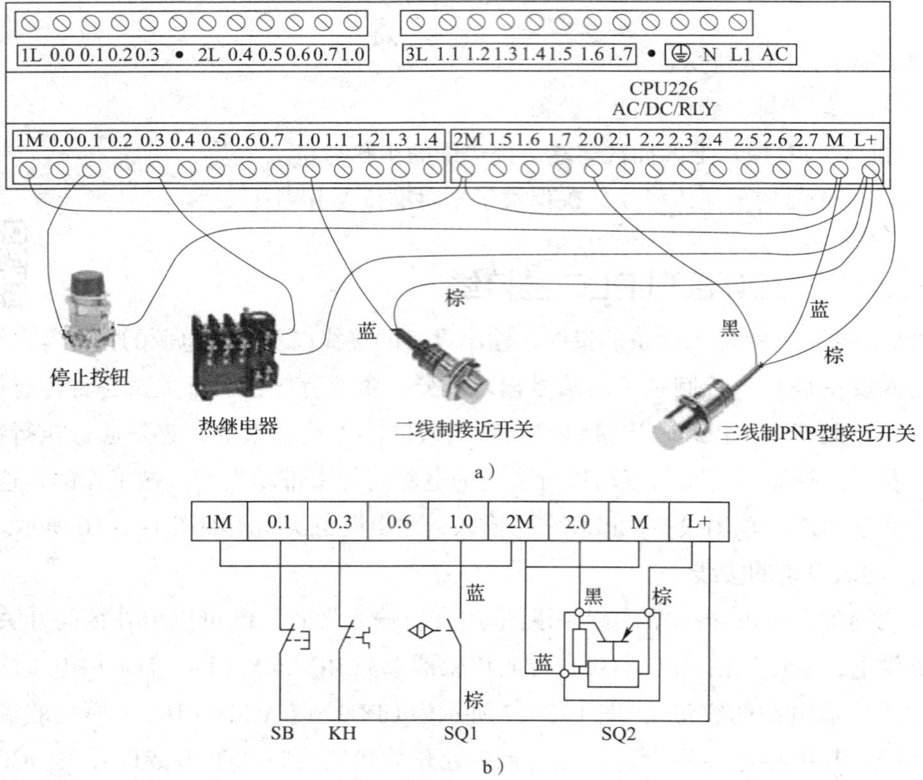

图 1-2-17　CPU226（AC/DC/RLY）模块的输入设备接线图

a）接线实物图　b）接线原理图

小提示

（1）传感器电源为CPU模块的直流输入及扩展模块供电时，可以取消输入点的外部过流保护，因为传感器电源本身具有短路保护功能。

（2）图1–2–17中，由所接直流电源的极性可知电流是流进输入端子的，西门子称之为漏型输入；如果改变所接直流电源的极性，则电流流出输入端子，西门子称之为源型输入。S7–200系列PLC四种基本型号的CPU模块都可以接成漏型输入或源型输入。

接近开关是指本身需要电源驱动，输出有一定电压和电流的开关量传感器。根据信号线的不同，接近开关可分为二线制、三线制、四线制3类。扫描右侧二维码，可了解接近开关和PLC输入端的接线方法。

2．输出设备的接线

S7–200系列PLC有3种类型的输出回路，即继电器输出型、场效应晶体管输出型和双向晶闸管输出型。其中，继电器输出型既可接交流负载也可接直流负载，场效应晶体管输出型只可接直流负载，双向晶闸管输出型只可接交流负载。

以CPU226（AC/DC/RLY）模块为例，继电器输出型CPU（AC/DC/RLY）模块的输出设备接线图如图1–2–18所示。

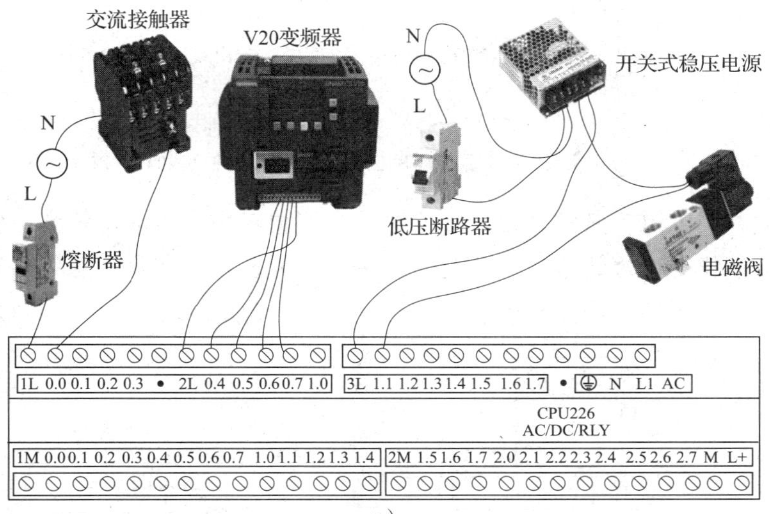

a）

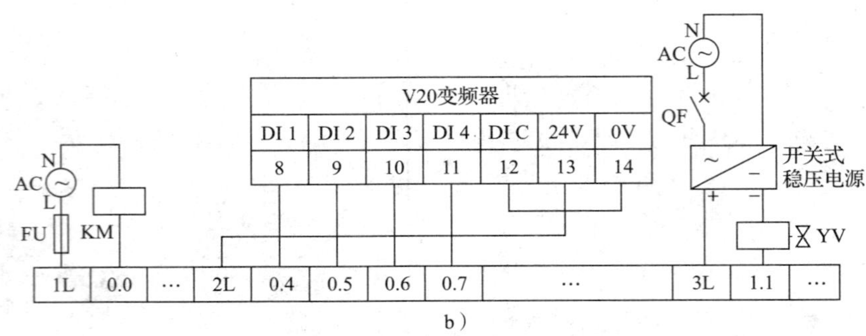

b）

图 1-2-18　CPU226（AC/DC/RLY）模块输出设备接线图

a）接线实物图　b）接线原理图

注意

（1）PLC 输出各组（包括每组输出端的公共端子）之间是互相独立的。当各输出设备（负载）使用不同的电压时，必须采用分组式输出方式，即把使用相同电源的输出设备（负载）接到同一组，以满足同一组中的输出端子必须接入同一电源的要求。

（2）当输出端接感性负载时，需根据负载的不同接入相应的保护电路：在交流感性负载两端并联 RC 串联电路（见图 1-2-19a）；在直流感性负载两端并联二极管保护电路（见图 1-2-19b）；在带低电流负载的输出端并联一个泄放电阻以避免漏电流的干扰。

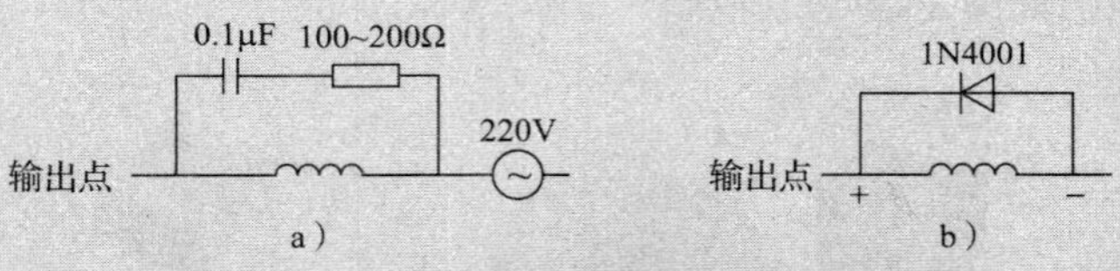

图 1-2-19　感性负载的抑制电路

a）交流感性负载的抑制电路　b）直流感性负载的抑制电路

（3）为了保护 PLC 输出点，建议先使用中间继电器转换，然后再接接触器、电磁阀等感性负载。如果需要带大功率负载，则必须使用中间继电器转换，再接大功率负载，如图 1-2-20 所示。

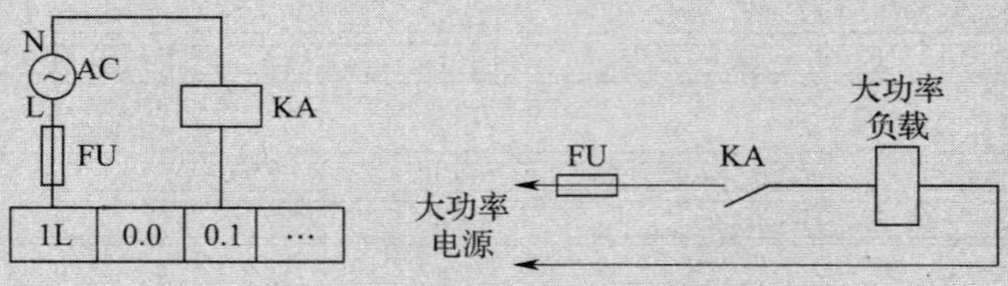

图 1-2-20　通过中间继电器转换再连接大功率负载

（4）PLC 内部没有熔断器，为防止因负载短路而造成输出接口电路短路，应在输出接口电路中外接熔断器。

以 CPU226（DC/DC/DC）模块为例，场效应晶体管输出型 CPU（DC/DC/DC）模块的输出设备接线图如图 1-2-21 所示。

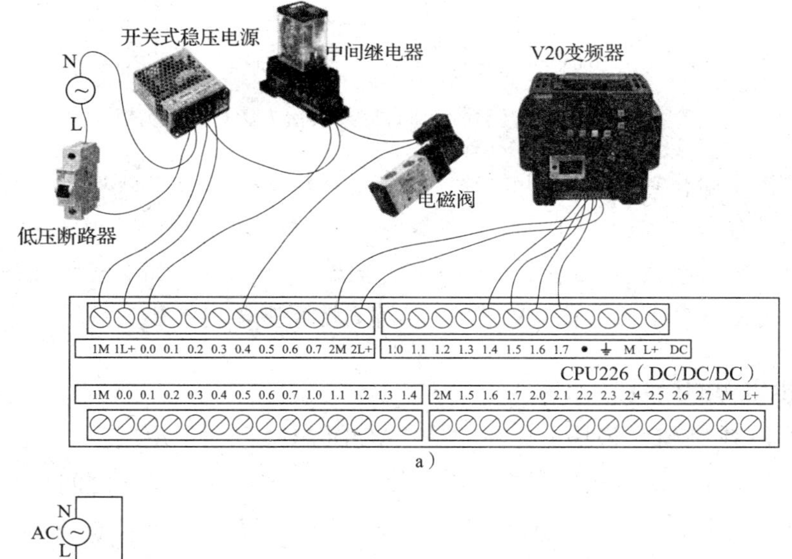

a）

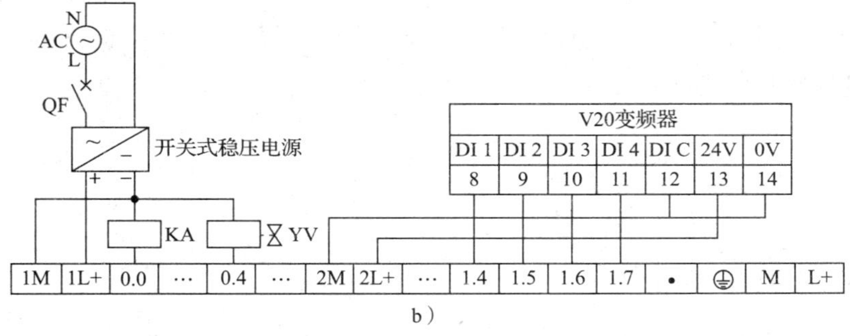

b）

图 1-2-21 CPU226（DC/DC/DC）模块的输出设备接线图

a）接线实物图 b）接线原理图

注意

（1）在进行场效应晶体管输出型 PLC 的输出端接线时，不能接入交流电源，否则将导致 PLC 输出端的内部电路损坏，严重时会损坏 PLC。接入直流电源时，其极性不能接反，否则将导致直流负载无法驱动。1M、2M 必须和直流电源的负极（0 V）连接，否则不能形成回路。

（2）在输出点允许的电流范围内，场效应晶体管输出型 PLC 可以直接接直流接触器、电磁阀等，建议同时在直流接触器、电磁阀的两端反向并联一个二极管。为了保护场效应晶体管的输出点，一般建议先用中间继电器转换，然后再接直流接触器、电磁阀等输出设备。如果需要带大功率交流负载，必须先接中间继电器，再通过中间继电器触点连接大功率交流负载，如图 1-2-22 所示。

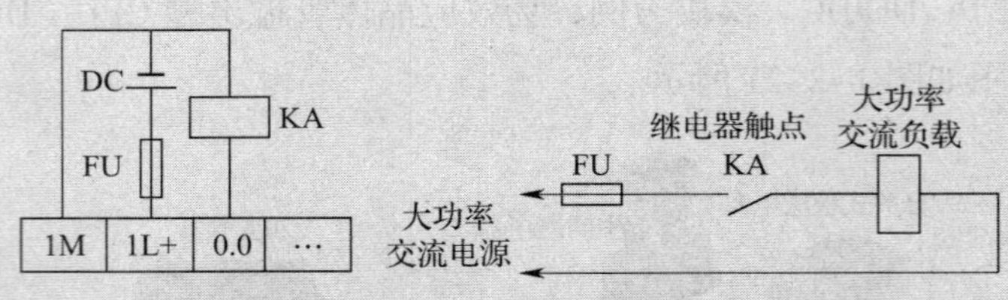

图 1-2-22　通过中间继电器触点连接大功率交流负载

（3）由于输出回路接通时，Q0.0 等输出端输出高电位（+24 V），因此尽管开关元件已经采用 MOSFET 而不是晶体管，但仍常称之为 PNP 型接法（西门子称之为源型输出接法）。目前，S7-200 系列 PLC 只有 CPU224XPsi 模块采用 NPN 型接法（输出端输出低电位 0 V，西门子称之为漏型输出接法）。

3. 用电电源的接线

当 S7-200 系列 CPU 模块上标注的是“AC/DC/RLY”时，AC 表示只能用交流电源给 PLC 供电，交流电源接在如图 1-2-23a 所示的 L1 端子和 N 端子之间。当 S7-200 系列 CPU 模块上标注的是“DC/DC/DC”时，第一个 DC 表示只能用直流电源给 PLC 供电，直流电源接在如图 1-2-23b 所示的 L+ 端子和 M 端子之间。

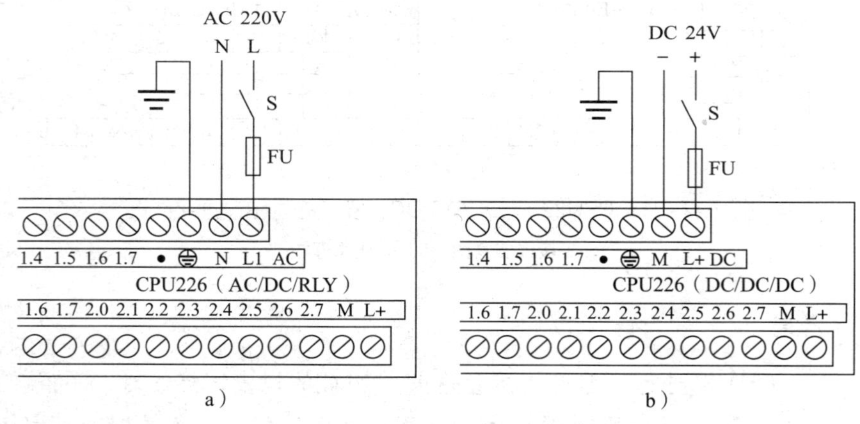

图 1-2-23　PLC 用电电源接线图
a）CPU（AC/DC/RLY）模块　b）CPU（DC/DC/DC）模块

注意

（1）交流电源电压不能超过 PLC 电压的允许范围 AC 85 ~ 264 V。为防止电源电压波动过大或过强的噪声干扰导致整个控制系统瘫痪，可采取隔离变压器等有效措施。直流电源电压不能超过 PLC 电压的允许范围 DC 20.4 ~ 28.8 V。

（2）按照接地线、电源中线、相线的顺序依次接线。其中，PLC 的接地线应为专用接地线并单独接地；用低压断路器（或单极开关加熔断器）将电源与 PLC、所有的输入电路和输出（负载）电路隔离，且相线要经过低压断路器（或单极开关加熔断器）。

（3）使用独立于 S7-200 系列 PLC 的急停功能、机电互锁或者其他冗余的安全措施。

四、S7-200 系列 PLC 安装与接线训练

1. 接线图

参考图 1-2-24 所示接线原理图进行 S7-200 系列 CPU 模块的安装与接线。

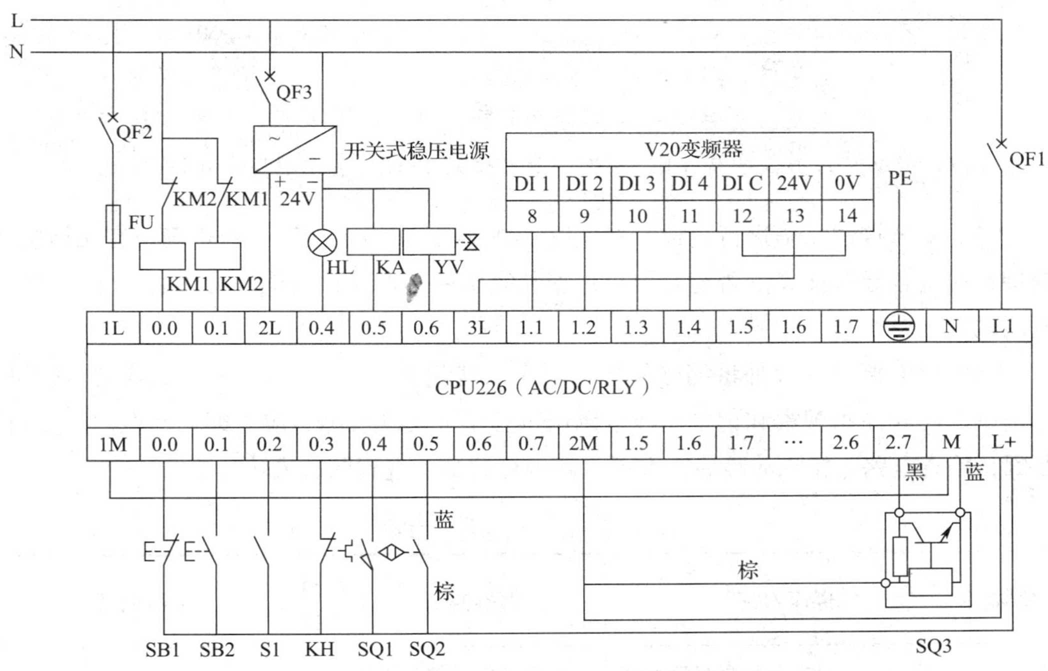

图 1-2-24　S7-200 系列 CPU 模块接线原理图

小提示

S7-200 系列 PLC 的输入端子是分组且各组之间相互独立的，同一组输入端子只能采用一种输入接法（源型输入或漏型输入），但不同组输入端子可以采用不同的输入接法。例如，图 1-2-24 中的第一组采用漏型输入，而第二组则采用源型输入。另外，由于第二组的 NPN 型接近开关已经采用源型输入，如果第二组还有其他输入设备，那么这些设备为适应 NPN 型接近开关只能采用源型输入接法。

2. 步骤及工艺要求

（1）配齐元器件，并检查质量。

（2）列出 I/O 地址分配表。要求列出输入 / 输出设备的名称、文字符号、地址和作用。

（3）绘制元器件布置图，布置和固定元器件。要求元器件布置整齐、匀称、合理，固定牢靠，并贴上醒目的文字符号。

（4）绘制实际接线图，按照工艺要求接线。首先要熟悉输入 / 输出设备的接线原理和方法，再根据图 1–2–24 所示接线原理图绘制实际接线图，最后按照由内到外、横平竖直的原则接线，要求接线紧固、不反圈、不压绝缘皮、不露铜过长、不损伤导线绝缘或线芯、线号编码正确齐全。

操作提示

在三线制 NPN 型（PNP 型）接近开关与 PLC 输入端的接线过程中，不能将电源线和输出线接反，这是因为三线制 NPN 型（PNP 型）接近开关输出的是低（高）电平，如果接反输入端将无法获取接近开关输出的信号。正确接线方法是：将接近开关输出低（高）电平的一端接到 PLC 的输入端，另外两端（BN、BU）分别接到 PLC 的传感器电源（L+、M）上。

（5）安装接线完毕进行自检。对照图 1–2–24 认真检查接线是否正确，有无错接、漏接；检查各导线接点是否符合要求；安装完毕后必须经检查确保无误后，才允许通电调试。

（6）通电调试（教师将编好的控制程序下载到 PLC 中）。按照表 1–2–4 的步骤进行调试，同时注意观察和记录。通电调试过程中如出现故障，应立即切断电源，分析原因，检查电路。排除故障后，方可重新进行调试，直到调试成功为止。

表 1–2–4　安装调试步骤

步骤	操作内容	观察内容	观察结果	思考内容
1	根据接线原理图绘制实际接线图	元器件布置及绘图规范和正确情况		绘图工艺要求
2	检查元器件质量	元器件质量		元器件检查方法
3	布置和固定元器件	元器件布置和固定情况		布置和固定元器件工艺要求
4	接线	接线工艺规范和正确情况		输入 / 输出接线方法
5	断电检测（万用表电阻挡）	电阻阻值及通断情况		输入 / 输出电路原理

续表

步骤	操作内容	观察内容	观察结果	思考内容
6	模式选择开关拨至 STOP 位置，合上 PLC 电源开关 QF1	“STOP”“RUN”和 I/O 指示灯状态及输出设备得电情况		（1）输入 / 输出回路的工作原理及 PLC 的工作模式和工作原理 （2）磁性接近开关在感应到物体时，自身的指示灯不亮，但是 PLC 的输入指示灯却正常发光的原因
7	模式选择开关拨至 RUN 位置，操作输入设备			
8	模式选择开关拨至 STOP 位置，合上负载电源开关 QF2 和 QF3			
9	模式选择开关拨至 RUN 位置，操作输入设备			
10	模式选择开关拨至 STOP 位置			
11	关断电源开关 QF1、QF2 和 QF3			

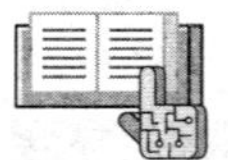

任务测评

任务测评见表 1-2-5。

表 1-2-5 任务测评表

序号	考核内容	配分	考核要求	评分标准	扣分	得分
1	分配 I/O 地址	10	正确分配 I/O 地址	I/O 地址分配错误或遗漏，每处扣 1 分		
2	绘制 PLC 实际接线图	20	正确绘制 PLC 实际接线图	（1）PLC 实际接线图绘制有误或画法不规范，每处扣 2 分 （2）图形符号和文字符号用法错误，每处扣 1 分		
3	安装接线	50	按照 PLC 实际接线图安装接线，元器件布置合理，不损坏元器件，安装牢固，配线符合工艺要求	（1）损坏元器件，每个扣 5 分 （2）元器件布置不整齐匀称、不合理，每个扣 2 分 （3）元器件安装不牢固，漏装木螺钉或螺母等，每个扣 2 分 （4）布线不紧固、不美观，每根扣 2 分 （5）反圈、压绝缘皮、损伤导线绝缘或线芯，每根扣 2 分 （6）线号标记遗漏、误标或不清楚，每处扣 1 分 （7）不按 PLC 实际接线图安装接线，每处扣 5 分		

续表

序号	考核内容	配分	考核要求		评分标准	扣分	得分
4	通电调试	20	按照要求正确进行通电调试，并正确记录“STOP”“RUN”、I/O指示灯的状态及输出设备得电情况		（1）不会通电调试，扣20分 （2）通电调试步骤不正确，每次扣5分 （3）记录“STOP”“RUN”、I/O指示灯状态及输出设备得电情况错误，每处扣1分		
5	安全与文明生产		遵守国家相关专业安全与文明生产规程		违反安全与文明生产规程，酌情扣分		
开始时间				结束时间		成绩	

任务3　可编程序控制器编程软件的使用

学习目标

1. 了解PLC用户程序结构，熟悉PLC编程元件和编址方式。
2. 了解PLC的指令及数据类型。
3. 掌握STEP7-Micro/WIN V4.0编程软件的使用方法。
4. 能采用梯形图程序输入法输入PLC控制程序，并能用梯形图程序状态监控及强制数值方法模拟调试PLC控制程序。

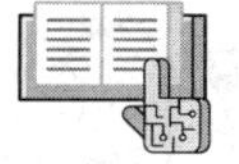

任务引入

图1-3-1所示为三相异步电动机点动正转控制线路，其中，图a为原理图，图b为控制时序图。点动正转控制线路适用于电动机短时间运转操作。

本任务要求将如图1-3-1所示传统的继电器控制方式改为PLC控制方式，完成三相异步电动机点动正转PLC控制线路的设计、安装和调试。控制要求如下：

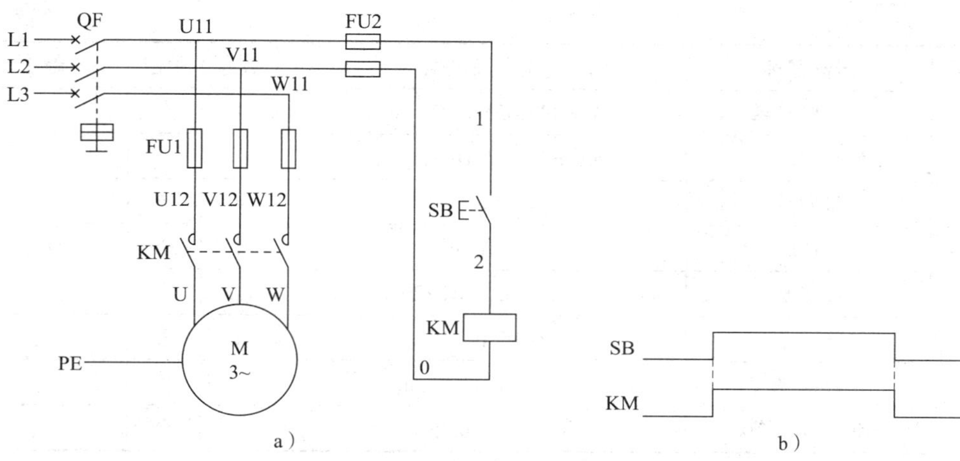

图 1-3-1 三相异步电动机点动正转控制线路

a）原理图 b）控制时序图

1. 按下点动按钮 SB，接触器 KM 线圈得电，电动机 M 启动运转。松开点动按钮 SB，接触器 KM 线圈失电，电动机 M 失电停转。

2. 具有短路保护等必要的保护措施。

利用 PLC 改造继电器控制线路主要是针对控制电路（主电路一般保持不变），即用 PLC 的外部硬件接线和 PLC 存储的程序控制逻辑（如语句表、梯形图等）来代替继电器电路，以实现继电器电路的硬件接线所表达的控制逻辑。

本任务中，点动按钮 SB 属于 PLC 的输入设备，产生输入控制指令，应与 PLC 的输入端子相连接；接触器 KM 线圈属于输出设备（即负载），应与 PLC 的输出端子相连接。由于 S7-200 系列 PLC（继电器输出型）输出端子允许的额定电压为 AC 250 V，因此，需要将图 1-3-1 中接触器 KM 线圈的额定电压由 AC 380 V 改为 AC 220 V，以适应 PLC 输出端子的电压要求。

对于电动机点动正转控制线路中点动按钮 SB 和接触器 KM 线圈之间的简单逻辑关系，根据表 1-1-2 所示 PLC 等效继电器与继电器电路的电气符号对照关系即可设计出 PLC 控制程序。本任务的重点是学习使用编程软件编写控制程序并完成程序的调试。

实施本任务所使用的实训设备可参考表 1-3-1。

表 1-3-1 实训设备清单

序号	设备名称	型号及规格	数量	单位	备注
1	微型计算机	带 STEP7-Micro/WIN 软件	1	台	
2	编程电缆	PC/PPI	1	条	
3	可编程序控制器	CPU226（AC/DC/RLY）	1	台	配 C45 导轨

续表

序号	设备名称	型号及规格	数量	单位	备注
4	低压断路器	Multi9 C65N D20，单极	1	个	
5	低压断路器	Multi9 C65N D20，三极	1	个	
6	熔断器	RT28-32/4	4	个	
7	按钮	LA19	1	个	绿色
8	接触器	CJ10-10，AC 220 V	1	个	
9	接线端子排	TB-1510，10 位	1	条	
10	配电盘	600 mm × 900 mm	1	块	
11	三相异步电动机	Y801-4，0.75 kW	1	台	

相关知识

一、PLC 的用户程序结构

S7-200 系列 PLC 用户程序由主程序、子程序和中断程序组成。

1. 主程序（OB1）

主程序是程序的主体，每个项目都必须有且只有一个主程序，在主程序中可以调用子程序和中断程序。主程序通过指令控制整个应用程序的执行，每次 CPU 扫描都要执行一次主程序。

2. 子程序（SBR0 ~ SBR63）

子程序是一个可选的指令集合。子程序最多可以有 64 个，仅在被主程序、中断程序或其他子程序调用时执行。同一子程序可以在不同的地方被多次调用，使用子程序可以简化程序代码并减少扫描时间。

3. 中断程序（INT0 ~ INT127）

中断程序也是一个可选的指令集合。中断程序最多可以有 128 个。中断程序不被主程序调用，而是在中断事件（包括输入中断、定时中断、高速计数器中断、通信中断等）发生时由 PLC 的操作系统调用。中断程序用来处理预先规定的中断事件，因为不能预知何时会出现中断事件，所以不允许中断程序改写可能在其他程序中使用的存储器。

二、PLC 的编程元件及编址方式

1. 编程元件

在系统软件的管理下，PLC 将用户程序存储器的数据存储区划分为若干个区域，并将这些区域赋予不同的功能，由此组成了各种内部器件，这些内部器件就是 PLC 的编程元件。PLC 编程元件的种类和数量因不同厂家、不同系列、不同规格而异。编程元件的种类及数量越多，其功能就越强。S7–200 系列 PLC 的编程元件沿用了传统继电器控制线路中继电器的名称，并根据其功能分别称为输入继电器（即输入映像寄存器）I、输出继电器（即输出映像寄存器）Q、辅助继电器（即位存储器）M、特殊辅助继电器（即特殊位存储器）SM、定时器 T、计数器 C、变量存储器 V、顺序控制继电器 S、局部变量存储器 L、模拟量输入继电器（即模拟量输入映像寄存器）AI、模拟量输出继电器（即模拟量输出映像寄存器）AQ、累加器 AC 和高速计数器 HC 等。

值得注意的是，在 PLC 的内部并不存在这些实际的物理器件，与其对应的只是用户程序存储器的数据存储区中各存储区域。一个继电器对应存储器的一个基本单元，即 1 位二进制数；多个继电器对应多个基本单元，8 个基本单元构成一个 8 位二进制数，即 1 个字节，正好占用存储器的一个存储单元；连续两个存储单元构成一个 16 位二进制数，即一个字；连续的两个字构成一个双字。各种编程元件，各自占有一定数量的存储单元。使用这些编程元件，实质上就是对相应存储器的存储内容以位、字节、字或双字的形式进行存取。

2. 编址方式

存储器由许多存储单元组成，每个存储单元都有唯一的地址，可以根据存储器地址来存取数据。存储器的单位可以是位、字节、字、双字，编址方式可以是位编址、字节编址、字编址和双字编址。

（1）位编址

位编址即存储器标识符 + 字节地址 + 位号，也称为“字节 . 位”编址，如 I0.1、M0.0、Q0.3 等。如图 1–3–2 所示，I3.4 表示图中黑色标记的位地址，I 是存储器标识符，3 是字节地址，4 是位号，在字节地址 3 和位号 4 之间用点号“. ”隔开。

按照“字节 . 位”编址方式编址的存储器有：I、Q、M、SM、L、V 和 S。

图 1–3–2　位地址 I3.4 的表达方式

（2）字节、字和双字编址

字节、字、双字编址方式见表 1–3–2。

表 1–3–2　字节、字、双字编址方式

编址方式	编址示例
字节编址	MSB 7　LSB 0 VB100：VB100 V B 100 —— 字节地址 B：按字节编址 V：存储器标识符
字编址	MSB 15　8 7　LSB 0 VW100：VB100 | VB101 V W 100 —— 起始字节地址 W：按字编址 V：存储器标识符
双字编址	MSB 31　24 23　16 15　8 7　LSB 0 VD100：VB100 | VB101 | VB102 | VB103 V D 100 —— 起始字节地址 D：按双字编址 V：存储器标识符

小提示

变量存储器 V 主要用于存储变量，可以存放数据运算的中间运算结果或设置参数。在进行数据处理时，会经常用到变量存储器。变量存储器可以是位编址，也可以是字节、字、双字编址。其中，位编址的编号范围根据 CPU 型号的不同而有所差异，CPU221/222 为 V0.0 ~ V2 047.7 共 2 KB 存储容量，CPU224 为 V0.0 ~ V8 191.7 共 8 KB 存储容量，CPU224XP/224XPsi/226 为 V0.0 ~ V10 239.7 共 10 KB 存储容量。

字节编址：存储器标识符 +B+ 字节地址，如 IB0、QB0、VB100 等。

字编址：存储器标识符 +W+ 起始字节地址，如 VW100 表示 VB100、VB101 这两个字节组成的字，其中 VB100 是高有效字节，VB101 是低有效字节。

双字编址：存储器标识符 +D+ 起始字节地址，如 VD100 表示由 VW100、VW102 这两个字组成的双字或由 VB100、VB101、VB102、VB103 这 4 个字节组成的双字，其中 VB100 是最高有效字节，VB103 是最低有效字节。

按照字节、字和双字编址方式编址的存储器有：I、Q、M、SM、L、V、S、AI 和 AQ。

（3）其他编址方式

数据存储区域还包括 T、C、AC、HC 等，它们是模拟相关的电气元件。由于数量很少，所以不用指出它们的字节，而是直接写出其编号，其编址方式为：区域标识符＋元件号。例如，T24 表示某定时器的地址，T 是定时器的标识符，24 是定时器号。T、C 和 HC 的地址编号中各包含两个相关变量信息，例如，T24 既表示 T24 定时器的位状态，又表示此定时器的当前值。

三、PLC 的指令及数据类型

1. 指令

PLC 的指令一般由操作码和操作数两部分组成。操作码用助记符表示，它指示 CPU 要完成的操作，如逻辑运算、算术运算、定时、计数、传送、移位等；操作数则指定操作的对象或执行该操作所需的数据，通常为编程元件或常数，如输入继电器、输出继电器、辅助继电器、定时器、计数器、顺序控制继电器以及定时器、计数器的设定值等。需要注意的是，有的指令没有操作数，有的指令可能有几个操作数。S7-200 系列 PLC 的操作数范围见表 1-3-3。

表 1-3-3 S7-200 系列 PLC 的操作数范围

<table>
<tr><th>存取方式</th><th>CPU221</th><th>CPU222</th><th>CPU224</th><th>CPU224XP
CPU224XPsi</th><th>CPU226</th></tr>
<tr><td rowspan="3">位存取
（字节.位）</td><td colspan="5">I0.0 ~ I15.7 Q0.0 ~ Q15.7 M0.0 ~ M31.7 T0 ~ T255 C0 ~ C255 L0.0 ~ L63.7 S0.0 ~ S31.7</td></tr>
<tr><td colspan="2">V0.0 ~ V2 047.7</td><td>V0.0 ~ V8 191.7</td><td colspan="2">V0.0 ~ V10 239.7</td></tr>
<tr><td>SM0.0 ~ SM179.7</td><td>SM0.0 ~ SM299.7</td><td colspan="3">SM0.0 ~ SM549.7</td></tr>
<tr><td rowspan="3">字节存取</td><td colspan="5">IB0 ~ IB15 QB0 ~ QB15 MB0 ~ MB31 SB0 ~ SB31 LB0 ~ LB63 AC0 ~ AC3</td></tr>
<tr><td colspan="2">VB0 ~ VB2 047</td><td>VB0 ~ VB8 191</td><td colspan="2">VB0 ~ VB10 239</td></tr>
<tr><td>SMB0 ~ SMB179</td><td>SMB0 ~ SMB299</td><td colspan="3">SMB0 ~ SMB549</td></tr>
<tr><td rowspan="4">字存取</td><td colspan="5">IW0 ~ IW14 QW0 ~ QW14 MW0 ~ MW30 SW0 ~ SW30 T0 ~ T255 C0 ~ C255 LW0 ~ LW62 AC0 ~ AC3</td></tr>
<tr><td colspan="2">VW0 ~ VW2 046</td><td>VW0 ~ VW8 190</td><td colspan="2">VW0 ~ VW10 238</td></tr>
<tr><td>SMW0 ~ SMW178</td><td>SMW0 ~ SMW298</td><td colspan="3">SMW0 ~ SMW548</td></tr>
<tr><td></td><td>AIW0 ~ AIW30
AQW0 ~ AQW30</td><td colspan="3">AIW0 ~ AIW62 AQW0 ~ AQW62</td></tr>
<tr><td rowspan="3">双字存取</td><td colspan="5">ID0 ~ ID12 QD0 ~ QD12 MD0 ~ MD28 SD0 ~ SD28 LD0 ~ LD60 AC0 ~ AC3 HC0 ~ HC5</td></tr>
<tr><td colspan="2">VD0 ~ VD2 044</td><td>VD0 ~ VD8 188</td><td colspan="2">VD0 ~ VD10 236</td></tr>
<tr><td>SMD0 ~ SMD176</td><td>SMD0 ~ SMD296</td><td colspan="3">SMD0 ~ SMD546</td></tr>
</table>

PLC 的指令可分为基本指令和功能指令。基本指令一般包含位逻辑指令、定时器指令、计数器指令等，是使用频率最高的指令。功能指令则是为数据运算及一些特殊功能设置的指令，如传送、移位、比较、转换、数学运算、逻辑操作、中断及高速处理等。

西门子 S7–200 系列 PLC 有 16 大类约 160 条指令。可扫描右侧二维码，了解 S7–200 的 SIMATIC 指令集。

2. 数据类型

PLC 的编程语言中，大多数指令要与数据对象一起进行操作。不同的数据对象具有不同的数据类型，S7–200 系列 PLC 的数据类型可以是布尔型（0 或 1）、字节型、整数型、实数型（浮点数）或字符串型，其数值范围见表 1–3–4。

表 1–3–4　S7–200 系列 PLC 的数据类型及数值范围

数据类型		位数	数值范围
布尔型（BOOL）		1	位范围：0，1
无符号数	字节型（BYTE）	8	字节范围：0 ~ 255
	整数型（WORD）	16	整数范围：0 ~ 65 535
	双整数型（DWORD）	32	双字整数范围：0 ~（2^{32}–1）
有符号数	字节型（BYTE）	8	字节范围：–128 ~ 127
	整数型（INT）	16	整数范围：–32 768 ~ 32 767
	双整数型（DINT）	32	双字整数范围：–2^{31} ~（2^{31}–1）
实数型（REAL）		32	±1.175 495 × 10^{-38} ~ ±3.402 823 × 10^{38}（ANSI/IEEE754–1 985 浮点数）
字符串型		32	每个字符以字节形式存储，最大长度为 255 个字节，第一个字节定义该字符串的长度

编程中经常会使用常数，常数数据长度可以字节、字和双字为单位。在机器内部，数据都是以二进制的形式存储的，但常数的书写可以用二进制、十进制、十六进制、ASCII 码或浮点数（实数）等多种形式。关于几种常数形式的说明如下：

（1）二进制的书写格式为“2# 二进制数值”，如 2#0001010110101100。

（2）十进制的书写格式为“十进制数值”，如 2 138。

（3）十六进制的书写格式为“16# 十六进制数值”，如 16#3BD7。

（4）ASCII 码的书写格式为“ASCII 码文本”，如 show terminus。

（5）浮点数的书写格式按 IEEE 浮点数格式，如 10.8。

小提示

"#"为常数的进制格式说明符，如果常数无任何格式说明符，则系统默认为十进制数，浮点数的书写必须有小数点。

四、STEP7-Micro/WIN V4.0 编程软件的使用

STEP7-Micro/WIN V4.0 编程软件是基于 Windows 操作系统的应用软件，由西门子公司专为 S7-200 系列 PLC 研制开发。该软件功能强大，界面友好，有联机帮助功能，既可用于开发用户程序，又可实时监控用户程序的执行状态。

STEP7-Micro/WIN V4.0 编程软件的主界面如图 1-3-3 所示。

图 1-3-3　STEP7-Micro/WIN V4.0 编程软件主界面

1．标题栏

标题栏用来显示当前程序的标题。当打开或创建了一个程序时，标题栏显示当前正在编辑的程序名称。

2．菜单栏

菜单栏有"文件（File）""编辑（Edit）""查看（View）""PLC""调试（Debug）""工具（Tools）""窗口（Windows）"和"帮助（Help）"八个菜单，其功能分别如下：

（1）“文件”菜单可完成新建、打开、关闭、保存文件、导入和导出、上载（上传）和下载程序、文件的页面设置、打印预览和打印设置等操作。

（2）“编辑”菜单提供编辑程序用的各种工具，如选择、剪切、复制、粘贴程序块或数据块的操作，以及查找、替换、插入、删除和快速光标定位等功能。

（3）“查看”菜单用于设置编程软件的开发环境，如打开和关闭其他辅助窗口（如引导窗口、指令树、工具栏等），执行引导窗口的所有操作项目，选择不同语言的编程器（LAD、STL 或 FBD），设置三种程序编辑器的风格（如字体、指令盒的大小等）。

（4）“PLC”菜单用于实现与 PLC 联机时的操作，如改变 PLC 的工作方式、在线编译、清除程序和数据、查看 PLC 的信息以及 PLC 的类型选择和通信设置等。

（5）“调试”菜单用于联机调试。

（6）“工具”菜单用于调用复杂指令（如 PID 指令、NETR/NETW 指令和 HSC 指令），安装文本显示器 TD200，改变用户界面风格（如设置按钮及按钮样式、添加菜单）。用“选项”子菜单可以设置三种程序编辑器的风格（如语言模式、颜色等）。

（7）“窗口”菜单的功能是打开一个或多个窗口，并进行窗口间的切换。此外，该菜单还可以设置窗口的排放方式（如水平、垂直或层叠）。

（8）“帮助”菜单用于检索各种帮助信息，并提供网上查询功能。在软件操作过程中，可随时按 F1 键来显示在线帮助。

3. 工具栏

工具栏是一种代替命令或下拉菜单的便利工具，如图 1–3–4 所示，它将 STEP7–Micro/WIN V4.0 编程软件最常用的操作以按钮形式设定到工具栏中，以提供简便的鼠标操作。利用“查看”菜单中的“工具栏”选项可显示或隐藏“标准”“调试”“公用”和“指令”四个工具栏。

图 1–3–4　工具栏

（1）“标准”工具栏中的按钮依次是“新建项目”“打开项目”“保存项目”“打印”“打印预览”“剪切”“复制”“粘贴”“撤销”“编译”“全部编译”“上载”“下载”“升序排列”“降序排列”和“选项”按钮。

（2）“调试”工具栏中的按钮依次是“运行”“停止”“程序状态监控”“暂停程序状态监控”“状态表监控”“趋势图”“暂停趋势图”“单次读取”“全部写入”“强制”“取消强制”“取消全部强制”和“读取全部强制”按钮。

（3）“公用”工具栏中的按钮依次是“插入网络”“删除网络”“切换 POU（program organizational unit，程序组织单元）注释”“切换网络注释”“切换符号信息表”“切换书签”“下一个书签”“上一个书签”“清除全部书签”“应用项目中的所带符号”和“建立未定义符号表”按钮。

（4）“指令”工具栏中的按钮依次是“向下连线”“向上连线”“向左连线”“向右连线”“触点”“线圈”和“指令盒”按钮。

4. 浏览条

在编程过程中，浏览条提供快速切换窗口的功能，可用菜单栏中的“查看”→“框架”→“浏览条”选项控制是否打开浏览条。浏览条中包括了“查看”和“工具”两个组件框。其中，“查看”组件框含有以下八种组件。

（1）程序块（program block）

由可执行的程序代码和注释组成。可执行的程序代码由主程序、可选的子程序和中断程序组成。代码被编译并下载到 PLC 中时，程序注释被忽略。

（2）符号表（symbol table）

用来建立自定义符号与绝对地址间的对应关系，并可附加注释，使用户可以使用具有实际含义的符号作为编程元件，增强程序的可读性。当程序被编译并下载到 PLC 中时，所有的自定义符号都将被忽略并转换成绝对地址。

（3）状态表（status chart）

用于联机调试时监控指定的内部变量的状态和当前值。状态表仅仅是监控用户程序运行情况的一种工具，并不会被下载到 PLC 中。使用者只需要在地址栏中写入变量地址，并在数据格式栏中标明变量的类型，就可以在运行时监控这些变量的状态和当前值。

（4）数据块（data block）

由数据（存储器的初始值和常数值）和注释组成，可以对变量寄存器 V 进行初始数据的赋值或修改，并可附加必要的注释。数据被编译并下载到 PLC 中时，注释被忽略。数字量控制系统一般只有主程序，不使用子程序、中断程序和数据块。

（5）系统块（system block）

主要用于系统组态。系统组态主要包括设置数字量或模拟量输入滤波、设置脉冲捕捉、配置输出表、定义存储器保持范围、设置密码和通信参数等。

（6）交叉引用（cross reference）

可以列举出程序中使用的各操作数在哪一个程序块的什么位置出现，以及使用它们的指令助记符。可以查看哪些内存区域已经被使用，作为位使用还是作为字节使用等。在运行方式下编辑程序时，还可以查看程序正在使用的跳变信号的地址。交叉引用表不能下载到 PLC 中，程序编译成功后才能看到交叉引用表的内容。在交叉引用表中双击某个操作数时，可以显示含有该操作数的对应程序。

（7）通信（communications）

可用来建立计算机与PLC之间的通信连接，并进行通信参数的设置和修改。

（8）设置PG/PC接口

单击浏览条中的“设置PG/PC接口”按钮，弹出“设置PG/PC接口”对话框，再单击该对话框中的“属性”按钮，可以为STEP7–Micro/WIN选择网络地址和比特率。

用指令树或菜单栏中的“查看”→“组件”选项，也可以实现浏览条中各组件窗口的切换。

5. 指令树

指令树提供编程所用到的所有命令和PLC指令的快捷操作。可以用菜单栏中的“查看”→“框架”→“指令树”选项控制是否打开指令树。

6. 输出窗口

该窗口用来显示程序编译的结果信息，如各程序块的大小、编译结果有无错误以及错误编码和出错位置。输出窗口可用菜单栏中的“查看”→“框架”→“输出窗口”选项控制其是否打开。

7. 状态栏

状态栏也称任务栏，用来显示软件执行情况，编辑程序时显示光标所在的网络号、行号和列号，运行程序时显示运行的状态、通信比特率和远程地址等信息。

8. 程序编辑器

可以用梯形图、语句表或功能块图程序编辑器编写和修改用户程序。程序编辑器包含局部变量表和程序视图（梯形图、语句表和功能块图）窗口。用户可以拖动分割条，扩展程序视图，并覆盖局部变量表。当用户在主程序之外建立子程序或中断程序时，标记出现在程序编辑器窗口的底部。可单击该标记，在子程序、中断程序和主程序之间切换。

9. 局部变量表

每个程序块都对应一个局部变量表，在调用带参数的子程序时，参数的传递就通过局部变量表进行。局部变量表包含对局部变量所作的赋值（即子程序和中断程序使用的变量）。

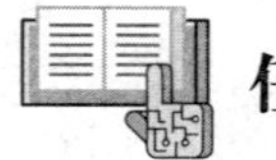

任务实施

一、选配PLC

根据控制要求，本任务只需要简单的开关量控制，并且仅有点动按钮SB和接触器 KM 这两个外部设备，即只需要 1 个输入点和 1 个输出点。如限于从 S7–200 系列 PLC 中选择，选择 S7–200 系列 CPU221（AC/DC/RLY）模块即可满足要求。受实际教学条件所限，本书将统一选择西门子 S7–200 系列 CPU226（AC/DC/RLY）模块（除有特殊要求的任务），而不再根据任务控制要求的不同对 PLC 机型、容量等做实际选择。

二、分配 I/O 地址

I/O 地址分配见表 1–3–5。

表 1–3–5　I/O 地址分配

输入				输出			
输入设备	文字符号	作用	输入继电器	输出设备	文字符号	作用	输出继电器
点动按钮	SB	点动	I0.0	接触器	KM	控制电动机	Q0.0

三、绘制并安装 PLC 控制线路

三相异步电动机点动正转 PLC 控制线路图如图 1–3–5 所示。

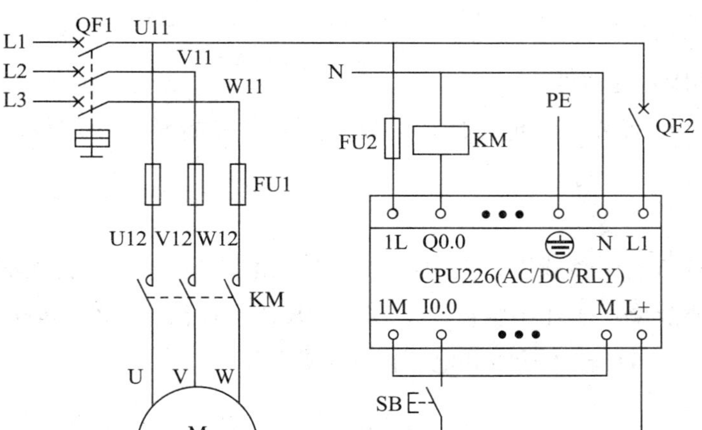

图 1–3–5　三相异步电动机点动正转 PLC 控制线路图

根据三相异步电动机点动正转 PLC 控制原理图绘制 PLC 控制接线图，如图 1–3–6 所示。安装 PLC 控制线路时，接触器 KM 线圈暂时不接到 PLC 输出端 Q0.0，待模拟调试通过后再连接。

1．配齐并检查元器件

根据表 1–3–1 和图 1–3–5 配齐相关的元器件，检查元器件的规格是否符合要求，并用万用表检测元器件是否完好。

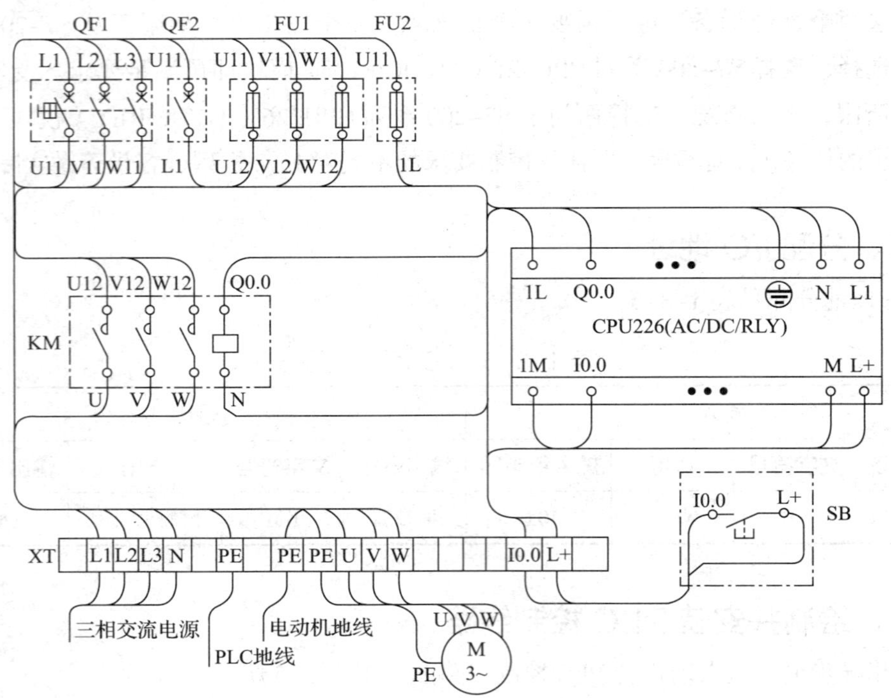

图 1–3–6　三相异步电动机点动正转 PLC 控制接线图

2. 布置和固定元器件

按照图 1–3–6 布置、固定元器件。要求元器件布置整齐、匀称、合理，固定牢靠，并贴上醒目的文字符号。

3. 布线

根据图 1–3–6 所示接线图，按照由内到外、横平竖直原则进行板前明线布线，要求布线紧固、不反圈、不压绝缘皮、不露铜过长，不损伤导线绝缘或线芯，线号编码正确齐全。其中，PLC 输入接线和电源接线工艺如下：

（1）输入设备接线

根据接线图，先将 CPU226 的 1M 端与 M 端短接，然后将点动按钮 SB 的一端经端子排 XT 接 CPU226 的输入端 I0.0，点动按钮 SB 的另一端经端子排 XT 接 CPU226 的 L+ 端，再对照接线图仔细检查输入接线是否正确。

（2）电源接线

根据接线图，先将 CPU226 模块的 ⏚ 端经端子排 XT 接地，然后将 CPU226 的 N 端经端子排 XT 接电源的 N 线，再将 CPU226 的 L1 端经低压断路器 QF2、QF1、端子排 XT 接电源的 L1 线。最后对照接线图仔细检查电源接线是否正确。

注意

（1）所有安装都必须在断电时进行。

（2）输入设备接线时，最好使用开关式稳压电源，也可以使用外部24 V直流电源。

（3）S7-200系列PLC的工作电源有120 V/230 V单相交流电源和24 V直流电源两种。要根据CPU模块上标注的电源供电类型选择工作电源，如果把AC 220 V电源接到标注有“DC/DC/DC”的CPU模块的工作电源端（L+、M之间），则会烧坏此CPU模块。

（4）PLC的⏚端必须采用单独的接地装置接地，且接地线应尽量短而粗。

4. 自检

先对照接线图检查接线是否无误，再使用万用表检测电路的通断情况是否正确。

四、设计梯形图程序

1. 创建项目

（1）启动编程软件

双击桌面上的STEP7-Micro/WIN图标，自动创建一个新的工程项目——项目1。

（2）命名项目

选择菜单命令“文件”→“保存”或“文件”→“另存为”，或者单击工具栏的“保存项目”按钮，弹出“另存为”对话框，如图1-3-7a所示。设置默认路径为“C: \Program Files\Siemens\STEP 7-MicroWIN V4.0\Projects”，保存类型为“项目文件（*.mwp）”，文件名为“电动机点动正转PLC控制”，然后单击“保存”按钮，则项目1命名为“电动机点动正转PLC控制”，如图1-3-7b所示。

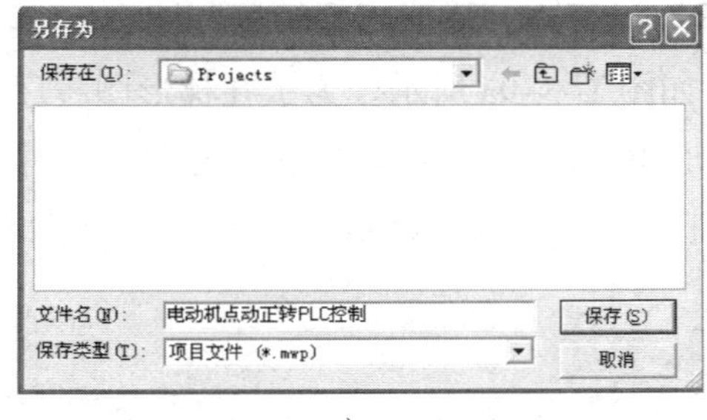

a）

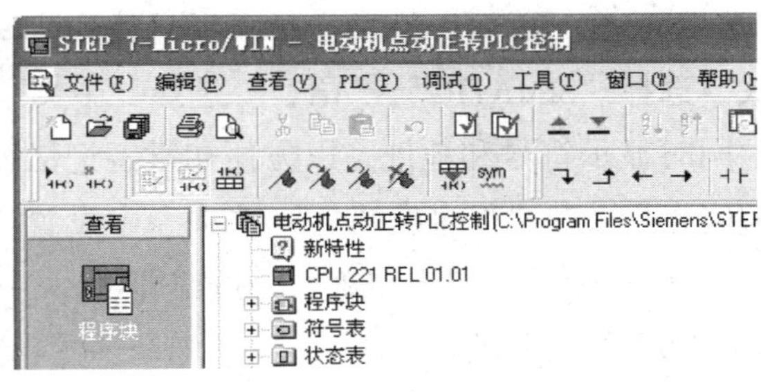

b）

图1-3-7 命名项目

a）“另存为”对话框 b）项目命名为“电动机点动正转PLC控制”

（3）选择 PLC 类型

选择菜单命令“PLC”→“类型”，或者在指令树中选择“电动机点动正转 PLC 控制”项目名称下的默认类型“CPU221 REL 01.01”，在弹出的“PLC 类型”对话框中，选择 PLC 类型为“CPU226”，CPU 版本为“02.01”，如图 1–3–8a 所示。单击“确认”按钮，则指令树中“电动机点动正转 PLC 控制”项目名称下的 CPU 类型变为“CPU226 REL 02.01”，如图 1–3–8b 所示。

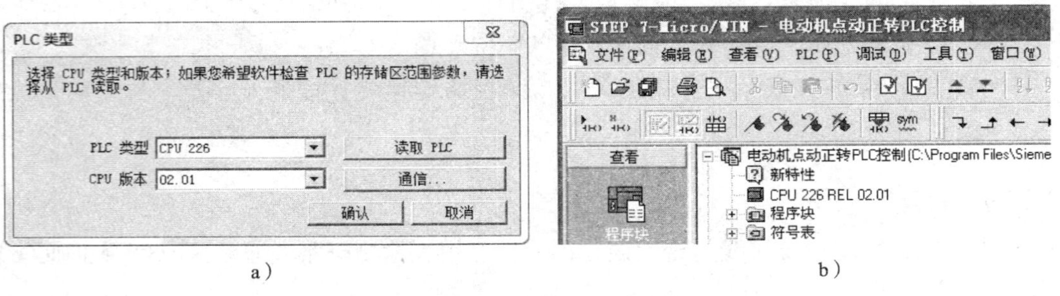

图 1–3–8 选择 PLC 类型

a）“PLC 类型”对话框 b）指令树中显示“CPU226 REL 02.01”

操作提示

在 PLC 与计算机已经建立通信的情况下，也可以直接单击“读取 PLC”按钮，则会自动显示出 PLC 类型和 CPU 版本，然后单击“确认”按钮即可。

（4）选择指令集、编辑器以及符号寻址方式

S7–200 系列 PLC 支持的指令集有 SIMATIC 和 IEC1131–3 两种。SIMATIC 指令集是专为 S7–200 系列 PLC 设计的，专用性强。采用 SIMATIC 指令编写的程序执行时间短，可以使用 LAD、STL、FBD 三种编辑器。

选择菜单命令“工具”→“选项”，在弹出的“选项”对话框的选项树中选择“常规”。在“常规”选项卡中，将“默认编辑器”设置为“梯形图编辑器”，“编程模式”选择“SIMATIC”，“语言”选择“中文”，如图 1–3–9a 所示。为了在梯形图程序中同时显示符号和地址，以方便初学者记忆和阅读程序，可以在选项树中选择“程序编辑器”，在“程序编辑器”选项卡中设置“符号寻址”为“显示符号和地址”，如图 1–3–9b 所示，单击“确认”按钮即可。

（5）编辑系统块

单击浏览条中的“系统块”按钮，或选择菜单命令“查看”→“组件”→“系统块”，或打开指令树中的“系统块”文件夹，然后打开某配置页，即可设置 PLC 的参数。本任务对 CPU 模块和输入输出特性没有特殊要求，可以全部采用系统块的默认值。

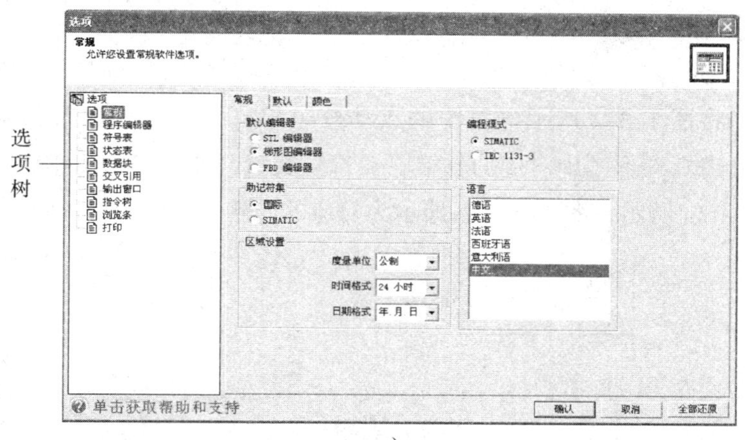

a）

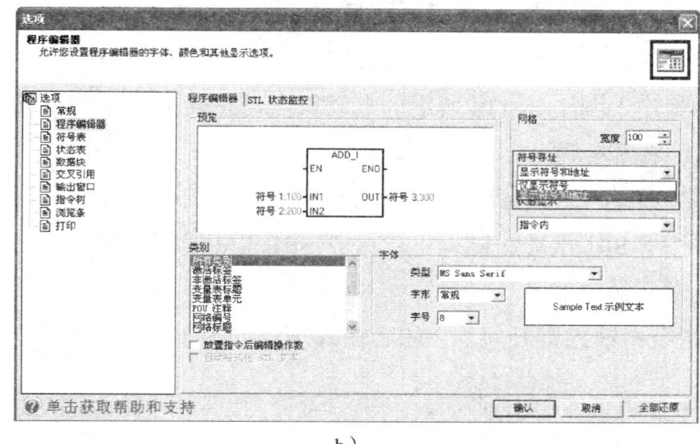

b）

图 1-3-9　选择指令集、编辑器以及符号寻址方式

a）选择指令集和编辑器　b）选择“显示符号和地址”

2. 编辑符号表

通过编辑符号表，用具有实际含义的符号地址来代替编程元件的绝对地址，可以为阅读和调试程序提供方便。比较简单的程序可以不用编辑符号表，但是实际工程中的梯形图程序一般都是通过编辑符号表来设计的。

单击浏览条中的“符号表”按钮，打开符号表，在符号表中输入符号及相应地址，如图 1-3-10 所示。

符号表

			符号	地址	注释
1			点动按钮SB	I0.0	点动按钮
2			接触器KM	Q0.0	控制电动机
3					

用户定义1　POU 符号

图 1-3-10　符号表

3. 编写并输入程序

根据 I/O 地址分配表，按照表 1–1–2 所示 PLC 等效继电器与继电器电路的电气符号对照关系，将图 1–3–1 所示电路中的点动按钮 SB（常开触点）和接触器 KM 线圈等电气元件用 PLC 梯形图中对应的软继电器符号表示，即可得到功能相同的梯形图程序，如图 1–3–11a 所示，图 1–3–11b 所示为对应的语句表。

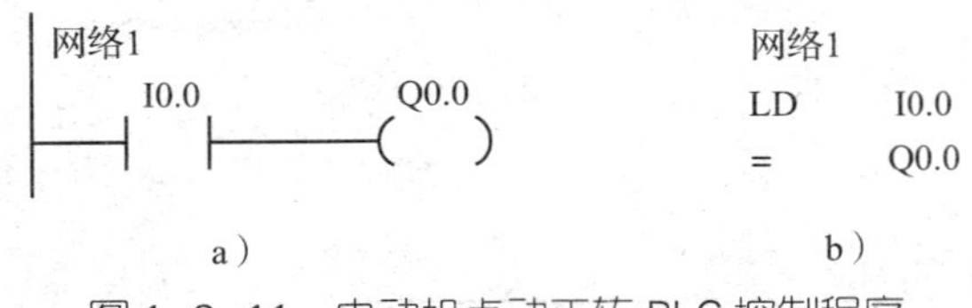

图 1–3–11　电动机点动正转 PLC 控制程序

a）梯形图　b）语句表

单击浏览条中的“程序块”按钮，打开程序编辑器，在“SIMATIC LAD”窗口中，按以下步骤输入图 1–3–11a 所示的电动机点动正转 PLC 控制梯形图。

（1）输入注释和标题

输入程序注释为“电动机点动正转 PLC 控制”，输入网络标题为“点动”，输入网络注释为“按下 SB，KM 线圈得电；松开 SB，KM 线圈失电”。

（2）输入常开触点 I0.0

1）利用指令树输入常开触点 I0.0。输入步骤如图 1–3–12 所示。

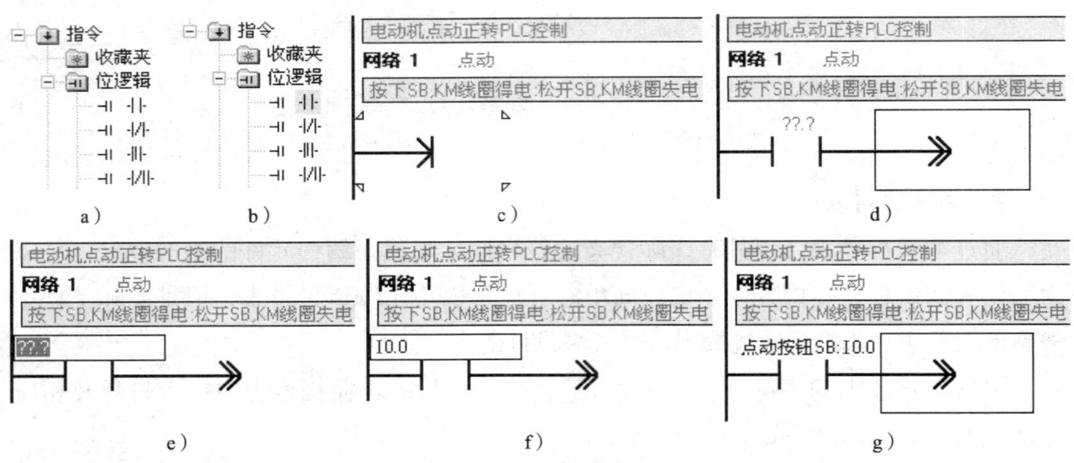

图 1–3–12　利用指令树输入指令

a）打开指令类别　b）选择常开触点　c）拖放至所需位置　d）释放鼠标左键
e）单击“？？.？”处　f）输入常开触点 I0.0　g）按回车键确认

①选择需要的指令类别。在指令树的“指令”文件夹下打开需要的指令类别，即单击“位逻辑”左面的 ⊞，或双击 **位逻辑**，如图 1–3–12a 所示。

②选择需要的元件。从打开的“位逻辑”指令树中选择需要的常开触点元件 -| |-，

如图 1–3–12b 所示。

③拖动元件到对应位置。按住鼠标左键拖动所选择的常开触点元件 -| |- 到程序编辑器窗口中的对应位置，如图 1–3–12c 所示。

④释放元件。释放鼠标左键，完成常开触点元件 -| |- 的放置，如图 1–3–12d 所示。

⑤单击“？？ .？”处，如图 1–3–12e 所示。

⑥在“？？ .？”处输入常开触点元件的地址 I0.0，如图 1–3–12f 所示。

⑦按回车键确认，光标自动右移一格，如图 1–3–12g 所示，至此一个指令输入完毕。

操作提示

先在程序编辑器中将光标定位到所要编辑的位置，然后双击需要的指令，指令也会自动出现在定位的位置上。

2）利用工具栏按钮输入常开触点 I0.0。除了利用指令树输入指令外，还可以利用工具栏按钮输入指令。如单击工具栏中的“触点”“线圈”“指令盒”按钮，会分别出现一个下拉列表，如图 1–3–13 所示。

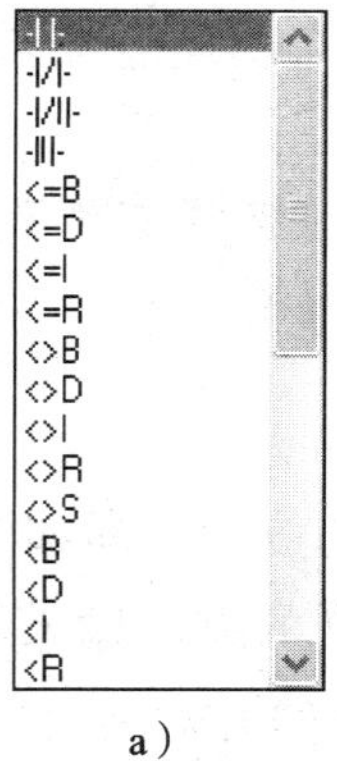

a）

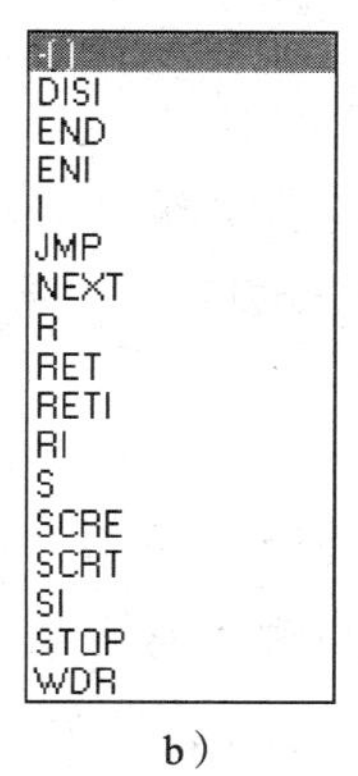

b）

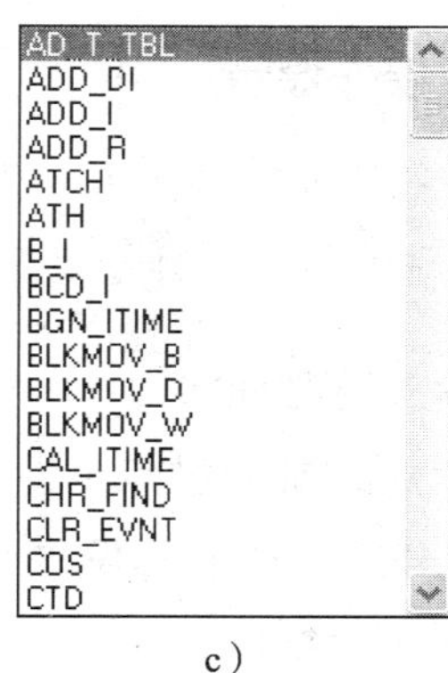

c）

图 1–3–13 触点、线圈和指令盒指令列表

a）触点指令列表 b）线圈指令列表 c）指令盒指令列表

输入步骤如图 1–3–14 所示。

①在程序编辑器中将光标定位到所要编辑的位置，如图 1–3–14a 所示。

②单击工具栏中的“触点”按钮，出现一个下拉列表，如图 1–3–14b 所示。

③利用滚动条或键盘的↑、↓键浏览至所需的指令 -| |-，单击 -| |- 指令或按回车键即可将该指令输入到所要编辑的位置，如图 1–3–14c 所示。

④单击“？？ .？”处，如图 1–3–14d 所示。

⑤在“？？ .？”处输入常开触点元件的地址 I0.0，如图 1–3–14e 所示。

⑥按回车键确认，光标自动右移一格，如图 1-3-14f 所示，至此一个指令输入完毕。

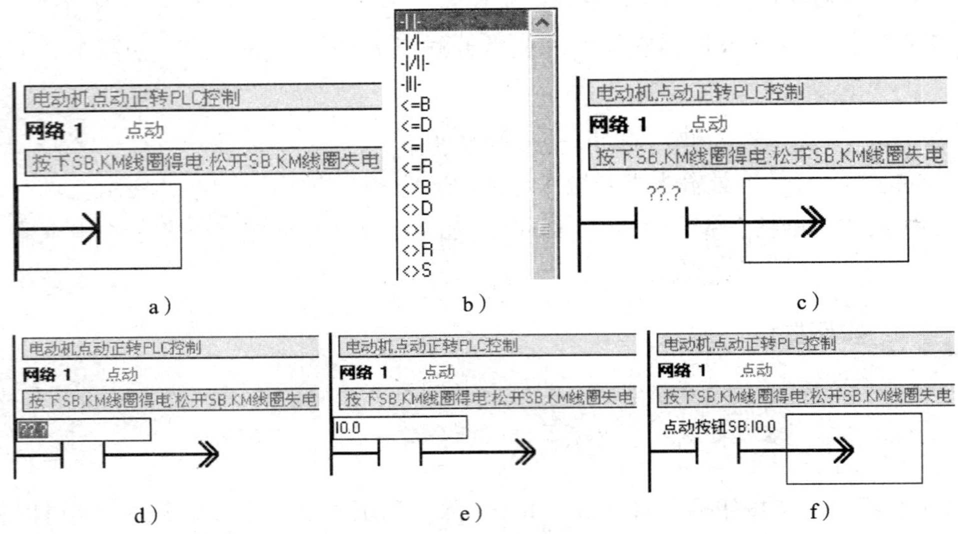

图 1-3-14 利用工具栏按钮输入指令

a）光标定位至所需位置 b）触点指令列表 c）单击或使用回车键输入常开触点
d）单击“？？.？”处 e）输入常开触点 I0.0 f）按回车键确认

操作提示

也可以使用功能键 F4（F4= 触点、F6= 线圈、F9= 指令盒）代替上述步骤②打开触点指令的下拉列表，完成触点指令的输入。

（3）输入线圈 Q0.0

把光标放在常开触点（即点动按钮 SB：I0.0）后面一格的位置，即如图 1-3-12g 或图 1-3-14f 所示的光标位置，采用与输入常开触点 I0.0 一样的方法输入线圈 Q0.0，选择编程元件为线圈 -( )，物理地址为 Q0.0，符号地址为接触器 KM。线圈 Q0.0 输入完成后，网络 1 输入完毕，即梯形图输入完毕，如图 1-3-15a 所示。此时，如果选择菜单命令“PLC”→“STL”，则“STL”命令行前增加“√”，而“梯形图”命令行前的“√”消失，即可得到如图 1-3-15b 所示的采用符号寻址且同时显示符号和地址的语句表。

在“SIMATIC LAD”窗口中，如果只需要显示元件的绝对地址（即物理地址），可选择菜单命令“查看”→“符号寻址”，则“符号寻址”命令行前的“√”消失，即可得到如图 1-3-11a 所示的采用绝对地址的梯形图。再选择菜单命令“PLC”→“STL”，则“STL”命令行前出现“√”，而“梯形图”命令行前的“√”消失，即可得到如图 1-3-11b 所示的采用绝对地址的语句表。

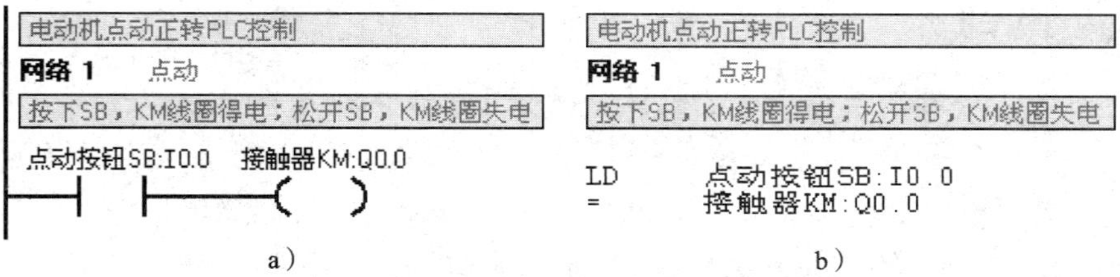

a）

b）

图 1-3-15 电动机点动正转 PLC 控制程序

a）梯形图 b）语句表

小提示

（1）西门子 PLC 梯形图程序被划分为若干个网络，一个网络中只能有一块独立电路。如果一个网络中有两块独立电路，在编译时将会显示“无效网络或网络太复杂无法编译”。

（2）在编辑程序的过程中 STEP7-Micro/WIN 会检查语法，以避免一些语法错误和数据类型错误。经语法检查后，梯形图中错误处的下方会自动加红色波浪线，语句表的错误行前会自动画上红色叉，且在错误处加上红色波浪线。

（3）STEP7-Micro/WIN 支持 STL、LAD 和 FBD 三种编程语言，并且可以在三者之间任意切换。

在程序编辑器上选择要编辑的元素（单元、指令、地址及网络），通过工具栏按钮或“编辑”菜单命令，也可直接右击使用快捷菜单选项，即可实现对选定对象的剪切、复制、粘贴等操作。可扫描右侧二维码，了解梯形图程序编辑中的小技巧。

4. 编译程序

用户程序编辑完成后，要利用 STEP7-Micro/WIN 的编译功能进行编译，一方面可以检查用户程序的语法是否有错误，另一方面也只有通过编译将用户程序转换为 PLC 能够识别的机器码，才能下载到 PLC 中运行。

在 STEP7-Micro/WIN 中，打开保存的“电动机点动正转 PLC 控制”梯形图，单击工具栏中的“编译”按钮，或者选择菜单命令“PLC”→“编译”，即可开始离线编译用户程序。编译结束后，输出窗口中将会显示结果信息，如图 1-3-16 所示。如果有错误，则需根据错误提示信息纠正编译中出现的错误。

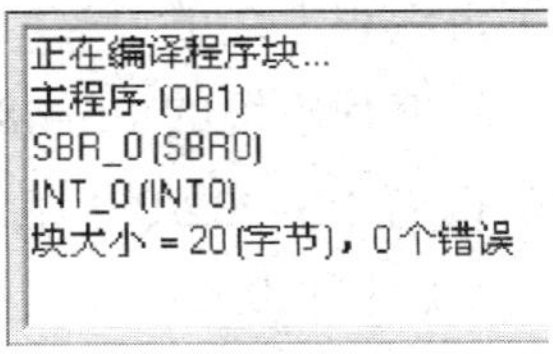

图 1-3-16 在输出窗口显示编译结果

操作提示

单击工具栏中的“编译”按钮 或选择菜单命令“PLC”→“编译”，可编译当前激活的窗口（程序块或数据块）。单击“全部编译”按钮 或选择菜单命令“PLC”→“全部编译”，可编译全部项目组件（程序块、数据块和系统块），而与窗口是否活动无关。

5. 保存项目

当梯形图输入完毕并通过编译后，单击工具栏中的“保存项目”按钮，或者选择菜单命令“文件”→“保存”，程序即可保存下来。

操作提示

如果要关闭 STEP7-Micro/WIN，则直接单击标题栏中的“关闭”按钮，或者选择菜单命令“文件”→“退出”。如果要打开已经保存的项目，则直接单击工具栏中的“打开项目”按钮，或者选择菜单命令“文件”→“打开”，在“打开”对话框中选择打开已经保存的项目。

五、模拟调试

在实际生产中，一般要先在实验室对用户程序做模拟调试，用小型开关和按钮来模拟 PLC 实际的输入信号，通过模块上各输出位对应的发光二极管，观察各输出信号的变化是否满足设计要求，以确保安全生产。只有用户程序模拟调试成功后，才可以将 PLC 安装在控制现场，接入实际的输入信号和负载，进行现场联机总调。

1. 建立通信

（1）计算机与 PLC 之间的硬件连接

西门子 PLC 有 RS-232/PPI 和 USB/PPI 两种专用的编程电缆（统称为 PC/PPI 电缆），用于连接 PC 和 CPU 模块上的 RS-485 通信口，以实现 STEP 7-Micro/WIN 对 CPU 模块的编程调试，或与上位机做监控通信，也可连接其他具有 RS-232 端口的设备做自由口通信。

利用 RS-232/PPI 编程电缆（见图 1-3-17a）进行计算机与 S7-200 系列 PLC 之间的硬件连接的步骤如下：

1）将编程电缆的 RS-232 端连接到计算机的串行通信端口 COM1（或 COM2）。

2）将编程电缆的 RS-485 端连接到 S7-200 系列 CPU 模块的通信端口。

3）设置 RS-232/PPI 编程电缆的 8 位拨码开关。RS-232/PPI 编程电缆中有通信模块，模块外部设有 8 位拨码开关，如图 1-3-17b 所示。其中，第 1、2、3 位拨码开关用于设置比特率，通信速率的默认值为 9.6 kbit/s，则第 1、2、3 位拨码开关设置为

010。RS-232/PPI 电缆上的拨码开关设置的比特率应与编程软件中设置的比特率相同。第 4、8 位拨码开关为备用。第 5 位拨码开关设置为 PPI/ 自由端口模式，即设置为 0。第 6 位拨码开关设置为本地 / DCE 模式，即设置为 0。第 7 位拨码开关设置为 11 位通信模式，即设置为 0。

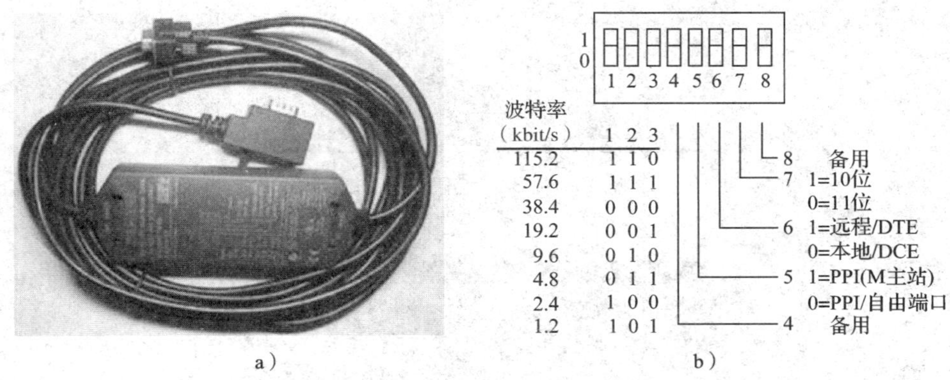

图 1-3-17 RS-232/PPI 编程电缆及其拨码开关的设置
a）RS-232/PPI 编程电缆 b）8 位拨码开关

注意

西门子公司的专用 PC/PPI 电缆是带光电隔离的，不会烧坏 CPU 或 PC 的通信端口。使用不带光电隔离的 PC/PPI 电缆，容易损坏通信端口。一般电缆不支持 S7-200 系列 CPU 通信端口的最高通信速率（187.5 Kbit/s），而且不能支持 S7-200 系列 PLC 的多主站编程模式。

（2）设置通信参数

检查确认 PLC 输入接线、电源接线和电缆连接正确后，按照以下步骤设置通信参数。

1）将 PLC 前盖内的模式选择开关拨至 STOP 位置。

2）合上电源开关 QF1、QF2 给 PLC 通电，这时“STOP”状态指示灯黄灯亮。

3）单击 STEP7-Micro/WIN 浏览条中的“通信”按钮，或选择菜单命令“查看”→“组件”→“通信”，则会弹出“通信”对话框，如图 1-3-18 所示。“通信”对话框内右侧显示编程计算机将通过 PC/PPI 电缆尝试与 CPU 通信，并且本地编程计算机的网络通信地址是 0。

4）单击“设置 PG/PC 接口”按钮，弹出“设置 PG/PC 接口”对话框，如图 1-3-19 所示。

5）单击“属性”按钮，弹出“属性 -PC/PPI cable（PPI）”对话框，如图 1-3-20 所示。

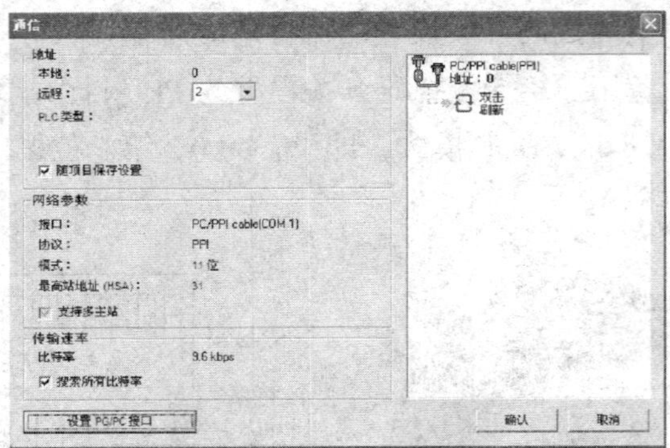

图 1–3–18 “通信”对话框

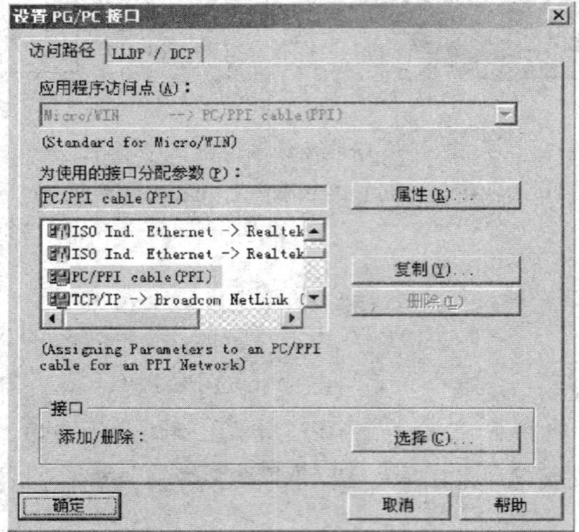

图 1–3–19 “设置 PG/PC 接口”对话框

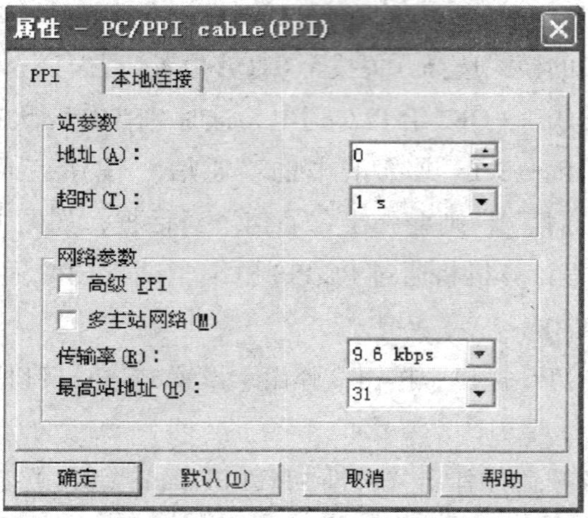

属性 – PC/PPI cable(PPI)

PPI　本地连接

站参数

地址(A)：0

超时(T)：1 s

网络参数

高级 PPI

多主站网络(M)

传输率(R)：9.6 kbps

最高站地址(H)：31

确定　默认(D)　取消　帮助

图 1–3–20 “属性 –PC/PPI cable（PPI）”对话框

在“属性 -PC/PPI cable（PPI）”对话框的“PPI”选项卡中，单击“默认”按钮，可获得默认的参数。其中，在站参数（station parameters）中，运行 STEP7-Micro/WIN 的计算机（主站）的地址（address）默认值为 0，超时（timeout）默认值为 1 s。在网络参数中，由于使用了多主站 PPI 电缆，可以忽略“高级 PPI”和“多主站网络”复选框，传输率的默认值为 9.6 kbit/s，最高站地址的默认值为 31。

以上默认参数一般不必改动，确认之后单击“本地连接”标签，在“本地连接”选项卡中，选择连接到计算机的串行通信端口 COM1，如图 1-3-21 所示。

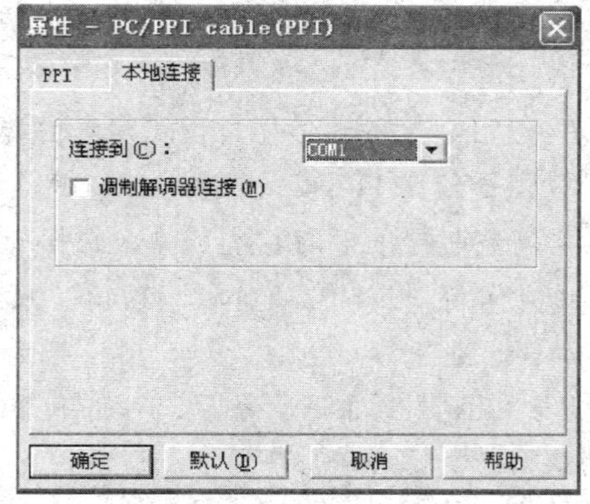

图 1-3-21 “本地连接”选项卡

单击“确定”按钮，回到如图 1-3-18 所示的“通信”对话框，通信参数设置完毕。

（3）建立计算机与 PLC 的通信联系

在“通信”对话框中双击“双击刷新”图标，将检查所连接的 S7-200 系列 CPU 站，并为之建立一个 CPU 图标，同时显示该 CPU 的型号、版本号、网络地址和通信速率，如图 1-3-22 所示，即计算机与 PLC 建立了通信联系。

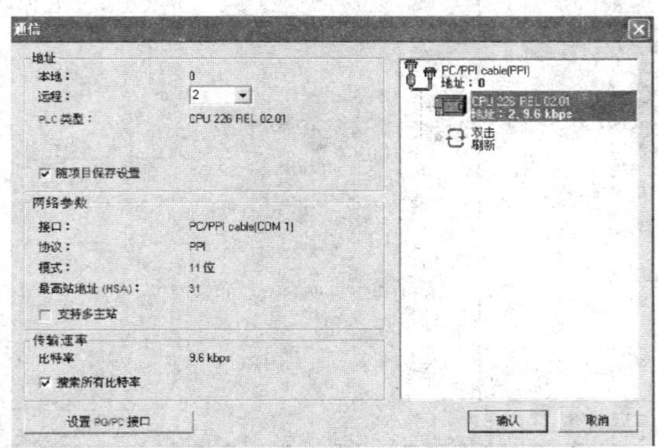

图 1-3-22 计算机与 PLC 建立通信联系

如果在创建项目的过程中没有选择 PLC 类型，则单击“确认”按钮关闭“通信”对话框后，可以发现指令树中“电动机点动正转 PLC 控制”项目名称下的“CPU221 REL 01.01”图标变化为“CPU226 REL 02.01”图标。

操作提示

1）初学者容易碰到STEP7-Micro/WIN与CPU模块通信失败的情况，可能的原因如下：

①STEP7-Micro/WIN中设置的对方通信端口地址与CPU的实际端口地址不同。

②STEP7-Micro/WIN中设置的本地地址与CPU通信端口的地址相同（一般应当将STEP7-Micro/WIN的本地地址设置为0）。

③STEP7-Micro/WIN使用的通信比特率与CPU通信端口的实际通信速率不同。

④有些程序将CPU上的通信端口设置为自由端口模式，此时不能进行编程通信。编程通信是PPI模式，而在STOP状态下，通信端口永远是PPI从站模式，因此最好把CPU上的模式选择开关拨至STOP位置。

⑤编程电缆有问题，此时可更换一根西门子原装PC/PPI电缆。

⑥编程口烧毁，须送修。

2）计算机与PLC建立通信联系后，可以利用编程软件检查、设置和修改PLC的通信参数，步骤如下：

①单击浏览条中的“系统块”按钮，或选择菜单命令“查看”→“组件”→“系统块”，或打开指令树中的“系统块”文件夹弹出“系统块”对话框，如图1-3-23所示，然后打开“通信端口”配置页。

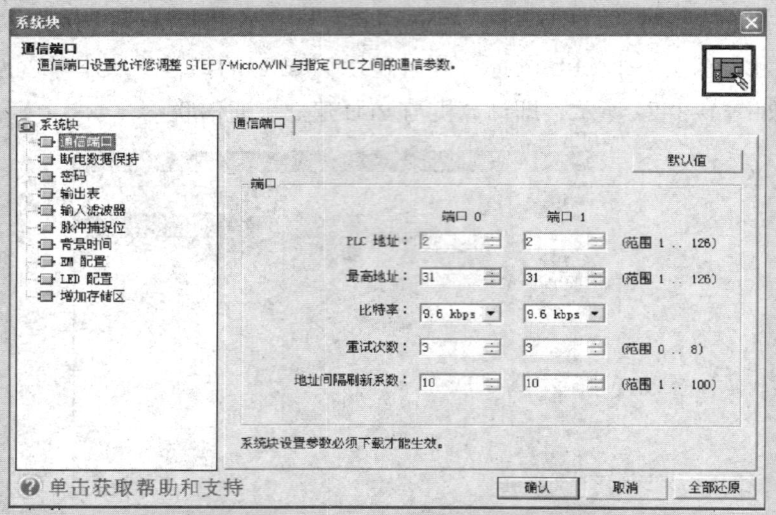

图1-3-23 “系统块”对话框

②在“通信端口”配置页中检查各参数，确认无误后单击“确认”按钮。若需设置、修改某些参数，可以先进行相关操作，再单击“确认”按钮。

3）计算机与 PLC 建立通信联系后，还可以利用菜单命令“PLC”→“信息”读取 PLC 的信息，如 PLC 的操作模式、CPU 的版本、扫描周期及错误等，如图 1-3-24 所示。读取 PLC 的信息对调试程序有一定的帮助。

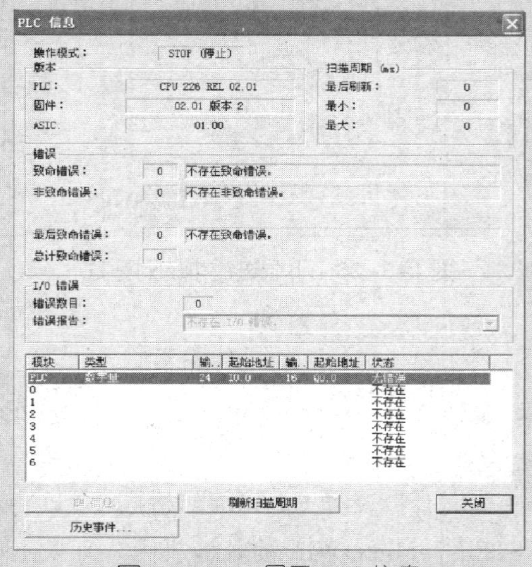

图 1-3-24 显示 PLC 信息

如果编程计算机无串行通信端口，可以选择 USB/PPI 编程电缆连接方式。扫描右侧二维码，可了解使用 USB/PPI 编程电缆与 PLC 建立通信的方法。

2. 下载程序

计算机与 PLC 建立通信联系，且 PLC 处于停止模式时，单击工具栏中的“下载”按钮 ，或者选择菜单命令“文件”→“下载”，弹出如图 1-3-25 所示的“下载”对话框。然后在“选项”区中选择“程序块”“数据块”和“系统块”三个选项，再单击“下载”按钮即可进行下载。图 1-3-26 所示为下载进行中的对话框。

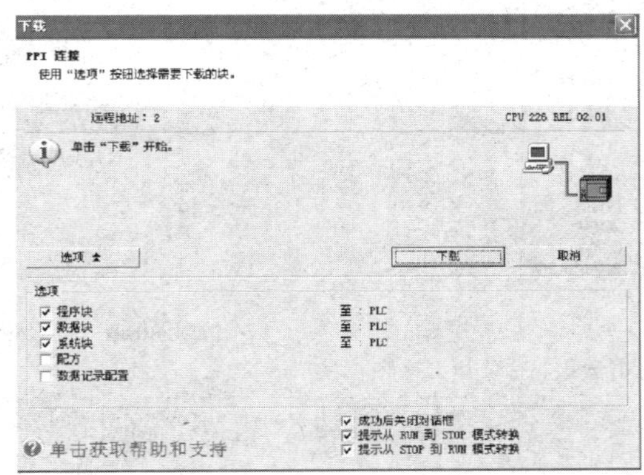

图 1-3-25 “下载”对话框

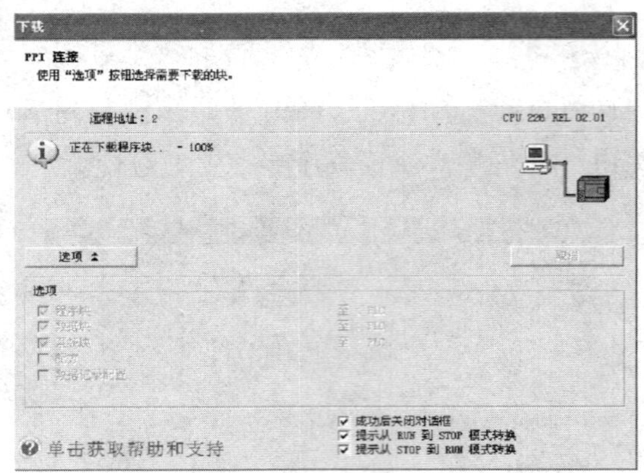

图 1-3-26　下载进行中的对话框

操作提示

（1）只有在计算机与 PLC 建立通信联系，且 PLC 处于停止模式时，才能下载控制程序。

（2）利用“文件”菜单或工具栏按钮，可以将控制程序从 PLC 中上载至运行 STEP 7-Micro/WIN 的计算机中。可以上载程序块（主程序、子程序和中断程序）、系统块和数据块，或者仅上载上述三个块之一。PLC 不包含符号表或状态图信息，因此不能上载符号表或状态图。上载程序的步骤如下：

1）打开 STEP 7-Micro/WIN 软件，新建一个项目，然后选择菜单命令“文件”→“上载”，或单击工具栏中的“上载”按钮 ≜，弹出如图 1-3-27 所示的“上载”窗口。

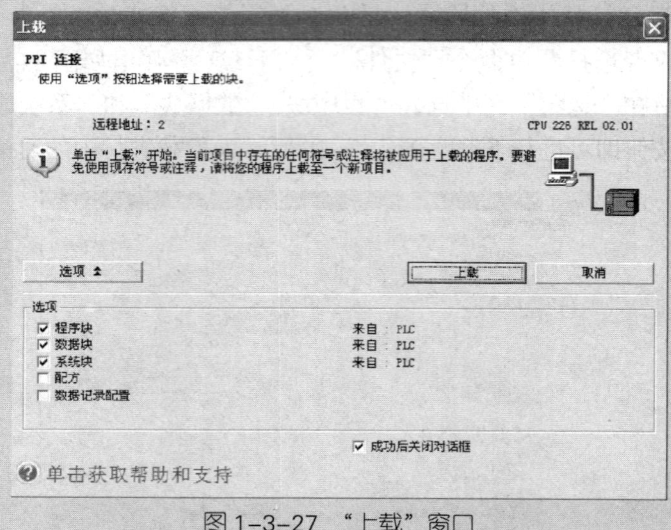

图 1-3-27　“上载”窗口

2）“上载”窗口中的“选项”区默认选中“程序块”“数据块”和“系统块”复选框。核实希望上载的块，然后单击“上载”按钮，所上载的程序即自动出现在当前窗口中。

3. 运行程序

将模式选择开关拨至 RUN 位置，或将模式选择开关由 STOP 位置拨至 TERM 位置，选择菜单命令“PLC”→“RUN（运行）”或单击工具栏中的“运行”按钮 ▶，系统弹出如图 1-3-28 所示的“RUN（运行）”对话框。单击“是”按钮，则“STOP”指示灯熄灭，“RUN”指示灯点亮为绿色，CPU 开始运行用户程序。

图 1-3-28　“RUN（运行）”对话框

4. 监控程序

当编程设备和 PLC 之间建立通信并向 PLC 下载用户程序后，利用 STEP7-Micro/WIN 菜单命令“调试”下的相关选项或调试工具栏中的相关按钮，可对用户程序进行在线调试。例如，利用调试功能可以在程序编辑器中查看以图形形式表示的当前用户程序的运行状况。如果 PLC 没有实际的 I/O 接线，还可以直接在程序（包括梯形图和语句表等）上或状态表中通过强制功能调试用户程序。这里仅介绍梯形图程序状态监控及强制方法。

（1）梯形图程序状态监控

1）选择程序状态监控的数据采集模式，即在“SIMATIC LAD”窗口选择菜单命令“调试”→“使用执行状态”，则“使用执行状态”命令行前面出现“√”。如果“使用执行状态”命令行前面原本就有“√”，则不需要进行这项操作。

2）当 PLC 处于 RUN 模式时，单击工具栏中的“程序状态监控”按钮 或选择菜单命令“调试”→“开始程序状态监控”，则出现梯形图程序状态监控初始画面，如图 1-3-29a 所示。

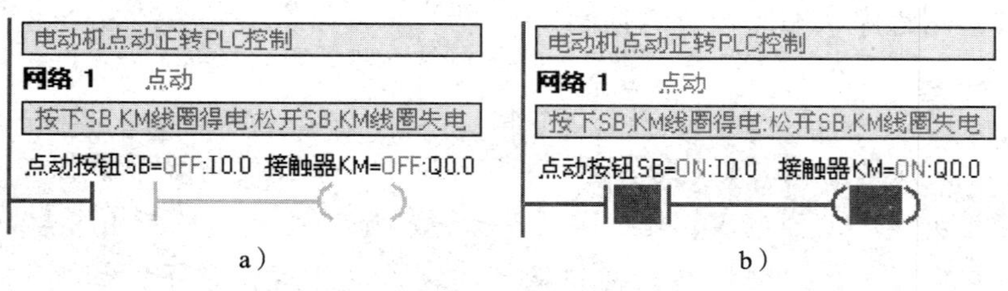

图 1-3-29　梯形图程序状态监控画面

a）未按下点动按钮 SB　b）按下点动按钮 SB

操作提示

①必须在程序状态监控操作开始之前选择程序状态监控的数据采集模式。

②梯形图中左边的垂直“母线”和有能流流过的“导线”变为蓝色；如果位操作数为“1”（ON），则其常开触点和线圈显示为蓝色（中间有蓝色方块）；有能流流入的指令盒的使能输入端变为蓝色，如该指令被成功执行，指令盒的方框也变为蓝色；定时器和计数器的方框为绿色表示它们包含有效数据，红色表示执行指令时出现了错误，灰色表示无能流、指令被跳过、未调用或 PLC 处于停止模式。

③单击工具栏中的“暂停程序状态监控”按钮，当前的数据将保留在屏幕上。再次单击此按钮，则继续执行程序状态监控。

3）按下点动按钮 SB，I0.0 指示灯点亮，I0.0 常开触点闭合，Q0.0 线圈得电，Q0.0 指示灯点亮，梯形图程序状态监控画面如图 1–3–29b 所示。

4）松开点动按钮 SB，I0.0 指示灯熄灭，I0.0 常开触点断开，Q0.0 线圈失电，Q0.0 指示灯熄灭，梯形图程序状态监控画面恢复为如图 1–3–29a 所示的初始画面。

操作提示

若在上述使用执行状态时再次选择菜单命令“调试”→“使用执行状态”，则“使用执行状态”命令行前的“√”消失，进入扫描结束状态。扫描结束状态显示的是程序扫描结束时读取的状态结果，这些结果可能不会反映 PLC 数据地址的所有数值变化，因为随后的程序指令在程序扫描结束之前可能会写入和重新写入数值。由于快速的 PLC 扫描速度和相对慢速的 PLC 状态数据通信之间存在速度差异，因此扫描结束状态显示的是几个扫描周期结束时采集的数据值。

5）单击工具栏中的“程序状态监控”按钮 或选择菜单命令“调试”→“停止程序状态监控”，则停止梯形图程序状态监控。

（2）梯形图程序状态监控时的强制

注意

强制功能可以在现场不具备某些外部条件的情况下模拟工艺状态，例如，通过强制 V、M，可以模拟逻辑条件；通过强制 I/O 点，可以模拟物理条件。强制功能使得调试程序非常方便，但是，如果 S7–200 系列 PLC 与其他设备相连，强制功能可能导致系统进程无法预料，甚至引起人员伤亡或设备损坏等事故，所以要慎用强制操作。

1）在如图 1-3-29a 所示的梯形图程序状态监控初始画面中，右击元件点动按钮 SB 的地址位置，在弹出的快捷菜单中选择“强制”命令（见图 1-3-30a），在弹出的“强制”对话框（见图 1-3-30b）中选择默认的 ON，然后单击“强制”按钮，则 I0.0 被强制为 ON（被强制的 I0.0 数值旁边显示显性强制图标 ），I0.0 常开触点闭合，Q0.0 线圈得电，Q0.0 指示灯点亮（I0.0 指示灯不会点亮，只有在 I0.0 输入端子有实际输入时才点亮），梯形图程序状态监控画面如图 1-3-30c 所示。执行强制功能后，默认情况下 PLC 上的“SF/DIAG（系统故障 / 诊断）”灯显示为黄色（“SF/DIAG”灯是双色指示灯，红色是系统故障指示，黄色可以由用户自定义）。

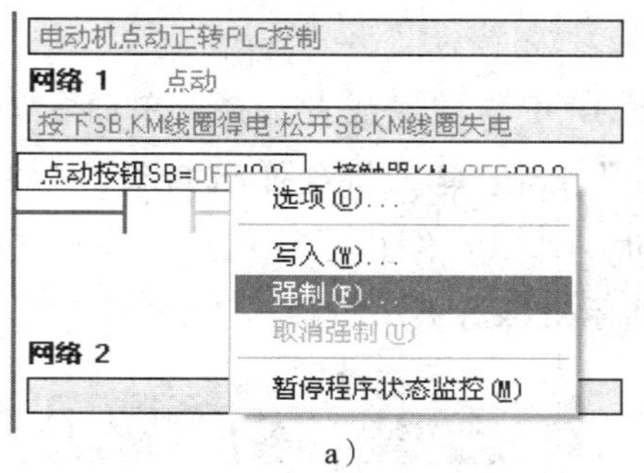

a）

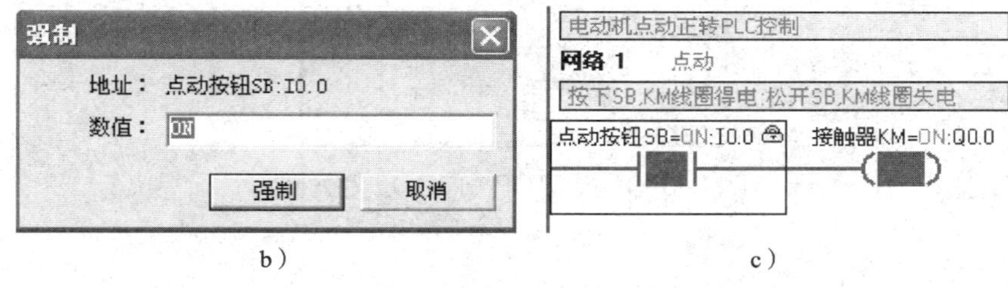

b） c）

图 1-3-30 执行强制功能

a）右击 I0.0 地址位置选择“强制”命令 b）“强制”对话框 c）执行强制功能后的状态

2）右击元件点动按钮 SB 的地址位置，在弹出的快捷菜单中选择“强制”命令，在弹出的“强制”对话框中选择默认的 OFF，然后单击“强制”按钮，则 I0.0 被强制为 OFF（被强制的 I0.0 数值旁边显示显性强制图标 ），I0.0 常开触点断开，Q0.0 线圈失电，Q0.0 指示灯熄灭。

3）右击元件点动按钮 SB 的地址位置，在弹出的快捷菜单中选择“取消强制”命令（此功能在执行强制功能后有效），或者直接单击工具栏中的“取消强制”按钮 ，或者选择菜单命令“调试”→“取消强制”，则结束强制操作，I0.0 数值旁边的显性强制图标消失。

操作提示

“强制”是将存储单元置于某种状态，一旦该存储单元被强制就会一直保持该状态，和其他存储单元的状态无关。也就是说 PLC 程序执行时并不改写该单元的状态，直到取消强制为止。如果没有取消强制，即使 PLC 和编程计算机连接断线、PLC 编程软件关闭、PLC 电源关闭、PLC 运行模式来回切换多次等，该状态都会一直保持。“强制”和“取消强制”功能可以用于带有 V、M、AI 和 AQ 内存类型的字节、字和双字，但是不能用于 V、M、AI 和 AQ 的位。

5. 停止程序

将模式选择开关拨至 STOP 位置，或者选择菜单命令“PLC”→“STOP（停止）”或单击工具栏中的“停止”按钮 ■，将会弹出如图 1–3–31 所示的“STOP（停止）”对话框。单击“是”按钮，则 CPU 停止运行用户程序，同时 CPU 模块上的“STOP”指示灯黄灯亮，“RUN”指示灯绿灯灭。

图 1–3–31 “STOP（停止）”对话框

注意

模拟调试完毕，应关断电源开关 QF1 和 QF2。

六、联机调试

梯形图程序模拟调试成功后，接上实际负载，进行联机调试。

在确认断电的情况下，将接触器 KM 连接到 PLC 的输出端 Q0.0。根据接线图先将 CPU226 的输出端 Q0.0 接接触器 KM 线圈，接触器 KM 线圈的另一端经端子排 XT 接电源的 N 线，CPU226 的 1L 端子经熔断器 FU2、低压断路器 QF1、端子排 XT 接电源的 L1 线，再对照接线图仔细检查，确保输出接线正确。

在确认所有接线及通信正确的情况下，按照表 1–3–6 的步骤进行联机调试，同时观察“STOP”“RUN”和 I/O 指示灯状态，接触器 KM 线圈得电及电动机 M 运行情况，并记录于表 1–3–6 中。联机调试过程中如出现故障，应立即切断电源，分析原因，检查电路。排除故障后，方可重新进行调试，直到调试成功为止。

表 1-3-6 联机调试记录表

步骤	操作内容	观察内容	观察结果	思考内容
1	模式选择开关拨至 STOP 位置，合上电源开关 QF1 和 QF2	“STOP”“RUN”指示灯状态		PLC 的工作模式和工作原理
2	模式选择开关拨至 TERM 位置，通过编程软件运行 CPU 模块			
3	按下点动按钮 SB	I/O 指示灯状态、接触器 KM 线圈得电及电动机 M 运行情况		
4	松开点动按钮 SB			
5	通过编程软件停止 CPU 模块运行，模式选择开关拨至 STOP 位置	“STOP”“RUN”指示灯状态		
6	关断电源开关 QF1 和 QF2			

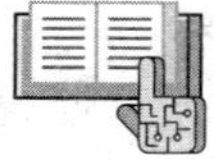

任务测评

清扫工作台面，整理技术文件，并按照表 1-3-7 中的要求进行任务测评。

表 1-3-7 任务测评表

序号	考核内容	配分	考核要求	评分标准	扣分	得分
1	电路设计	40	根据控制要求正确分配 I/O 地址，绘制 PLC 控制电路图，设计梯形图程序	（1）I/O 地址分配错误或遗漏，每处扣 2 分 （2）电路图绘制有误或画法不规范，每处扣 2 分 （3）梯形图结构不合理，违反编程规则，每处扣 2 分		
2	电路安装	30	按照 PLC 控制接线图安装接线，元器件布置合理，不损坏元器件，安装牢固，配线符合工艺要求	（1）损坏元器件，每个扣 5 分 （2）元器件布置不整齐匀称、不合理，每个扣 2 分 （3）元器件安装不牢固，漏装木螺钉或螺母，每个扣 2 分 （4）布线不紧固、不美观，每根扣 2 分 （5）反圈、压绝缘皮、损伤导线绝缘或线芯，每根扣 2 分 （6）线号标记遗漏、误标或不清楚，每处扣 1 分 （7）不按接线图接线，每处扣 5 分		

续表

序号	考核内容	配分	考核要求	评分标准	扣分	得分
3	通电调试	30	按照要求进行通电调试，并记录“STOP”“RUN”和I/O指示灯状态以及接触器KM线圈得电和电动机M运行情况	（1）通电调试步骤不正确，每次扣5分 （2）运行一次不成功扣10分，两次不成功扣20分，三次不成功扣30分 （3）记录“STOP”“RUN”和I/O指示灯状态以及接触器KM线圈得电和电动机M运行情况错误，每处扣1分		
4	安全与文明生产		遵守国家相关专业安全与文明生产规程	违反安全与文明生产规程，酌情扣分		
开始时间		结束时间			成绩	

课题二
基本控制指令应用

任务1　三相异步电动机单向连续运转PLC控制

学习目标

1. 掌握编程元件I、Q、M及SM的功能和使用方法。

2. 掌握标准触点指令、输出指令及S/R指令的表示形式和使用方法，并掌握使用启保停电路编程与使用S/R指令编程的对应关系。

3. 能运用语句表程序输入法输入PLC控制程序，并能运用语句表程序状态监控及强制数值方法模拟调试PLC控制程序。

4. 能分别使用启保停电路和S/R指令设计三相异步电动机单向连续运转PLC控制程序。

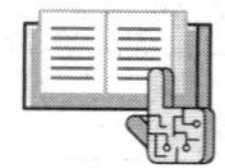

任务引入

图2–1–1所示为三相异步电动机单向连续运转控制线路，其中，图a为原理图，图b为控制时序图。单向连续运转控制线路适用于电动机较长时间连续运转的场合。

本任务要求将如图2–1–1所示的传统继电器控制方式改为PLC控制方式，完成三相异步电动机单向连续运转PLC控制线路的设计、安装和调试。控制要求如下：

1. 当按下启动按钮SB1时，电动机启动并连续运行；当按下停止按钮SB2或热继电器KH动作时，电动机停止运行。

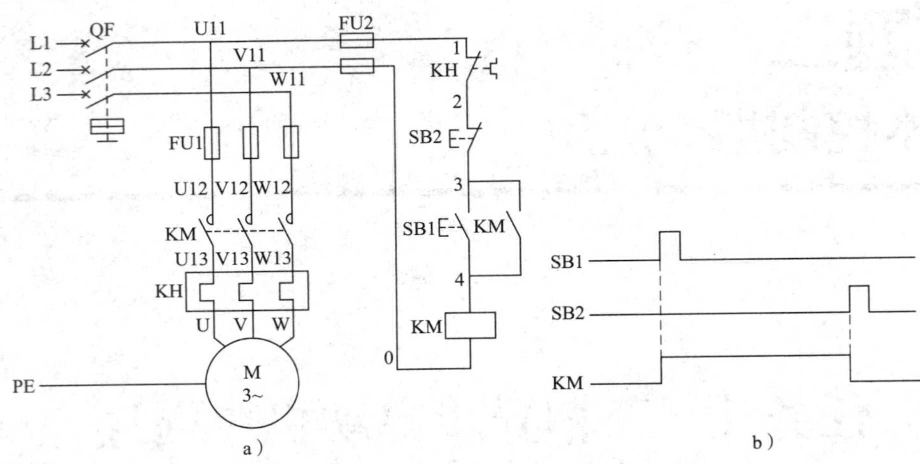

图 2-1-1　三相异步电动机单向连续运转控制线路

a）原理图　b）控制时序图

2. 具有短路、过载保护等必要的保护措施。

依据继电器控制方式改为 PLC 控制方式的原则，主电路保持不变，控制电路改用 PLC 实现。当采用 PLC 控制电动机单向连续运转时，必须将启动按钮 SB1、停止按钮 SB2、热继电器 KH 等发出的控制指令送至 PLC 的输入端，经过程序运算，再用 PLC 的输出去驱动接触器 KM 线圈得电或断电，从而控制电动机的启动、运行和停止。启动按钮 SB1、停止按钮 SB2 和热继电器 KH 属于输入设备，应与 PLC 的输入端子相连接；接触器 KM 线圈属于输出设备（即负载），应与 PLC 的输出端子相连接。其中，接触器 KM 线圈的额定电压应选择 AC 220 V。

对于线路图中按钮、触点和线圈的串并联逻辑关系，应使用 PLC 的标准触点指令和输出指令编写控制程序，也可以直接使用 S/R 指令编程。

实施本任务所使用的实训设备可参考表 2-1-1。

表 2-1-1　实训设备清单

序号	设备名称	型号及规格	数量	单位	备注
1	微型计算机	带 STEP7-Micro/WIN 软件	1	台	
2	编程电缆	PC/PPI	1	条	
3	可编程序控制器	CPU226（AC/DC/RLY）	1	台	配 C45 导轨
4	低压断路器	Multi9 C65N D20，单极	1	个	
5	低压断路器	Multi9 C65N D20，三极	1	个	
6	熔断器	RT28-32/4	4	个	
7	按钮	LA4-3H	1	个	

续表

序号	设备名称	型号及规格	数量	单位	备注
8	热继电器	JR36–20，整定范围 1.5 ~ 2.4 A	1	个	
9	接触器	CJX1–22/22，AC 220 V	1	个	
10	接线端子排	TB–1520，20 位	1	条	
11	配电盘	600 mm × 900 mm	1	块	
12	三相异步电动机	Y801–4，0.75 kW	1	台	

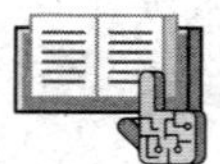

相关知识

一、输入继电器 I 和输出继电器 Q

1. 输入继电器 I

输入继电器就是 PLC 数据存储区中的输入映像寄存器，其作用是接收来自现场的控制按钮、行程开关及各种传感器等发出的开关量输入信号。在每个扫描周期的读取输入阶段，CPU 对各输入点进行集中采样，并将采样值（“0” 或 “1”）存储于对应的输入映像寄存器中，同时输入映像寄存器被刷新。在用户程序执行阶段，输入映像寄存器中的采样值通过数据总线传输给 CPU，参与用户程序的逻辑运算。除了在读取输入阶段，PLC 在接下来的本周期其他阶段不再改变输入映像寄存器中的值，直到下一个扫描周期的读取输入阶段。

为了方便编程，通常把输入映像寄存器等效为输入继电器，输入继电器与输入端子相连。这里的输入继电器以及后面将要介绍的输出继电器、定时器、计数器等，都称为软继电器。与实际的硬件继电器类似，软继电器也有线圈、常开触点和常闭触点。输入映像寄存器的等效电路以及输入继电器的线圈（输入继电器的线圈不能出现在梯形图中）、常开触点和常闭触点的图形符号如图 2–1–2a 所示。

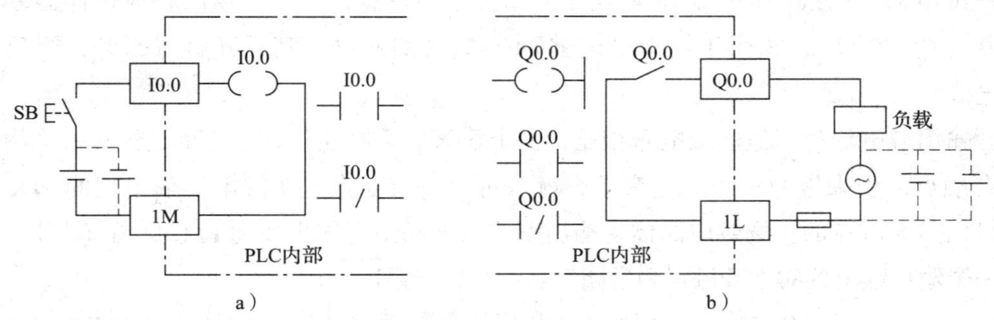

图 2–1–2 输入 / 输出映像寄存器的等效电路

a）输入映像寄存器的等效电路 b）输出映像寄存器 的等效电路

输入映像寄存器等效电路的工作原理是：按下按钮 SB 时，输入映像寄存器 I0.0 为“1”状态，相当于输入继电器 I0.0 线圈得电，其常开触点闭合、常闭触点断开；松开按钮 SB 时，输入映像寄存器 I0.0 为“0”状态，相当于输入继电器 I0.0 线圈断电，其常开触点恢复断开，常闭触点恢复闭合。

输入端可以外接常开触点或常闭触点，也可以接多个触点组成的串并联电路。在梯形图中，可以无限次使用输入继电器的常开触点和常闭触点。

注意

由于输入继电器 I 的线圈仅受外部按钮等硬件控制，所以在 PLC 程序中只出现输入继电器的触点，不出现输入继电器的线圈。换句话说，输入继电器 I 只能由外部输入信号来驱动，不能由 PLC 内部指令来驱动。

S7-200 系列 CPU22× 模块输入继电器的有效地址范围为 I0.0 ~ I15.7、IB0 ~ IB15、IW0 ~ IW14、ID0 ~ ID12。

2. 输出继电器 Q

输出继电器就是 PLC 数据存储区中的输出映像寄存器，用来存放 CPU 执行用户程序的数据结果。在每个扫描周期的执行用户程序等阶段，并不把输出结果信号真正输出去驱动外部负载，而只是送到输出映像寄存器，只有在每个扫描周期的末尾（写入输出阶段）才将输出映像寄存器中的结果同时送到输出锁存器，由输出单元驱动外部的负载。

为了方便编程，通常也把输出映像寄存器等效为输出继电器。输出映像寄存器的等效电路以及输出继电器的线圈、常开触点和常闭触点的图形符号如图 2-1-2b 所示。

输出映像寄存器等效电路的工作原理是：PLC 的 CPU 运算程序后，通过数据总线将执行程序后的运算结果送到输出映像寄存器 Q0.0。当输出映像寄存器 Q0.0 的状态为“1”时，相当于输出继电器 Q0.0（对于继电器输出型的 PLC，确实存在的物理继电器）的线圈得电，其常开触点闭合，则负载得电；当输出映像寄存器 Q0.0 的状态为“0”时，相当于输出继电器 Q0.0 的线圈断电，其常开触点断开，则负载断电。

输出继电器与其他软继电器相比，一个显著的不同在于它有一个且仅有一个物理动合触点，用来接通负载。这个动合触点可以是有触点的（继电器输出型的 PLC），也可以是无触点的（场效应晶体管输出型或双向晶闸管输出型的 PLC）。在梯形图中，每一个输出继电器的常开触点和常闭触点都可以无限次使用。

S7-200 系列 CPU22× 模块输出继电器的有效地址范围为 Q0.0 ~ Q15.7、QB0 ~ QB15、QW0 ~ QW14、QD0 ~ QD12。

二、LD、LDN、A、AN、O、ON、= 指令

S7-200 系列 PLC 的基本指令多用于开关量逻辑控制。基本指令中，位逻辑指令是最重要的，是其他所有指令应用的基础。位逻辑指令在梯形图语言中是指对触点的简单连接和对标准线圈的输出，在语句表语言中是指对位存储单元的简单逻辑运算。位逻辑指令包括标准触点指令（LD、LDN、A、AN、O、ON）、输出指令（=）、置位和复位指令（S、R）、立即触点指令（LDI、LDNI、AI、ANI、OI、ONI）、立即输出指令（=I）、立即置位和立即复位指令（SI、RI）、逻辑堆栈指令（ALD、OLD、LPS、LRD、LPP、LDS）、上升沿检测和下降沿检测指令（EU、ED）、非指令（NOT）、置位优先双稳态触发器和复位优先双稳态触发器指令（SR、RS）以及空操作指令（NOP）。

LD、LDN、A、AN、O、ON、= 指令属性见表 2–1–2。

表 2–1–2 LD、LDN、A、AN、O、ON、= 指令属性

指令名称	梯形图	语句表	操作数及数据类型	功能
装载指令 LD	bit ┤├	LD bit	I、Q、M、SM、T、C、V、S、L 数据类型：位	常开触点与左母线连接
装载非指令 LDN	bit ┤/├	LDN bit		常闭触点与左母线连接
与指令 A	bit ┤├	A bit		串联一个常开触点
与非指令 AN	bit ┤/├	AN bit		串联一个常闭触点
或指令 O	bit ┤├	O bit		并联一个常开触点
或非指令 ON	bit ┤/├	ON bit		并联一个常闭触点
输出指令 =	bit —( )	= bit	Q、M、SM、T、C、V、S、L 数据类型：位	线圈输出

1. LD、LDN、= 指令

（1）LD（load）指令即装载指令，也称为取指令，在梯形图上表示从左母线取常开触点，以常开触点开始的分支电路块也使用这一指令。

（2）LDN（load not）指令即装载非指令，也称为取非指令，在梯形图上表示从左母线取常闭触点，以常闭触点开始的分支电路块也使用这一指令。

（3）= 指令称为输出指令，可以并联使用多次（相当于电路中多个线圈的并联形式），称为并行输出。但是，在同一程序中不能使用双线圈输出，即同一个元件在同一程序中只能使用一次 = 指令。另外，= 指令不能用于输入继电器 I，因为输入继电器的状态是由输入信号决定的；T 和 C 也作为输出线圈，但在 S7-200 系列 PLC 中输出时不以 = 指令形式出现。

【**例 2-1-1**】图 2-1-3 所示为 LD、LDN 和 = 指令的使用示例。其中图 a 是梯形图，图 b 是语句表，图 c 是时序图。

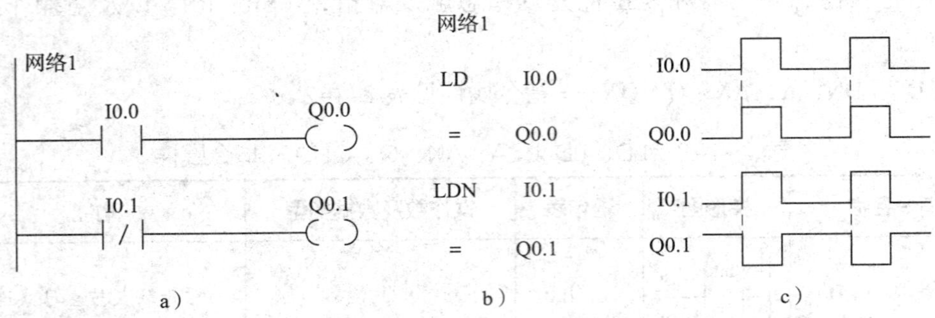

图 2-1-3　LD、LDN 和 = 指令的使用
a）梯形图　b）语句表　c）时序图

图 2-1-3 中，常开触点 I0.0 动作闭合，Q0.0 线圈通电；常闭触点 I0.1 动作断开，Q0.1 线圈断电。

小提示

以时间为横轴，接通时为高电平，断开时为低电平，画出的梯形图中各元件随时间产生通 / 断变化的图形为时序图。时序图是分析梯形图的一种辅助手段，通过时序图可以了解各元件的动作顺序，从而确定程序的控制功能。

画时序图时，首先要人为地设定输入信号的动作，把握信号发生变化的时间点，并对此时间点进行分析，判断由此引起的梯形图中其他元件的通断状态。在画时序图时，一般只画各元件的常开触点的状态。如果常开触点是闭合状态，用“1”表示（即高电平）；如果常开触点是断开状态，用“0”表示（即低电平）。假如梯形图中只有某元件的线圈或常闭触点，则在时序图中仍然只画常开触点的状态。因为同一个元件的线圈和触点的状态是互相关联的，例如，某元件的线圈得电时，该元件的常开触点是闭合的，常闭触点是断开的。

2. A、AN、O、ON 指令

（1）A（and）、AN（and not）指令是单个触点的串联连接指令，可连续使用。其中，A 指令是与指令，完成逻辑与运算；AN 指令是与非指令，完成逻辑与非运算。

（2）O（or）、ON（or not）指令是单个触点的并联连接指令，紧接在装载指令之后用，将装载指令所确定的触点再并联一个触点，可以连续使用。其中，O 指令是或指令，完成逻辑或运算；ON 指令是或非指令，完成逻辑或非运算。

【例 2-1-2】图 2-1-4 所示为 A、AN 指令的使用示例。

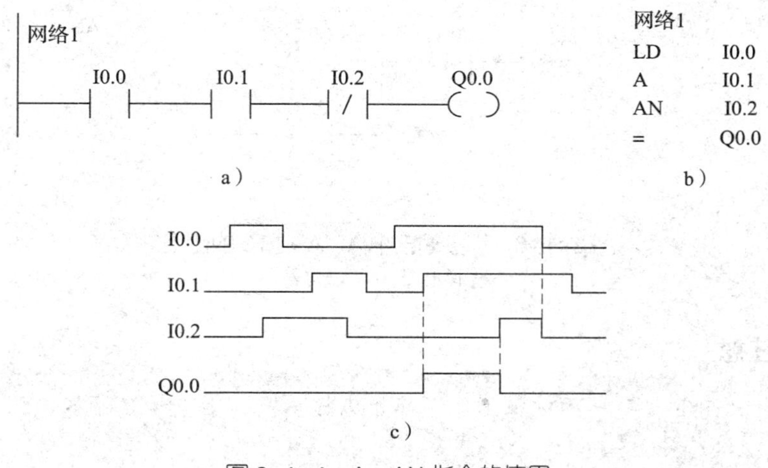

图 2-1-4 A、AN 指令的使用

a）梯形图 b）语句表 c）时序图

图 2-1-4 中，Q0.0 线圈如果要得电，则需 I0.0、I0.1 常开触点接通，且 I0.2 不动作。也就是说，如果分别与 I0.0、I0.1 输入端子连接的两个常开按钮都动作接通，则输入映像寄存器 I0.0 = I0.1 = 1；与 I0.2 输入端子连接的常开按钮不动作，则输入映像寄存器 I0.2 = 0，那么连接在左母线上的 I0.0 的常开触点与 I0.1 的常开触点都接通，而 I0.2 的常闭触点保持接通，左母线上的能流流过 Q0.0 线圈，Q0.0 线圈得电。

【例 2-1-3】图 2-1-5 所示为纵接输出中 A 指令的使用示例。

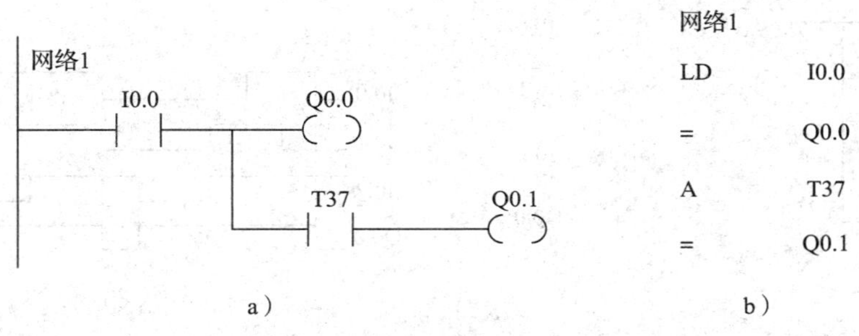

图 2-1-5 纵接输出中 A 指令的使用

a）梯形图 b）语句表

如果在 = 指令之后，再通过触点对其他线圈使用 = 指令，则称为纵接输出。如图 2–1–5 所示，输出 Q0.0 线圈后，再通过 T37 的常开触点与 Q0.1 线圈串联，就是纵接输出。这种情况下，触点 T37 仍可以使用 A 指令，并可多次重复使用，如图 2–1–6 所示。

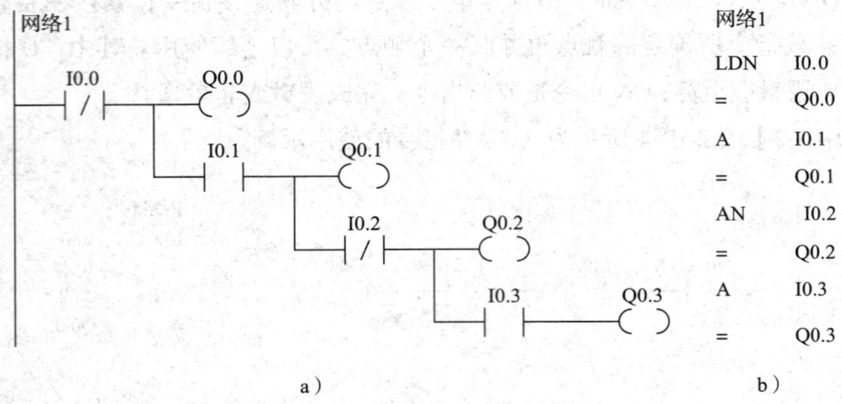

图 2–1–6　纵接输出中 A、AN 指令的使用

a）梯形图　b）语句表

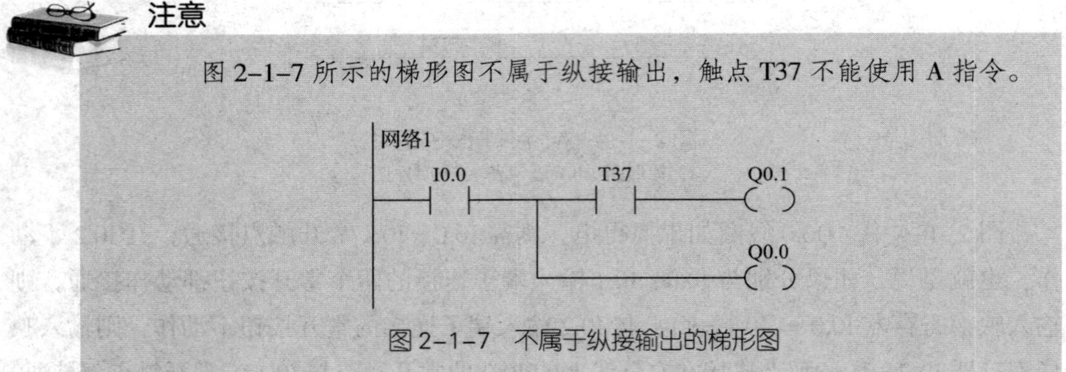

注意

图 2–1–7 所示的梯形图不属于纵接输出，触点 T37 不能使用 A 指令。

图 2–1–7　不属于纵接输出的梯形图

【**例 2–1–4**】图 2–1–8 所示为 O、ON 指令的使用示例。

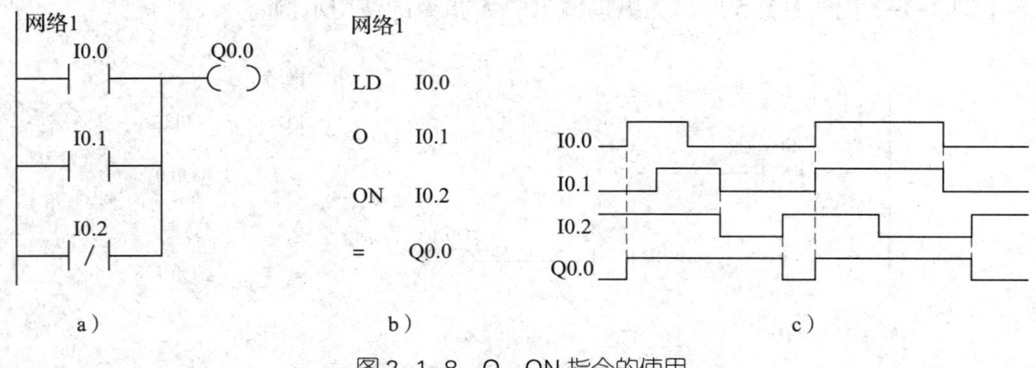

图 2–1–8　O、ON 指令的使用

a）梯形图　b）语句表　c）时序图

图 2–1–8 中，当 I0.0=1 时，其常开触点闭合；当 I0.1=1 时，其常开触点闭合；当 I0.2=0 时，其常闭触点保持闭合。这三个条件只要满足其中一个，左母线上的能流就流过 Q0.0 线圈，使 Q0.0=1。此时，若梯形图中其他支路上连接有 Q0.0 的常开触点，它将闭合导通，其所在支路连接的线圈得电。

【例 2–1–5】图 2–1–9 所示为启动—保持—停止（简称“启保停”）电路。

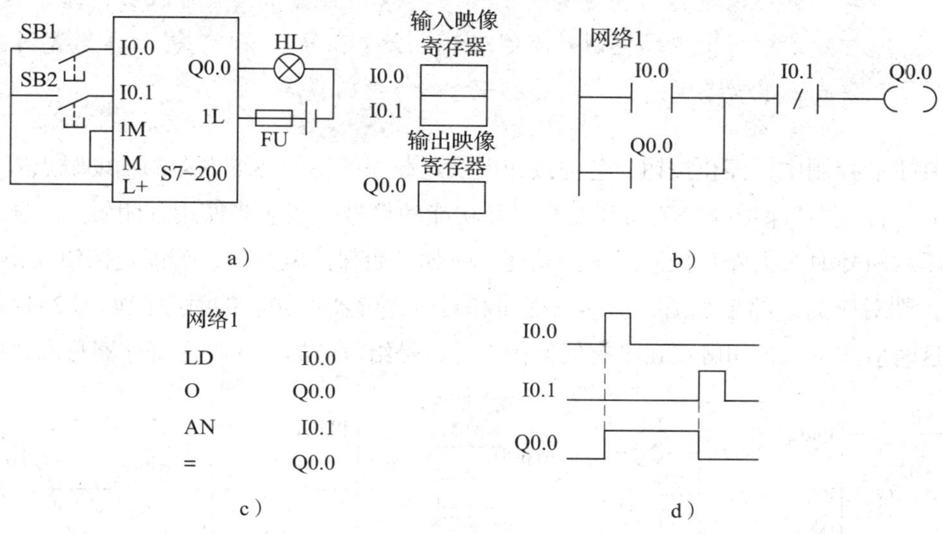

图 2–1–9 启保停电路（停止按钮为常开按钮）

a）外部接线图 b）梯形图 c）语句表 d）时序图

图 2–1–9a 所示的外部接线图中，启动按钮 SB1 和停止按钮 SB2 分别接在输入端 I0.0 和 I0.1，负载接在输出端 Q0.0。因此输入映像寄存器 I0.0 的状态与启动按钮 SB1（常开按钮）的状态相对应，输入映像寄存器 I0.1 的状态与停止按钮 SB2（常开按钮）的状态相对应，程序运行结果写入输出映像寄存器 Q0.0，并通过输出电路控制负载。图 2–1–9b 所示梯形图中的启动信号 I0.0 和停止信号 I0.1 由启动按钮和停止按钮提供，持续高电平的时间一般很短，这种信号称为短信号。启保停电路最主要的特点是具有“记忆”功能，按下启动按钮，I0.0 的常开触点接通，如果这时未按停止按钮，I0.1 的常闭触点接通，Q0.0 线圈得电，它的常开触点接通。松开启动按钮，I0.0 的常开触点断开，能流经 Q0.0 的常开触点和 I0.1 的常闭触点流过 Q0.0 线圈，Q0.0 仍为高电平，这就是所谓的“自锁”或“自保持”功能。按下停止按钮，I0.1 的常闭触点断开，使 Q0.0 线圈断电，其常开触点断开，之后即使松开停止按钮，I0.1 的常闭触点恢复接通状态，Q0.0 线圈仍然断电。时序分析如图 2–1–9d 所示，时序图中 I0.0、I0.1、Q0.0 分别为对应存储器的状态。

小提示

如果将图 2-1-9b 所示梯形图用逻辑函数式表示，可以写为：

$$Q0.0=(I0.0+Q0.0)\times\overline{I0.1}$$

该逻辑函数式是运用逻辑设计法进行 PLC 梯形图程序设计的基础。在 PLC 梯形图程序设计中，只要找到控制对象的启动、自锁和停止条件，就可以设计出相应的控制程序。即 PLC 梯形图程序设计的基础是：细致地分析出各个控制对象的启动、自锁和停止条件，然后写出逻辑函数式，根据逻辑函数式设计出相应的梯形图程序。

在工业控制中，停止按钮、急停按钮以及过载保护用的热继电器的辅助触点等，凡是具有“停止”“保护”等关系到安全保障功能的信号一般应当使用常闭触点，防止其发生断线故障时失去停止控制或保护功能。例如，启保停电路中，若停止按钮改为常闭按钮，则对应的外部接线图、梯形图程序和对应存储器位状态的时序图如图 2-1-10 所示。这时应注意，常闭触点在没有任何操作时，是给对应的输入映像寄存器写入“1”。

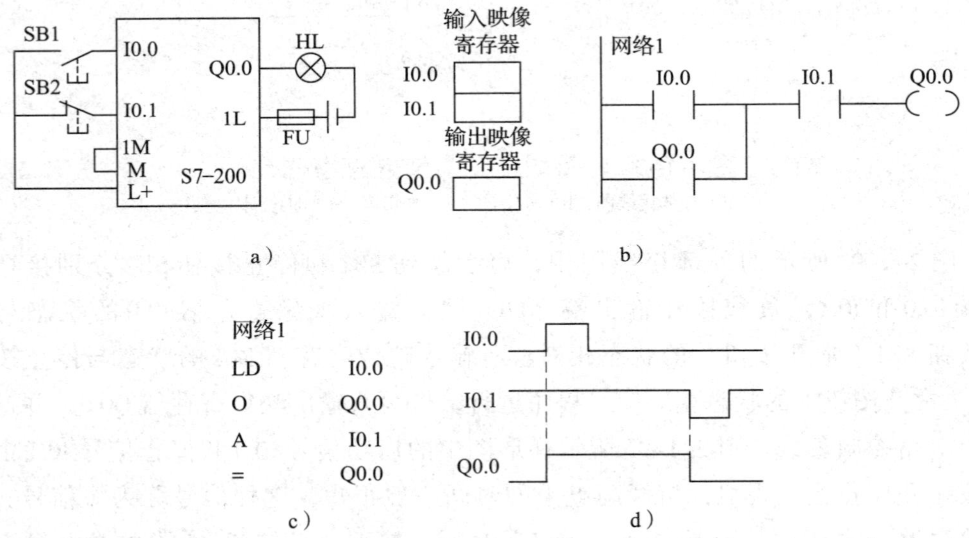

图 2-1-10 启保停电路（停止按钮为常闭按钮）

a）外部接线图 b）梯形图 c）语句表 d）时序图

注意

PLC 控制线路中的停止按钮、急停按钮以及过载保护用的热继电器的辅助触点等有时会用常开形式，这是为了与继电器电路图的习惯保持一致，便于编程和阅读。本书与实际工业控制一致，这些触点统一使用常闭形式，有不一致的情况会特别注明。

三、S/R 指令

S/R（set/reset）指令的指令属性见表 2–1–3。

表 2–1–3 S/R 指令的指令属性

指令名称	梯形图	语句表	操作数及数据类型	功能
置位指令（S 指令）	bit —(S) N	S bit，N	指定位（bit）：Q、M、SM、T、C、V、S、L 数据类型：位 置位线圈的数目（N）：QB、VB、MB、SMB、SB、LB、AC、*VD、*LD、*AC 及常数，N 的取值范围为 1 ~ 255 数据类型：字节	将从指令操作数指定的位地址（bit）开始的连续 N 个元件都置位并保持
复位指令（R 指令）	bit —(R) N	R bit，N		将从指令操作数指定的位地址（bit）开始的连续 N 个元件都复位并保持

1．S 指令

S 指令称为置位指令或置 1 指令。在梯形图中，只要“能流”到，就能执行 S 指令。执行 S 指令时，把从指令操作数指定的位地址开始的连续 N 个元件都置位并且保持。置位后即使“能流”断，仍保持置位。

2．R 指令

R 指令称为复位指令或置 0 指令。在梯形图中，只要“能流”到，就能执行 R 指令。执行 R 指令时，把从指令操作数指定的位地址开始的连续 N 个元件都复位并且保持。复位后即使“能流”断，仍保持复位。

【例 2–1–6】图 2–1–11 所示为 S/R 指令的使用示例，此示例使用 S/R 指令也同样可以实现图 2–1–10 所示的启保停功能。

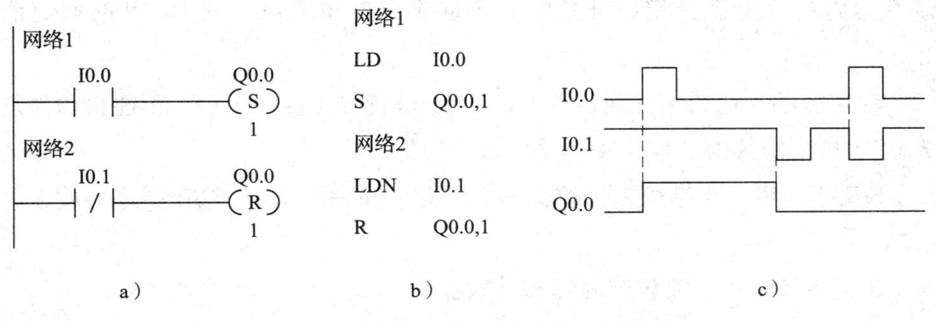

图 2–1–11 S/R 指令的使用示例

a）梯形图 b）语句表 c）时序图

图 2–1–11 中，当驱动条件 I0.0、I0.1 不满足（即 I0.0=0、I0.1=1）时，线圈 Q0.0 断电，无信号流流过，这就是初始状态。

当 I0.0=1 且 I0.1=1 时，对线圈 Q0.0 置位（线圈 Q0.0 得电，有信号流流过）。当 I0.0=0 且 I0.1=1 以后，线圈 Q0.0 继续保持置位状态（线圈 Q0.0 继续保持得电状态，持续有信号流流过），直到对线圈 Q0.0 复位的信号到来时，线圈 Q0.0 才恢复初始的断电状态。网络 1 中的这一行程序就等效于启保停电路中的“启动—保持”环节。另外需要注意的是，在使用置位指令时，被置位线圈的数目是从指令中指定的位地址开始的连续 N 个元件。若图中 N ＝ 8，则被置位线圈为 Q0.0、Q0.1、…、Q0.7，即线圈 Q0.0 ~ Q0.7 同时被置位得电。因此，S 指令可用于数台电动机同时启动运转的控制要求，使控制程序大大简化。

当 I0.1=0 且 I0.0=0 时，对线圈 Q0.0 复位（线圈 Q0.0 断电，恢复为初始的断电状态）。当 I0.1=1 且 I0.0=0 以后，线圈 Q0.0 继续保持复位状态（线圈 Q0.0 继续保持断电状态），直到对线圈 Q0.0 重新置位的信号到来时，线圈 Q0.0 才重新被置位通电，重新有信号流流过。网络 2 中的这一行程序就等效于启保停电路中的“停止”环节。同样需要注意的是，在使用复位指令时，被复位线圈的数目是从指令中指定的位地址开始的连续 N 个元件。若图中 N ＝ 8，则被复位线圈为 Q0.0、Q0.1、…、Q0.7，即线圈 Q0.0 ~ Q0.7 同时被复位断电而恢复初始状态。因此，R 指令可用于数台电动机同时停止运转以及急停情况下的控制要求，使控制程序大大简化。

通过以上分析可知，使用 S/R 指令同样可以完成启保停控制程序。比较图 2–1–10b 和图 2–1–11a 可以发现，使用 S/R 指令形成的启保停控制程序不需要自锁环节，原因在于 S 指令本身具有保持功能。

图 2–1–10b 和图 2–1–11a 所示的启保停控制程序都是经典的梯形图程序，将在各种控制过程中作为基本控制环节反复使用。

S/R 指令在使用时应注意以下几点：

（1）S 指令是强制性地将位存储区的指定位开始的 N 个同类存储位置位；R 指令是强制性地将位存储区指定位开始的 N 个同类存储位复位。其中，N 的取值范围为 1 ~ 255。

（2）存储区的一位或多位通过 S（R）指令被置位（复位）后，不能自己恢复，必须用 R（S）指令使其由“1”（“0”）跳回到“0”（“1”）。

（3）S/R 指令也用于结束一个逻辑串。因此，在梯形图中，S/R 指令要放在逻辑串的最右端。

（4）R 指令还可用于复位定时器和计数器。

（5）在程序中对同一元件同时使用 S/R 指令时，应注意两条指令的先后顺序，写在后面的指令具有优先权，使用不当有可能导致程序控制结果错误。

【例 2–1–7】在图 2–1–11 中，S 指令在前，R 指令在后，当驱动条件 I0.0 和 I0.1 同时满足（I0.0=1，I0.1=0）时，R 指令优先级高，Q0.0 没有信号流流过，如图 2–1–

11c 所示。相反，如图 2–1–12 所示，将 S 指令与 R 指令的先后顺序对调，当驱动条件 I0.0 和 I0.1 同时满足（I0.0=1，I0.1=0）时，S 指令优先级高，Q0.0 有信号流流过。因此，使用 S/R 指令编程时，后面指令的优先级高，这一点需要多加注意。

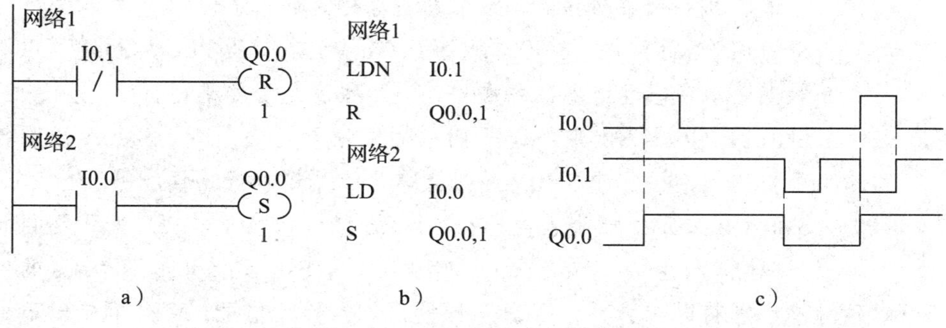

图 2–1–12 S/R 指令的优先级
a）梯形图 b）语句表 c）时序图

四、梯形图的编程规则

尽管梯形图与继电器电路图在结构形式、元件符号及逻辑控制功能等方面相似，但它们又有许多不同之处。梯形图的具体编程规则如下：

1. 输入继电器 I、输出继电器 Q、辅助继电器 M、定时器 T 等元件的触点可多次重复使用，无须用复杂的程序结构来减少触点的使用次数。

2. 梯形图的每一行都是从左母线开始，线圈接在最右边或右母线上（右母线可以不画出）。触点不能放在线圈的右边，即线圈与右母线之间不能有任何触点，如图 2–1–13 所示。

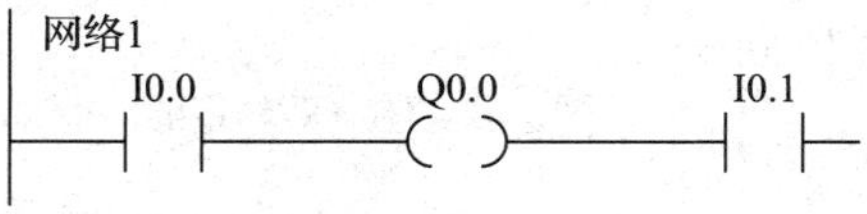

网络1 I0.0 Q0.0 I0.1　　网络1 I0.0 I0.1 Q0.0

a）　　b）

图 2–1–13 线圈与触点的位置
a）不正确的梯形图 b）正确的梯形图

3. 线圈不能直接与左母线相连，即左母线与线圈之间一定要有触点。如果需要，可以通过特殊辅助继电器 SM0.0 的常开触点连接，如图 2–1–14 所示。

网络1 Q0.0　　网络1 SM0.0 Q0.0

a）　　b）

图 2–1–14 SM0.0 的应用
a）不正确的梯形图 b）正确的梯形图

小提示

特殊辅助继电器SM（即特殊存储器SM）能够提供大量的状态和控制功能，用于在CPU和用户程序之间交换信息。特殊存储器SM能以位、字节、字或双字来存取，常用的特殊存储器的用途如下：

SM0.0：运行监视。SM0.0始终为“1”状态。当PLC运行时可以利用其触点驱动输出继电器，并在外部显示程序是否处于运行状态。

SM0.1：初始化脉冲。每当PLC的程序开始运行时，SM0.1线圈接通一个扫描周期，因此SM0.1的触点常用于调用初始化程序等。

SM0.4、SM0.5：产生占空比为50%的时钟脉冲。当PLC处于运行状态时，SM0.4产生周期为1 min的时钟脉冲，SM0.5产生周期为1 s的时钟脉冲。若将时钟脉冲信号送入计数器作为计数信号，可起到定时器的作用。

4. 一般情况下，在梯形图中同一线圈只能出现一次。如果在程序中，同一线圈使用了两次或多次，称为双线圈输出。不同PLC对双线圈输出问题的处理方式不同，有的PLC将其视为语法错误，有的PLC在限定的指令中可以使用，有的PLC以最后一次输出为准。例如，图2-1-15所示为S7-200系列PLC双线圈输出的梯形图，无语法错误，编译可以通过。但是，如果I0.0=1，I0.1=0，则Q0.0=0（以最后一次输出为准），Q0.1=1。

双线圈输出容易引起误操作，所以应避免同一线圈重复使用，解决的方法如图2-1-16所示。

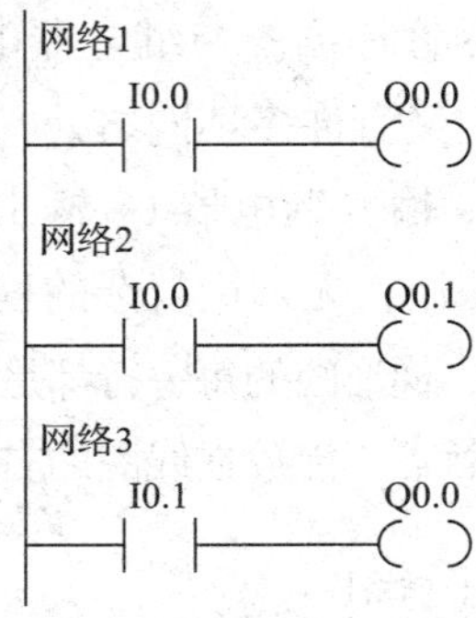

图2-1-15　双线圈输出的梯形图

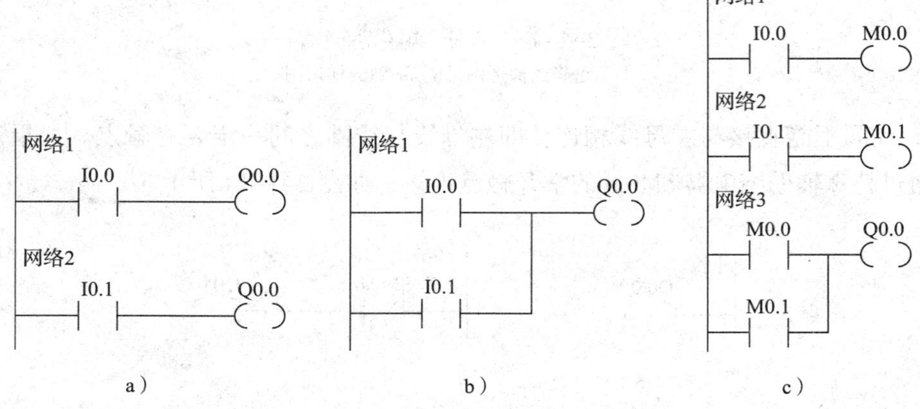

图2-1-16　避免双线圈输出的方法

a）不正确的梯形图　b）解决方法一　c）解决方法二

小提示

辅助继电器M（即位存储器M）类似于继电器控制系统中的中间继电器KA，用来存放中间操作状态或其他控制信息。PLC中没有输入/输出端口与辅助继电器M对应，其线圈的通断只能由程序内部指令驱动，其触点不能直接驱动外部负载，只能在程序内部驱动输出继电器的线圈，再用输出继电器的触点去驱动外部负载。

辅助继电器M虽然名为"位存储器M"，但它既可以按位来存取数据，也可以按字节、字、双字来存取数据。辅助继电器M存取的地址编号范围为M0.0 ~ M31.7，共32个字节。

值得一提的是，辅助继电器M和变量存储器V的功能基本相同，都可以用来存放中间运算结果，但是V的内存区域更大一些，所以M区域常用来存放数字量的中间运算结果，而V区域常用来存放模拟量数值和中间运算结果。

5. 梯形图必须符合顺序执行原则，即从左到右、从上到下地执行。不符合顺序执行原则的梯形图不能直接编程，如图2-1-17所示。

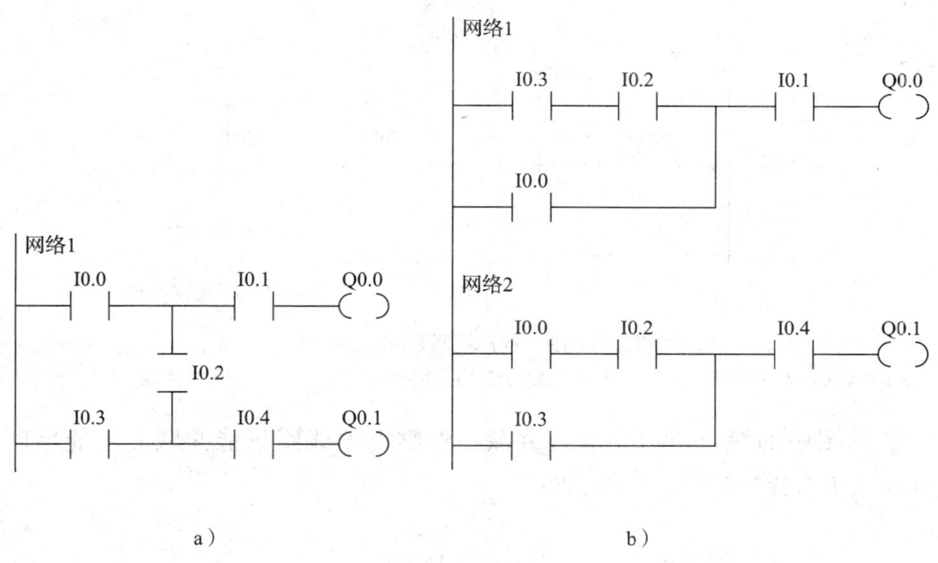

图2-1-17 不符合顺序执行编程规则的程序的处理

a）不正确的梯形图 b）正确的梯形图

6. 在梯形图中，有几个串联电路相并联时，应将串联触点多的回路放在上方，即要符合"上重下轻"原则。在有几个并联电路相串联时，应将并联触点多的回路放在左侧，即要符合"左重右轻"原则。这样编写的程序简洁明了，指令条数较少，扫描周期短。图2-1-18所示为梯形图程序的合理优化。

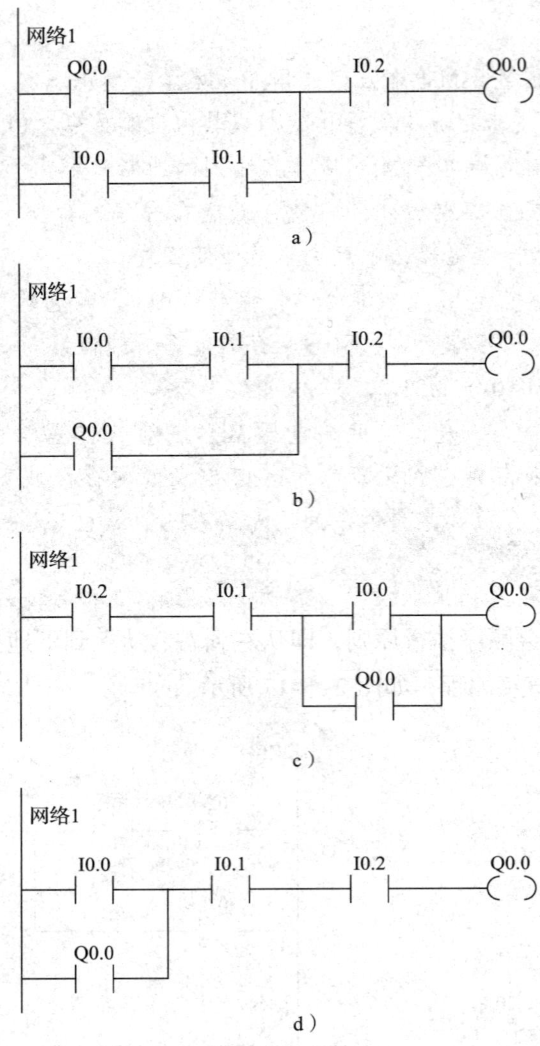

图 2-1-18　梯形图程序的合理优化

a）串联触点位置不当　b）串联触点位置合理　c）并联触点位置不当　d）并联触点位置合理

7. 梯形图中的触点可以串联或并联，但继电器线圈只能并联而不能串联。图 2-1-19 所示为多线圈并联输出梯形图。

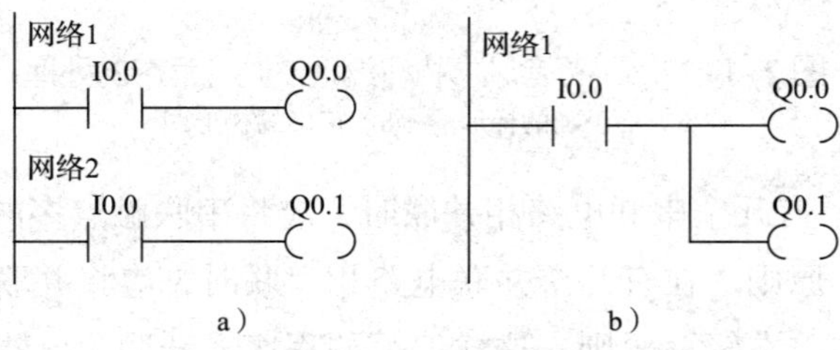

图 2-1-19　多线圈并联输出梯形图

a）未简化的梯形图　b）简化的梯形图

任务实施

一、分配 I/O 地址

I/O 地址分配见表 2–1–4。

表 2–1–4　I/O 地址分配

输入				输出			
输入设备	文字符号	作用	输入继电器	输出设备	文字符号	作用	输出继电器
启动按钮	SB1	启动	I0.0	接触器	KM	控制电动机	Q0.0
停止按钮	SB2	停止	I0.1				
热继电器	KH	过载保护	I0.2				

二、绘制并安装 PLC 控制线路

三相异步电动机单向连续运转 PLC 控制线路图如图 2–1–20 所示，PLC 控制接线图请读者自行绘制。安装时，接触器 KM 暂时不接到 PLC 输出端 Q0.0，待梯形图程序的模拟调试通过后再连接。

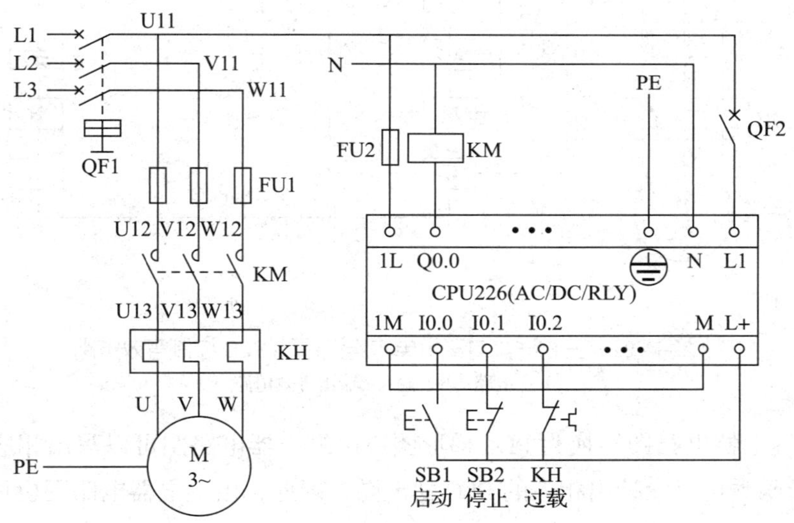

图 2–1–20　三相异步电动机单向连续运转的 PLC 控制线路图

三、设计梯形图程序

1．创建项目

按照创建项目的步骤和方法创建“电动机单向连续运转的 PLC 控制”项目。

2．编辑符号表

按照编辑符号表的步骤和方法编辑如图 2-1-21 所示的符号表。

符号表

			符号	地址	注释
1			启动按钮SB1	I0.0	启动
2			停止按钮SB2	I0.1	停止
3			热继电器KH	I0.2	过载保护
4			接触器KM	Q0.0	控制电动机
5					

用户定义1　POU 符号

图 2-1-21　符号表

3．编写并输入程序

（1）编写程序

为了便于理解编程思路，先画出 PLC 控制线路的主电路图及输入 / 输出等效电路图，如图 2-1-22 所示。程序的编写有以下三种方式。

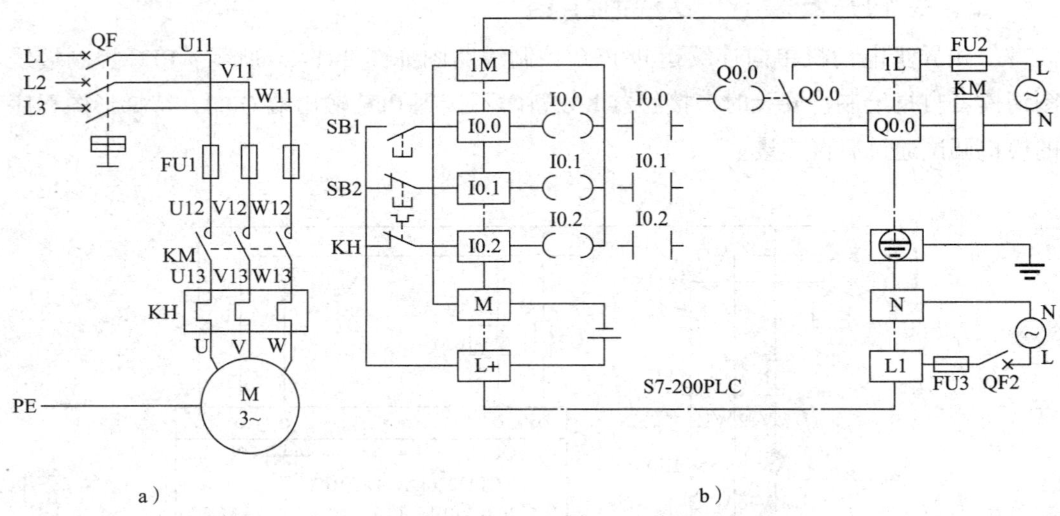

图 2-1-22　三相异步电动机单向连续运转 PLC 控制等效电路

a）主电路　b）输入 / 输出等效电路

1）将继电器电路图转换为 PLC 梯形图。由继电器电路图可以写出相应的逻辑函数，由逻辑函数可以设计出相应的 PLC 梯形图。因此，由继电器电路图也可以设计出相应的 PLC 梯形图，反之亦然。

例如，三相异步电动机单向连续运转继电器电路图如图 2–1–23a 所示。

对应的继电器控制逻辑函数表达式是：

$$KM=\overline{KH}\times\overline{SB2}\times(SB1+KM)$$

换成 PLC 的文字符号，则可得到对应的 PLC 控制逻辑函数表达式是：

$$Q0.0=\overline{I0.2}\times\overline{I0.1}\times(I0.0+Q0.0)$$

根据此 PLC 控制逻辑函数表达式画出 PLC 梯形图，如图 2–1–23b 所示。

然后按照梯形图编程规则中的“左重右轻”原则，将 I0.0 常开触点与 Q0.0 常开触点并联部分移到最左端，如图 2–1–23c 所示。

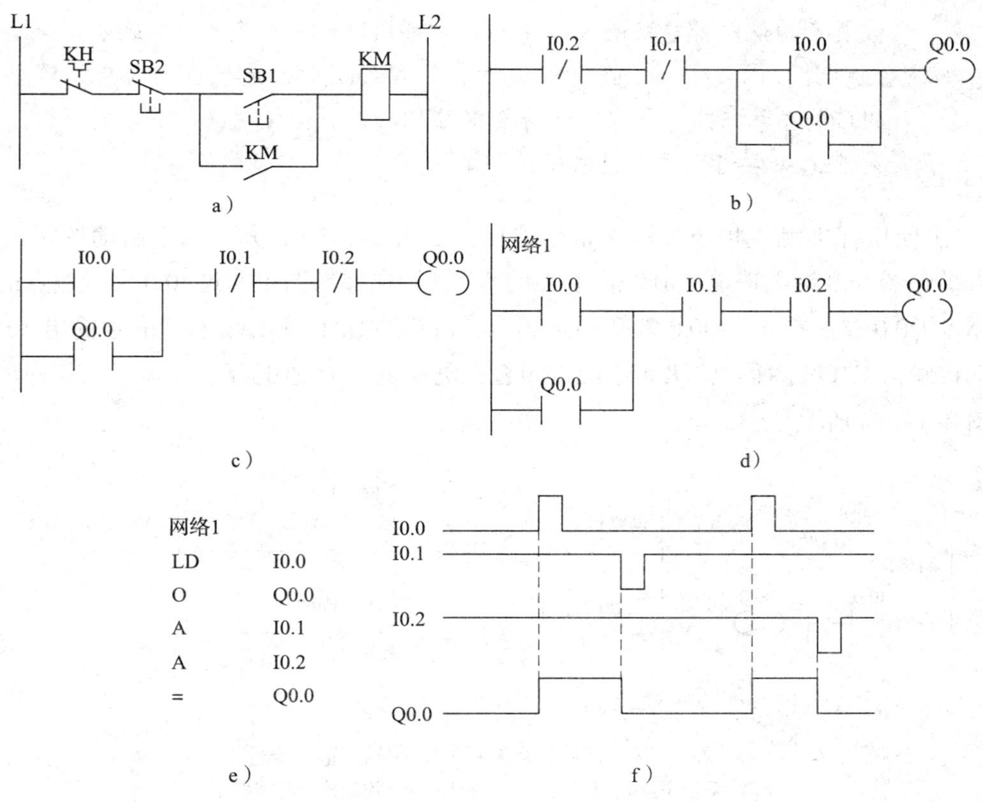

图 2–1–23 将继电器电路图转换为 PLC 梯形图

a）继电器电路图 b）未优化的 PLC 梯形图 c）优化后的 PLC 梯形图
d）修改后的 PLC 梯形图 e）语句表 f）时序图

再考虑到停止按钮 SB2 和热继电器 KH 都是采用常闭触点形式接到 PLC 输入端，因此 PLC 梯形图中的 I0.1 和 I0.2 触点都要用常开触点，由此进一步修改即可得到如图 2–1–23d 所示三相异步电动机单向连续运转 PLC 控制梯形图。图 2–1–23e 为语句表，图 2–1–23f 为时序图。

根据上述编程思路，可以得出结论：对于某些简单的继电器电路图，根据 PLC 等效继电器与继电器电路图的电气符号对照关系（见表 1–1–2），即可将继电器电路图直接转换成 PLC 梯形图（必要时再做进一步优化处理），从而设计出最终的 PLC 梯形图。

小提示

1）应用逻辑代数对控制系统及其控制要求进行逻辑分析，写出逻辑函数表达式，再根据逻辑函数表达式设计梯形图的方法称为 PLC 逻辑设计法。

2）初学者经常会通过将继电器电路图直接转换成 PLC 梯形图的方式来设计 PLC 控制程序。但应注意，由于工作方式的不同，在将某些比较复杂的继电器电路图转换成 PLC 梯形图时，并不能通过转换法完全达到设计控制要求。因此，在设计 PLC 梯形图时，最根本的是应该遵循 PLC 的循环扫描工作方式，这是学习 PLC 编程必须树立的编程思想，也是 PLC 初学者必须养成的编程习惯。

2）使用标准触点指令和输出指令编程。由图 2–1–22 可知，按下启动按钮 SB1，输入继电器 I0.0 线圈得电，I0.0 常开触点闭合，则在梯形图中通过 I0.0 常开触点的闭合驱动 Q0.0 线圈得电，Q0.0 常开触点闭合，PLC 的 Q0.0 输出端子有信号输出，PLC 驱动接触器 KM 线圈得电，KM 主触点闭合，电动机 M 接通电源启动运行，其梯形图如图 2–1–24a 所示。

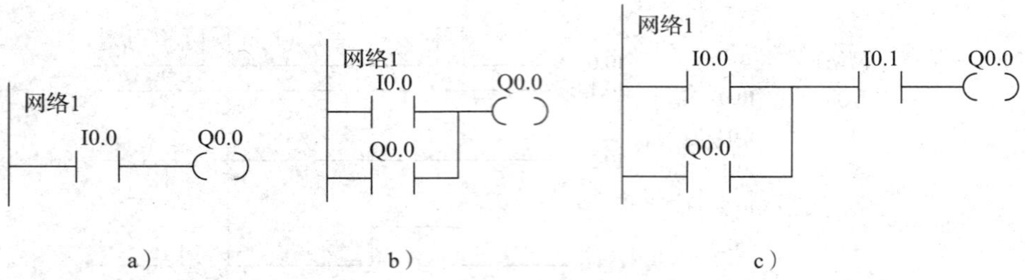

网络1 I0.0 Q0.0

网络1 I0.0 Q0.0 Q0.0

网络1 I0.0 I0.1 Q0.0 Q0.0

a） b） c）

图 2–1–24　使用标准触点指令和输出指令编程

a）启动程序　b）添加自锁环节程序　c）添加停止功能程序

松开启动按钮 SB1，输入继电器 I0.0 线圈断电，I0.0 常开触点恢复断开，Q0.0 线圈断电，Q0.0 常开触点恢复断开，Q0.0 输出端子没有信号输出，KM 线圈断电，KM 主触点恢复断开，电动机 M 断开电源停止运行。这是点动控制功能，为了实现连续运行控制功能，还要在程序中加自锁环节，其梯形图如图 2–1–24b 所示。

由于停止按钮 SB2 使用的是常闭形式，未按下停止按钮 SB2 时，输入继电器 I0.1 线圈得电，I0.1 常开触点闭合；而按下停止按钮 SB2 时，输入继电器 I0.1 线圈断电，I0.1 常开触点恢复断开，所以程序中可以利用 I0.1 常开触点和 Q0.0 线圈串联，完成停止功能，如图 2–1–24c 所示。例如，当按下停止按钮 SB2 时，输入继电器 I0.1 线圈断电，I0.1 常开触点恢复断开，使 Q0.0 线圈断电，Q0.0 常开触点恢复断开，PLC 的 Q0.0 输出端子将没有信号输出，KM 线圈断电，KM 主触点恢复断开，电动机 M 停止运行。图 2–1–24c 即为前面介绍过的启保停程序（见图 2–1–10）。

由于电动机 M 过载保护使用的是热继电器 KH 常闭触点，过载保护动作时同样是电动机 M 停止运行，所以程序中也一样利用 I0.2 常开触点和 Q0.0 线圈串联，完成停止功能，得到使用标准触点指令和输出指令编写的电动机单向连续运转 PLC 控制梯形图程序，如图 2–1–23d 所示。

3）使用置位 / 复位指令编程。在图 2–1–22 中，按下启动按钮 SB1，输入继电器 I0.0 线圈得电，I0.0 常开触点闭合，则在梯形图中通过 I0.0 常开触点的闭合和执行置位指令驱动 Q0.0 线圈得电，Q0.0 常开触点闭合，PLC 的 Q0.0 输出端子有信号输出，PLC 驱动接触器 KM 线圈得电，KM 主触点闭合，电动机 M 接通电源启动运行；松开启动按钮 SB1，电动机 M 不会停止运行，这是因为置位指令有记忆功能，即自保持功能。其梯形图如图 2–1–25a 所示。

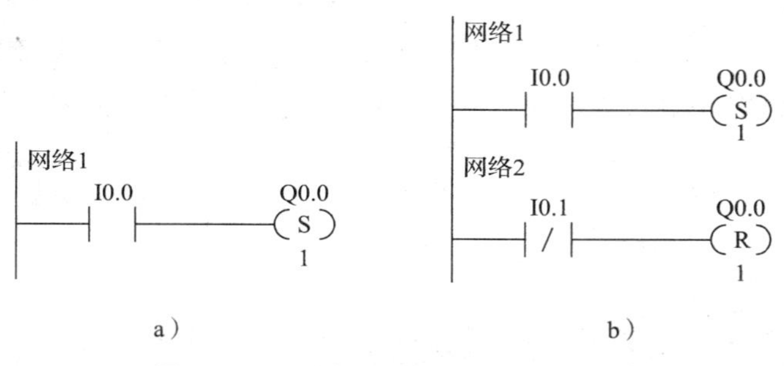

图 2–1–25　使用置位 / 复位指令编程

a）启动—保持程序　b）添加停止功能程序

由于停止按钮 SB2 使用的是常闭形式，未按下停止按钮 SB2 时，输入继电器 I0.1 线圈得电，I0.1 常闭触点断开；而按下停止按钮 SB2 时，输入继电器 I0.1 线圈断电，I0.1 常闭触点恢复闭合，所以程序中可以利用 I0.1 常闭触点恢复闭合和执行复位指令使 Q0.0 线圈断电，完成停止功能，如图 2–1–25b 所示。例如，当按下停止按钮 SB2 时，输入继电器 I0.1 线圈断电，I0.1 常闭触点恢复闭合，执行复位指令，使 Q0.0 线圈断电，Q0.0 常开触点恢复断开，PLC 的 Q0.0 输出端子将没有信号输出，KM 的线圈断电，KM 主触点恢复断开，电动机 M 停止运行。图 2–1–25b 即前面介绍过的使用 S/R 指令的梯形图（见图 2–1–11）。

由于电动机 M 过载保护使用的是热继电器 KH 常闭触点，过载保护动作时同样是电动机 M 停止运行，所以程序中也一样要利用 I0.2 常闭触点闭合和执行复位指令使 Q0.0 线圈断电，完成停止功能。图 2–1–26a 所示即使用置位 / 复位指令编写的电动机单向连续运转 PLC 控制梯形图程序，图 2–1–26b 为语句表，图 2–1–26c 为时序图。

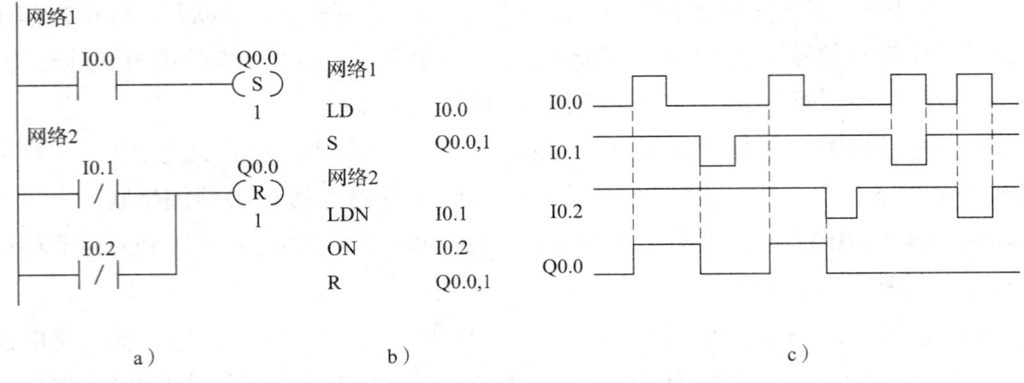

图 2-1-26　使用置位 / 复位指令编写的电动机单向连续运转 PLC 控制程序

a）梯形图　b）语句表　c）时序图

小提示

比较图 2-1-23d 和图 2-1-26a 所示梯形图可知，采用启保停电路中的启动—保持条件就是采用 S/R 指令程序中的置位条件（使用 S 指令），停止条件就是复位条件（使用 R 指令）；采用启保停电路程序中的停止条件的常开触点应改为采用 S/R 指令程序中的常闭触点，且触点由串联改为并联。

试一试

将图 2-1-27 所示梯形图改用 S/R 指令编程。其中，I0.0 接常开按钮，I0.1 和 I0.2 都接常闭按钮。

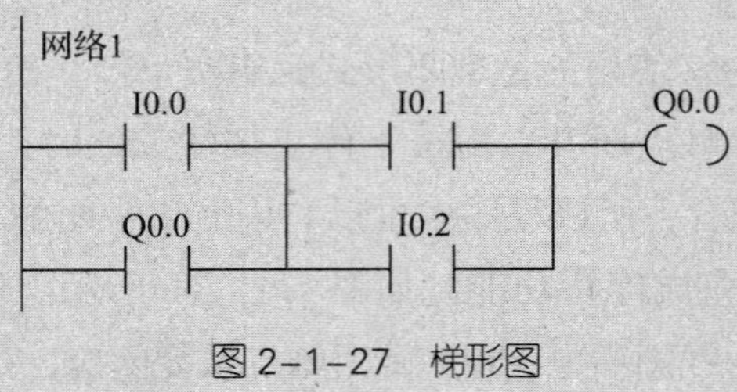

图 2-1-27　梯形图

（2）输入程序

可以按照课题一任务 3 所学的梯形图程序输入法分别输入图 2-1-23d 和图 2-1-26a 所示梯形图。这里介绍语句表程序输入法，以输入图 2-1-23e 所示语句表程序为例。

1）单击浏览条中的“程序块”按钮，打开程序编辑器。在“SIMATIC LAD”窗口选择菜单命令“查看”→“STL”，“SIMATIC LAD”窗口即可切换到“SIMATIC STL”窗口。

2）输入程序注释为“电动机单向连续运转 PLC 控制”，输入网络标题为“启动、保持、停止”，输入网络注释为“按下 SB1，电动机启动并连续运行；按下 SB2 或 KH 动作，电动机停止”。

3）在程序编辑器中直接输入指令，输入步骤如图 2-1-28 所示。

①单击网络 1 的语句表程序编辑区，光标便停留在一行的开始并闪烁。

②输入指令的操作码 LD，如图 2-1-28a 所示。

③按空格键或 Tab（制表符）键。

④输入操作数 I0.0，如图 2-1-28b 所示。

⑤如果无须注解，按回车键，移至下一行，如图 2-1-28c 所示。

a)	b)	c)
电动机单向连续运转PLC控制	电动机单向连续运转PLC控制	电动机单向连续运转PLC控制
网络 1 启动、保持、停止	**网络 1** 启动、保持、停止	**网络 1** 启动、保持、停止
按下SB1，电动机启动并连续运行；	按下SB1，电动机启动并连续运行；	按下SB1，电动机启动并连续运行；
LD	LD I0.0	LD 启动按钮SB1:I0.0

图 2-1-28 在程序编辑器中直接输入指令

a）输入指令的操作码 LD b）输入操作数 I0.0 c）按回车键

操作提示

在输入语句表程序时，必须使用英文标点符号，使用中文标点符号将会出错。操作数可以是绝对值（如 I0.0）、符号（如启动按钮 SB1:I0.0）或常数。带指令和地址的整行范例为 LD I0.0。如果一行有多个操作数，可以使用空格、制表符或逗号将其分开。

4）除了在程序编辑器中直接输入指令，还可以利用指令树输入指令。具体输入步骤如图 2-1-29 所示。

①打开需要的指令类别。在指令树的“指令”文件夹下单击打开需要的指令类别，如单击“位逻辑”左面的⊞，或双击 **位逻辑**，如图 2-1-29a 所示。

②选择指令。从打开的“位逻辑”文件夹中选择需要的装载指令 LD，如图 2-1-29b 所示。

③拖动指令到需要的位置。按住鼠标左键，拖动所选择的装载指令 LD 到程序编辑器中所需的位置，如图 2-1-29c 所示。

④释放指令。释放鼠标左键，装载指令 LD 即可放置在所需的位置上，如图 2-1-29d 所示。

⑤按空格键或 Tab（制表符）键。

⑥输入操作数 I0.0，如图 2-1-29e 所示。

⑦如果无须注解，按回车键，移至下一行，如图 2-1-29f 所示。

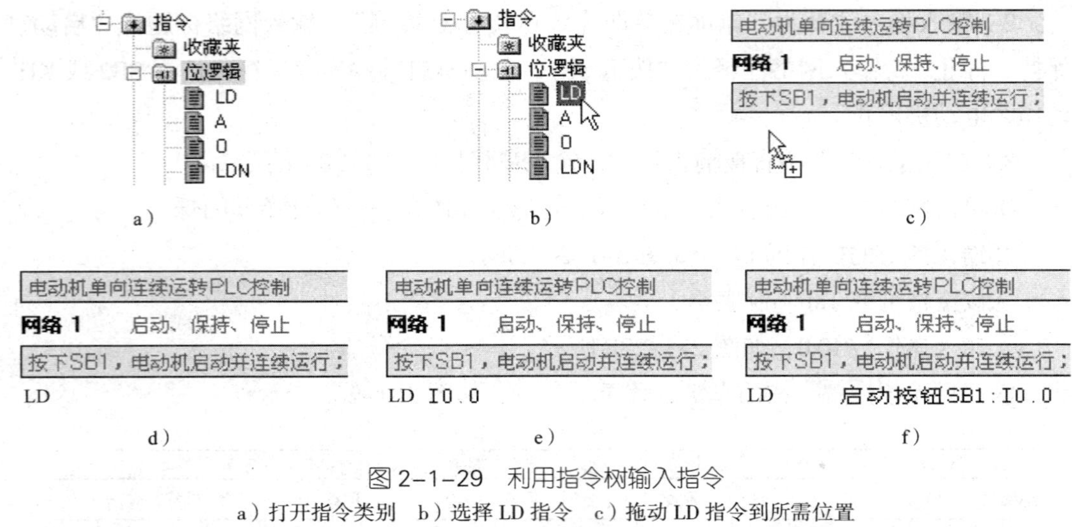

图 2-1-29　利用指令树输入指令

a）打开指令类别　b）选择 LD 指令　c）拖动 LD 指令到所需位置

d）释放 LD 指令　e）输入操作数 I0.0　f）按回车键

5）按照上述两种方法之一依次将图 2-1-23e 所示语句表中的指令输入完毕后，将得到如图 2-1-30a 所示画面。选择菜单命令“查看”→“梯形图”，则“梯形图”命令行前出现“√”，而“STL”命令行前的“√”消失，即可得到如图 2-1-30b 所示梯形图程序。为了便于记忆和阅读程序，该梯形图程序采用了同时显示符号和地址的寻址方式。如果再选择菜单命令“查看”→“符号寻址”，则“符号寻址”命令行前的“√”消失，得到如图 1-3-23d 所示采用绝对地址的梯形图。

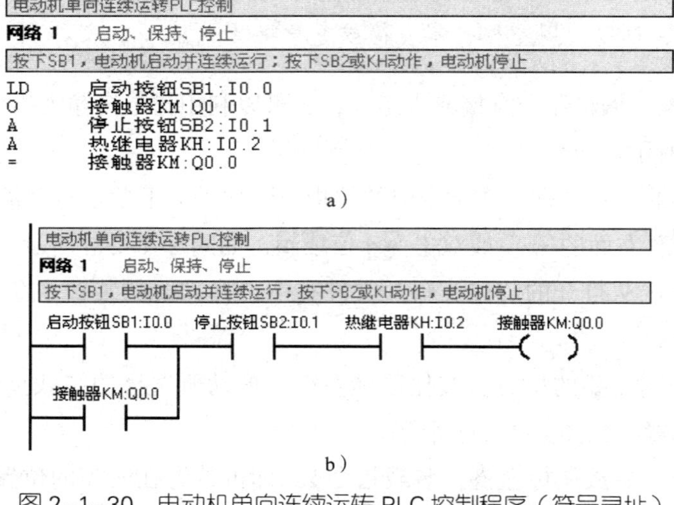

图 2-1-30　电动机单向连续运转 PLC 控制程序（符号寻址）

a）语句表　b）梯形图

4. 编译程序

单击工具栏中的“编译”按钮 ☑，编译用户程序。

5. 保存项目

单击工具栏中的“保存项目”按钮，保存用户程序。

四、模拟调试

可以按照课题一任务 3 所介绍的梯形图程序状态监控及强制数值方法模拟调试用户程序。这里介绍采用语句表程序状态监控及强制数值方法模拟调试用户程序。

1. 语句表程序状态监控

（1）选择程序状态监控的数据采集模式。在“SIMATIC STL”窗口选择菜单命令“调试”→“使用执行状态”，则“使用执行状态”命令行前出现“√”。

（2）当 PLC 处于 RUN 模式时，单击工具栏中的“程序状态监控”按钮或选择菜单命令“调试”→“开始程序状态监控”，即可出现语句表程序状态监控初始画面，如图 2–1–31a 所示。

其中，“操作数”列对应的分别是软继电器 I0.0、Q0.0、I0.1、I0.2 和 Q0.0 的当前值，“0123”列对应的是逻辑堆栈的最新数值，最右边的一列对应的是当前的逻辑运算结果。

操作提示

打开语句表程序状态监控时，“SIMATIC STL”窗口的每个网络都被分为一个语句区（左侧）和一个状态区（右侧）。可以通过选择菜单命令“工具”→“选项”，在“选项”对话框的选项树中选择“程序编辑器”，单击“STL 状态监控”按钮，根据希望监控的数值类型定制状态区。

（3）按下启动按钮 SB1，I0.0 灯点亮，Q0.0 灯点亮，监控画面如图 2–1–31b 所示。

（4）松开 SB1，I0.0 灯熄灭，Q0.0 灯继续点亮，监控画面如图 2–1–31c 所示。

（5）按下停止按钮 SB2（手动模拟热继电器 KH 过载保护动作时，停止 Q0.0 输出的语句表程序状态监控，略），I0.1 灯熄灭，Q0.0 灯熄灭，监控画面如图 2–1–31d 所示。

（6）松开 SB2，I0.1 灯点亮，Q0.0 灯熄灭，语句表程序状态监控画面恢复到如图 2–1–31a 所示初始画面。

（7）单击工具栏上的“程序状态监控”按钮或选择菜单命令“调试”→“停止程序状态监控”，停止语句表程序状态监控。

2. 语句表程序状态监控时的强制

因为是在没有实际 I/O 接线的情况下，利用强制功能模拟调试用户程序，所以要断开启动按钮 SB1、停止按钮 SB2 和热继电器 KH 与 CPU 模块输入端子 I0.0、I0.1 和 I0.2 的连接。

电动机单向连续运转PLC控制

网络 1　启动、保持、停止

按下SB1，电动机启动并连续运行；按下SB2或KH动作，电动机停止

		操作数 1	操作数 2	操作数 3	0123	
LD	启动按钮SB1:I0.0	OFF			0000	0
O	接触器KM:Q0.0	OFF			0000	0
A	停止按钮SB2:I0.1	ON			0000	1
A	热继电器KH:I0.2	ON			0000	1
=	接触器KM:Q0.0	OFF			0000	0

a）

电动机单向连续运转PLC控制

网络 1　启动、保持、停止

按下SB1，电动机启动并连续运行；按下SB2或KH动作，电动机停止

		操作数 1	操作数 2	操作数 3	0123	
LD	启动按钮SB1:I0.0	ON			1000	1
O	接触器KM:Q0.0	ON			1000	1
A	停止按钮SB2:I0.1	ON			1000	1
A	热继电器KH:I0.2	ON			1000	1
=	接触器KM:Q0.0	ON			1000	1

b）

电动机单向连续运转PLC控制

网络 1　启动、保持、停止

按下SB1，电动机启动并连续运行；按下SB2或KH动作，电动机停止

		操作数 1	操作数 2	操作数 3	0123	
LD	启动按钮SB1:I0.0	OFF			0000	0
O	接触器KM:Q0.0	ON			1000	1
A	停止按钮SB2:I0.1	ON			1000	1
A	热继电器KH:I0.2	ON			1000	1
=	接触器KM:Q0.0	ON			1000	1

c）

电动机单向连续运转PLC控制

网络 1　启动、保持、停止

按下SB1，电动机启动并连续运行；按下SB2或KH动作，电动机停止

		操作数 1	操作数 2	操作数 3	0123	
LD	启动按钮SB1:I0.0	OFF			0000	0
O	接触器KM:Q0.0	OFF			0000	0
A	停止按钮SB2:I0.1	OFF			0000	0
A	热继电器KH:I0.2	ON			0000	1
=	接触器KM:Q0.0	OFF			0000	0

d）

图 2-1-31　语句表程序状态监控画面

a）未按下启动按钮 SB1　b）按下启动按钮 SB1

c）松开启动按钮 SB1　d）按下停止按钮 SB2

（1）选择程序状态监控的数据采集模式。在“SIMATIC STL”窗口，选择菜单命令“调试”→“使用执行状态”，则“使用执行状态”命令行前出现“√”。

（2）当 PLC 处于 RUN 模式时，单击工具栏中的“程序状态监控”按钮或选择菜单命令“调试”→“开始程序状态监控”，即可出现语句表程序状态监控初始画面，如图 2-1-32a 所示。

电动机单向连续运转PLC控制

网络 1 启动、保持、停止

按下SB1，电动机启动并连续运行；按下SB2或KH动作，电动机停止

		操作数 1	操作数 2	操作数 3	0123	中
LD	启动按钮SB1:I0.0	OFF			0000	0
O	接触器KM:Q0.0	OFF			0000	0
A	停止按钮SB2:I0.1	OFF			0000	0
A	热继电器KH:I0.2	OFF			0000	0
=	接触器KM:Q0.0	OFF			0000	0

a）

电动机单向连续运转PLC控制

网络 1 启动、保持、停止

按下SB1，电动机启动并连续运行；按下SB2或KH动作，电动机停止

		操作数 1	操作数 2	操作数 3	0123	中
LD	启动按钮SB1:I0.0	OFF			0000	0
O	接触器KM:Q0.0	OFF			0000	0
A	停止按钮SB2:I0.1	ON			0000	1
A	热继电器KH:I0.2	ON			0000	1
=	接触器KM:Q0.0	OFF			0000	0

b）

电动机单向连续运转PLC控制

网络 1 启动、保持、停止

按下SB1，电动机启动并连续运行；按下SB2或KH动作，电动机停止

		操作数 1	操作数 2	操作数 3	0123	中
LD	启动按钮SB1:I0.0	ON			1000	1
O	接触器KM:Q0.0	ON			1000	1
A	停止按钮SB2:I0.1	ON			1000	1
A	热继电器KH:I0.2	ON			1000	1
=	接触器KM:Q0.0	ON			1000	1

c）

电动机单向连续运转PLC控制

网络 1 启动、保持、停止

按下SB1，电动机启动并连续运行；按下SB2或KH动作，电动机停止

		操作数 1	操作数 2	操作数 3	0123	中
LD	启动按钮SB1:I0.0	OFF			0000	0
O	接触器KM:Q0.0	OFF			0000	0
A	停止按钮SB2:I0.1	OFF			0000	0
A	热继电器KH:I0.2	ON			0000	1
=	接触器KM:Q0.0	OFF			0000	0

d）

图 2–1–32 语句表程序状态监控时的强制画面

a）初始画面 b）强制 I0.1（停止按钮 SB2）和 I0.2（热继电器 KH）为 ON

c）强制 I0.0（启动按钮 SB1）为 ON d）强制 I0.1（停止按钮 SB2）为 OFF

（3）分别强制 I0.1（停止按钮 SB2）和 I0.2（热继电器 KH）为 ON，使它们的软继电器常开触点闭合，以模拟实际的输入接线情况。在图 2–1–32a 所示的强制初始画面中，右击“A 停止按钮 SB2：I0.1”行和“操作数 1”列所确定的“OFF”格，在出现的快捷菜单中选择“强制”命令，在弹出的“强制”对话框中选择默认的 ON，然后单击“强制”按钮；或者单击选中“A 停止按钮 SB2：I0.1”行和“操作数 1”列所确定的“OFF”格，然后单击工具栏中的“强制”按钮或者选择菜单命令“调试”→“强制”，则 I0.1 被强制为 ON（被强制的 I0.1 数值即操作数 1 显示显性强制图标，但是 I0.1 指示灯不会

点亮）。使用同样的方法将 I0.2 强制为 ON，得到强制画面如图 2–1–32b 所示。执行强制功能后，默认情况下 PLC 上的“SF/DIAG（系统故障 / 诊断）”灯显示为黄色。

（4）强制 I0.0（启动按钮 SB1）为 ON。在图 2–1–32b 所示强制画面中，右击“LD 启动按钮 SB1：I0.0”行和“操作数 1”列所确定的“OFF”格，使用同样的方法将 I0.0 强制为 ON，则 Q0.0 也变为 ON，Q0.0 灯点亮，得到强制画面如图 2–1–32c 所示。

（5）使用同样的方法将 I0.0 强制为 OFF，Q0.0 保持为 ON，Q0.0 灯继续点亮。

（6）使用同样的方法将 I0.1（停止按钮 SB2）强制为 OFF（I0.2 强制为 OFF，略），则 Q0.0 变为 OFF，Q0.0 灯熄灭，得到强制画面如图 2–1–32d 所示。

（7）单击工具栏中的“取消全部强制”按钮，或者选择菜单命令“调试”→“取消全部强制”，则恢复到图 2–1–32a 所示的强制初始画面。

（8）单击工具栏中的“程序状态监控”按钮或选择菜单命令“调试”→“停止程序状态监控”，则停止语句表程序状态监控。

五、联机调试

模拟调试成功后，接上实际的负载，按照表 2–1–5 的步骤进行联机调试，同时注意观察和记录。联机调试过程中如出现故障，应立即切断电源，分析原因，检查电路。排除故障后方可重新进行调试，直到调试成功为止。

表 2–1–5　联机调试记录表

步骤	操作内容	观察内容	观察结果	思考内容
1	模式选择开关拨至 STOP 位置，合上电源开关 QF1 和 QF2	“STOP”“RUN”及 I/O 指示灯状态		PLC 的工作模式和工作原理
2	模式选择开关拨至 TERM 位置，通过编程软件运行 CPU 模块			
3	按下启动按钮 SB1	I/O 指示灯状态及接触器 KM、电动机 M 运行情况		
4	按下停止按钮 SB2			
5	按下启动按钮 SB1			
6	手动模拟热继电器 KH 过载保护动作			
7	通过编程软件停止 CPU 模块运行，模式选择开关拨至 STOP 位置	“STOP”“RUN”及 I/O 指示灯状态		
8	关断电源开关 QF1 和 QF2			

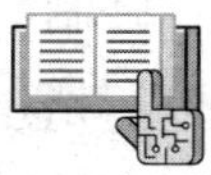

任务测评

清扫工作台面，整理技术文件，并参考表 1–3–7 进行任务测评。

任务 2 三相异步电动机正反转 PLC 控制

学习目标

1. 掌握逻辑堆栈指令的功能、表示形式和使用方法。
2. 能进行互锁电路的编程。
3. 能分别使用启保停电路、S/R 指令和逻辑堆栈指令设计电动机正反转 PLC 控制程序。

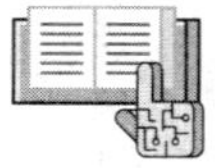

任务引入

图 2–2–1 所示为三相异步电动机正反转控制线路，其中，图 a 为原理图，图 b 为控制时序图。正反转控制线路适用于需要电动机能够正反两个方向运转的场合。例如，车库大门的升降、电梯轿厢的上下运行、起重机吊钩的上升与下降、机床工作台的前进与后退等。

本任务要求将如图 2–2–1 所示的传统的继电器控制方式改为 PLC 控制方式，完成三相异步电动机正反转 PLC 控制线路的设计、安装和调试。控制要求如下：

1. 当按下正转启动按钮 SB1 时，电动机正转启动运行；当按下反转启动按钮 SB2 时，电动机停止正转并开始反转启动运行；当按下停止按钮 SB3 或热继电器 KH 动作时，电动机停止运行。

2. 当按下反转启动按钮 SB2 时，电动机反转启动运行；当按下正转启动按钮 SB1 时，电动机停止反转并开始正转启动运行；当按下停止按钮 SB3 或热继电器 KH 动作时，电动机停止运行。

3. 具有短路、过载保护等必要的保护措施。

分析如图 2–2–1 所示的控制线路可知，采用按钮互锁，即把两个复合按钮 SB1、SB2 的常闭触点串联接入对方的控制电路中，目的是让电动机正、反转可以直接切换，操作方便；采用接触器互锁，即把两个接触器的常闭触点串联接入对方的控制电路中，目的是防止接触器 KM1 和 KM2 同时得电而造成电源相间短路。按钮互锁和接触器互锁都应在 PLC 梯形图程序中予以体现。另外需要指出的是，仅依靠 PLC 梯形图程序中的软继电器触点互锁是不可靠的，在 PLC 输出端必须要有接触器常闭物理触点的硬件互锁。

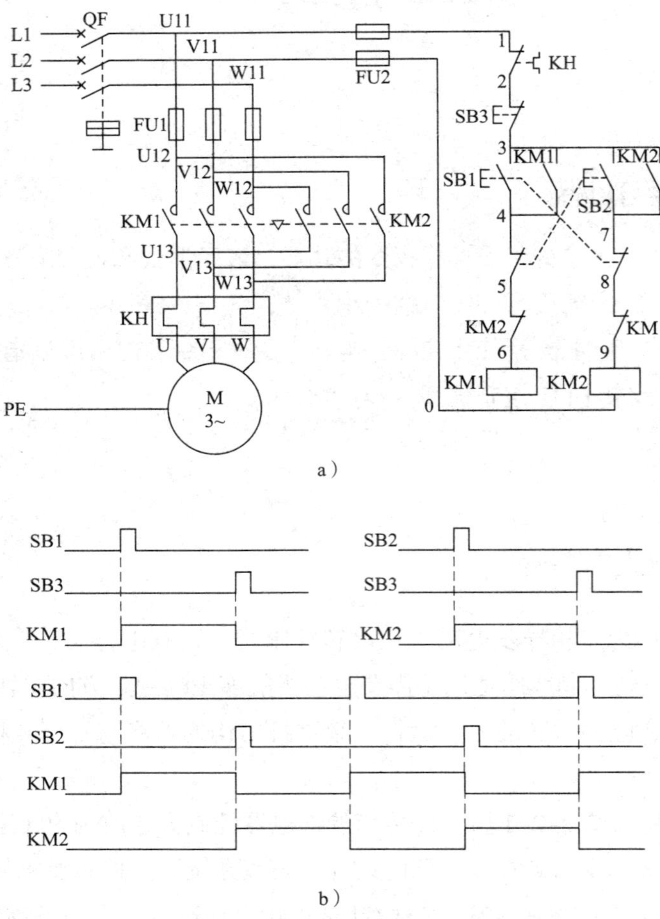

图 2-2-1 三相异步电动机正反转控制线路

a）原理图 b）控制时序图

因为电动机正反转控制线路的控制电路部分实际上是由两个完全相同的单向连续运转控制电路合并而成的，所以仍然可以按照上一任务中所讲的编程思路编写控制程序，即分别使用启保停电路和 S/R 指令编程。另外，也可以使用将继电器电路图直接转换成 PLC 梯形图的方法来编程，这将会使用到逻辑堆栈指令。

实施本任务所使用的实训设备可参考表 2-2-1。

表 2-2-1 实训设备清单

序号	设备名称	型号及规格	数量	单位	备注
1	微型计算机	带 STEP7-Micro/WIN 软件	1	台	
2	编程电缆	PC/PPI	1	条	

续表

序号	设备名称	型号及规格	数量	单位	备注
3	可编程序控制器	CPU226（AC/DC/RLY）	1	台	配 C45 导轨
4	低压断路器	Multi9 C65N D20，单极	1	个	
5	低压断路器	Multi9 C65N D20，三极	1	个	
6	熔断器	RT28-32/4	4	个	
7	按钮	LA4-3H	1	个	
8	热继电器	JR36-20，整定范围 1.5 ~ 2.4 A	1	个	
9	接触器	CJX1-22/22，AC 220 V	2	个	
10	接线端子排	TB-1520，20 位	1	条	
11	配电盘	600 mm × 900 mm	1	块	
12	三相异步电动机	Y801-4，0.75 kW	1	台	

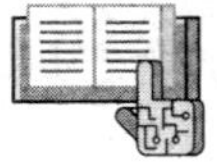

相关知识

在梯形图中，若所有的触点都是简单的串、并联关系，则可以通过 LD、LDN、A、AN、O、ON 等简单的位逻辑指令编程来实现。然而，如果梯形图中的触点呈现比较复杂的连接关系（即复杂的逻辑关系），就要涉及逻辑堆栈指令编程。

PLC 的堆栈与一般计算机的堆栈结构是一致的，它是一组存取数据的临时存储单元。S7-200 系列 PLC 的堆栈是由 9 个堆栈位存储器组成的串联堆栈，堆栈的结构见表 2-2-2。

表 2-2-2 S7-200 系列 PLC 堆栈的结构

名称	堆栈结构	说明
STACK0	IV0	第 1 级堆栈（栈顶）
STACK1	IV1	第 2 级堆栈
STACK2	IV2	第 3 级堆栈
STACK3	IV3	第 4 级堆栈
STACK4	IV4	第 5 级堆栈
STACK5	IV5	第 6 级堆栈
STACK6	IV6	第 7 级堆栈
STACK7	IV7	第 8 级堆栈
STACK8	IV8	第 9 级堆栈（栈底）

堆栈用于处理逻辑操作，故又称为逻辑堆栈。逻辑堆栈的操作原则是“先进后出，后进先出”。进栈时，数据由栈顶（STACK0）压入，堆栈中所有的数据被串行下移一位，栈底（STACK8）的数据丢失。出栈时，数据从栈顶被取出，所有数据串行上移一位，栈底装入 1 个随机数据。

小提示

在编程软件 STEP7-Micro/WIN 中，使用菜单命令“工具”→“选项”打开“选项”对话框，在“选项”对话框的选项树中选择“程序编辑器”，再选择“STL 状态监控”标签后，可选择在使用语句表程序状态监控功能时，是否监控逻辑堆栈和监控逻辑堆栈位的个数，最多可监控 4 个逻辑堆栈位，即监控逻辑堆栈上面的 4 级。

S7-200 系列 PLC 的逻辑堆栈指令有：栈装载与指令 ALD、栈装载或指令 OLD、逻辑进栈指令 LPS、逻辑读栈指令 LRD、逻辑出栈指令 LPP 和装载堆栈指令 LDS。逻辑堆栈指令主要用于对复杂的逻辑关系进行语句表编程。在用编程软件将梯形图转换为语句表时，编程软件会根据电路的结构自动地在程序中加入逻辑堆栈指令。编写语句表程序时，必须由用户来写入逻辑堆栈指令。

一、ALD、OLD 指令

1. ALD 指令

ALD（and load）指令即栈装载与指令。执行 ALD 指令时，将堆栈中的第一级和第二级的值进行逻辑与操作，将结果置于栈顶，并将堆栈中的第三级至第九级的值依次上移一级，操作过程如图 2-2-2 所示。其中，栈顶值 =IV0 and IV1=0，X 为栈底生成的随机数（X 可能是 0，也可能是 1）。

ALD 指令也称为并联电路块的串联指令，在梯形图中表示串联一个并联电路块。两个或两个以上触点串联连接的电路称为串联电路块，两个或两个以上触点并联连接的电路称为并联电路块。在梯形图中除了单个触点的串联与并联形式外，还有电路块的串联、并联和混联形式。电路块串联的逻辑运算要使用 ALD 指令，电路块并联的逻辑运算要使用 OLD 指令。

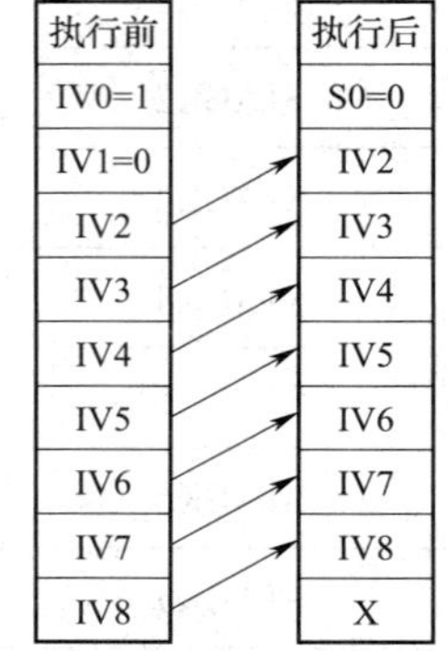

图 2-2-2　ALD 指令的操作过程

图 2-2-3a、b 所示的两个梯形图的逻辑控制关系相同。但图 a 逻辑关系简单，触点 I0.0 先与 Q0.0 并联，后与 I0.1 串联，仅使用了触点串、并联指令。而图 b 逻辑关系较复杂，触点 I0.1 与 I0.0 和 Q0.0 形成的并联电路块串联，需要使用并联电路块的串联指令 ALD。

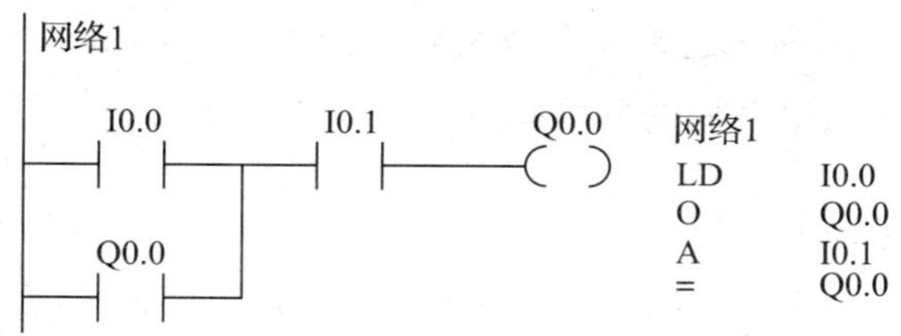

a）

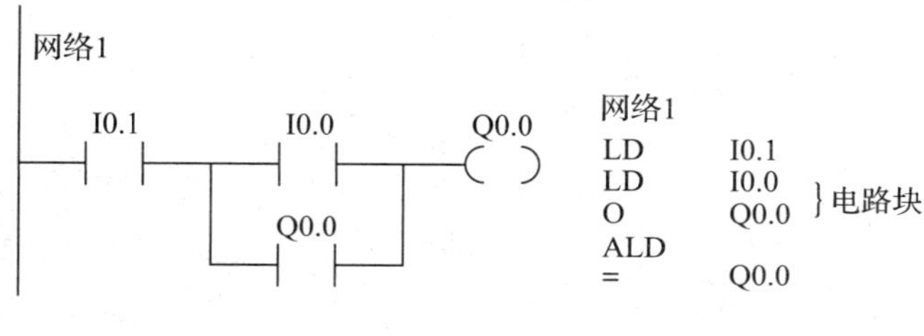

b）

图 2-2-3　ALD 指令使用实例

a）不使用 ALD 指令　b）使用 ALD 指令

由图 2-2-3b 中的语句表可以看出，并联电路块的起点使用 LD 指令（常闭触点使用 LDN），并联结束后使用 ALD 指令，表示该并联电路块与前面的电路是逻辑串联关系。通常在程序逻辑关系一定时，指令语句越少越好，所以图 a 所示程序优于图 b。即 PLC 程序应尽量符合“左重右轻”的编程规则，使程序结构精简，运行速度快。

使用 ALD 指令时要注意以下几点：

（1）并联电路块与前面电路串联时，使用 ALD 指令。分支的起点用 LD/LDN 指令，并联电路结束后使用 ALD 指令与前面电路串联。

（2）可以顺次使用 ALD 指令串联多个并联电路块，支路数量没有限制。

（3）ALD 指令无操作数。

2. OLD 指令

OLD（or load）指令即栈装载或指令。执行 OLD 指令时，将堆栈第一级和第二级的值进行逻辑或操作，将结果置于栈顶，并将堆栈中其余各级的值依次上移一级，操作过程如图 2-2-4 所示。其中栈顶值 = IV0 or IV1=1，X 为栈底生成的随机数。

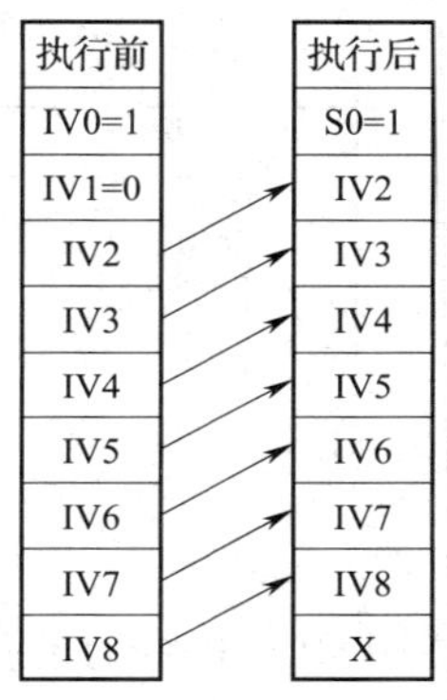

图 2-2-4　OLD 指令的操作过程

OLD 指令也称串联电路块的并联指令，在梯形图中表示并联一个串联电路块。图 2-2-5a、b 所示的两个梯形图的逻辑控制关系相同。但图 a 逻辑关系简单，触点 I0.0 先与 I0.1 串联，后与 I0.2 并联，仅使用了触点串、并联指令。而图 b 逻辑关系较复杂，触点 I0.2 与 I0.0 和 I0.1 形成的串联电路块并联，需要使用串联电路块的并联指令 OLD。

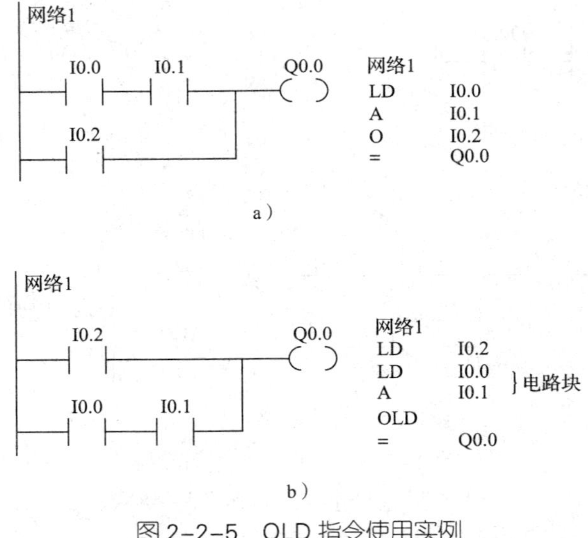

图 2-2-5　OLD 指令使用实例

a）不使用 OLD 指令　b）使用 OLD 指令

由图 2-2-5b 中的语句表可以看出，串联电路块的起点用 LD 指令（常闭触点用 LDN），串联结束后使用 OLD 指令，表示该串联电路块与前面的电路是逻辑并联关系。显然，图 a 所示程序优于图 b，即 PLC 梯形图程序应尽量符合“上重下轻”的编程规则。

图 2-2-6a 所示梯形图中既有串联电路块，又有并联电路块，呈现电路块混联形式，其逻辑运算关系为先进行并联电路块运算，后进行串联电路块运算，对应的语句表如图 2-2-6b 所示。

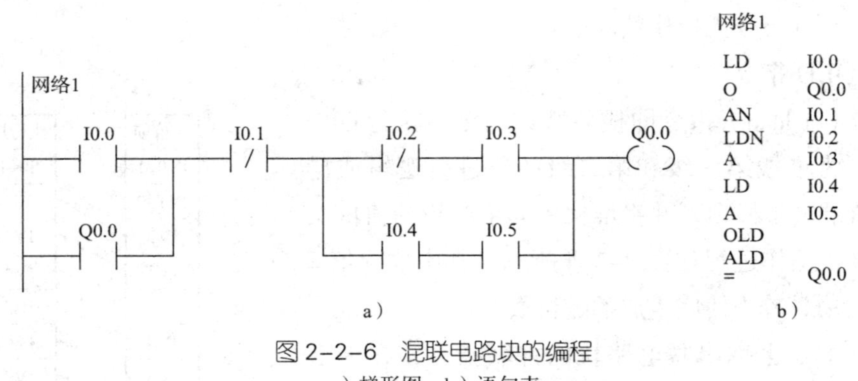

图 2-2-6　混联电路块的编程

a）梯形图　b）语句表

使用 OLD 指令时要注意以下几点：

（1）并联几个串联支路时，其支路的起点以 LD/LDN 开始，并联结束后用

OLD。

（2）可以顺次使用 OLD 指令并联多个串联电路块，支路数量没有限制。

（3）OLD 指令无操作数。

二、LPS、LRD、LPP、LDS 指令

LPS、LRD、LPP、LDS 指令用于一个触点同时控制两个或两个以上线圈的编程，也称为多重输出指令。例如，图 2–1–7 所示就是一个触点同时控制两个线圈的梯形图。像这样一个触点或触点组控制多个逻辑行的梯形图结构称为多重输出。

图 2–1–7 所示梯形图中，常开触点 I0.0 除控制 Q0.1 线圈外，还控制 Q0.0 线圈。触点 I0.0 与 Q0.1 线圈、Q0.0 线圈这两个逻辑行之间既不是串联关系，也不是并联关系，也不属于纵接输出。要编写这种梯形图对应的语句表，应使用多重输出指令。

1. LPS 指令

LPS（logic push）指令即逻辑进栈指令，用于梯形图分支电路开始编程。在梯形图的分支结构中，可以形象地看出，它用于生成一条新的母线，其左侧为原来的主逻辑块，右侧为若干个新的从逻辑块。执行 LPS 指令时，将新母线左侧原来的主逻辑块的逻辑运算结果复制并置于栈顶，原堆栈中各级栈值依次下压一级，栈底值丢失，操作过程如图 2–2–7a 所示。

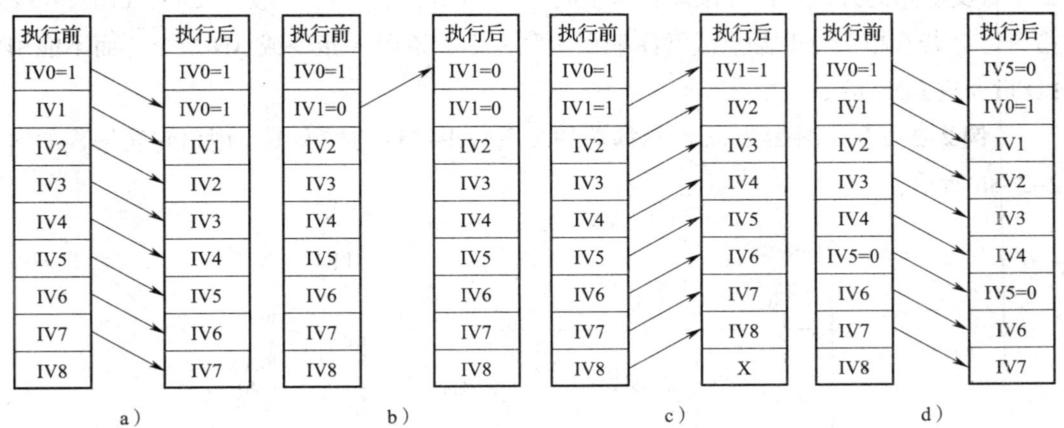

图 2–2–7 LPS、LRD、LPP、LDS 指令操作过程

a）LPS 指令操作过程 b）LRD 指令操作过程 c）LPP 指令操作过程 d）LDS 指令操作过程

2. LRD 指令

LRD（logic read）指令即逻辑读栈指令。在梯形图分支结构中，当新母线左侧为主逻辑块时，经过右侧第一个新的从逻辑块的运算，主逻辑块运算结果已经不

存在（但在此之前已经通过 LPS 指令被复制到堆栈中），要进行后续的从逻辑块编程时，就需要使用 LRD 指令从堆栈中读回主逻辑块运算结果，所以 LRD 指令用于第二个及之后的从逻辑块编程。执行 LRD 指令时，将第二级堆栈数值复制至栈顶，不执行进栈或出栈操作，但原栈顶值被复制值取代，其操作过程如图 2-2-7b 所示。

3. LPP 指令

LPP（logic pop）指令即逻辑出栈指令。在梯形图分支结构中，LPP 用于 LPS 产生的新母线右侧的最后一个从逻辑块编程，它在读取完离它最近的一次通过 LPS 指令压入堆栈内容的同时复位该条新母线。执行 LPP 指令时，将栈顶值弹出栈，堆栈第二级的值成为堆栈新的栈顶值，其余各级栈值依次上弹一级，栈底被不确定数 X 所填充，其操作过程如图 2-2-7c 所示。LPP 指令在梯形图中用于分支结束编程，且必须与 LPS 指令成对使用。

4. LDS 指令

LDS（load stack）指令即装载堆栈指令。语句表形式为 LDS n，n 的范围是 0 ~ 8。执行 LDS 指令时，将复制堆栈中的第 n 级的值到栈顶，原堆栈各级栈值依次下压一级，栈底值丢失，其操作过程如图 2-2-7d 所示。LDS 指令不常用。

使用 LPS、LRD、LPP 指令时要注意以下几点：

（1）对于简单的多重输出电路，进栈（首次输出）使用逻辑进栈指令 LPS，出栈（末项输出）使用逻辑出栈指令 LPP，中间项输出使用逻辑读栈指令 LRD。虽然梯形图中分支电路的开始可以形象地看作生成一条新的母线，但是当使用 LPS、LRD、LPP 指令之后若有单个常开触点或常闭触点串联，则应该用 A 指令或 AN 指令，而不能用 LD 指令或 LDN 指令。

【例 2-2-1】如图 2-2-8a 所示简单的多重输出结构的梯形图，用语句表编程如图 2-2-8b 所示。

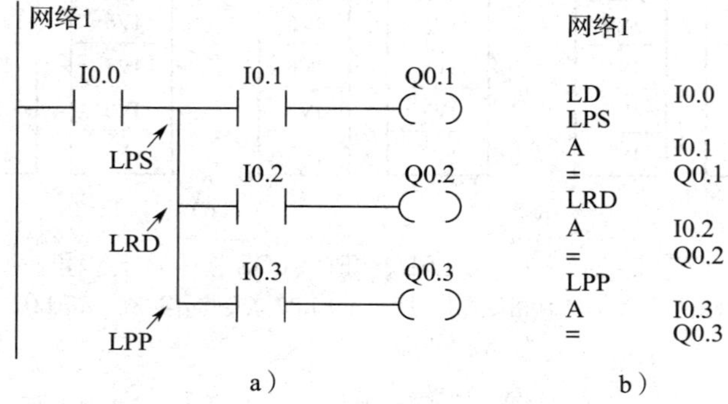

图 2-2-8 简单的多重输出电路语句表编程

a）梯形图 b）语句表

（2）LPS 指令和 LPP 指令必须成对使用，LRD 指令有时可能不用。

【例 2-2-2】对图 2-2-9a（即图 2-1-7）所示多重输出结构的梯形图用语句表编程，如图 2-2-9b 所示。因为只有两路输出，所以只需用 LPS 指令和 LPP 指令，无须使用 LRD 指令。

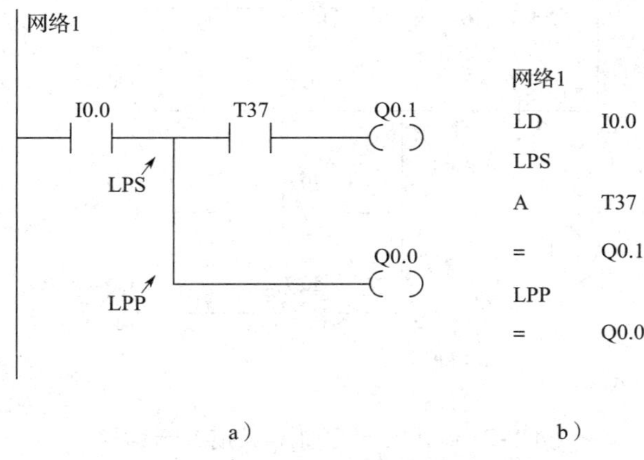

图 2-2-9 多重输出电路语句表编程

a）梯形图 b）语句表

试一试

将图 2-2-10 所示梯形图用语句表编程。

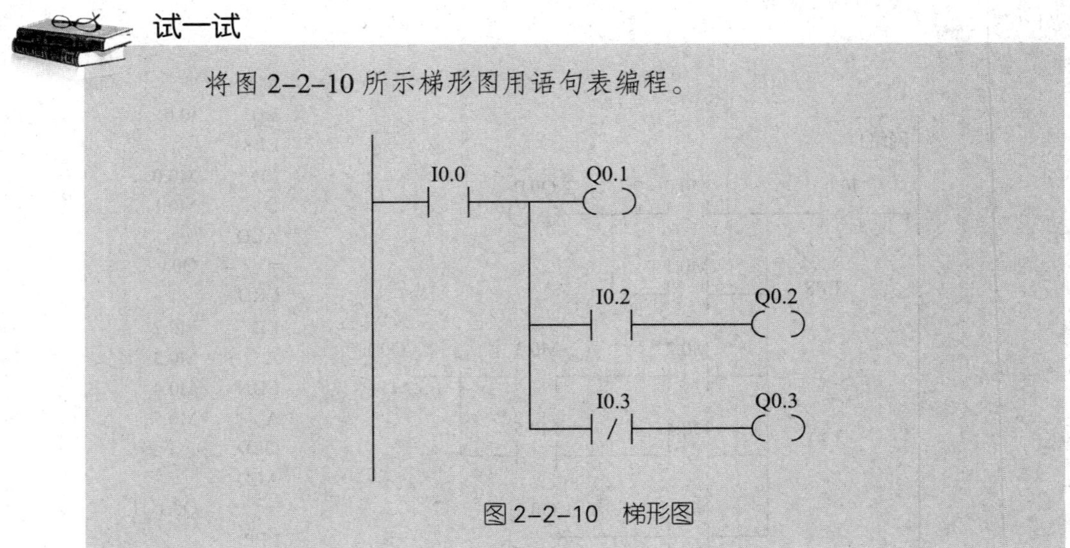

图 2-2-10 梯形图

（3）对于复杂的多重输出电路，可以用二层栈或多层栈输出电路，即多重输出指令可以嵌套使用。由于 S7-200 系列 PLC 只有 9 个堆栈位存储器，因此多重输出指令嵌套的使用应少于 9 次。

【例 2-2-3】图 2-2-11a 所示的二层栈输出电路，用语句表编程如图 2-2-11b 所示。

（4）多重输出指令之后若有触点组成的电路块串联，则应该用 ALD 指令。

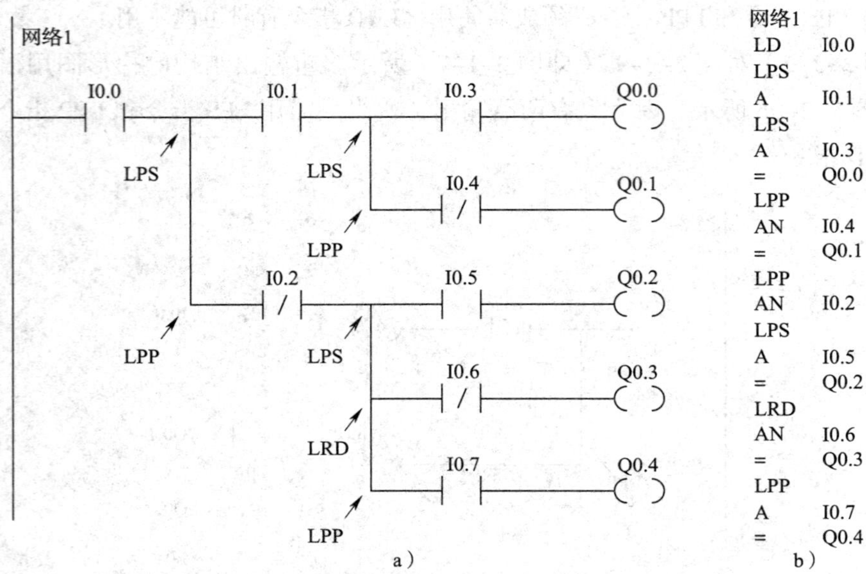

图 2-2-11　二层栈输出电路语句表编程

a）梯形图　b）语句表

【例 2-2-4】图 2-2-12a 所示的多重输出结构的梯形图，用语句表编程如图 2-2-12b 所示。

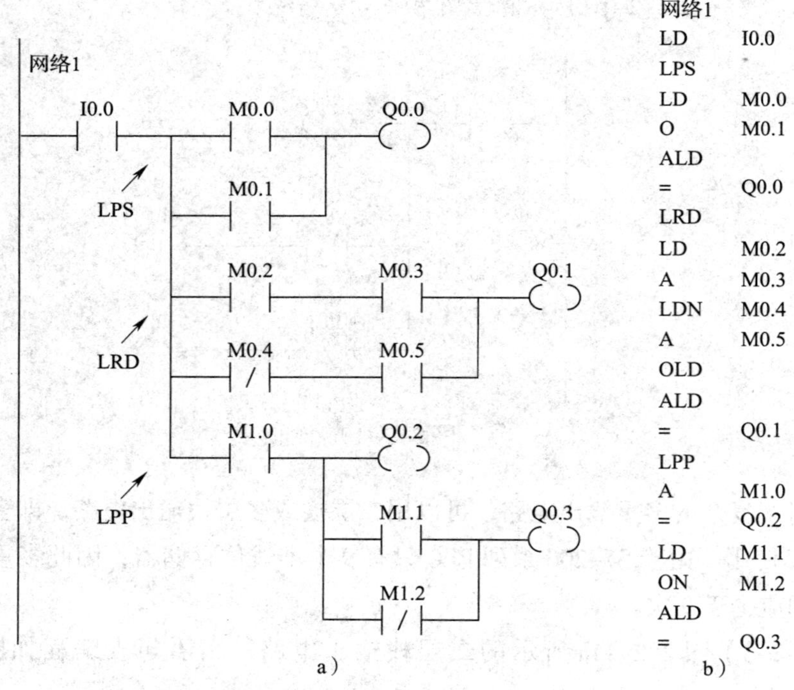

图 2-2-12　多重输出电路语句表编程

a）梯形图　b）语句表

任务实施

一、分配 I/O 地址

I/O 地址分配见表 2–2–3。

表 2–2–3　I/O 地址分配

输入				输出			
输入设备	文字符号	作用	输入继电器	输出设备	文字符号	作用	输出继电器
停止按钮	SB3	停止	I0.0	正转接触器	KM1	控制电动机正转	Q0.1
正转启动按钮	SB1	正转启动	I0.1	反转接触器	KM2	控制电动机反转	Q0.2
反转启动按钮	SB2	反转启动	I0.2				
热继电器	KH	过载保护	I0.3				

二、绘制并安装 PLC 控制线路

三相异步电动机正反转 PLC 控制线路图如图 2–2–13 所示，PLC 控制接线图请读者自行绘制。安装时，接触器 KM1、KM2 暂时不接到 PLC 输出端 Q0.1、Q0.2，待梯形图程序的模拟调试通过后再连接。

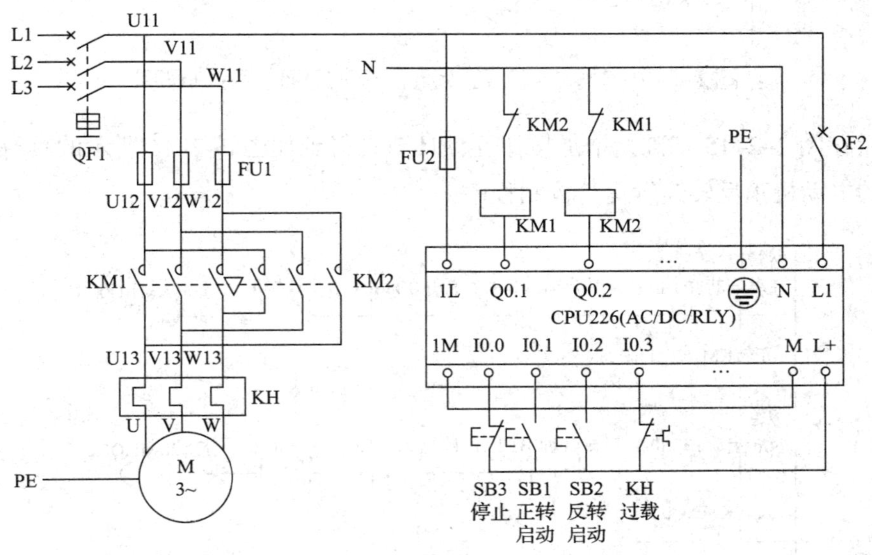

图 2–2–13　三相异步电动机正反转 PLC 控制线路图

三、设计梯形图程序

编辑符号表，如图 2–2–14 所示。程序的编写有以下三种方式。

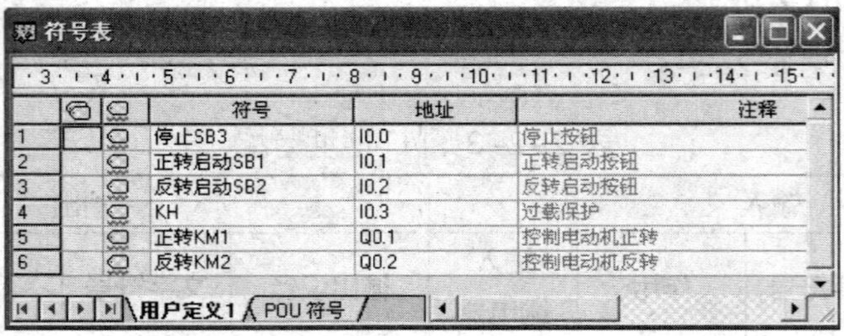

符号表

	符号	地址	注释
1	停止SB3	I0.0	停止按钮
2	正转启动SB1	I0.1	正转启动按钮
3	反转启动SB2	I0.2	反转启动按钮
4	KH	I0.3	过载保护
5	正转KM1	Q0.1	控制电动机正转
6	反转KM2	Q0.2	控制电动机反转

用户定义1　POU 符号

图 2–2–14　符号表

1．使用标准触点指令和输出指令编程

因为电动机正反转控制线路的控制电路部分实际上是由两个完全相同的单向连续运行控制电路合并而成的，所以，可以先使用标准触点指令和输出指令编写出两个单向（正转和反转）连续运行控制程序，如图 2–2–15 所示。

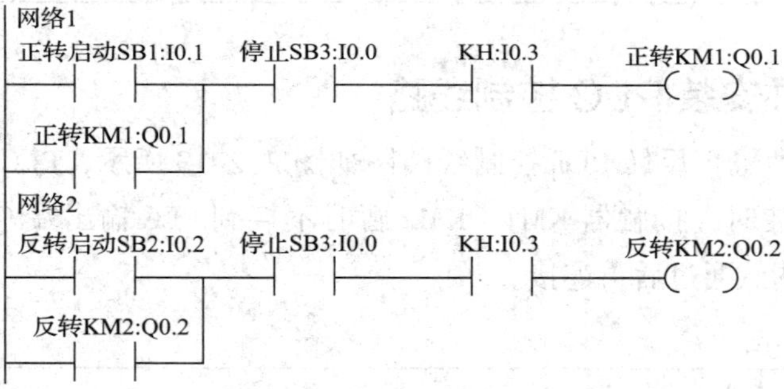

网络1
正转启动SB1:I0.1　停止SB3:I0.0　KH:I0.3　正转KM1:Q0.1
正转KM1:Q0.1
网络2
反转启动SB2:I0.2　停止SB3:I0.0　KH:I0.3　反转KM2:Q0.2
反转KM2:Q0.2

图 2–2–15　两个单向（正转和反转）连续运行控制程序

然后在图 2–2–15 基础上增加按钮互锁环节，得到如图 2–2–16 所示的具有按钮互锁环节的电动机正反转连续运行控制程序。

网络1
正转启动SB1:I0.1　反转启动SB2:I0.2　停止SB3:I0.0　KH:I0.3　正转KM1:Q0.1
正转KM1:Q0.1
网络2
反转启动SB2:I0.2　正转启动SB1:I0.1　停止SB3:I0.0　KH:I0.3　反转KM2:Q0.2
反转KM2:Q0.2

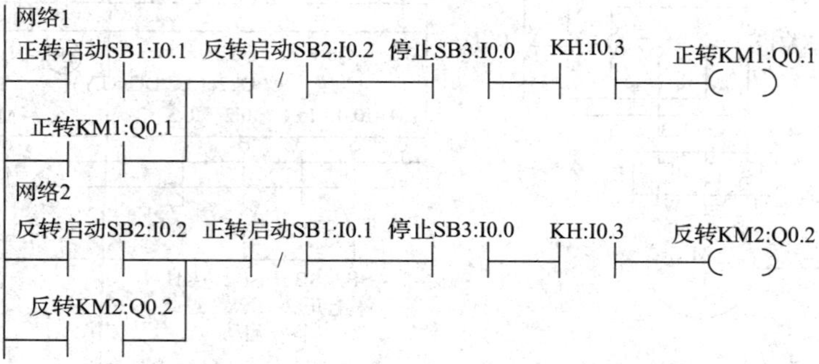

图 2–2–16　增加按钮互锁环节

最后在图 2–2–16 的基础上增加接触器互锁环节，得到如图 2–2–17 所示的具有双重互锁环节的电动机正反转连续运行控制程序。

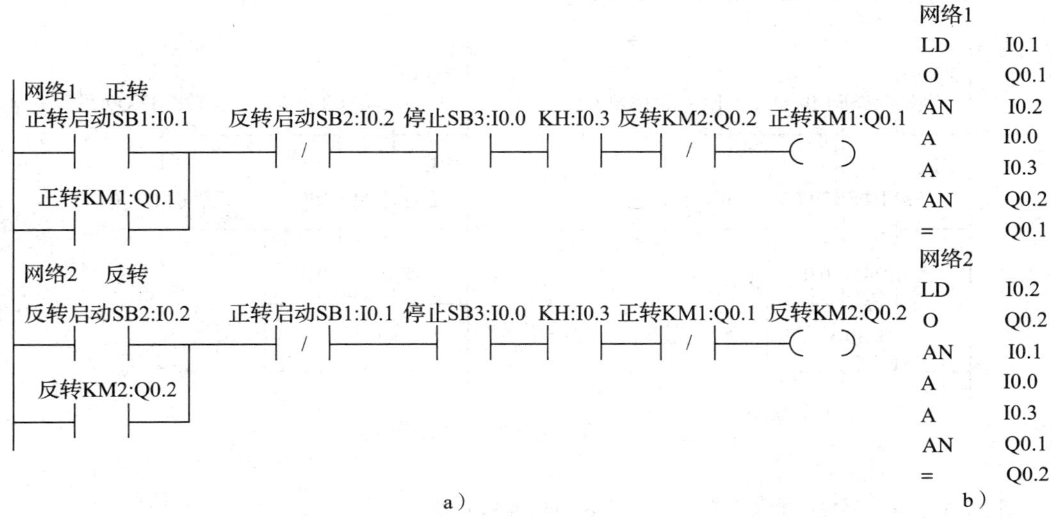

图 2–2–17 使用标准触点指令和输出指令编写的电动机正反转 PLC 控制程序
a）梯形图 b）语句表

2. 使用置位 / 复位指令编程

先使用置位 / 复位指令编写出两个单向（正转和反转）连续运行控制程序，如图 2–2–18 所示。

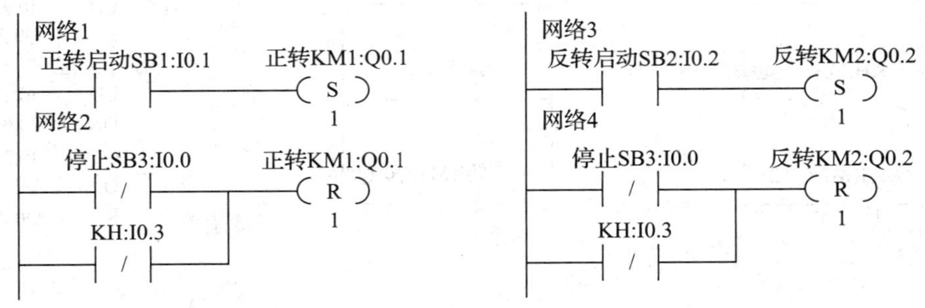

图 2–2–18 两个单向（正转和反转）连续运行控制程序

然后在图 2–2–18 的基础上增加按钮互锁环节，得到如图 2–2–19 所示的具有按钮互锁环节的电动机正反转连续运行控制程序。

最后在图 2–2–19 的基础上增加接触器互锁环节，得到如图 2–2–20 所示的具有双重互锁环节的电动机正反转连续运行控制程序。

3. 使用逻辑堆栈指令编程

对于编程初学者，可以按照根据继电器电路设计 PLC 梯形图的方法，在原继电器电路的基础上进行等效变化，将如图 2–2–1 所示的三相异步电动机正反转控制线路的控制电路部分直接转换为 PLC 梯形图，如图 2–2–21a 所示。从图 2–2–21b 所示的语句表可以看出，编程使用了逻辑堆栈指令。

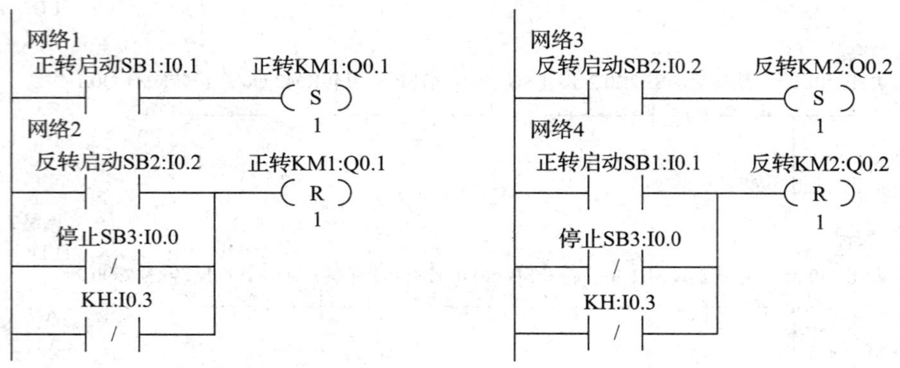

图 2–2–19　增加按钮互锁环节

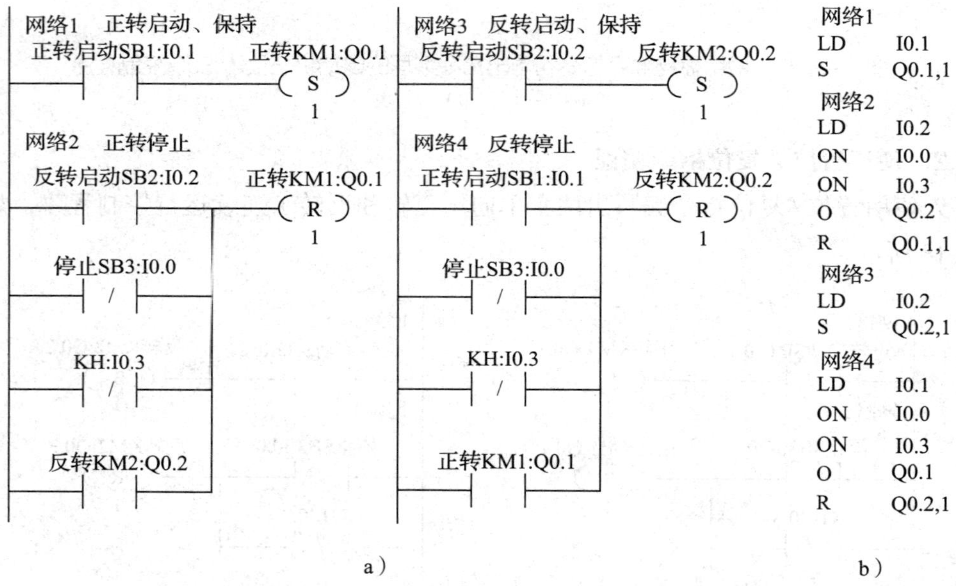

网络1	
LD	I0.1
S	Q0.1,1
网络2	
LD	I0.2
ON	I0.0
ON	I0.3
O	Q0.2
R	Q0.1,1
网络3	
LD	I0.2
S	Q0.2,1
网络4	
LD	I0.1
ON	I0.0
ON	I0.3
O	Q0.1
R	Q0.2,1

b）

图 2–2–20　使用置位 / 复位指令编写的电动机正反转 PLC 控制程序
a）梯形图　b）语句表

对图 2–2–21 进一步优化整理，也可得到如图 2–2–17 所示的电动机正反转连续运行 PLC 控制梯形图程序。

通过对上述三种设计方案进行比较，不难看出使用逻辑堆栈指令直接将继电器控制电路等效转换为梯形图的程序较长，而直接使用标准触点指令及输出指令和使用置位 / 复位指令设计的程序，表现出程序精短、思路清晰的特点。

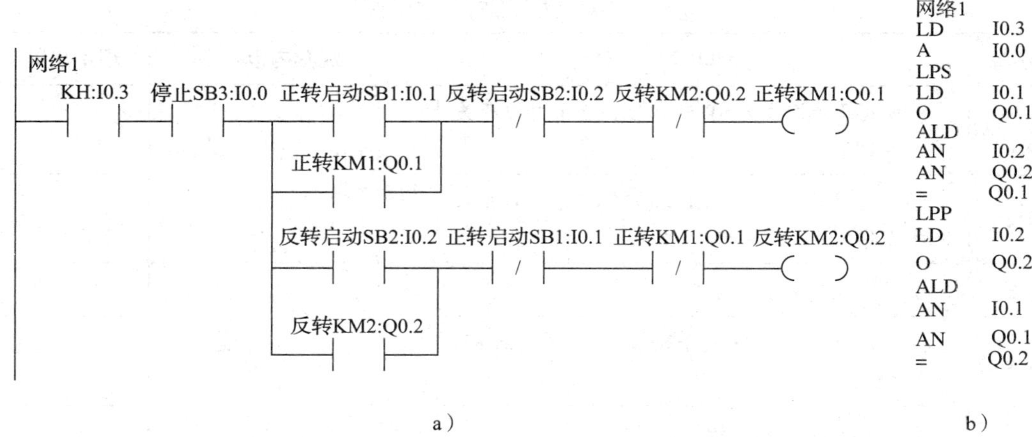

图 2-2-21　使用逻辑堆栈指令编写的电动机正反转 PLC 控制程序

a）梯形图　b）语句表

小提示

在设计电动机正反转 PLC 控制系统时，为了防止主电路电源相间短路，在梯形图中增加软件互锁的同时，还必须在 PLC 的 I/O 接线图中增加外部硬件互锁，即在接触器 KM1 和 KM2 的线圈回路串联对方的常闭触点。这是因为，PLC 软继电器互锁触点的变化只相差一个扫描周期，而外部硬件接触器的断开时间往往大于一个扫描周期，会导致响应不及时，且触点的断开时间一般较闭合时间长。例如，当按下反转启动按钮 SB2 时，Q0.1 虽然断电（在写入输出阶段时 Q0.1 断电，同时 Q0.2 通电），接触器 KM1 主触点可能还未断开，在没有外部硬件互锁的情况下，接触器 KM2 主触点闭合，从而引起主电路电源相间短路。同理，在实际控制过程中，当接触器 KM1 或 KM2 任何一个接触器的主触点熔焊时，如果没有外部硬件的互锁，只在梯形图中加入软继电器互锁也同样会造成主电路电源相间短路。

四、模拟调试

按照 PLC 用户程序模拟调试的方法进行梯形图程序或语句表程序的模拟调试。

五、联机调试

模拟调试成功后，接上实际的负载，按照表 2-2-4 的步骤进行联机调试，同时注意观察和记录。

表 2–2–4　联机调试记录表

步骤	操作内容	观察内容	观察结果
1	模式选择开关拨至 STOP 位置，合上电源开关 QF1 和 QF2	“STOP”“RUN”及 I/O 指示灯状态	
2	模式选择开关拨至 TERM 位置，通过编程软件运行 CPU 模块		
3	按下正转启动按钮 SB1	I/O 指示灯、接触器 KM1、KM2 及电动机运行情况	
4	按下停止按钮 SB3 或手动模拟热继电器 KH 动作		
5	按下反转启动按钮 SB2		
6	按下停止按钮 SB3 或手动模拟热继电器 KH 动作		
7	按下正转启动按钮 SB1，再按下反转启动按钮 SB2		
8	按下正转启动按钮 SB1		
9	按下停止按钮 SB3 或手动模拟热继电器 KH 动作		
10	通过编程软件停止运行 CPU 模块，模式选择开关拨至 STOP 位置	“STOP”“RUN”及 I/O 指示灯状态	
11	关断电源开关 QF1 和 QF2		

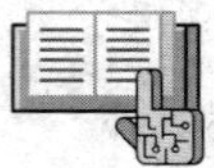

任务测评

清扫工作台面，整理技术文件，并参考表 1–3–7 进行任务测评。

任务 3 三相异步电动机Y－△降压启动 PLC 控制

学习目标

1. 掌握定时器指令的功能、表示形式和使用方法。
2. 掌握根据继电器电路图设计 PLC 梯形图的方法。
3. 能使用状态表监控及强制数值方法模拟调试用户程序。
4. 能使用定时器指令设计定时控制程序。

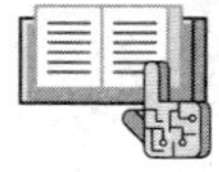

任务引入

图 2–3–1 所示为三相异步电动机Y－△降压启动控制线路图，其中，图 a 为原理图，图 b 为控制时序图。Y－△降压启动控制适用于正常工作时定子绕组做△形联结的中、大功率的三相异步电动机。电动机使用Y－△降压启动可使启动时电源线电流减少为△形接法时的 1/3，有效地避免过大电流对供电电路的影响。

本任务要求将如图 2–3–1 所示的传统的继电器控制方式改为 PLC 控制方式，完成三相异步电动机Y－△降压启动 PLC 控制线路的设计、安装和调试。任务要求如下：

1. 当按下启动按钮 SB1 时，电动机先做Y形联结启动；经过一定的时间（如 5 s），电动机转速接近额定转速时，电动机做△形联结运行；当按下停止按钮 SB2 或热继电器 KH 动作时，电动机停止运行。

2. 具有短路保护和过载保护等必要的保护措施。

本任务涉及接触器 KM_Y 到 $KM_\triangle$ 的切换，即接触器 KM_Y 先于接触器 $KM_\triangle$ 动作，一段时间后，接触器 KM_Y 自动停止而接触器 $KM_\triangle$ 启动。这种时间上的先后控制可由 PLC 中的软继电器——定时器 T 来实现，这样就不需要时间继电器硬件了。另外在实施控制时，接触器 KM_Y 与接触器 $KM_\triangle$ 不能同时通电，否则会造成电源短路，所以必须考虑同时增加软件、硬件互锁控制。本任务主要使用 PLC 的编程元件定时器编写控制程序。

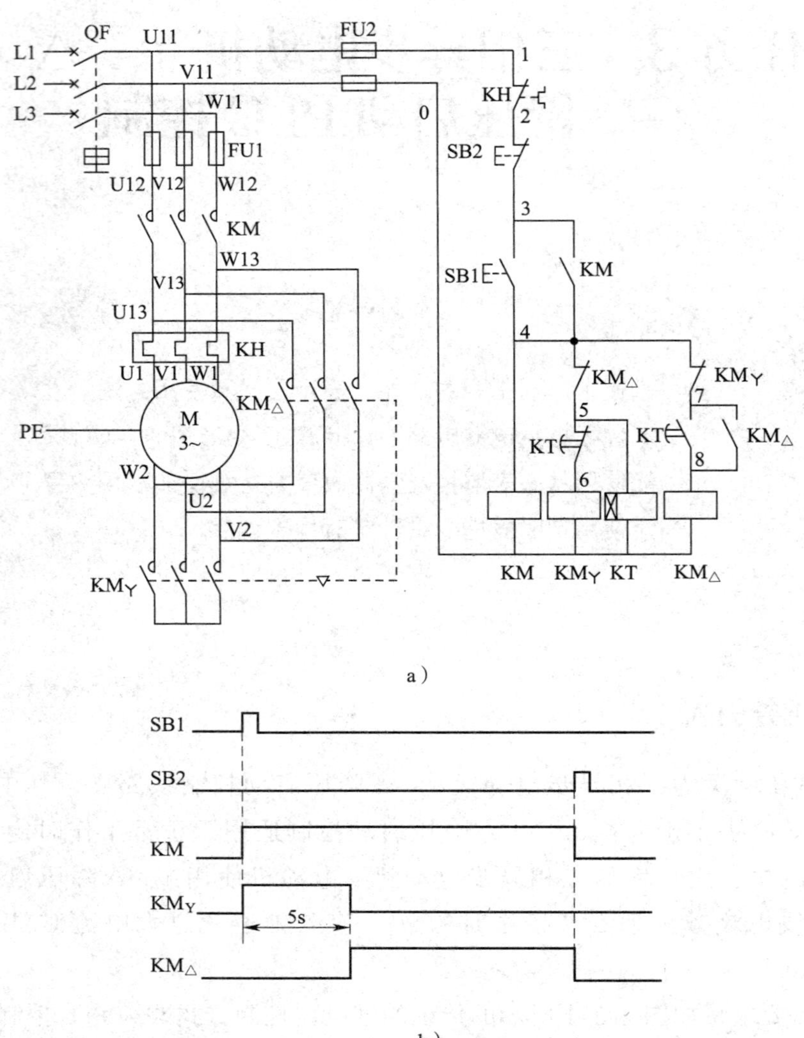

图 2-3-1　三相异步电动机 Y－△降压启动控制线路

a）原理图　b）控制时序图

实施本任务所使用的实训设备可参考表 2-3-1。

表 2-3-1　实训设备清单

序号	设备名称	型号及规格	数量	单位	备注
1	微型计算机	带 STEP7-Micro/WIN 软件	1	台	
2	编程电缆	PC/PPI	1	条	
3	可编程序控制器	CPU226（AC/DC/RLY）	1	台	配 C45 导轨
4	低压断路器	Multi9 C65N D20，单极	1	个	

续表

序号	设备名称	型号及规格	数量	单位	备注
5	低压断路器	Multi9 C65N D20，三极	1	个	
6	熔断器	RT28–32/4	4	个	
7	按钮	LA4–3H	1	个	
8	热继电器	JR36–20，整定范围 1.5 ~ 2.4 A	1	个	
9	接触器	CJX1–22/22，AC 220 V	3	个	
10	接线端子排	TB–1520，20 位	1	条	
11	配电盘	600 mm × 900 mm	1	块	
12	三相异步电动机	Y801–4，0.75 kW	1	台	

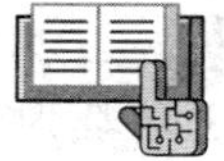

相关知识

一、定时器 T

定时器是 PLC 的重要编程元件，它的作用相当于继电器控制系统中的时间继电器。

1．定时器种类

S7–200 系列 PLC 的定时器按工作方式分为三种：接通延时定时器 TON、保持型接通延时定时器 TONR 和断开延时定时器 TOF。定时器的数量有 256 个，其中 TONR 为 64 个，其余 192 个可定义为 TON 或 TOF，见表 2–3–2。定时器的地址编号范围为 T0 ~ T255。

表 2–3–2　定时器种类、时基和最大定时范围

定时器种类	时基 /ms	最大定时范围 /s	定时器编号
保持型接通延时定时器（TONR）	1	32.767	T0、T64
	10	327.67	T1 ~ T4，T65 ~ T68
	100	3 276.7	T5 ~ T31，T69 ~ T95
接通延时定时器 / 断开延时定时器（TON/TOF）	1	32.767	T32、T96
	10	327.67	T33 ~ T36，T97 ~ T100
	100	3 276.7	T37 ~ T63，T101 ~ T255

PLC 定时器是通过对内部时基脉冲进行增 1 计数而计时的。S7-200 系列 PLC 定时器的时基脉冲按照周期分为三种：1 ms、10 ms 和 100 ms。其中，1 ms 的定时器有 4 个，10 ms 的定时器有 16 个，100 ms 的定时器有 236 个。不同的定时器，其时基（或者称为分辨率、定时精度）和最大定时范围不同，见表 2-3-2。

2. 定时器的工作原理

S7-200 系列 PLC 的每个定时器均有一个 16 位的当前值寄存器、一个 16 位的预置值寄存器以及一个状态位（定时器位）。其中，当前值寄存器用来存放当前值 SV，预置值寄存器用来存放时间的预置值 PT，状态位反映其触点的状态。当前值和预置值均为 16 位有符号整数（INT），数值范围是 1 ~ 32 767。每个定时器可提供无数对常开和常闭触点供编程使用，其设定时间可以在程序中直接设置，还可以通过 PLC 内部的模拟电位器或 PLC 外接的拨码开关方便直观地随时修改。

每个定时器都有以下两个相关的变量：

（1）当前值。定时器累计时间的当前值，它存放在定时器的当前值寄存器（16 bit）中。

（2）定时器位。当定时器当前值等于或大于预置值时，该定时器位被置为 1。

定时器的定时时间＝预置值 PT × 时基。例如，TON 指令使用定时器 T37（时基为 100 ms），预置值为 100，则定时时间为：

$$T = 100 \times 100\ \text{ms} = 10\,000\ \text{ms} = 10\ \text{s}$$

定时器的使能输入有效后，当前值 SV 寄存器开始对 PLC 内部的时基脉冲进行增 1 计数，当计数值等于或大于定时器的预置值后，状态位置 1。其中，最小计时单位为时基脉冲的宽度。从定时器使能输入有效，到状态位输出有效，经过的时间就是定时时间。

3. 定时器当前值的刷新方式

S7-200 系列 PLC 定时器的分辨率有 1 ms、10 ms 和 100 ms 三种，这三种定时器当前值的刷新方式是完全不同的，在使用定时器时要特别注意。

（1）1 ms 定时器采用的是中断刷新方式，由系统每隔 1 ms 刷新一次，与扫描周期及程序处理无关。对于大于 1 ms 的程序扫描周期，在一个扫描周期内，定时器位和当前值刷新多次，其当前值在一个扫描周期内不一定保持一致。

（2）10 ms 定时器由系统在每个扫描周期开始时自动刷新一次，即在每个扫描周期的开始会将一个扫描周期累计的 10 ms 时间间隔数加到定时器当前值中。由于每个扫描周期只刷新一次，故在一个扫描周期内定时器位和定时器的当前值保持不变。

（3）100 ms 定时器在该定时器指令执行时刷新。下一条执行的指令，即可使用刷新后的结果，非常符合正常的思路，使用方便可靠。但应注意，100 ms 定时器被激活后，如果某个扫描周期不执行该定时器指令或在一个扫描周期内多次执行该定时器指令，会造成计时失准（少计时或多计时）。因此，只有在每次扫描循环都执行且仅执行一次定时器指令时，才应该使用 100 ms 定时器。

二、定时器指令

定时器指令包括 TON 指令、TONR 指令和 TOF 指令，指令属性见表 2–3–3。

表 2–3–3　TON、TONR 和 TOF 指令属性

指令名称	梯形图	语句表	操作数及数据类型
接通延时定时器指令（TON 指令）	T××× IN TON PT ???ms	TON T×××，PT	T××× 范围：T0 ~ T255 输入 IN（位）：I、Q、M、SM、T、C、V、S、L 预置值 PT：IW、QW、MW、SMW、VW、SW、LW、AIW、T、C、常数、AC、*VD、*AC、*LD
保持型接通延时定时器指令（TONR 指令）	T××× IN TONR PT ???ms	TONR T×××，PT	
断开延时定时器指令（TOF 指令）	T××× IN TOF PT ???ms	TOF T×××，PT	

1. TON 指令

TON 指令即接通延时定时器指令，使能端（IN）输入有效时，定时器开始计时，当前值从 0 开始递增，大于或等于预置值（PT）时，定时器输出状态位置 1。使能端输入无效（断开）时，定时器复位（当前值清零，输出状态位置 0）。接通延时定时器指令用于单一间隔的计时。

【例 2–3–1】 如图 2–3–2 所示，使用 TON 指令设计延时接通电路。

当定时器的启动信号 I0.0 断开时，定时器 T37 没有信号流过，不进行计时工作，定时器 T37 的当前值 SV=0。当定时器 T37 的启动信号 I0.0 接通时，T37 开始计时，每过一个时基时间（100 ms），定时器 T37 的当前值 SV=SV+1。当定时器 T37 的当前值 SV 等于其预置值 PT 时，定时器的定时时间（100 ms × 10=1 s）到，T37 的常开触点由断开变为接通，Q0.0 线圈有信号流过。此时 T37 继续计时，当前值 SV 继续增大。当 I0.0 由接通变为断开时，SV 被复位清零（SV=0），T37 的常开触点也断开，Q0.0 线圈没有信号流过。

当 I0.0 由断开变为接通后，如果维持接通的时间不足以使当前值 SV 达到预置值

PT，T37 的常开触点不会接通，Q0.0 线圈不会有信号流过。

当 I0.0 由断开变为接通后，如果维持接通的时间超过预置值 PT，T37 的常开触点会接通，T37 继续计时，当前值 SV 继续增大，直到 SV=32 767（最大值）时，才停止计时，之后 SV 将保持 32 767（最大值）不变。

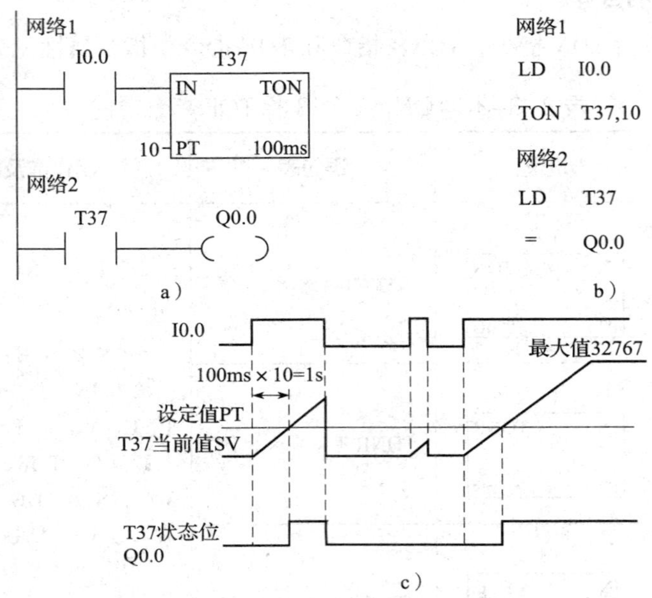

图 2–3–2　使用 TON 指令设计的延时接通电路

a）梯形图　b）语句表　c）时序图

【例 2–3–2】如图 2–3–3 所示，使用 TON 指令设计延时断开电路。

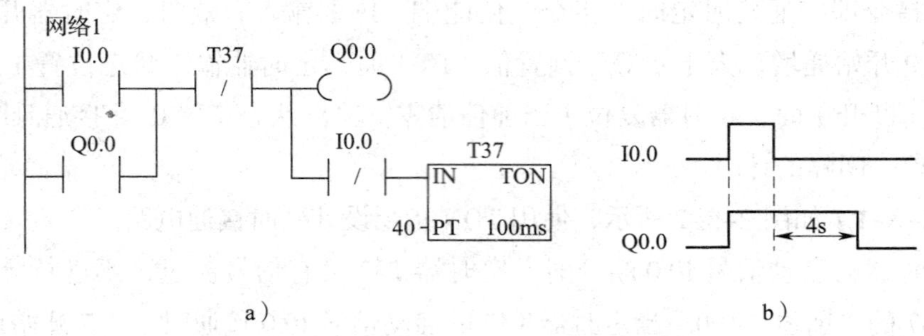

图 2–3–3　使用 TON 指令设计的延时断开电路

a）梯形图　b）时序图

当 I0.0 接通时，Q0.0 线圈得电并自保，T37 使能输入端断开，T37 线圈不能通电计时。当 I0.0 断开时，T37 使能输入端接通，T37 线圈通电，T37 开始计时，达到定时时间 4 s（40 × 100 ms）时，T37 的常闭触点断开，Q0.0 线圈断电，T37 线圈也断电。

【例 2–3–3】如图 2–3–4 所示，使用 TON 指令设计延时接通和断开电路。

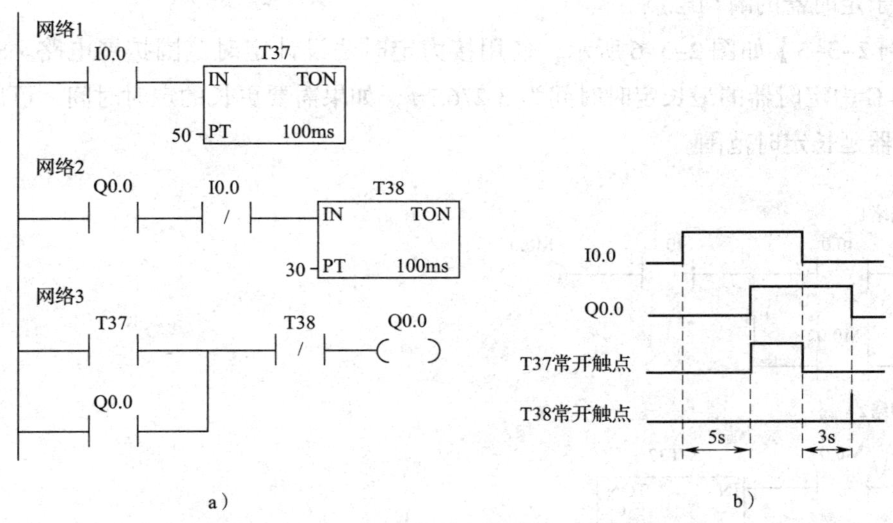

图 2–3–4 使用 TON 指令设计的延时接通和断开电路
a）梯形图 b）时序图

当 I0.0 接通时，T37 线圈得电，T37 开始计时，达到定时时间 5 s（50 × 100 ms）时，T37 的常开触点闭合，Q0.0 线圈得电并自保。

当 I0.0 断开时，T37 线圈断电，T37 的常开触点断开，T37 停止计时，而 T38 线圈得电，T38 开始计时。T38 到达定时时间 3 s（30 × 100 ms）时，T38 的常闭触点断开，Q0.0 线圈断电，T38 线圈也断电。

【例 2–3–4】如图 2–3–5 所示，通过并联辅助继电器 M 的线圈构成定时器的瞬动触点。

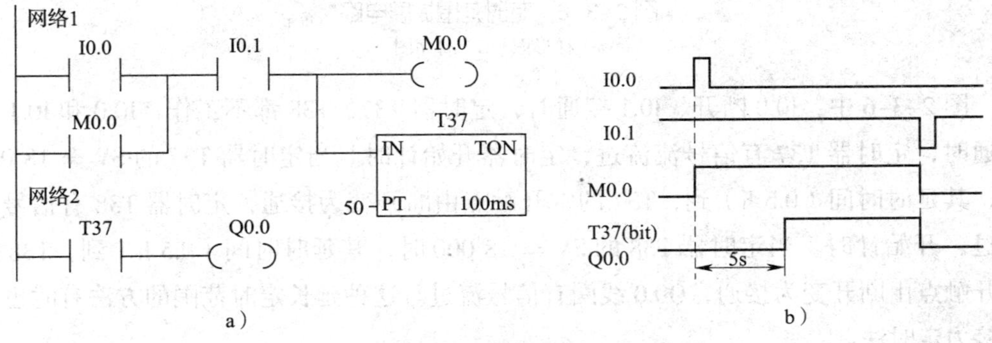

图 2–3–5 定时器瞬动触点的构成
a）梯形图 b）时序图

继电器控制系统中的时间继电器除了有延时动作的触点外，还有在线圈通电瞬间接通的瞬动触点。而在 PLC 梯形图中，定时器有延时动作的触点，但是没有瞬动触点。可以在定时器的线圈两端并联辅助继电器 M 的线圈，这样辅助继电器 M 的触点就相当于定时器的瞬动触点。

【例 2-3-5】如图 2-3-6 所示，使用接力定时法设计定时范围扩展电路。S7-200 系列 PLC 中定时器的最长定时时间为 3 276.7 s，如果需要更长的定时时间，可以用多个定时器延长定时范围。

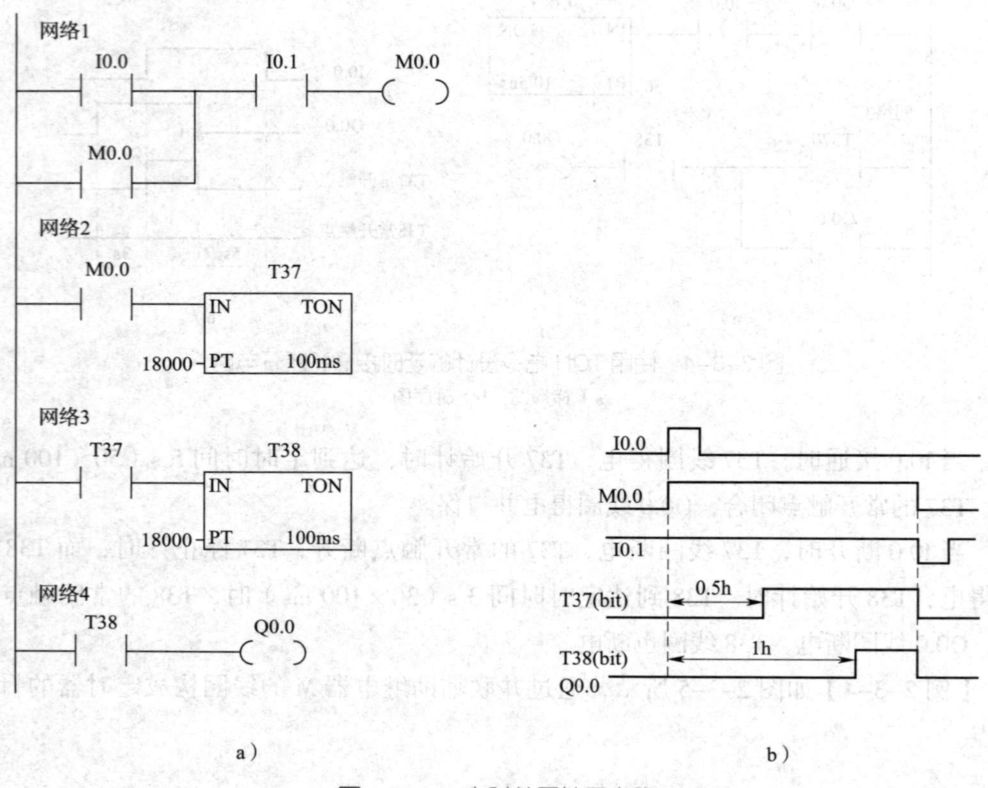

图 2-3-6　定时范围扩展电路

a）梯形图　b）时序图

图 2-3-6 中，I0.0 断开、I0.1 接通时，定时器 T37、T38 都不工作。I0.0 和 I0.1 均接通时，定时器 T37 有信号流流过，定时器开始计时。当定时器 T37 的 SV = 18 000 时，其延时时间（0.5 h）到，T37 的常开触点由断开变为接通，定时器 T38 有信号流流过，开始计时。当定时器 T38 的 SV = 18 000 时，其延时时间（0.5 h）到，T38 的常开触点由断开变为接通，Q0.0 线圈有信号流过。这种延长定时范围的方法有时也称为接力定时法。

可扫描右侧二维码，了解使用 TON 指令设计的脉冲发生器以及 TONR 指令、TOF 指令的表示形式和使用方法。

试一试

用接力定时法设计 24 h 定时程序。

2. 定时器指令使用注意事项

（1）定时器的作用是进行精确定时，使用时要注意正确选择不同精度的定时器。S7-200 系列 PLC 三种精度的定时器的刷新方式不同，因此在使用方法上也有很大的不同，这和其他品牌的 PLC 是有很大区别的。使用时一定要注意根据使用场合和要求来选择合适精度的定时器。

【例 2-3-6】如图 2-3-7 所示程序使用三种不同精度的定时器，在定时器计时时间到时产生一个脉冲宽度为一个扫描周期的脉冲串信号。

根据三种定时器的刷新方式，结合图 2-3-7 可以看出：

1）对于 1 ms 定时器 T32，在使用方法错误时，只有当定时器的刷新发生在 T32 的常闭触点执行以后到 T32 的常开触点执行以前这一区间时，Q0.0 才能产生一个宽度为一个扫描周期的脉冲。显然，这种情况出现的概率是极小的，而在其他情况下则不会产生这个脉冲。

2）对于 10 ms 定时器 T33，在使用方法错误时，Q0.0 永远不能产生这个脉冲。这是因为当定时器 T33 计时未到时，Q0.0 不会被置位 ON；当定时器 T33 计时到时，由于 10 ms 定时器 T33 是在每次扫描周期开始时自动刷新一次，则定时器 T33 状态位被置位，那么在执行图 2-3-7b 所示网络 1 中的 T33 常闭触点时，常闭触点断开，执行到定时器 T33 线圈时，线圈因为断电而被复位（当前值和状态位都被置 0）。执行到 T33 常开触点时，常开触点永远为断开状态，Q0.0 线圈也将永远为断电状态，即永远不会被置位 ON。

3）100 ms 的定时器在执行该定时器指令时刷新，所以当定时器 T37 到达预置值时，Q0.0 肯定会产生这个脉冲。优化使用方法后，把定时器到达预置值产生结果的元件的常闭触点作为定时器本身的输入，则不论哪种定时器，都能保证定时器达到预置值时，Q0.0 产生一个宽度为一个扫描周期的脉冲。所以，在使用定时器时，要弄清楚定时器的分辨率，否则，一般情况下不要把定时器本身的常闭触点作为自身线圈的复位条件。在实际使用时，100 ms 的定时器常采用自复位逻辑，而且 100 ms 定时器也是使用最多的定时器，如 T37、T38、T39 等。

（2）定时器指令与定时器编号应保持一致，符合表 2-3-2 中的规定，否则会显示编译错误。

（3）虽然 TON 和 TOF 定时器地址编号范围相同，但是在同一个程序中，不能使用两个相同编号的定时器（如 TON 37 和 TOF 37），否则会导致程序执行时出错，无法实现控制目的。

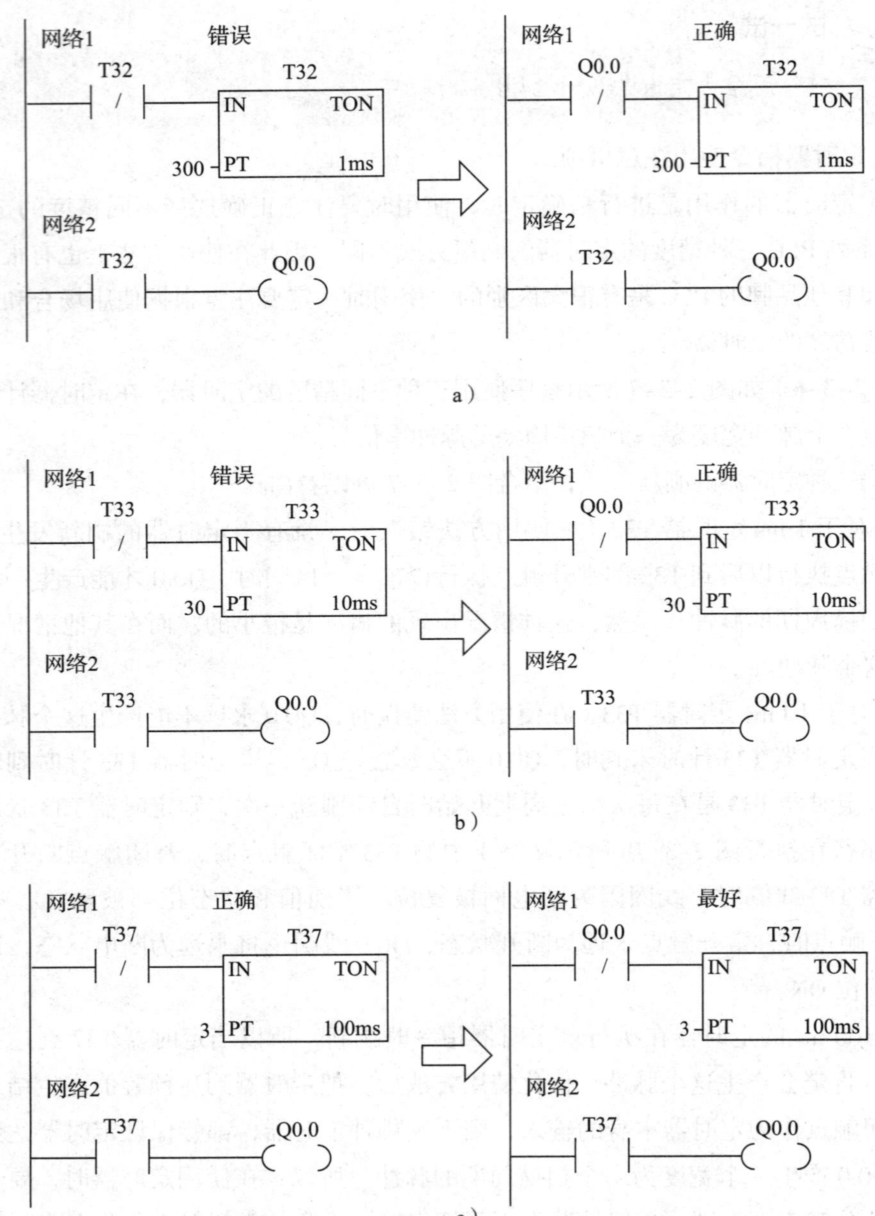

图 2-3-7　定时器的正确使用

a）1 ms 定时器　b）10 ms 定时器　c）100 ms 定时器

三、根据继电器电路图设计 PLC 梯形图的方法

根据继电器电路图设计 PLC 梯形图的方法也称为 PLC 梯形图的移植设计法或转换设计法。PLC 使用与继电器电路图极为相似的梯形图语言，如果用 PLC 改造继电器控制系统，根据继电器电路图来设计梯形图是一条捷径。继电器电路图是一个纯粹的硬件电路图，将它改为 PLC 控制时，需要用 PLC 的外部接线图和梯形图来等

效继电器电路图，即用 PLC 的外部硬件接线和梯形图程序来实现继电器控制系统的功能。

这种设计方法一般不需要改动控制面板，保持了系统原有的外部特件，操作人员不用改变长期形成的操作习惯。在分析 PLC 控制系统的功能时，可以将 PLC 想象成一个控制箱，其外部接线图描述了这个控制箱的外部接线，梯形图是这个控制箱的内部“线路图”，梯形图中的输入位（I）和输出位（Q）是这个控制箱与外部世界联系的“接口继电器”，这样就可以用分析继电器电路图的方法来分析 PLC 控制系统。在分析梯形图时可以将输入位的触点想象成对应的外部输入设备的触点，将输出位的线圈想象成对应的外部负载的线圈。外部负载的线圈除了受梯形图的控制外，还可能受外部触点的控制。

1．设计步骤

（1）了解和熟悉被控设备的工艺过程和机械的动作情况，根据继电器电路图分析和掌握控制系统的工作原理，这样才能做到在设计和调试控制系统时心中有数。

（2）确定 PLC 的输入信号和输出负载，以及在梯形图中与它们对应的输入位和输出位的地址，画出 PLC 的外部接线图。

继电器电路图中的交流接触器和电磁阀等执行机构用 PLC 的输出继电器来控制，它们的线圈接在 PLC 的输出端。按钮、操作开关、限位开关、接近开关等用来给 PLC 提供控制命令和反馈信号，它们的触点接在 PLC 的输入端，一般使用常开触点。继电器电路图中的中间继电器和时间继电器的功能由 PLC 内部的辅助继电器和定时器来完成，它们与 PLC 的输入继电器和输出继电器无关。

（3）确定与继电器电路图中的中间继电器和时间继电器对应的梯形图中的辅助继电器和定时器的地址。

（4）根据上述对应关系画出梯形图。

2．注意事项

（1）应遵守梯形图语言中的语法规定和编程规则。

（2）适当地分离继电器电路图中的某些电路，以便于阅读和理解设计出的梯形图。

（3）尽量减少 PLC 的输入和输出点，以降低 PLC 硬件费用。

（4）时间继电器的处理。在梯形图中，可以通过在定时器的线圈两端并联辅助继电器的线圈，获得定时器的瞬动触点（即该辅助继电器的触点），相当于时间继电器的瞬动触点。

（5）设置中间单元。在梯形图中，当多个线圈都受某一触点串并联电路的控制时，为了简化电路，可以在梯形图中设置中间单元，即用该电路来控制某辅助继电器，在各线圈的控制电路中使用其常开触点。这种中间元件类似于继电器电路中的中间继电器。

（6）设立外部硬件互锁电路。如果控制异步电动机运行的交流接触器同时动作会造成三相电源短路，因此必须在 PLC 外部设置硬件互锁电路。

（7）外部负载的额定电压问题。S7–200 系列 PLC 的继电器输出模块和双向晶闸管输出模块一般只能驱动额定电压为 AC 250 V 的负载，如果系统原来的交流接触器的线圈额定电压为 AC 380 V，则应换成额定电压为 AC 220 V 的线圈，或者设置外部中间继电器。

（8）热继电器过载信号的处理。如果热继电器属于自动复位型，则其触点提供的过载信号必须通过输入电路提供给 PLC，用梯形图实现过载保护（也称为软保护）；如果是手动复位型热继电器，其常闭触点可以在 PLC 的输出电路中与控制电动机的交流接触器的线圈串联（也称为硬保护）。

【**例 2–3–7**】如图 2–3–8 所示为某双速异步电动机启动与自动加速的继电器电路图。

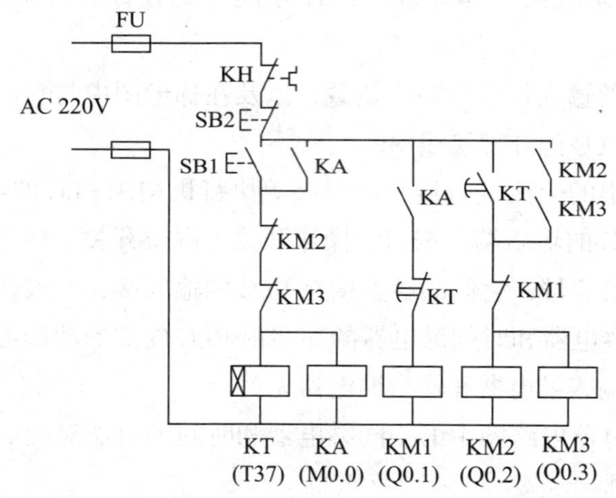

图 2–3–8　双速异步电动机启动与自动加速的继电器电路图

继电器电路图中的交流接触器和电磁阀等执行机构若用 PLC 的输出位来控制，则其线圈应接在 PLC 的输出端。按钮、控制开关、限位开关等用来给 PLC 提供输入信号和反馈信号，其触点应接在 PLC 的输入端。中间继电器和时间继电器（如图 2–3–8 中的 KA 和 KT）应用 PLC 内部的辅助继电器和定时器来代替。继电器电路图中的时间继电器 KT 不仅有延时动作的触点，还有在线圈通电瞬间接通的瞬动触点。而在 PLC 梯形图中，定时器有延时动作的触点，但是没有瞬动触点。所以在 PLC 梯形图中，在 KT 对应的 T37 功能块的两端并联 M0.0 的线圈，用 M0.0 的常开触点来模拟 KT 的瞬动触点。这样就完全符合继电器电路图中的控制功能。图 2–3–9a 为 PLC 外部 I/O 接线图，图 2–3–9b 为直接转换成的梯形图，图 2–3–9c 为优化后的梯形图。

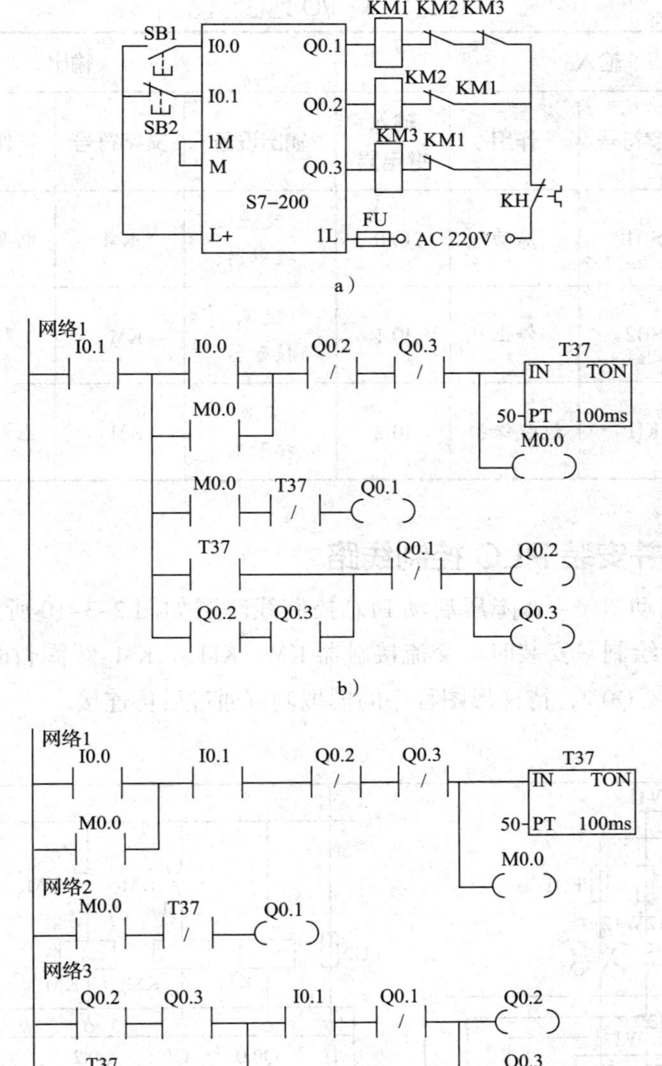

图 2-3-9　双速异步电动机启动与自动加速 I/O 接线图和梯形图

a）PLC 外部 I/O 接线图　b）直接转换成的梯形图　c）优化后的梯形图

任务实施

一、分配 I/O 地址

I/O 地址分配见表 2-3-4。

表 2-3-4　I/O 地址分配

输入				输出			
输入设备	文字符号	作用	输入继电器	输出设备	文字符号	作用	输出继电器
启动按钮	SB1	启动	I0.0	交流接触器	KM	电源控制	Q0.0
停止按钮	SB2	停止	I0.1	交流接触器	KM_Y	Y形联结	Q0.1
热继电器	KH	过载保护	I0.2	交流接触器	$KM_\triangle$	△形联结	Q0.2

二、绘制并安装 PLC 控制线路

三相异步电动机Y－△降压启动 PLC 控制线路图如图 2-3-10 所示，PLC 控制接线图请读者自行绘制。安装时，交流接触器 KM、KM_Y、$KM_\triangle$线圈暂时不接到 PLC 输出端 Q0.0、Q0.1、Q0.2，待梯形图程序的模拟调试通过后再连接。

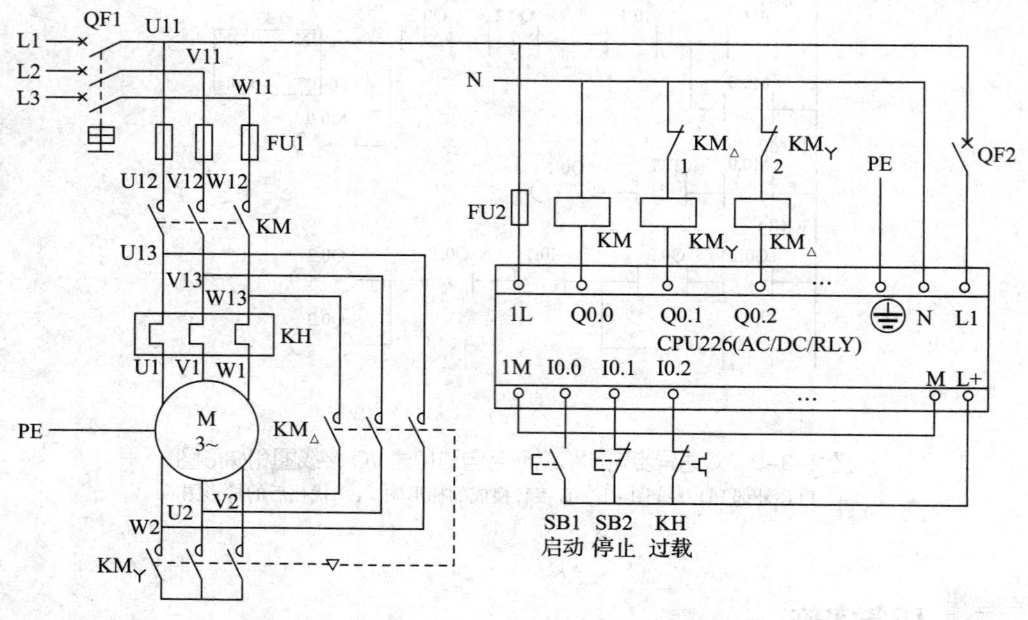

图 2-3-10　三相异步电动机Y－△降压启动 PLC 控制线路图

三、设计梯形图程序

编辑符号表，如图 2-3-11 所示。程序的编写有以下三种方式。

符号表

			符号	地址	注释
1			启动按钮SB1	I0.0	启动按钮
2			停止按钮SB2	I0.1	停止按钮
3			热继电器KH	I0.2	过载保护
4			接触器KM	Q0.0	控制电源
5			接触器KM_Y	Q0.1	控制电动机Y形联结
6			接触器$KM_{\triangle}$	Q0.2	控制电动机△形联结

用户定义1 POU 符号

图 2-3-11 符号表

1. 使用启保停电路编程

（1）控制电动机电源的接触器 KM 线圈的控制程序编写

分析如图 2-3-1 所示的Y-△降压启动控制线路原理图和时序图可知，无论是Y形启动还是△形运行，控制电动机电源的接触器 KM 的线圈始终保持得电。因此，可以使用启保停电路进行接触器 KM 线圈的控制程序设计，如图 2-3-12 所示。

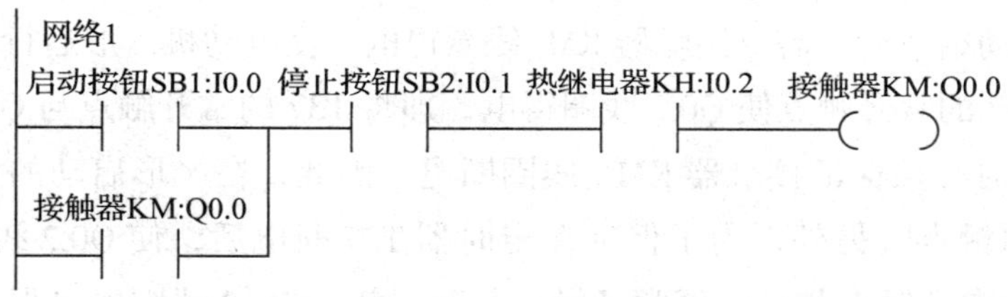

图 2-3-12 接触器 KM 线圈的控制程序

（2）Y形启动的控制程序编写

由于Y形启动时，除了接触器 KM 的线圈得电外，还必须使接触器 KM_Y 线圈得电。因此，可以通过 Q0.0 的常开触点使 Q0.1 线圈得电，即将 Q0.0 的常开触点与 Q0.1 线圈串联，如图 2-3-13 所示。

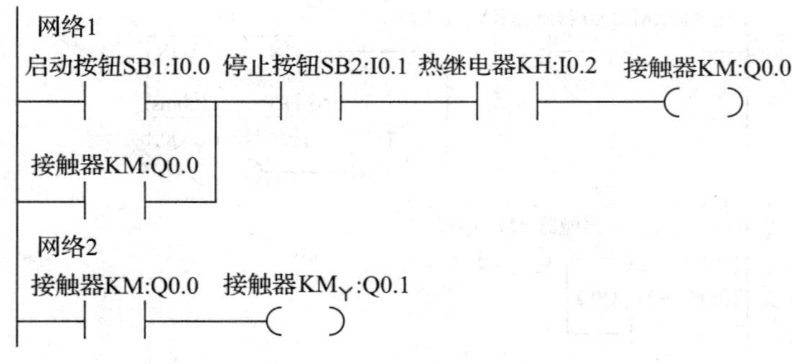

图 2-3-13 Y形启动的控制程序

（3）Y形启动延时5 s的控制程序编写

由于Y形启动的延时时间为5 s，即定时器到达定时时间5 s时接触器KM_Y线圈断电，因此，可使用编程元件定时器T37的常闭触点与Q0.1线圈串联进行延时控制程序设计，如图2-3-14所示。

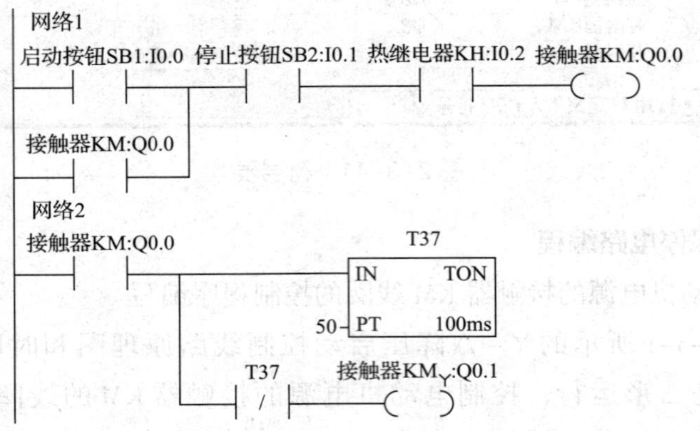

图2-3-14　Y形启动延时5 s的控制程序

（4）△形运行的控制程序编写

当Y形启动结束后，需要接触器$KM_\triangle$线圈得电，使电动机△形运行，因此，可以通过定时器T37的常开触点使Q0.2线圈得电，即将T37的常开触点与Q0.2线圈串联。由于△形运行时必须保证接触器KM_Y线圈断电，因此，在Y形启动的支路中必须串联Q0.2的常闭触点。另外，为了保证在定时器T37断电后，使Q0.2线圈保持得电，需要将Q0.2的常开触点与T37的常开触点并联，实现Q0.2线圈的自保持控制，其控制程序如图2-3-15所示。

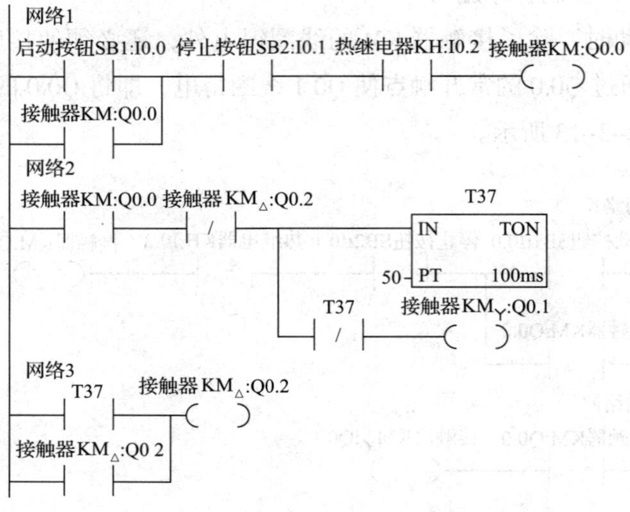

图2-3-15　△形运行的控制程序

（5）添加停止功能及必要的互锁保护，完善控制程序

从图 2-3-15 所示程序可以看出，当按下停止按钮 SB2 或热继电器 KH 动作时，无法使 Q0.2 线圈断电。因此，必须在△形运行控制支路中串联 I0.1 和 I0.2 的常开触点。另外，由于Y形启动时必须保证 $KM_{\triangle}$线圈断电，因此，在△形运行控制支路中还要串联 Q0.1 的常闭触点。经过逐步完善程序，最后得出使用启保停电路设计的电动机Y－△降压启动 PLC 控制程序，如图 2-3-16 所示。

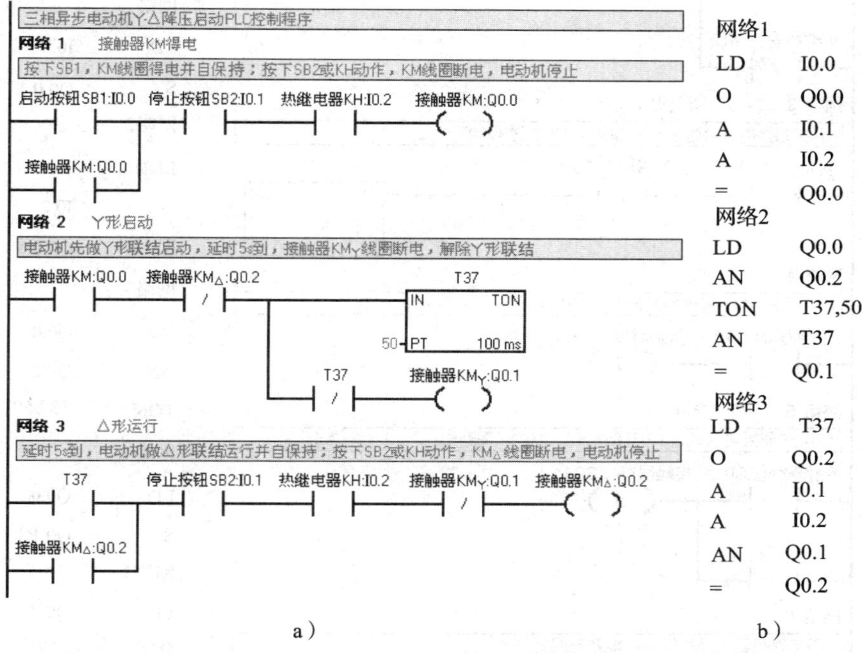

图 2-3-16 使用启保停电路的电动机Y－△降压启动 PLC 控制程序
a）梯形图 b）语句表

想一想

定时器的预置值是几位二进制数？如果用变量存储器 V 应该如何设定？是使用 VB 还是使用 VW？

2. 使用 S/R 指令编程

根据使用启保停电路编程与使用置位 / 复位指令编程的对应关系可知，使用启保停电路中的启动－保持条件就是使用 S/R 指令程序中的置位条件（接 S 指令），停止条件就是复位条件（接 R 指令）；使用启保停电路中的停止条件的常开触点应改为使用 S/R 指令程序中的常闭触点，且触点由串联改为并联。

根据上述对应关系，使用 S/R 指令编写电动机Y－△降压启动 PLC 控制梯形图，如图 2-3-17 所示。

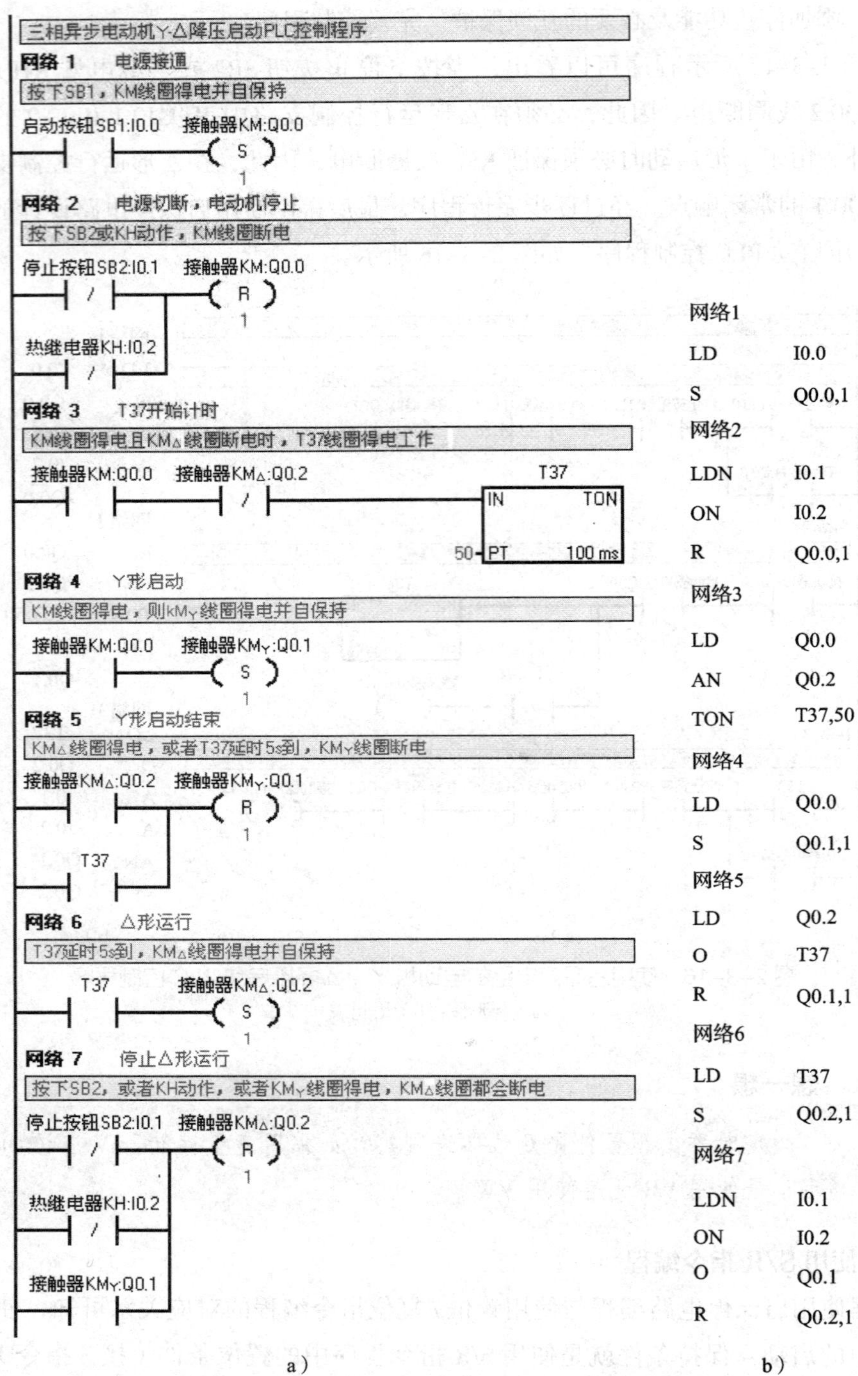

图 2-3-17 使用 S/R 指令编写的电动机Y－△降压启动 PLC 控制程序

a）梯形图 b）语句表

3. 使用逻辑堆栈指令编程

将如图 2-3-1 所示的三相异步电动机Y－△降压启动控制线路的控制电路部分直

接转换为 PLC 梯形图，如图 2-3-18a 所示，图 2-3-18b 所示的语句表使用了逻辑堆栈指令。

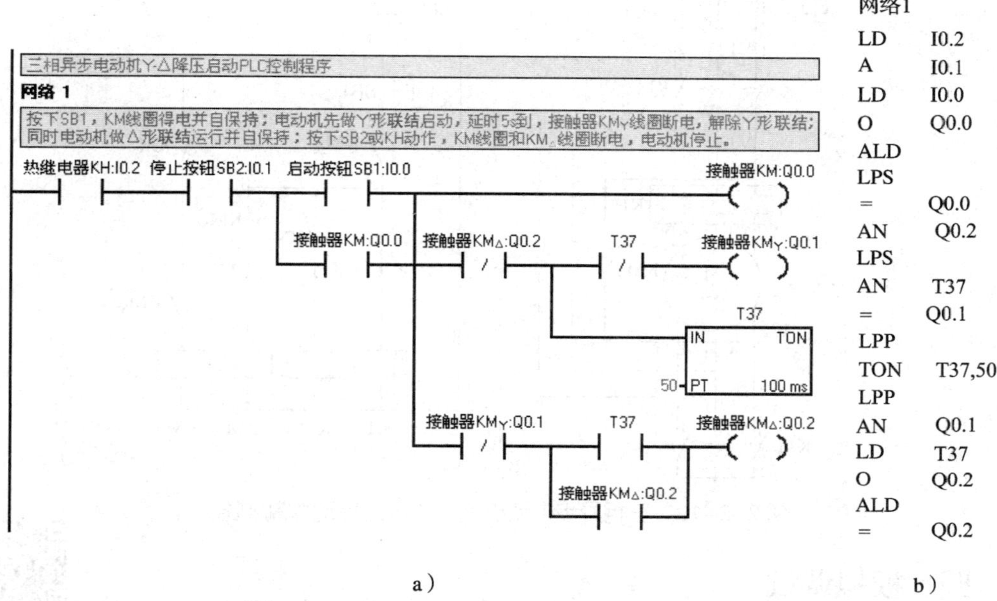

图 2-3-18 使用逻辑堆栈指令编写的电动机 Y－△降压启动 PLC 控制程序
a）梯形图 b）语句表

小提示

由于 PLC 控制与继电器控制是两种不同的控制方式，不是所有的继电器电路图都可以直接等效转换成梯形图，特别是较复杂的继电器电路。例如，图 2-3-19 所示的三相异步电动机 Y－△降压启动控制线路就不能简单地直接等效转换成梯形图。

想一想

如果将图 2-3-19 所示的 Y－△降压启动控制线路简单地直接等效转换成 PLC 梯形图会出现什么情况？

在工程应用中，控制程序不仅要满足控制逻辑的要求，还必须要考虑系统的安全性，以保证在操作错误、硬件故障、系统突然断电等情况下不出现人身及设备安全事故。可扫描右侧二维码，了解实际生产线上的三相异步电动机 Y－△降压启动 PLC 控制程序设计。

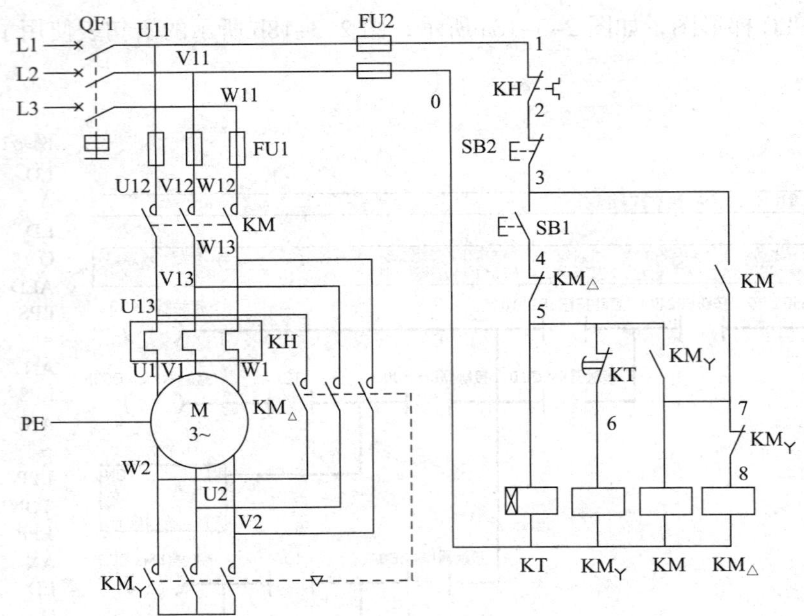

图 2-3-19　三相异步电动机Y－△降压启动控制线路

四、模拟调试

可以按照前面任务中所述的 PLC 用户程序（如梯形图和语句表）状态监控及强制数值方法进行模拟调试。其中，梯形图程序状态监控的方法很直观，但是容易受到计算机屏幕的限制，因而只能显示篇幅很小的一部分程序。利用 STEP7-Micro/WIN 的状态表监控功能不仅能监控篇幅较大的程序块或多个程序，而且可以编辑、读、写、强制和监控 PLC 的内部变量，还可使用单次读取、全部写入、读取全部强制等功能，极大地方便了程序的调试。状态表始终显示“扫描结束状态”信息。

下面以如图 2-3-16 所示的使用启保停电路的三相异步电动机Y－△降压启动 PLC 控制程序为例，介绍利用状态表监控功能进行程序模拟调试的方法。

1. 状态表监控

（1）当 PLC 处于运行模式时，单击浏览条中的“状态表”按钮或选择菜单命令“查看”→“组件”→“状态表”，打开状态表，并在状态表的地址列输入需要监控的元件，在格式列选择相应格式，如图 2-3-20a 所示。

（2）单击工具栏中的“状态表监控”按钮 或选择菜单命令“调试”→“开始状态表监控”，状态表监控的 I0.0 ~ I0.2 和 Q0.0 ~ Q0.2 的当前值如图 2-3-20b 所示。值得注意的是，打开状态表并不意味着自动开始查看状态，必须启动状态表监控，才能采集状态信息。

（3）按下启动按钮 SB1，状态表监控的 I0.0 ~ I0.2 和 Q0.0 ~ Q0.2 的当前值如图 2-3-20c 所示。

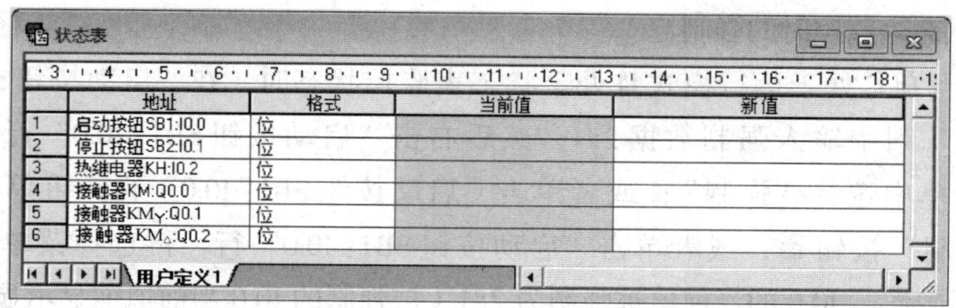

状态表

	地址	格式	当前值	新值
1	启动按钮SB1:I0.0	位		
2	停止按钮SB2:I0.1	位		
3	热继电器KH:I0.2	位		
4	接触器KM:Q0.0	位		
5	接触器KM_Y:Q0.1	位		
6	接触器$KM_\triangle$:Q0.2	位		

用户定义1

a）

状态表

	地址	格式	当前值	新值
1	启动按钮SB1:I0.0	位	2#0	
2	停止按钮SB2:I0.1	位	2#1	
3	热继电器KH:I0.2	位	2#1	
4	接触器KM:Q0.0	位	2#0	
5	接触器KM_Y:Q0.1	位	2#0	
6	接触器$KM_\triangle$:Q0.2	位	2#0	

用户定义1

b）

状态表

	地址	格式	当前值	新值
1	启动按钮SB1:I0.0	位	2#1	
2	停止按钮SB2:I0.1	位	2#1	
3	热继电器KH:I0.2	位	2#1	
4	接触器KM:Q0.0	位	2#1	
5	接触器KM_Y:Q0.1	位	2#1	
6	接触器$KM_\triangle$:Q0.2	位	2#0	

用户定义1

c）

状态表

	地址	格式	当前值	新值
1	启动按钮SB1:I0.0	位	2#0	
2	停止按钮SB2:I0.1	位	2#1	
3	热继电器KH:I0.2	位	2#1	
4	接触器KM:Q0.0	位	2#1	
5	接触器KM_Y:Q0.1	位	2#0	
6	接触器$KM_\triangle$:Q0.2	位	2#1	

用户定义1

d）

图 2-3-20 状态表监控

a）打开并编辑状态表 b）启动状态表监控 c）按下启动按钮 SB1 时的监控画面
d）按下启动按钮 SB1 且经过 5 s 后的监控画面

（4）按下启动按钮 SB1 且经过 5 s 后，状态表监控的 I0.0 ~ I0.2 和 Q0.0 ~ Q0.2 的当前值如图 2-3-20d 所示。

（5）单击工具栏中的“状态表监控”按钮或选择菜单命令“调试”→“停止状态表监控”，则停止状态表监控，状态表画面恢复为如图 2-3-20a 所示的初始状态。

2. 状态表监控时的强制

（1）当PLC处于运行模式且处于状态表监控状态时，在“启动按钮SB1：I0.0”行“新值”列中输入强制数据2#1，然后右击“启动按钮SB1：I0.0”行，在弹出的下拉菜单中选择“强制”；或者单击“启动按钮SB1：I0.0”行，再单击工具栏中的“强制”按钮；或者单击“启动按钮SB1：I0.0”行，再选择菜单命令“调试”→“强制”，I0.0的当前值被强制为2#1（被强制的I0.0当前值前显示显性强制图标），此时状态表画面如图2-3-21a所示。经过5 s后，状态表画面如图2-3-21b所示。

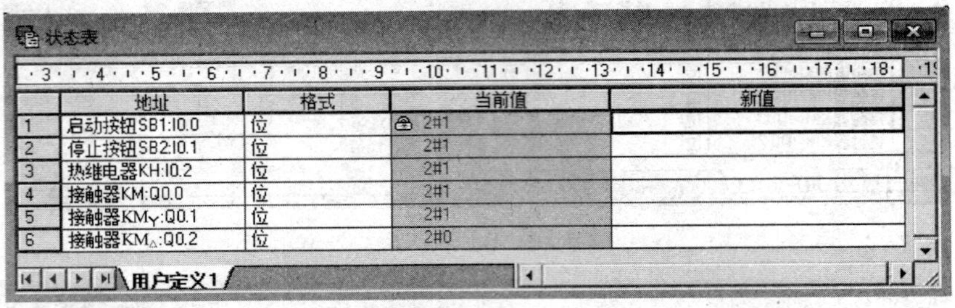

状态表

	地址	格式	当前值	新值
1	启动按钮SB1:I0.0	位	2#1	
2	停止按钮SB2:I0.1	位	2#1	
3	热继电器KH:I0.2	位	2#1	
4	接触器KM:Q0.0	位	2#1	
5	接触器KM_{Y}:Q0.1	位	2#1	
6	接触器$KM_{\triangle}$:Q0.2	位	2#0	

用户定义1

a）

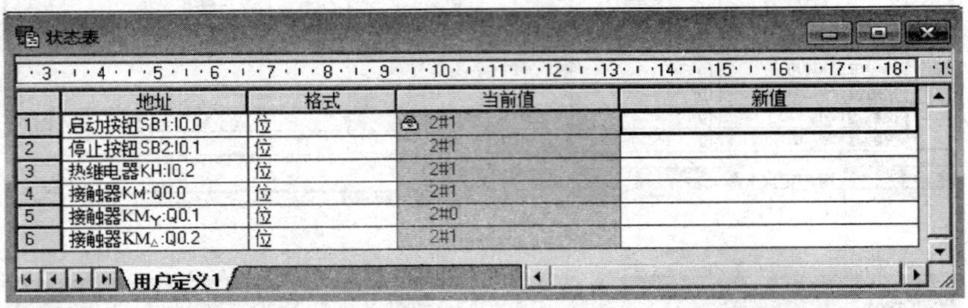

状态表

	地址	格式	当前值	新值
1	启动按钮SB1:I0.0	位	2#1	
2	停止按钮SB2:I0.1	位	2#1	
3	热继电器KH:I0.2	位	2#1	
4	接触器KM:Q0.0	位	2#1	
5	接触器KM_{Y}:Q0.1	位	2#0	
6	接触器$KM_{\triangle}$:Q0.2	位	2#1	

用户定义1

b）

图2-3-21　状态表强制

a）强制“I0.0”为数据2#1时的监控画面　b）强制“I0.0”为数据2#1且经过5 s后的监控画面

（2）在“停止按钮SB2：I0.1”行的“新值”列中输入2#0，右击“停止按钮SB2：I0.1”行，在弹出的下拉菜单中选择“强制”；或者单击“停止按钮SB2：I0.1”行，再单击工具栏中的“强制”按钮；或者单击“停止按钮SB2：I0.1”行，再选择菜单命令“调试”→“强制”，I0.1的当前值显示为2#0（被强制的I0.1当前值前显示显性强制图标），此时状态表画面如图2-3-22所示。

（3）若要取消强制，则右击已经执行强制功能的一行，选择“取消强制”；或者单击已经执行强制功能的一行，再单击工具栏中的“取消强制”按钮；或者单击已经执行强制功能的一行，再选择菜单命令“调试”→“取消强制”，则结束强制操作，当前值前的显性强制图标消失。

状态表

	地址	格式	当前值	新值
1	启动按钮SB1:I0.0	位	2#1	
2	停止按钮SB2:I0.1	位	2#0	
3	热继电器KH:I0.2	位	2#1	
4	接触器KM:Q0.0	位	2#0	
5	接触器KM_Y:Q0.1	位	2#0	
6	接触器$KM_\triangle$:Q0.2	位	2#0	

用户定义1

图 2-3-22 强制“I0.1”为 2#0 时的状态表监控画面

操作提示

在程序状态监控情况下，S7-200 系列 CPU 处于停止模式时，STEP7-Micro/WIN 也提供了强制功能，但只有在非“使用执行状态”（即不选择菜单命令“调试”→“使用执行状态”）条件下，启动菜单命令“调试”→“STOP（停止）模式下写入 - 强制输出”后，才能执行对输出 Q 和 AQ 的写入和强制操作。但是，若在 S7-200 系列 PLC 与其他设备相连时进行此强制操作，则要多加小心。

五、联机调试

模拟调试成功后，接上实际的负载，按照表 2-3-5 的步骤进行联机调试，同时注意观察和记录。

表 2-3-5 联机调试记录表

步骤	操作内容	观察内容	观察结果
1	模式选择开关拨至 STOP 位置，合上电源开关 QF1 和 QF2	“STOP”“RUN”及 I/O 指示灯状态	
2	模式选择开关拨至 TERM 位置，通过编程软件运行 CPU 模块		
3	按下启动按钮 SB1	I/O 指示灯、接触器 KM、KM_Y、$KM_\triangle$及电动机运行情况	
4	按下停止按钮 SB2 或手动模拟热继电器 KH 动作		
5	通过编程软件停止运行 CPU 模块，模式选择开关拨至 STOP 位置	“STOP”“RUN”及 I/O 指示灯状态	
6	调试完毕，关断电源开关 QF1 和 QF2		

任务测评

清扫工作台面，整理技术文件，并参考表 1-3-7 进行任务测评。

任务4 声光报警器PLC控制

学习目标

1. 掌握边沿检测指令的功能、表示形式和使用方法。
2. 掌握计数器指令的功能、表示形式和使用方法。
3. 能使用计数器指令编写计数控制程序。

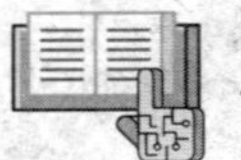

任务引入

声光报警器是一种用在危险场所，通过声音和光来向人们发出示警信号的报警信号装置，如图2-4-1所示为某款声光报警器实物。当生产现场发生火灾时，火灾报警控制器送来的控制信号会启动声光报警电路，发出声光报警信号，完成报警目的。也可同手动报警按钮配合使用，达到简单的声光报警目的。

图2-4-1 声光报警器实物

本任务要求使用PLC控制方式，完成声光报警器PLC控制线路的设计、安装和调试。控制要求如下：

1. 当条件I0.1 = ON满足时蜂鸣器鸣叫，同时，报警灯连续闪烁16次，每次亮2 s，熄灭3 s，然后停止声光报警。

2. 具有短路保护等必要的保护措施。

本任务是PLC定时器指令和计数器指令综合应用的一个典型实例。报警灯开始工作的条件可以是按钮，也可以是行程开关或接近开关等来自现场的信号，现假定为行程开关。蜂鸣器和报警灯分别占用一个输出点。报警灯亮、灭闪烁，可以使用两个定时器分别控制亮和灭的时间，而闪烁的次数由计数器控制。

实施本任务所使用的实训设备可参考表2-4-1。

表2-4-1 实训设备清单

序号	设备名称	型号及规格	数量	单位	备注
1	微型计算机	带STEP7-Micro/WIN软件	1	台	
2	编程电缆	PC/PPI	1	条	

续表

序号	设备名称	型号及规格	数量	单位	备注
3	可编程序控制器	CPU226（AC/DC/RLY）	1	台	配 C45 导轨
4	开关式稳压电源	S-150-24，AC 220 V/DC 24 V，150 W	1	台	
5	低压断路器	Multi9 C65N D20，单极	2	个	
6	行程开关	JLXK1-111	1	个	
7	蜂鸣器	自定，DC 24 V	1	个	
8	报警灯	自定，DC 24 V	1	个	
9	接线端子排	TB-1510，10 位	1	条	
10	配电盘	600 mm × 900 mm	1	块	

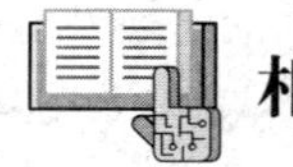

相关知识

一、边沿检测指令

边沿检测指令也称为跳变指令，包括上升沿检测指令 EU 和下降沿检测指令 ED，其指令属性见表 2-4-2。

表 2-4-2　EU、ED 指令属性

指令名称	梯形图	语句表	操作数	功能
上升沿检测指令（EU 指令）	─┤ P ├─	EU	无	检测输入信号由 OFF 到 ON 的变化（即正跳变）
下降沿检测指令（ED 指令）	─┤ N ├─	ED	无	检测输入信号由 ON 到 OFF 的变化（即负跳变）

1. EU 指令

EU（edge up）指令也称为正跳变指令，用于检测输入信号由 OFF 到 ON 的变化。EU 指令的梯形图形式由常开触点加上升沿检测指令标识符“P”构成，这里的“P”表示正跳变（positive transition）。EU 指令的语句表形式由上升沿检测指令操作码“EU”构成，EU 指令无操作数。

在梯形图中，执行 EU 指令，在检测到每一次正跳变时，让能流接通一个扫描周期。

【例 2–4–1】EU 指令的应用如图 2–4–2 所示。当 I0.0 的状态由断开变为接通时（即出现上升沿的过程），上升沿检测指令对应的常开触点接通一个扫描周期，使 Q0.0 线圈仅得电一个扫描周期。无论此后 I0.0 接通还是断开，Q0.0 线圈都不得电。

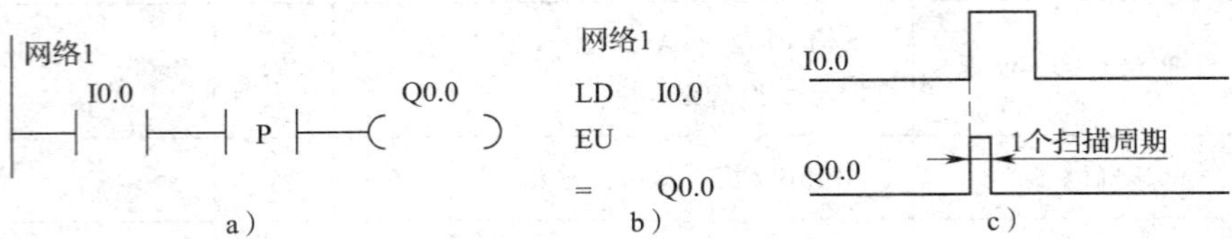

图 2–4–2 EU 指令的应用
a）梯形图 b）语句表 c）时序图

试一试

根据如图 2–4–3 所示的梯形图画出软继电器 M0.0、Q0.0 的时序图。

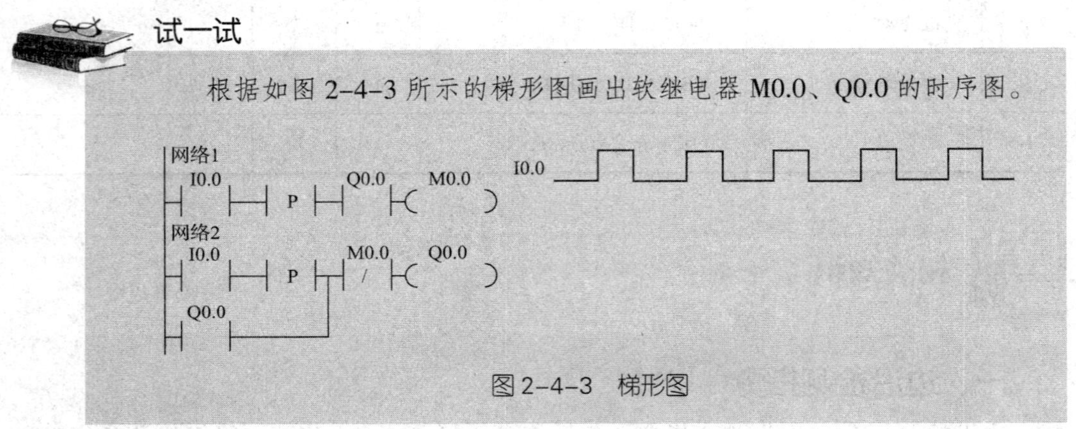

图 2–4–3 梯形图

2. ED 指令

ED（edge down）指令也称为负跳变指令，用于检测输入信号由 ON 到 OFF 的变化。ED 指令的梯形图形式由常开触点加下降沿检测指令标识符“N”构成，这里的“N”表示负跳变（negative tansition）。ED 指令的语句表形式由下降沿检测指令操作码“ED”构成，ED 指令无操作数。

在梯形图中，执行 ED 指令，在检测到每一次负跳变时，让能流接通一个扫描周期。

【例 2–4–2】ED 指令的应用如图 2–4–4 所示。当 I0.0 的状态由接通变为断开时（即出现下降沿的过程），下降沿检测指令对应的常开触点接通一个扫描周期，使 Q0.0 线圈仅得电一个扫描周期。无论此后 I0.0 接通还是断开，Q0.0 线圈都不得电。

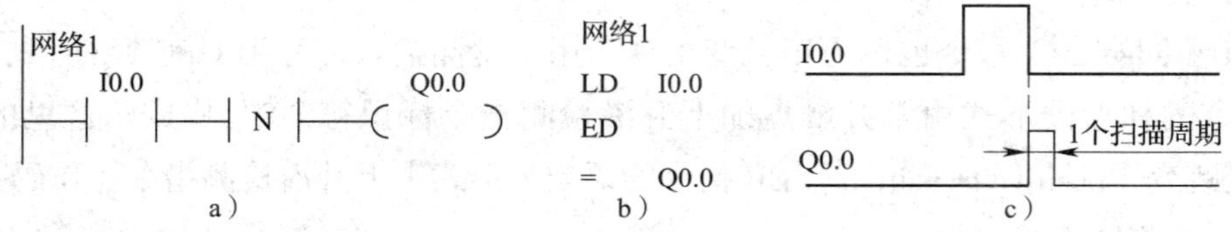

图 2–4–4 ED 指令的应用
a）梯形图 b）语句表 c）控制时序图

【例 2-4-3】EU、ED 指令的综合应用如图 2-4-5 所示。当检测到 I0.0 上升沿时，内部辅助继电器 M0.0 仅接通一个扫描周期，并置位 Q0.0。当检测到 I0.1 的下降沿时，内部辅助继电器 M0.1 仅接通一个扫描周期，并复位 Q0.0。

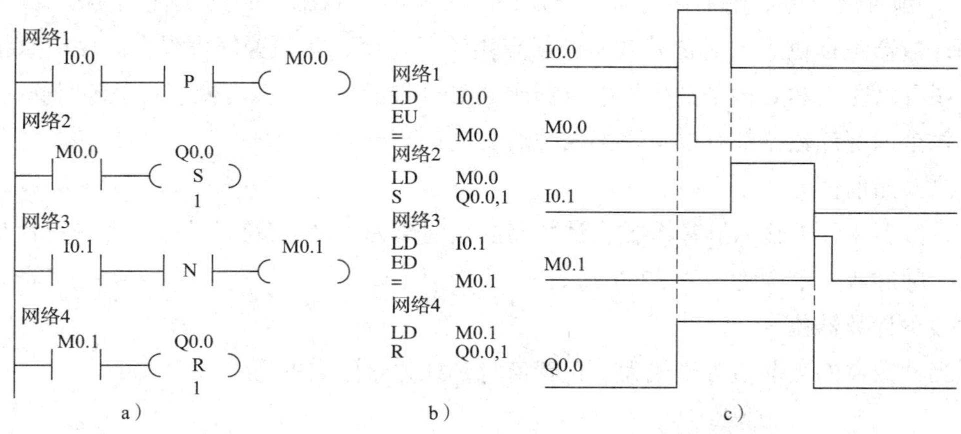

图 2-4-5 EU、ED 指令的综合应用

a）梯形图 b）语句表 c）时序图

3. 使用注意事项

（1）EU、ED 指令不能直接与左母线连接，必须接在常开或常闭触点（相当于位地址）之后。

（2）当条件满足时，EU、ED 指令的常开触点只接通一个扫描周期，被控制的元件应接在这一触点之后。

想一想

EU、ED 指令对应梯形图的触点和普通的常开触点有什么区别？

二、计数器 C

计数器用来累计其计数脉冲输入端的脉冲前沿（由低电平到高电平变化）的次数。

1. 计数器的分类

S7-200 系列 PLC 提供了两类计数器，一类为内部计数器（或称为普通计数器），它是 PLC 在执行扫描操作时对内部信号（如 I、Q、M、T、S 等）进行计数的计数器，要求输入信号的接通和断开时间应大于 PLC 的扫描周期；另一类是高速计数器。普通计数器受 CPU 扫描速度的影响，对高速脉冲计数时可能会发生脉冲丢失现象。而高速计数器的响应速度快，可用于对频率较高的脉冲进行计数。

2. 内部计数器

S7-200 系列 CPU 提供了三种类型的内部计数器，即增计数器、减计数器和增 / 减计数器。内部计数器总共有 256 个，地址编号范围为 C0 ~ C255。

S7-200 系列 CPU 的每个内部计数器都由一个 16 位的当前值寄存器、一个 16 位的预置值寄存器以及一个状态位（计数器位）组成。其中，当前值寄存器用来存放当前值 SV，预置值寄存器用来存放脉冲个数的预置值 PV，状态位反映其触点的状态。每个内部计数器可提供无数对常开和常闭触点供编程使用，其预置值可以在程序中直接赋予，还可以通过 PLC 内部的模拟电位器或 PLC 外接的拨码开关方便直观地随时修改。

每个内部计数器都有以下两个相关的变量：

（1）当前值

计数器累计的输入脉冲个数。计数器的当前值为 16 位有符号整数，用来存放累计的输入脉冲数，范围为 1 ~ 32 767。

（2）计数器位

当计数器的当前值等于或大于预置值时，计数器位被置为 1。

三、计数器指令

计数器指令包括 CTU 指令、CTD 指令和 CTUD 指令，其指令属性见表 2-4-3。

表 2-4-3　CTU、CTD 和 CTUD 指令属性

指令名称	梯形图	语句表	操作数及数据类型
增计数器指令（CTU 指令）	C××× CU CTU R PV	CTU C×××，PV	C××× 范围：C0 ~ C255 增计数信号输入端 CU：I、Q、M、SM、T、C、V、S、L 减计数信号输入端 CD：I、Q、M、SM、T、C、V、S、L 复位信号输入端 R：I、Q、M、SM、T、C、V、S、L 载入输入端 LD：I、Q、M、SM、T、C、V、S、L 预置值 PV：IW、QW、MW、SMW、VW、SW、LW、AIW、T、C、常数、AC、*VD、*AC、*LD
减计数器指令（CTD 指令）	C××× CD CTD LD PV	CTD C×××，PV	
增 / 减计数器指令（CTUD 指令）	C××× CU CTUD CD R PV	CTUD C×××，PV	

1. CTU 指令

CTU（count up）指令即增计数器指令，当计数器的输入端 CU 输入一个脉冲上升

沿时，计数器递增计数 1 次，当前值 SV=SV+1。当当前值 SV 达到预置值 PV 时，计数器位被置位。若之后计数脉冲再次到来，计数器可继续计数，直到当前值 SV=32 767（最大值）时才停止计数。若复位输入端有效或对计数器执行复位指令，则计数器自动复位，即计数器位被复位，当前值 SV 为零。

【例 2-4-4】如图 2-4-6 所示为使用 CTU 指令构成增计数器。

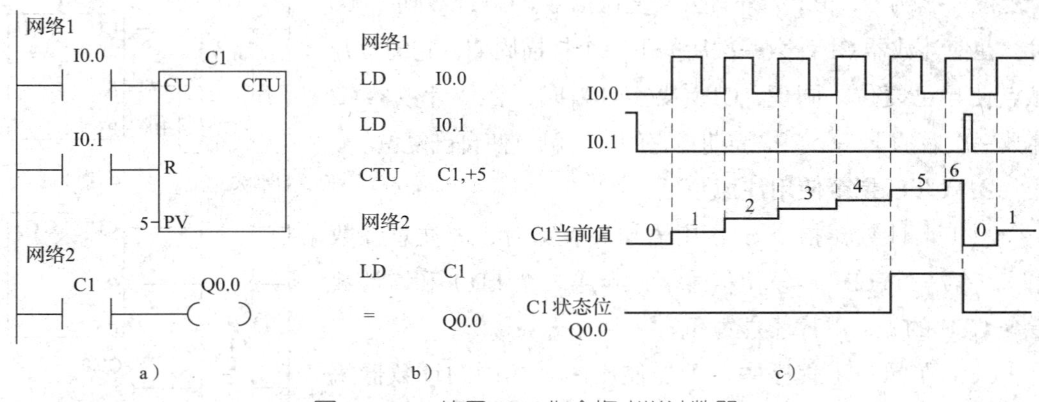

图 2-4-6 使用 CTU 指令构成增计数器

a）梯形图 b）语句表 c）时序图

当增计数器 C1 的复位信号接通，即 I0.1=1 时，增计数器 C1 被复位，C1 当前值 SV=0，增计数器 C1 不计数。当增计数器 C1 的复位信号断开，即 I0.1=0 时，增计数器 C1 开始计数，此时每当增计数信号输入端 CU 从断开变为接通，即 I0.0 接通一次，C1 当前值增 1，即 SV=SV+1。当 C1 当前值 SV 等于预置值 PV 时，C1 的常开触点闭合，Q0.0 线圈有信号流过。若之后计数脉冲再次到来，SV 仍旧累加，直到 SV=32 767（最大值）时，增计数器 C1 才停止计数。只要当前值 SV 大于或等于预置值 PV，增计数器 C1 位就保持接通，Q0.0 线圈就有信号流过。直到复位信号 I0.1 接通时，增计数器 C1 的 SV 复位清零，增计数器 C1 停止工作，其常开触点复位断开，Q0.0 线圈没有信号流过。

想一想

为什么计数器的预置值为 0 和 1 时，执行结果是一样的？

试一试

用计数器实现单按钮控制电动机的启停。

【例 2-4-5】如图 2-4-7 所示为计数器扩展电路。计数器的最大计数值为 32 767，在实际应用中，如果计数范围超过该值，就需要对计数器的计数范围进行扩展。

图 2-4-7 中，输入信号 I0.0 作为 C0 的计数端输入信号，它的每一个上升沿都使 C0 计数一次；C0 的常开触点作为计数器 C1 的计数端输入信号，C0 每计数到 1 000 时，

计数器C1计数一次；C1的常开触点作为计数器C2的计数输入端信号，C1每计数到100时，C2计数一次。这样当C2的当前值SV=1 000×100×2=200 000，即I0.0的上升沿脉冲数达到200 000时，Q0.0才被置位。

使用时应注意，计数器复位端要保证各计数器能准确及时复位。该例中，I0.1为外置公共复位信号。C0计数到1 000时，在使计数器C1计数一次后的下一个扫描周期，它的常开触点使自己复位；同理，C1计数到100时，在使计数器C2计数一次后的下一个扫描周期，它的常开触点使自己复位。

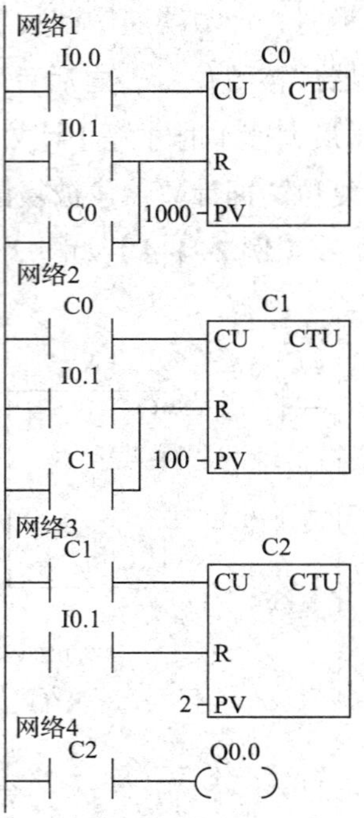

图2-4-7 计数器扩展电路

2. CTU指令使用注意事项

（1）增计数器指令CTU用语句表表示时，要注意计数输入（第一个LD）、复位信号输入（第二个LD）和增计数指令CTU的先后顺序不能颠倒。

（2）在同一个程序中，不能使用两个相同的计数器编号，否则会导致程序执行时出错，无法实现控制目的。

（3）使用计数器时，如果将计数器位的常开触点作为复位输入信号，则可以实现循环计数，这种复位方法称为自复位。

扫描右侧二维码，可了解CTD指令和CTUD指令的功能、表示形式以及使用方法。

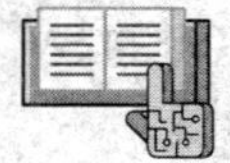

任务实施

一、分配I/O地址

I/O地址分配见表2-4-4。

表2-4-4 I/O地址分配

输入			输出		
输入设备	文字符号	输入继电器	输出设备	文字符号	输出继电器
行程开关	SQ	I0.1	蜂鸣器	HA	Q0.1
			报警灯	HL	Q0.2

二、绘制并安装 PLC 控制线路

声光报警器 PLC 控制线路图如图 2-4-8 所示，PLC 控制接线图请读者自行绘制。安装接线时，蜂鸣器、报警灯可以暂时不接到 PLC 输出端 Q0.1、Q0.2，待模拟调试程序通过后再连接。

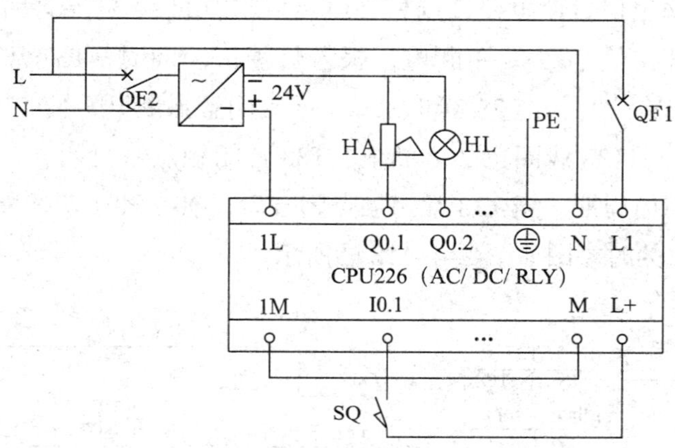

图 2-4-8　声光报警器 PLC 控制线路图

三、设计梯形图程序

编辑符号表，如图 2-4-9 所示。

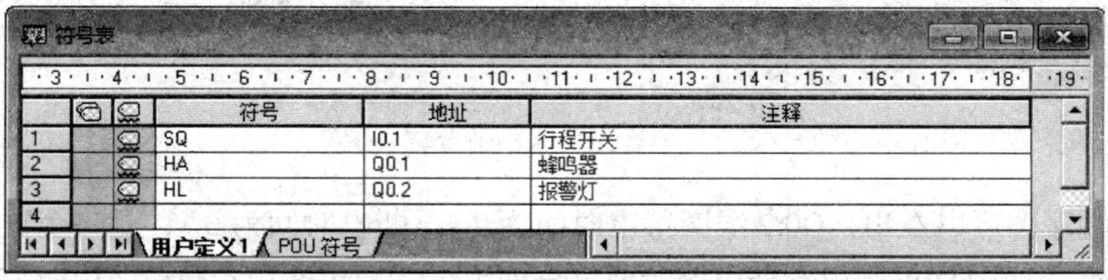

	符号	地址	注释
1	SQ	I0.1	行程开关
2	HA	Q0.1	蜂鸣器
3	HL	Q0.2	报警灯
4			

图 2-4-9　符号表

1．设计启动和停止控制程序

启动和停止控制程序的梯形图如图 2-4-10 所示。启动信号为 I0.1，当碰到行程开关 SQ 时，I0.1 常开触点闭合，利用上升沿检测指令 EU 产生一个脉冲信号 M0.1，使输出继电器 Q0.1 线圈得电并自锁，Q0.1 产生的输出信号使蜂鸣器 HA 鸣叫。停止信号是计数器 C0 的常闭触点，当报警灯闪烁 16 次后，计数器 C0 的常闭触点断开，使 Q0.1 线圈断电，Q0.1 的

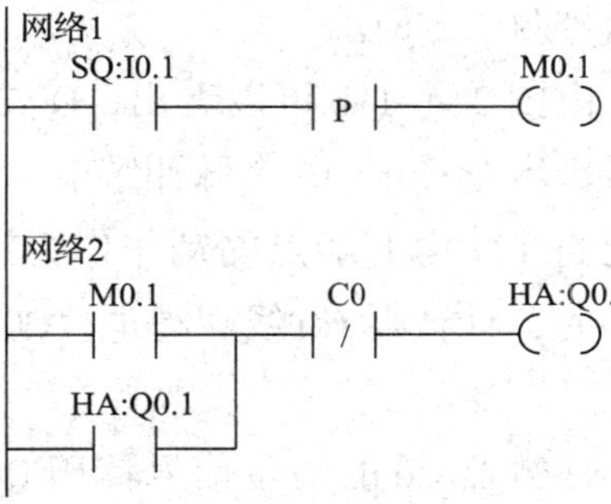

网络1
SQ:I0.1　P　M0.1

网络2
M0.1　C0　HA:Q0.1
HA:Q0.1

图 2-4-10　启动和停止控制程序的梯形图

触点复位，报警电路停止报警。

2. 设计报警灯闪烁控制程序

如图 2-4-11a 所示，报警灯要在蜂鸣器鸣叫的同时闪烁，所以采用 Q0.1 的常开触点控制报警灯闪烁。采用定时器 T37 控制报警灯亮的时间，定时器 T38 控制报警灯熄灭的时间。当 Q0.1 常开触点闭合时，Q0.2 线圈与 T37 线圈同时得电。Q0.2 线圈得电后，Q0.2 产生的输出信号使报警灯点亮。T37 线圈得电后，开始计时，经 2 s 延时后，T37 常闭触点断开，使 Q0.2 线圈断电，报警灯熄灭。同时，T37 常开触点闭合，使 T38 线圈得电，开始计时，经 3 s 延时后，T38 常闭触点断开，使 T37 线圈断电，T37 常开触点瞬间断开，T38 线圈也随之断电，T38 常闭触点恢复闭合，定时器 T38 的触点只动作了一个扫描周期。当 T38 常闭触点闭合后，Q0.2 和 T37 线圈又得电，重复以上动作。该段程序的时序图如图 2-4-11b 图所示。

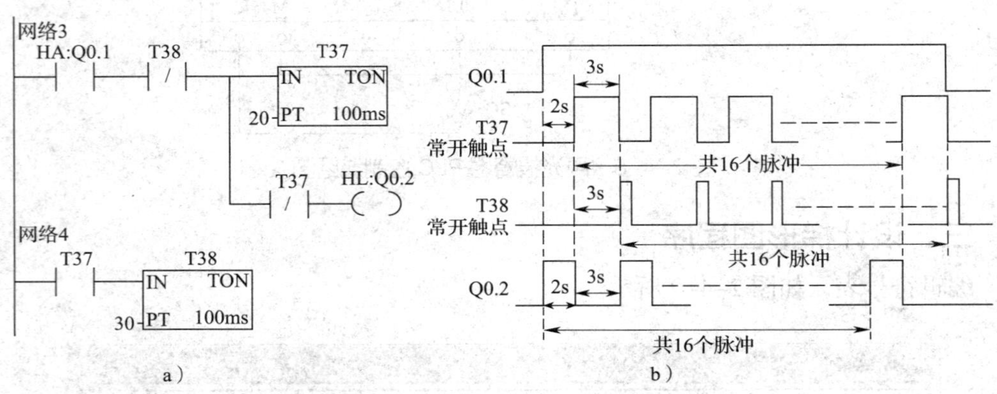

图 2-4-11 报警灯闪烁控制程序

a）梯形图 b）时序图

由时序图可以看出，Q0.2 线圈得电时间为 2 s，断电时间为 3 s，是一个连续脉冲信号，而且 Q0.2 线圈得电和断电的时间可分别由 T37 和 T38 的常数设定值改变。

3. 设计报警灯闪烁次数控制程序

使用计数器 C0 进行闪烁次数的控制。这时，要考虑计数器输入信号和计数器复位信号两个方面。

由图 2-4-11b 可以看出，Q0.2 输出的脉冲信号下降沿正好是 T37 脉冲信号的上升沿。当 Q0.2 第 16 个脉冲结束，即报警灯闪烁 16 次后，T37 正好产生第 16 个脉冲，因此将 T37 常开触点的动作作为计数输入信号。这样，当计数器 C0 累计到第 16 个脉冲时，计数器 C0 线圈得电，C0 常闭触点断开，报警器停止工作（见图 2-4-10 网络 2）。

计数器 C0 的复位信号使用 Q0.1 的常闭触点。当蜂鸣器鸣叫时，Q0.1 常闭触点是断开的，计数器 C0 计数不复位，当计数到 16 个脉冲时，C0 常闭触点断开，Q0.1

线圈断电，Q0.1 常闭触点恢复闭合，计数器 C0 被复位，为报警器下次工作做好准备。

报警灯闪烁次数控制程序如图 2-4-12 所示。

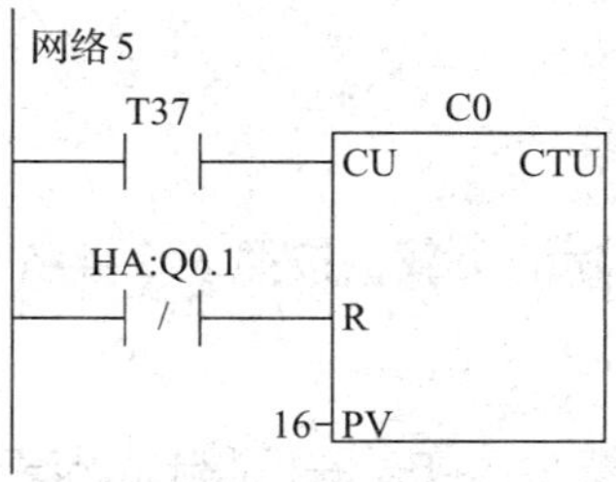

图 2-4-12　报警灯闪烁次数控制程序

将以上各段程序合并，得到完整的程序，如图 2-4-13 所示。

a）

网络1

LD	I0.1
EU	
=	M0.1

网络2

LD	M0.1
O	Q0.1
AN	C0
=	Q0.1

网络3

LD	Q0.1
AN	T38
TON	T37，20
AN	T37
=	Q0.2

网络4

LD	T37
TON	T38，30

网络5

LD	T37
LDN	Q0.1
CTU	C0，16

b）

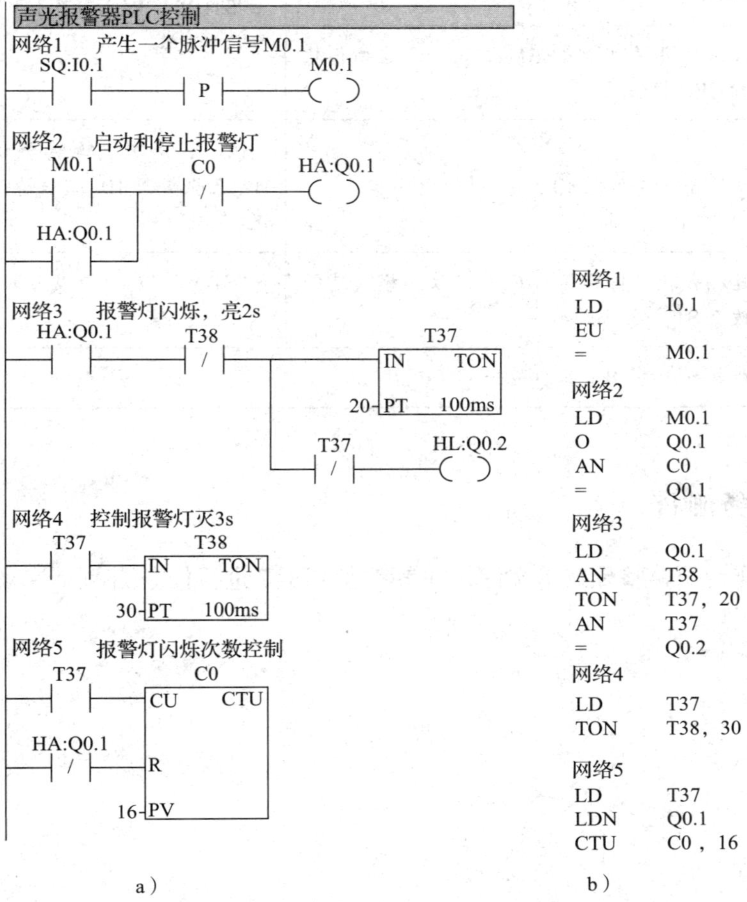

图 2-4-13　声光报警器 PLC 控制程序

a）梯形图　b）语句表

四、模拟调试

按照PLC用户程序模拟调试的方法，进行梯形图程序或语句表程序的模拟调试。

五、联机调试

模拟调试成功后，接上实际的负载，按照表2-4-5的步骤进行联机调试，同时注意观察和记录。

表2-4-5　联机调试记录表

<table>
<tr><th>步骤</th><th>操作内容</th><th>观察内容</th><th>观察结果</th></tr>
<tr><td>1</td><td>模式选择开关拨至STOP位置，合上电源开关QF1和QF2</td><td rowspan="2">“STOP”“RUN”及I/O指示灯状态</td><td></td></tr>
<tr><td>2</td><td>模式选择开关拨至TERM位置，通过编程软件运行CPU模块</td><td></td></tr>
<tr><td>3</td><td>手动压合行程开关SQ</td><td>I/O指示灯、蜂鸣器HA及报警灯HL工作情况</td><td></td></tr>
<tr><td>4</td><td>通过编程软件停止运行CPU模块，模式选择开关拨至STOP位置</td><td>“STOP”“RUN”及I/O指示灯状态</td><td></td></tr>
<tr><td>5</td><td colspan="3">关断电源开关QF1和QF2</td></tr>
</table>

任务测评

清扫工作台面，整理技术文件，并参考表1-3-7进行任务测评。

任务5 花式喷泉PLC控制

学习目标

1. 了解经验设计法的特点，掌握经验设计法的步骤。

2. 熟练掌握经验设计法中常用的基本电路。

3. 能综合应用位逻辑指令、定时器指令及计数器指令，灵活运用经验设计法，编写较复杂的PLC控制程序。

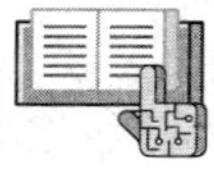

任务引入

花式喷泉常用于休闲广场、景区或游乐场所。使用PLC控制花式喷泉，利用PLC体积小、功能强、可靠性高且具有较大的灵活性和可扩展性的特点，通过改变喷泉的控制程序或改变方式选择开关，就可以改变花式喷泉的喷水规律，从而变换出各式花样，以适应不同季节、不同场合的喷水要求。如图2–5–1所示是某一休闲广场的花式喷泉画面及其控制示意图，该花式喷泉分别由A、B、C三组喷头组成，如图2–5–1b所示，时序图如图2–5–1c所示。

本任务要求使用PLC控制花式喷泉工作，完成花式喷泉PLC控制系统的设计、安装和调试。控制要求如下：

1. 早上8：00按下启动按钮SB1，A、B、C三组喷头按照如图2–5–1c所示的时序图循环工作15 h，即到晚上11：00时自动停止。9 h后即第二天早上8：00，花式喷泉又自动按照如图2–5–1c所示的时序图循环工作15 h，到晚上11：00时又自动停止工作。花式喷泉每天都按照上述时间不断循环工作。按下停止按钮SB2，A、B、C三组喷头停止工作。

2. 具有短路保护等必要的保护措施。

本任务的电气控制要求是一个长时限（工作时间为早上8：00至晚上11：00）的带延时的顺序控制（三组喷头按一定的顺序延时工作）。S7–200系列PLC最长定时时间为3 276.7 s，它们对长时限的控制具有局限性，不能有效地完成本任务。如果需要更长的定时时间，可以使用定时器与计数器组合的方式。本任务主要通过计数器来获得较长的延时时间从而实现长时限的控制。另外，三组喷头按一定的时序顺序工作，也需要使用几个定时器组成顺序脉冲发生器。

a)

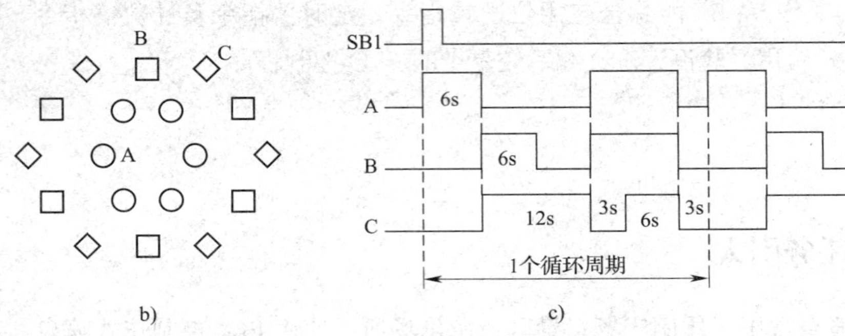

图 2–5–1　花式喷泉画面及其控制示意图

a）花式喷泉画面　b）喷泉组示意图　c）时序图

实施本任务所使用的实训设备可参考表 2–5–1。

表 2–5–1　实训设备清单

序号	设备名称	型号及规格	数量	单位	备注
1	微型计算机	带 STEP7–Micro/WIN 软件	1	台	
2	编程电缆	PC/PPI	1	条	
3	可编程序控制器	CPU226（AC/DC/RLY）	1	台	配 C45 导轨
4	开关式稳压电源	S–150–24，AC 220 V/DC 24 V，150 W	1	台	
5	低压断路器	Multi9 C65N D20，单极	2	只	
6	按钮	LA4–2H	1	只	
7	电磁阀	自定，DC 24 V	3	只	
8	接线端子排	TB–150，40 位	1	条	
9	配电盘	600 mm × 900 mm	1	块	

相关知识

一、经验设计法

根据控制要求，利用各种继电器控制的典型控制环节和基本控制电路，或依靠经验设计满足电气控制要求的PLC控制程序，称为经验设计法。经验设计法可以用于逻辑关系较简单的梯形图程序设计。

1．经验设计法的特点

经验设计法可以快速设计出一些逻辑关系比较简单的梯形图程序。由于这种方法主要是依靠设计人员的经验进行设计，所以对设计人员的要求较高，特别是要求设计者具有一定的实践经验，对工业控制系统和工业上常用的各种典型环节比较熟悉。经验设计法没有规律可遵循，具有很强的试探性和随意性，往往需要经过反复修改和完善才能符合设计要求。

经验设计法一般适合于设计一些简单的梯形图程序或者复杂系统的某一局部程序（如手动程序等）。如果用来设计复杂系统的梯形图程序，会存在以下问题：

（1）考虑不周、设计周期长

用经验设计法设计复杂系统的梯形图程序时，要用大量的中间元件来完成记忆、联锁、互锁等功能，由于需要考虑的因素很多，它们往往又交织在一起，分析起来非常困难，很容易遗漏一些问题。修改某一局部程序时，很可能会对系统其他部分程序产生影响，导致工作量增大，设计周期长。

（2）梯形图的可读性差、系统维护困难

经验设计法没有规律可遵循，具有很强的试探性和随意性，导致梯形图的可读性差、系统维护困难。

2．经验设计法的步骤

用经验设计法设计PLC控制梯形图程序的步骤如下：

（1）根据控制要求，将生产机械的运动分解成各自独立的简单运动。

（2）根据运动状态选择控制原则，设计主令元件、检测元件、继电器，确定输入、输出设备。

（3）选配PLC，进行I/O地址分配。

（4）绘制PLC外部接线图。

（5）使用典型的控制电路，分别设计这些简单运动的基本控制程序。

（6）设置必要的保护，修改并完善程序。

（7）调试程序。

二、常用的基本电路

用经验设计法设计 PLC 控制程序，必须熟记一些典型的基本电路，现介绍如下：

1. 自锁电路

如图 2–5–2 所示为两种自锁电路，它们都是具有记忆（或保持）功能的电路，其中，图 2–5–2a 为使用标准触点指令和输出指令的自锁电路，即启保停电路；图 2–5–2b 为使用置位 / 复位指令的自锁电路。

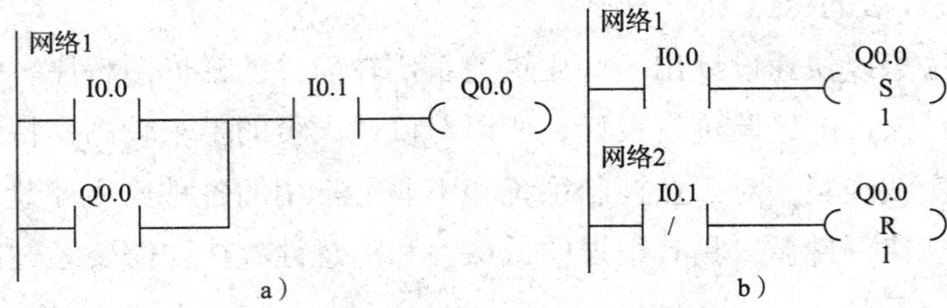

图 2–5–2 自锁电路

a）使用标准触点指令和输出指令 b）使用置位 / 复位指令

2. 互锁电路

梯形图中的互锁电路如图 2–5–3 所示，该电路具有防止电源短路的保护功能。

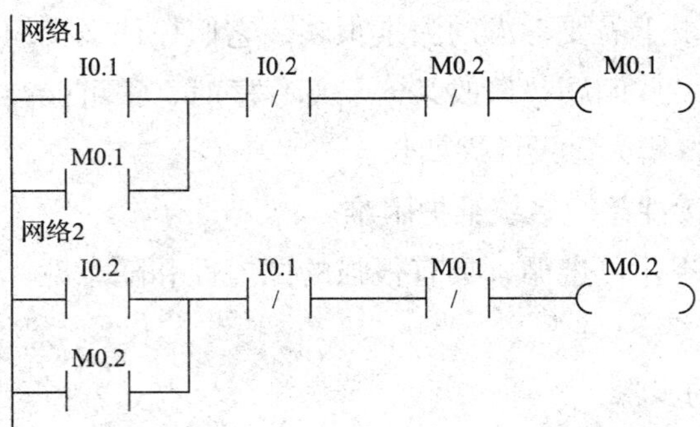

图 2–5–3 互锁电路

3. 闪烁电路

如图 2–5–4 所示的闪烁电路是一种用定时器设计的振荡电路，其输出脉冲的周期和占空比可调，实际上就是一个占空比可调的脉冲发生器，常用在报警、娱乐等场合。

在图 2–5–4a 中，I0.0 的常开触点接通后，T37 的使能输入端（IN）为 ON，T37 开始计时。2 s 后定时时间到，T37 的常开触点接通，Q0.0 线圈得电，同时 T38 开始计时。3 s 后 T38 的定时时间到，其常闭触点断开，T37 因为使能输入电路断开而被复位。T37 的常开触点断开，Q0.0 线圈断电，同时 T38 因为使能输入电路断开而被复位。

T38 复位后其常闭触点接通，PLC 进入下一扫描周期，T37 又开始计时。以后 Q0.0 线圈将这样周期性地得电和断电，直到 I0.0 的常开触点断开。Q0.0 线圈得电和断电的时间分别等于 T38 和 T37 的预置值。

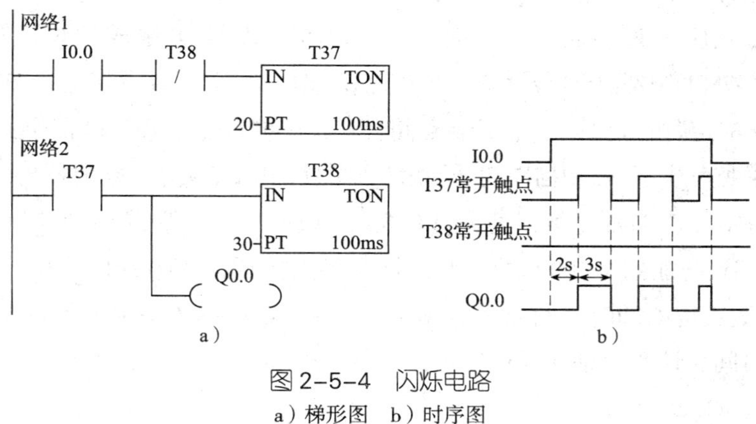

图 2-5-4 闪烁电路

a）梯形图 b）时序图

闪烁电路实际上是一个具有正反馈的振荡电路，T37 和 T38 的输出信号通过它们的触点分别控制对方的线圈，从而形成正反馈。

特殊辅助继电器 SM0.5 的常开触点提供周期为 1 s，占空比为 0.5 的脉冲信号，可以用它来驱动需要闪烁的指示灯。

4. 长延时电路

（1）使用时钟脉冲和计数器配合实现的长延时电路

S7-200 系列 PLC 定时器的最长定时时间为 3 276.7 s，如果需要更长的定时时间，可以使用如图 2-5-5 所示的由特殊辅助继电器和计数器组成的长延时电路。

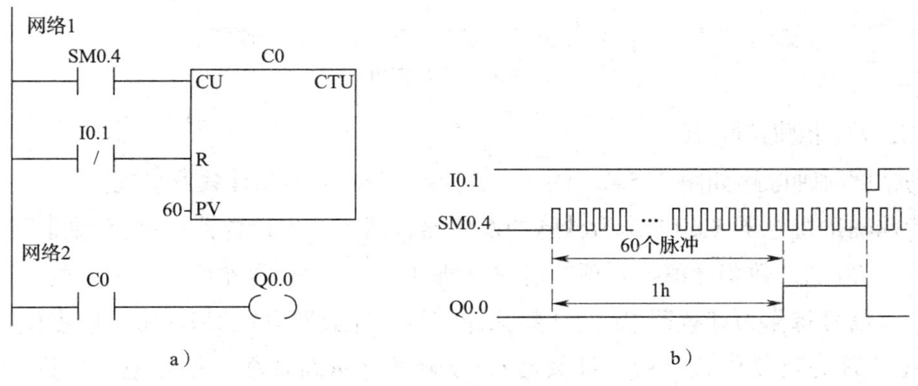

图 2-5-5 特殊辅助继电器和计数器组成的长延时电路

a）梯形图 b）时序图

图中的定时时间为 60 min（1 h）。周期为 1 min 的时钟脉冲 SM0.4 的常开触点为增计数器 C0 提供计数脉冲。当 I0.1 由 OFF 变为 ON 时，C0 的复位解除，C0 开始计数。

试一试

用特殊辅助继电器和计数器实现 30 天定时程序。

（2）使用计数器扩展定时器的定时范围

如图 2-5-6 所示为接通延时定时器 T37 和增计数器 C0 组成的长延时电路。I0.0 为 OFF 时，T37 和 C0 处于复位状态。I0.0 为 ON 时，其常开触点接通，T37 开始计时，3 000 s 后 T37 的定时时间到，其常开触点闭合，C0 计数一次。T37 的常闭触点断开，T37 复位，当前值变为 0。下一扫描周期开始后 T37 的常闭触点接通，定时器再次开始计时。

该程序中，T37 的常开触点每隔 3 000 s 接通一次，计数器 C0 的当前值加 1。当 C0 的当前值 SV 增加到 12 000 时，C0 的常开触点接通，Q0.0 线圈得电。从 I0.0 接通开始到 Q0.0 线圈得电的时间间隔为 10 000 h（12 000 × 3 000 s=36 000 000 s），这样就增加了延时时间，该程序动作时序图如图 2-5-6b 所示。

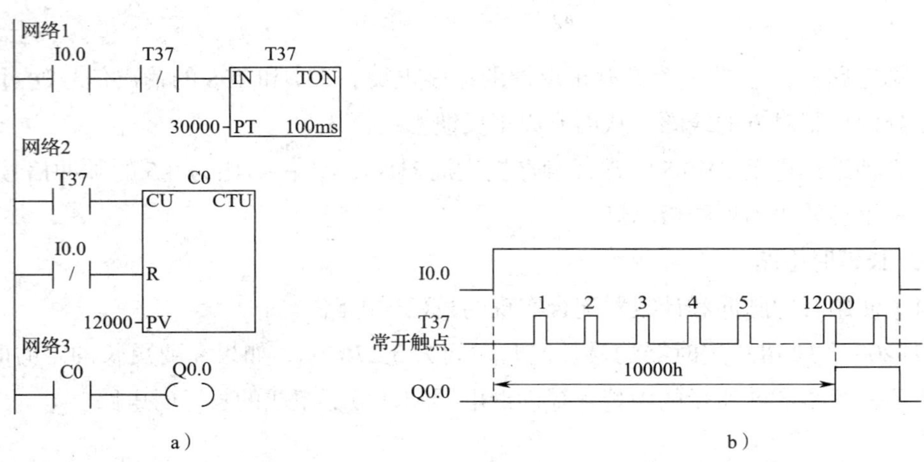

图 2-5-6　计数器和定时器配合扩展定时范围

a）梯形图　b）时序图

5. 高精度时钟电路

高精度时钟电路如图 2-5-7 所示，由特殊辅助继电器和计数器组成。

特殊辅助继电器 SM0.5 作为秒脉冲发生器，用于产生计数器 C0 的计数脉冲信号。当计数器 C0 的计数累计值达到预置值 60（即 1 min）时计数器位置 1，C0 的常开触点闭合，该信号将作为计数器 C1 的计数脉冲信号；计数器 C0 的另一常开触点使计数器 C0 复位（称为自复位式）后，计数器 C0 从 0 开始重新计数。相似地，计数器 C1 计数到 60（即 1 h）时，其两个常开触点闭合，一个作为计数器 C2 的计数脉冲信号，另一个使计数器 C1 复位，又重新开始计数；计数器 C2 计数到 24（即 24 h）时，其常开触点闭合，使计数器 C2 复位，又重新开始计数，从而实现时钟功能。输入信号 I0.1 和 I0.2 用于建立期望的时钟设置，即调整分针和时针。

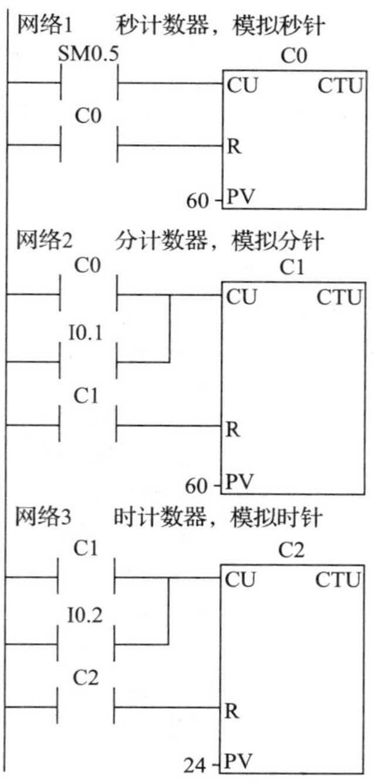

图 2-5-7 高精度时钟电路

扫描右侧二维码，可了解经验设计法中常用的其他基本电路，如两条运输带的控制程序和工作台自动往返循环控制程序设计。

任务实施

一、分配 I/O 地址

I/O 地址分配见表 2-5-2。

表 2-5-2 I/O 地址分配

输入				输出			
输入设备	文字符号	作用	输入继电器	输出设备	文字符号	作用	输出继电器
启动按钮	SB1	启动	I0.0	电磁阀	YV1	A 组喷头电磁阀	Q0.1
停止按钮	SB2	停止	I0.1	电磁阀	YV2	B 组喷头电磁阀	Q0.2
				电磁阀	YV3	C 组喷头电磁阀	Q0.3

二、绘制并安装 PLC 控制线路

花式喷泉 PLC 控制线路图如图 2-5-8 所示，PLC 控制接线图请读者自行绘制。安装接线时，电磁阀 YV1、YV2、YV3 暂时不接到 PLC 输出端 Q0.1、Q0.2、Q0.3，待模拟调试程序通过后再连接。

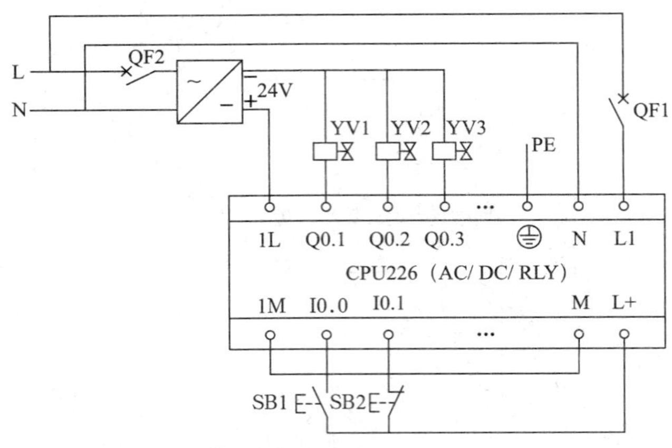

图 2-5-8　花式喷泉 PLC 控制线路图

三、设计梯形图程序

编辑符号表，如图 2-5-9 所示。

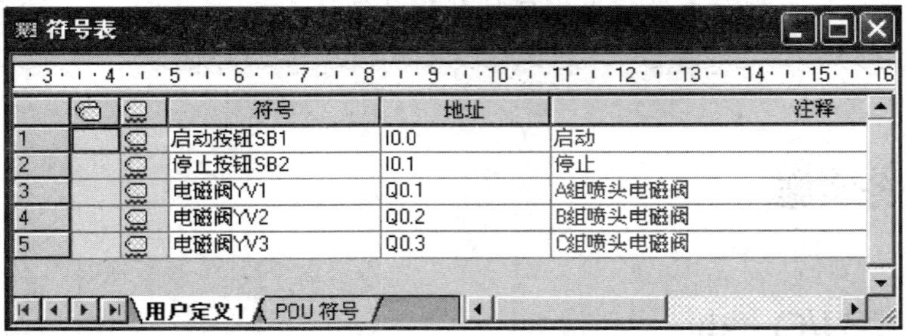

符号表

			符号	地址	注释
1			启动按钮SB1	I0.0	启动
2			停止按钮SB2	I0.1	停止
3			电磁阀YV1	Q0.1	A组喷头电磁阀
4			电磁阀YV2	Q0.2	B组喷头电磁阀
5			电磁阀YV3	Q0.3	C组喷头电磁阀

用户定义1　POU 符号

图 2-5-9　符号表

分析本任务的控制要求可知，该系统的程序控制是一个长时限的带延时的顺序控制（三组喷头按一定的顺序延时工作），可按下列思路编写梯形图程序。

1．设计一个 24 h 及 15 h 的时钟电路

可以用秒时钟脉冲 SM0.5 和计数器配合实现 24 h 及 15 h 定时控制程序，如图 2-5-10 所示。

2．设计花式喷泉中 A、B、C 三组喷头的顺序控制程序

通过分析花式喷泉控制要求可知，花式喷泉中 A、B、C 三组喷头的顺序控制应从以下两个方面进行设计：

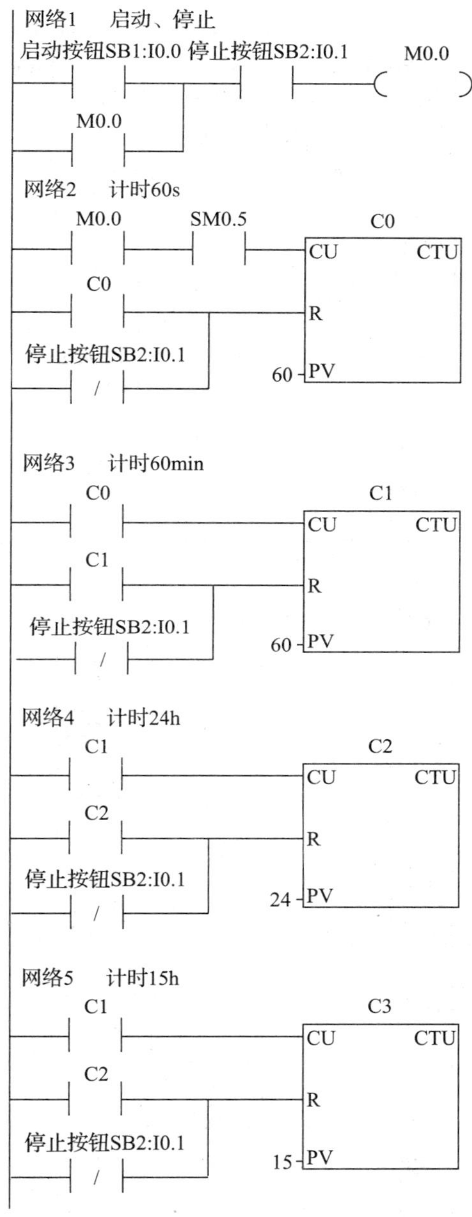

图 2-5-10 用时钟脉冲和计数器实现 24 h 及 15 h 定时控制程序

（1）当按下启动按钮 SB1 后，花式喷泉中 A、B、C 三组喷头电磁阀才开始工作，且按照如图 2-5-1c 所示的三路顺序脉冲时序图工作。因此，可以设计如图 2-5-11 所示的花式喷泉手动启动 / 停止控制程序。

（2）花式喷泉中 A、B、C 三组喷头每天只工作 15 h（从早上 8：00 到晚上 11：00 工作，晚上 11：00 到第二天早上 8：00 停止工作），且每经过一次 24 h 后的自动启动 / 停止控制程序，如图 2-5-12 所示。

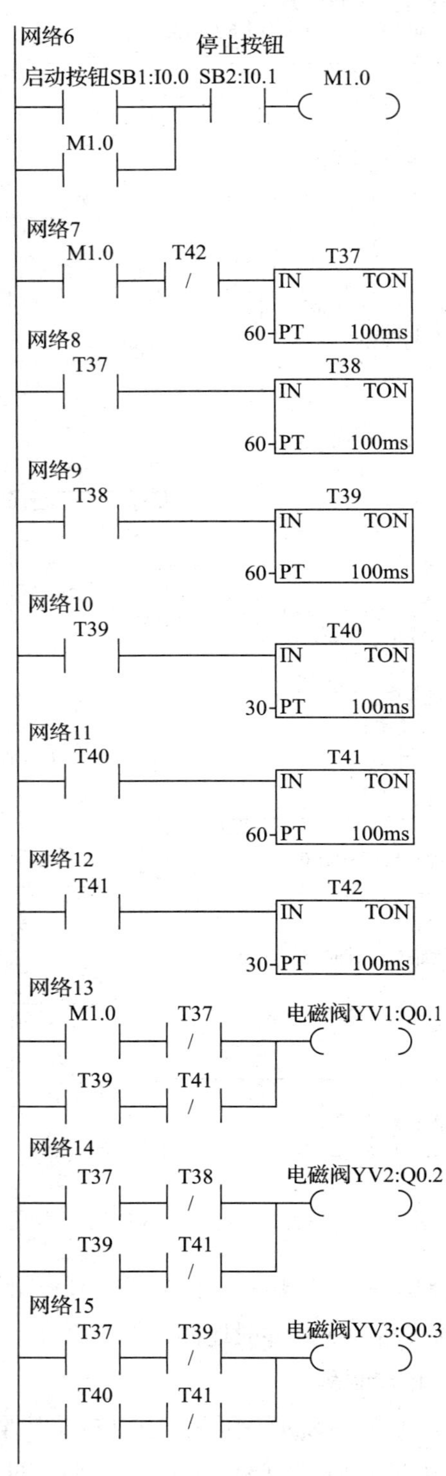

图 2-5-11 花式喷泉手动启动 / 停止控制程序

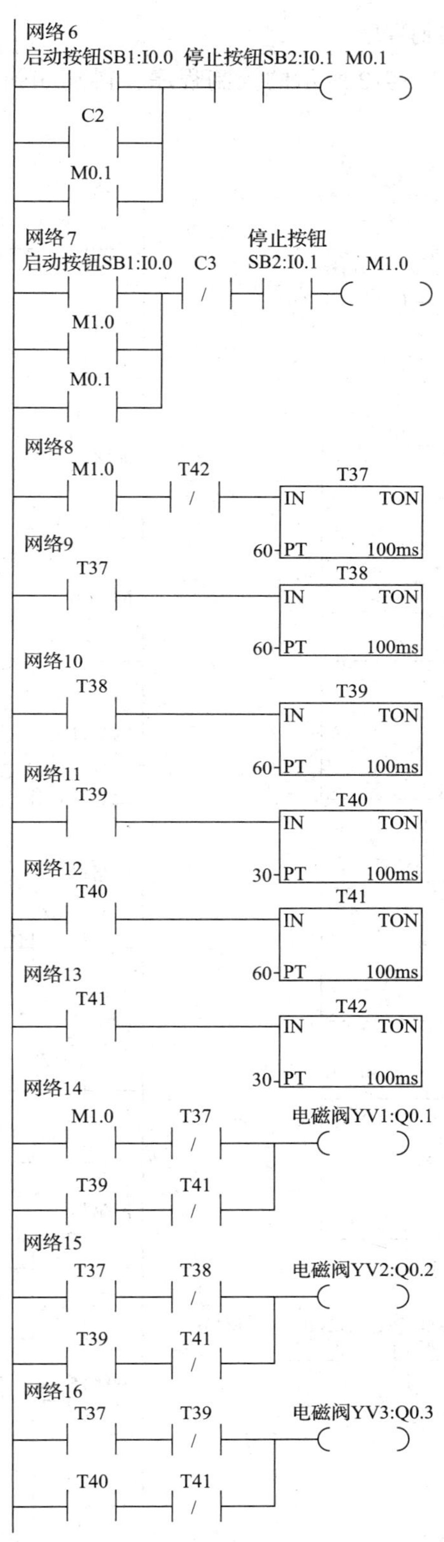

图 2-5-12　24 h 长延时自动启动 / 停止控制程序

3. 本任务完整的控制程序

综合图 2-5-10 和图 2-5-12 所示的控制程序，得到如图 2-5-13 所示的本任务完整的梯形图程序。

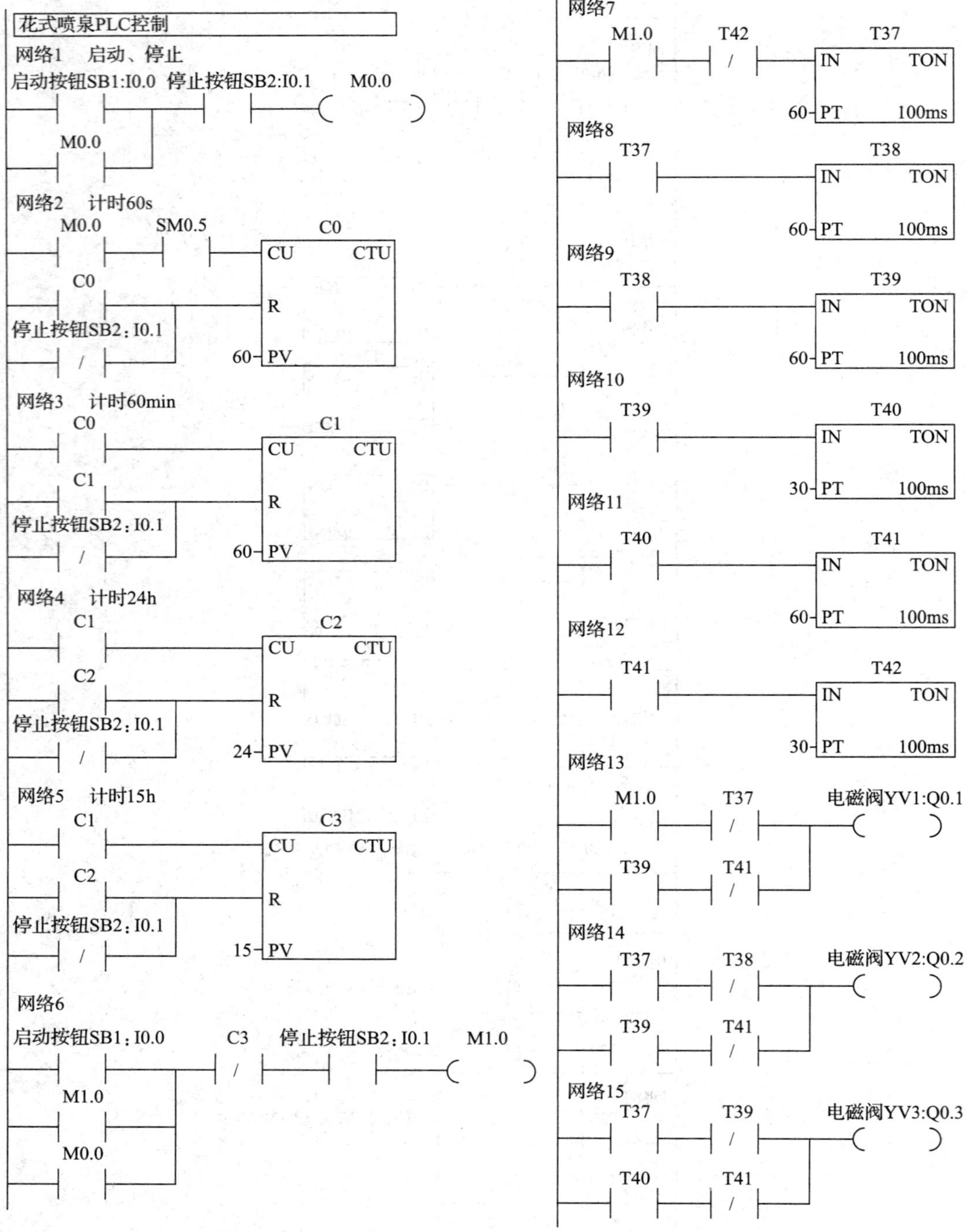

图 2-5-13 花式喷泉 PLC 控制梯形图

四、模拟调试

按照 PLC 用户程序模拟调试的方法，进行梯形图程序或语句表程序的模拟调试。

操作提示

本任务的延时控制是由早上 8：00 至晚上 11：00，喷头处于工作状态；从晚上 11：00 至早上 8：00，喷头处于停止状态。由于延时时间太长，模拟调试时可将时钟的 60 s 时钟 C0、60 min 时钟 C1、24 h 时钟 C2 及 15 h 时钟 C3 的预置值分别相应减少为 6、6、3、2，以方便有效地监控运行。

五、联机调试

模拟调试成功后，接上实际的负载，按照表 2-5-3 的步骤进行联机调试，同时注意观察和记录。

表 2-5-3 联机调试记录表

步骤	操作内容	观察内容	观察结果
1	模式选择开关拨至 STOP 位置，合上电源开关 QF1 和 QF2	“STOP”“RUN”及 I/O 指示灯状态	
2	模式选择开关拨至 TERM 位置，通过编程软件运行 CPU 模块		
3	按下启动按钮 SB1	I/O 指示灯及电磁阀 YV1 ~ YV3 得电情况	
4	按下停止按钮 SB2		
5	通过编程软件停止运行 CPU 模块，模式选择开关拨至 STOP 位置	“STOP”“RUN”及 I/O 指示灯状态	
6	关断电源开关 QF1 和 QF2		

任务测评

清扫工作台面，整理技术文件，并参考表 1-3-7 进行任务测评。

课题三

顺序控制设计法及顺序控制继电器指令应用

任务 1　液压动力滑台 PLC 控制

学习目标

1. 了解步进顺序控制系统的概念，掌握顺序控制设计法的步骤。

2. 熟悉顺序功能图的组成要素和结构形式，掌握顺序功能图的绘制方法。

3. 能运用启保停电路的编程方法，将以软元件 M 为步元件的顺序功能图改为梯形图。

4. 能运用顺序控制设计法，根据系统控制要求绘制以软元件 M 为步元件的顺序功能图，并运用启保停电路的编程方法设计 PLC 顺序控制系统。

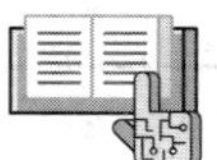

任务引入

液压动力滑台是组合机床用来实现进给运动的通用部件，在组合机床中已得到广泛应用。图 3–1–1 所示为液压动力滑台实物图和进给运动示意图。

本任务要求运用顺序控制设计法，根据系统控制要求绘制以辅助继电器 M 代表步的顺序功能图，并运用启保停电路的编程方法，完成液压动力滑台 PLC 控制系统的设计、安装和调试。控制要求如下：

1. 假设动力滑台在初始状态时停在左边，限位开关 SQ3 被压合。按下启动按钮 SB 后，电磁阀 YV1 通电，动力滑台向右快速进给（简称快进）；碰到限位开关 SQ1 后，

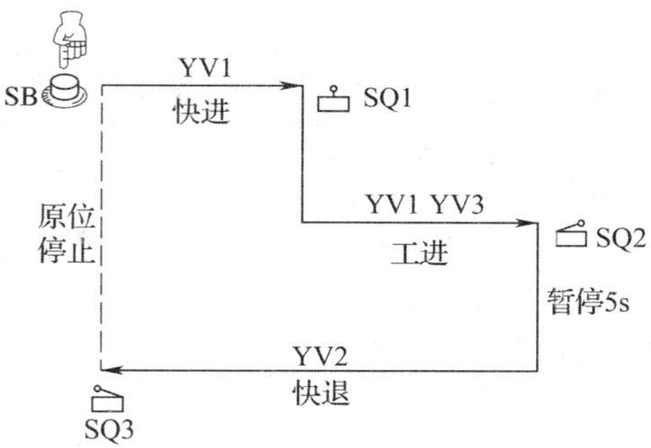

图 3–1–1 液压动力滑台实物图和进给运动示意图

电磁阀 YV1 和 YV3 通电，变为工作进给（简称工进）；碰到限位开关 SQ2 后，暂停 5 s，5 s 后电磁阀 YV2 通电，工作台快速退回（简称快退），返回初始位置后停止运动，完成一个工作周期。电磁阀线圈动作状态见表 3–1–1。

表 3–1–1 电磁阀线圈动作状态

电磁阀	YV1	YV2	YV3
原位	–	–	–
快进	+	–	–
工进	+	–	+
快退	–	+	–

注：“+”表示电磁阀线圈通电，“–”表示电磁阀线圈断电。

2. 具有短路保护等必要的保护措施。

分析上述控制要求可知，液压动力滑台控制系统是在每个输入信号的作用下，按照其工作状态和时间的顺序，自动而有序地进行工作。像这样的顺序控制系统，可以使用前面学过的 PLC 经验设计法来设计，还可以使用一种专门针对顺序控制系统的设计方法——顺序控制设计法来设计。如果顺序控制系统的控制要求比较复杂，顺序控制设计法会比经验设计法更有优越性。

实施本任务所使用的实训设备可参考表 3–1–2。

表 3–1–2 实训设备清单

序号	设备名称	型号及规格	数量	单位	备注
1	微型计算机	带 STEP7–Micro/WIN 软件	1	台	
2	编程电缆	PC/PPI	1	条	
3	可编程序控制器	CPU226（AC/DC/RLY）	1	台	配 C45 导轨
4	低压断路器	Multi9 C65N D20，单极	2	个	

续表

序号	设备名称	型号及规格	数量	单位	备注
5	熔断器	RT28-32/4	1	个	
6	按钮	LA4-1H	1	个	
7	行程开关	LX19-111	3	个	
8	电磁阀	自定，AC 220 V	3	个	
9	接线端子排	TB-1520，20 位	1	条	
10	配电盘	600 mm × 900 mm	1	块	

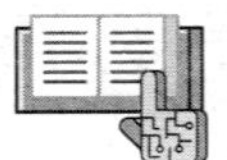

相关知识

一、顺序控制设计法

所谓顺序控制，就是按照生产工艺要求，在各个输入信号的作用下，根据内部的状态和时间的顺序，控制生产过程中各个执行机构自动而有序地进行工作。如果一个控制系统可以分解成几个独立的控制动作，且这些动作必须严格按照一定的先后次序执行才能保证生产活动的正常进行，那么这个系统就称为顺序控制系统，也称为步进控制系统。针对顺序控制系统，有一种专门的程序设计方法，称为顺序控制设计法。使用顺序控制设计法时，首先根据系统的工艺过程，画出顺序功能图（sequential function chart，SFC），然后根据顺序功能图画出梯形图。顺序控制设计法是一种先进的设计方法，很容易被初学者接受，对于有经验的工程师，也会提高设计的效率，且程序的调试、修改和阅读也很方便。

运用顺序控制设计法设计 PLC 顺序控制梯形图程序，主要有划分工作步、确定转换条件、绘制顺序功能图和设计梯形图四个步骤。

1. 划分工作步

顺序控制设计法最基本的思想是将系统的一个工作周期划分为若干个顺序相连的阶段，这些阶段称为步（step），并用编程元件（如辅助继电器 M 或顺序控制继电器 S）来代表各步。一般情况下，步是根据输出量的状态变化来划分的，在任何一步之内，各输出量的 ON/OFF 状态不变，但是相邻两步输出量总的状态是不同的，如图 3-1-2 所示。这种划分步的方法使代表各步的编程元件的状态与各输出量的状态之间有着极为简单的逻辑关系。

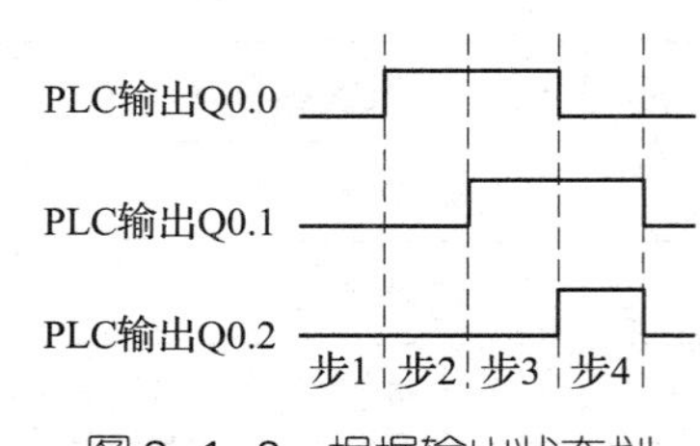

图 3-1-2　根据输出状态划分工作步

顺序控制设计法用转换条件控制代表各步的编程元件，让它们的状态按规定的顺序变化，然后用代表各步的编程元件控制 PLC 的各输出位。

2. 确定转换条件

使系统由当前步进入下一步的信号称为转换条件。转换条件可以是外部的输入信号，如按钮、指令开关、限位开关的接通或断开等；也可以是 PLC 内部产生的信号，如定时器、计数器常开触点（或常闭触点）的接通（或断开）等；还可以是若干个信号的与、或、非逻辑组合。

3. 绘制顺序功能图

绘制顺序功能图是顺序控制设计法中最为关键的一步。顺序功能图又称为状态转移图，它是描述控制系统的控制过程、功能和特性的一种图形，是设计 PLC 顺序控制程序的有力工具。顺序功能图并不涉及所描述控制功能的具体技术，它是一种通用的技术语言，可用于进一步和不同专业人员之间进行技术交流。

在 IEC 的 PLC 编程语言标准（IEC 61131-3）中，顺序功能图是位居首位的 PLC 编程语言。如图 3-1-3 所示为顺序功能图的一般形式，它主要由步、有向连线、转换、转换条件和动作（或命令）组成。

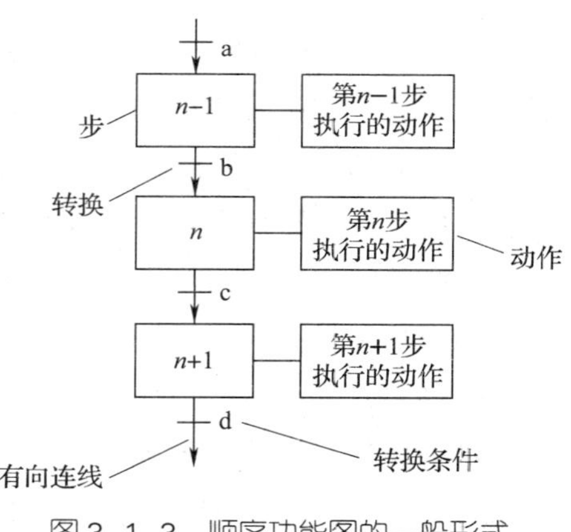

图 3-1-3 顺序功能图的一般形式

（1）步

步是根据输出量的状态变化来划分的。在顺序功能图中用矩形方框表示步，方框中可以用数字表示该步的编号，如图 3-1-3 所示，各步的编号为 $n-1$、n、$n+1$。编程时一般用 PLC 内部编程元件的地址来代表各步，如 M0.0、M0.1…或 S0.0、S0.1…，这样在根据顺序功能图设计梯形图时较为方便。

与系统的初始状态相对应的步称为初始步，初始状态一般是系统等待启动命令的相对静止的状态。初始步用双线方框表示，每一个顺序功能图至少应该有一个初始步。

当系统正处于某一步所在的阶段时，该步处于活动状态，称该步为活动步。步处于活动状态时，相应的动作被执行；处于不活动状态时，相应的非存储型动作被停止执行。

如图 3-1-4 所示的时序图和顺序功能图给出了控制锅炉的鼓风机和引风机的要求。按下启动按钮 I0.0 后，应先开引风机，延时 12 s 后再开鼓风机。按下停止按钮 I0.1 后，应先停鼓风机，10 s 后再停引风机。控制引风机的 Q0.0 在步 M0.1 ~ M0.3 中都应为 ON。

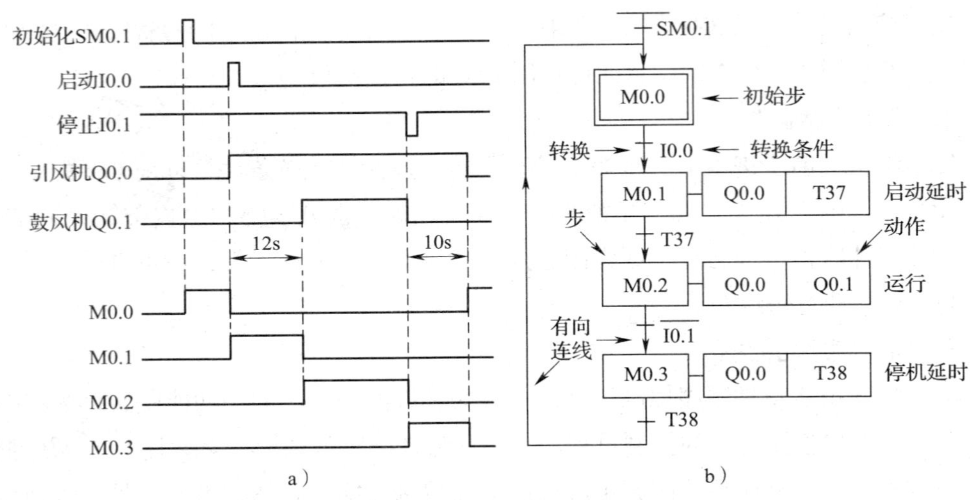

图 3-1-4　时序图和顺序功能图

a）时序图　b）顺序功能图

根据 PLC 输出量 Q0.0 和 Q0.1 的 ON/OFF 状态变化，可以将一个工作周期划分为三步，分别用 M0.1、M0.2、M0.3 来代表这三步，另外还应设置一个等待启动的初始步 M0.0。图 3-1-4b 是描述该系统的顺序功能图。为了便于将顺序功能图转换为梯形图，用代表各步的编程元件的地址作为步的代号，如 M0.0 等，并用编程元件的地址来标注转换条件和各步的动作。这样在根据顺序功能图设计梯形图时较为方便。

（2）与步对应的动作（或命令）

控制系统可以划分为被控系统和施控系统。例如，在数控车床系统中，数控装置是施控系统，而车床是被控系统。对于被控系统，在某一步中要完成某些“动作”（action）；对于施控系统，在某一步中则要向被控系统发出某些“命令”（command）。为了叙述方便，下面将动作和命令统称为动作，并用矩形框中的文字或符号表示，该矩形框应与相应步的矩形框连接。

如果某一步有几个动作，可以用图 3-1-5 中的两种画法来表示，但是并不代表这些动作之间的任何顺序。

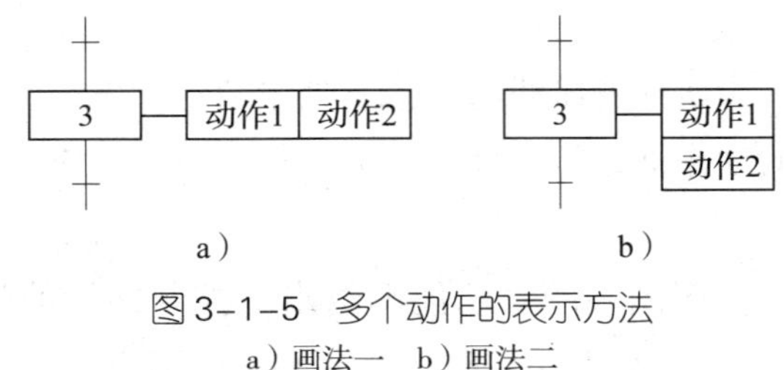

图 3-1-5　多个动作的表示方法

a）画法一　b）画法二

说明动作的语句应清楚地表明该动作是存储型还是非存储型。图 3-1-4 中的 Q0.1 为非存储型动作，在步 M0.2 为活动步时，动作 Q0.1 为 ON；在步 M0.2 为不活动步时，动作 Q0.1 为 OFF。步 M0.2 与它的非存储型动作 Q0.1 的波形完全相同。

由图 3–1–4a 可知，T37 在步 M0.1 为活动步时定时，T37 的 IN 输入（使能输入）为 ON。从这个意义上来说，T37 的 IN 输入相当于步 M0.1 的一个非存储型动作，所以将 T37 放在步 M0.1 的动作框内。

图 3–1–4 中的动作 Q0.0 在连续的三步中都应为 ON，可以在顺序功能图中，用置位指令 S 将它在应为 ON 的第一步 M0.1 置位，用复位指令 R 将它在应为 ON 的最后一步 M0.3 的下一步 M0.0 复位为 OFF，如图 3–1–6 所示。这种动作是存储型动作，在程序中可以用置位、复位指令来实现对 Q0.0 的控制。

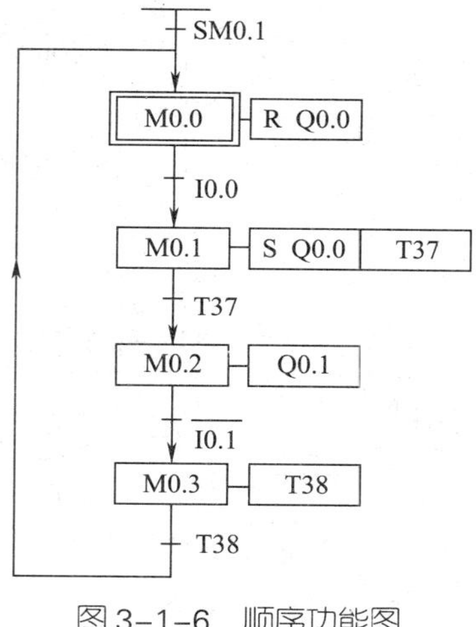

图 3–1–6 顺序功能图

（3）有向连线

在顺序功能图中，随着时间的推移和转换条件的实现，步的活动状态会产生进展，这种进展按有向连线规定的路线和方向进行。在画顺序功能图时，将代表各步的方框按它们成为活动步的先后次序排列，并用有向连线将它们连接起来。步的活动状态习惯的进展方向是从上到下或从左至右，这两个方向有向连线上的箭头可以省略。如果不是上述方向，应在有向连线上用箭头注明进展方向。在可以省略箭头的有向连线上，为了更易于理解也可以加箭头。

如果在画顺序功能图时有向连线必须中断（如顺序功能图较复杂或用几个图来表示一个顺序功能图时），应在有向连线中断处标明下一步的标号和所在的页数，如步 41、18 页。

（4）转换和转换条件

转换用有向连线上与有向连线垂直的短画来表示，转换将相邻两步分隔开。状态的进展是由转换的实现来完成的，并与控制过程的进展相对应。

转换条件是与转换相关的逻辑命题，转换条件可以用文字语言、图形符号、逻辑符号或布尔代数表达式标注在表示转换的短画旁边，如图 3–1–7 所示。最常使用的转换条件是布尔代数表达式。

图 3–1–7 中的时序图用高电平表示步 M1.1 为活动步，反之则用低电平表示。转换条件 $\text{I0.2}\cdot\overline{\text{I1.6}}$ 表示 I0.2 的常开触点与 I1.6 的常闭触点同时闭合，在梯形图中则用这两个触点的串联来表示这样一个“与”逻辑关系。

图 3–1–4 中的启动按钮 I0.0 的常开触点、停止按钮 I0.1 的常闭触点、定时器延时接通的常开触点是各步之间的转换条件。转换条件 I0.0 表示当输入信号 I0.0 为 ON 时转换实现，转换条件 $\overline{\text{I0.1}}$ 表示当输入信号 I0.1 为 OFF 时转换实现。图中有两个 T37，

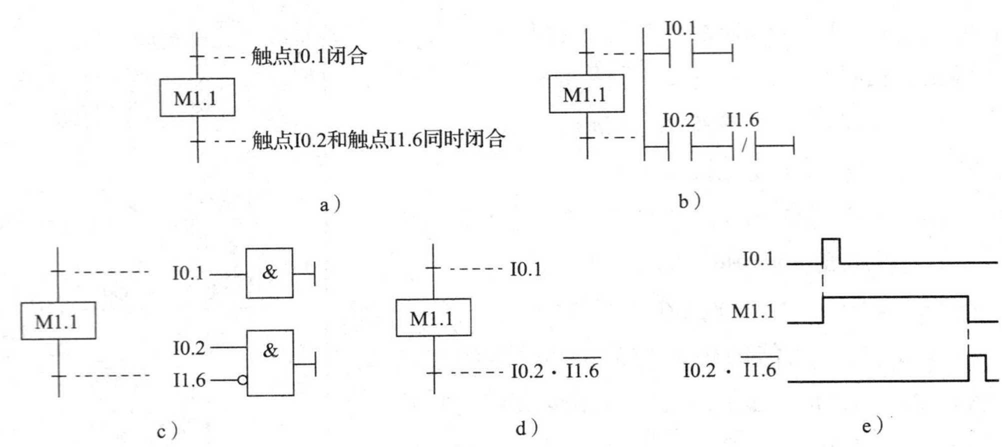

图 3-1-7　转换与转换条件

a）文字语言　b）图形符号　c）逻辑符号　d）布尔代数表达式　e）时序图

但它们的意义完全不同。与步 M0.1 对应的方框相连的动作框中的 T37 表示 T37 的 IN 输入应在步 M0.1 为活动步时为 ON，在梯形图中，T37 的动作框与 Q0.0 线圈并联。转换条件 T37 对应于 T37 延时接通的常开触点，它是步 M0.1 和 M0.2 之间的转换条件。

在顺序功能图中，只有当某一步的前级步是活动步时，该步才有可能变成活动步。如果用没有断电保持功能的编程元件来代表各步，进入 RUN 模式时，它们均处于 OFF 状态。必须在开机时接通一个扫描周期的 SM0.1 的常开触点作为转换条件，将初始步 M0.0 预置为活动步（见图 3-1-4），否则因为顺序功能图中没有活动步，系统将无法工作。

注意

绘制顺序功能图时的注意事项如下：

（1）两个步绝对不能直接相连，必须用一个转换将它们分隔开。

（2）两个转换也不能直接相连，必须用一个步将它们分隔开。

（3）顺序功能图中的初始步一般对应于系统等待启动的初始状态，这一步可能没有输出处于 ON 状态，因此很容易被遗漏。要注意初始步是必不可少的，一方面因为该步与相邻步的输出变量的状态各不相同；另一方面如果没有该步，不能表示初始状态，系统也不能返回等待启动的停止状态。

（4）自动控制系统应能多次重复执行同一个工艺过程，因此在顺序功能图中一般应有由步和有向连线组成的闭环，即在完成一次工艺过程的全部操作之后，应从最后一步返回初始步，系统停留在初始状态，即所谓的单周期操作（见图 3-1-4b）；而在连续循环工作方式中，应从最后一步返回到下一工作周期开始运行的第一步。

4. 设计梯形图

根据顺序功能图，按照某种编程方法画出梯形图。如果 PLC 支持顺序功能图语言，则可直接使用该顺序功能图作为最终程序。由于 S7-200 系列 PLC 编程软件不支持顺序功能图语言，因此在运用顺序控制设计法设计程序时需要将顺序功能图转换为梯形图程序。

根据系统的顺序功能图设计梯形图的方法有：使用启保停电路（即通用逻辑指令）的编程方法、使用置位/复位指令（即以转换为中心）的编程方法和使用顺序控制继电器指令的编程方法，用户可以自行选择上述任意一种编程方法将顺序功能图转换为梯形图。

小提示

顺序控制设计法与经验设计法的区别如下：

（1）经验设计法实际上是试图用输入信号 I 直接控制输出信号 Q（见图 3-1-8a），如果无法直接控制，或者为了实现记忆和互锁等功能，只好被动地增加一些辅助元件和辅助触点。由于不同系统的输出量 Q 与输入量 I 之间的关系各不相同，以及它们对联锁、互锁的要求千变万化，因此不可能找出一种简单通用的设计方法。

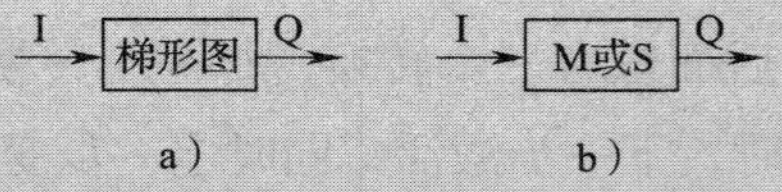

I → 梯形图 → Q　　I → M或S → Q

a）　　b）

图 3-1-8　经验设计法与顺序控制设计法的区别
a）经验设计法　b）顺序控制设计法

（2）顺序控制设计法则是用输入量 I 控制代表各步的编程元件（如辅助继电器 M 或顺序控制继电器 S），再用它们控制输出量 Q（见图 3-1-8b）。步是根据输出量 Q 的状态变化来划分的，M（或 S）与 Q 之间具有很简单的逻辑关系，输出电路的设计极为简单。

任何复杂系统的代表步的辅助继电器 M（或顺序控制继电器 S）的控制电路，其设计方法都是通用的，并且很容易掌握，所以顺序控制设计法具有简单、规范、通用的优点。由于代表步的 M（或 S）是依次变为 ON/OFF 状态的，实际上已经基本解决了经验设计法中的记忆、联锁等问题。

二、顺序功能图的结构形式

根据步与步之间转换情况的不同，顺序功能图有三种不同的基本结构形式：单序列、选择序列和并行序列，如图 3-1-9 所示。在基本结构形式的基础上，顺序功能图还有跳转、重复和循环序列以及子步等结构形式。

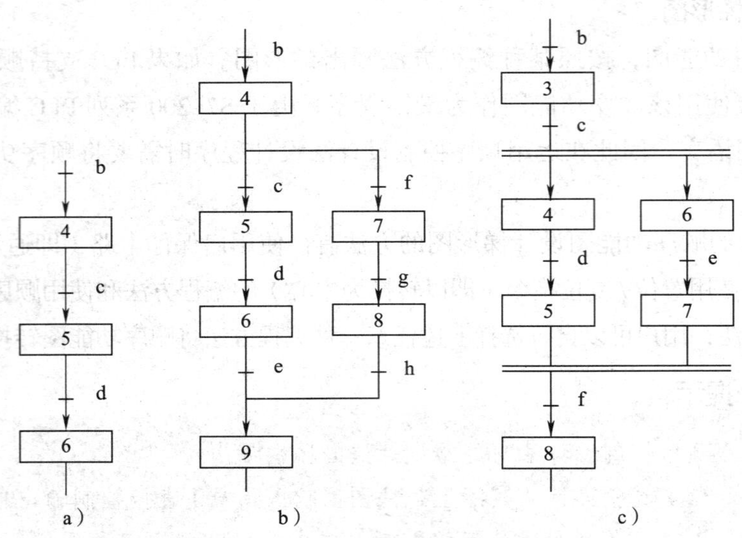

图 3-1-9　顺序功能图的基本结构形式
a）单序列　b）选择序列　c）并行序列

1. 单序列

如图 3-1-9a 所示，单序列结构形式没有分支，它由一系列按顺序排列并相继激活的步组成。每一步的后面只有一个转换，每一个转换的后面只有一步。当上一步为活动步且转换条件满足时，下一步激活，同时上一步变为不活动步。

2. 选择序列

如图 3-1-9b 所示，选择序列结构形式有分支，在当前步执行完毕后有两个或两个以上的步可转移。

选择序列的开始称为分支，转换符号只能标在水平连线之下。在图 3-1-9b 中，步 4 之后有两个分支，这两个分支不能同时执行，只能选择其中的一个分支执行。例如，当步 4 为活动步且转换条件 c 满足时，则发生由步 4→步 5 的进展。当步 4 为活动步且转换条件 f 满足时，则发生由步 4→步 7 的进展。

选择序列的结束称为合并，几个选择序列合并为一个公共序列时，用与需要重新组合的序列相同数量的转换符号和水平连线来表示，转换符号只允许标在水平连线之上。在图 3-1-9b 中，如果步 6 为活动步且转换条件 e 满足，则发生由步 6→步 9 的进展。如果步 8 为活动步且转换条件 h 满足，则发生由步 8→步 9 的进展。

3. 并行序列

并行序列用来表示系统的几个独立部分同时工作的情况。如图 3-1-9c 所示，并行序列结构形式也有分支，当转换条件满足时有两个或两个以上的步同时被激活。

并行序列的开始称为分支，当转换的实现导致几个序列同时被激活时，这些序列称为并行序列。如图 3-1-9c 所示，当步 3 为活动步且转换条件 c 满足时，步 4 和步 6

同时被激活，变为活动步，而步 3 变为不活动步。为了强调转换的同步实现，水平连线用双线表示。步 4 和步 6 被同时激活后，每个序列中活动步的进展将是独立的。在表示同步的水平双线之上，只允许有一个转换符号。

并行序列的结束也称为合并，在表示同步的水平双线之下，只允许有一个转换符号。在图 3–1–9c 中，当直接连在水平双线上的所有前级步，即并行序列各分支的最后一步（步 5 和步 7）都为活动步，且转换条件 f 满足时，才会发生步 5 和步 7 到步 8 的进展，即步 5 和步 7 同时变为不活动步，而步 8 变为活动步。

4. 跳转、重复和循环序列

在实际系统中经常使用跳转、重复和循环序列，如图 3–1–10 所示。这些序列实际上都是选择序列的特殊形式。在如图 3–1–10a 所示的跳转序列中，当步 2 为活动步时，若转换条件 e 满足，则跳过步 3 和步 4，直接激活步 5。在如图 3–1–10b 所示的重复序列中，当步 4 为活动步时，若转换条件 d 不满足而 e 满足，则重新返回步 3，重复执行步 3 和步 4，直到转换条件 d 满足，才转入步 5。在如图 3–1–10c 所示的循环序列中，在序列结束后，采用重复的方式，直接返回初始步 0，实现序列的循环执行。

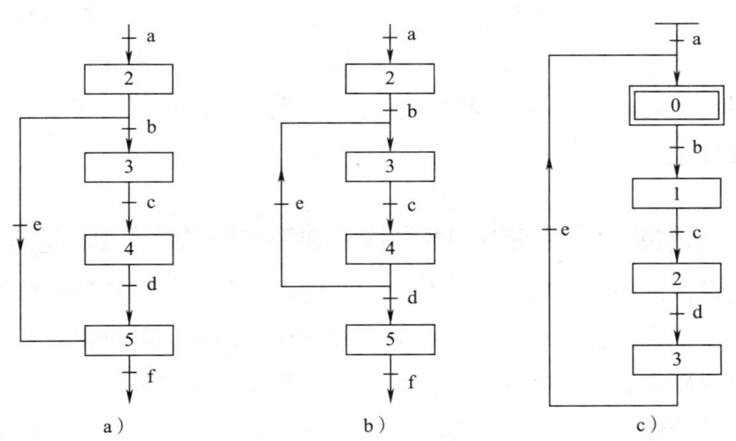

图 3–1–10 跳转、重复和循环序列

a）跳转序列 b）重复序列 c）循环序列

5. 子步

如图 3–1–11 所示，某一步可以包含一系列子步和转换，这一序列表示整个系统中的一个完整的子系统或子功能。子步的使用使得系统的设计者在总体设计时能够抓住系统的主要矛盾，从而使用更加简洁的方式表示系统的整体功能和概貌，而不是一开始就陷入某些细节之中。设计者可以从对整个系统的全面描述开始，然后画出更详细的顺序功能图。子步中还可以包含更详细的子步，这使得设计方法的逻辑性很强，可以减少设计中的错误，缩短总体设计和查错所需要的时间。子步或子系统的设计思想，是工程实践中的一种很有效的思维方式：任何简单的电路组合起来，都可以实现复杂的功能；而任何复杂的电路或功能，都可以分解成一系列简单的电路或功能。

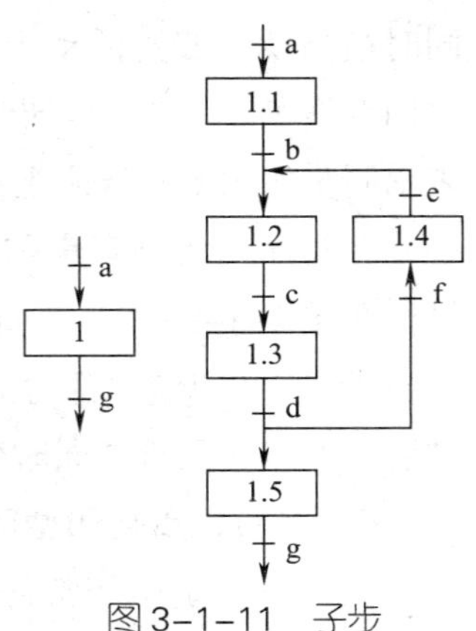

图 3-1-11　子步

三、顺序功能图中转换实现的基本规则

1. 转换实现的条件

在顺序功能图中，步的活动状态的进展是由转换的实现来完成的。转换的实现必须同时满足以下两个条件：

（1）该转换所有的前级步都是活动步。

（2）相应的转换条件得到满足。

2. 转换实现时应完成的操作

转换实现时应完成以下两个操作：

（1）使所有由有向连线与相应转换符号相连的后续步都变为活动步。

（2）使所有由有向连线与相应转换符号相连的前级步都变为不活动步。

以上规则可以用于任意结构中的转换，其区别如下：在单序列和选择序列中，一个转换仅有一个前级步和一个后续步。在并行序列的分支处，转换有几个后续步，在转换实现时应同时将它们对应的代表各步的编程元件置位。在并行序列的合并处，转换有几个前级步，它们均为活动步时才有可能实现转换，在转换实现时应将它们对应的代表各步的编程元件全部复位。

四、使用启保停电路的单序列顺序控制梯形图的编程方法

顺序控制设计法用转换条件控制代表各步的编程元件，让它们的状态按一定的顺序变化，然后用代表各步的编程元件控制可编程序控制器的各输出位。因此，可以利用启保停电路控制代表各步的编程元件，启动电路是前级步对应的辅助继电器的常开触点与相应转换条件对应的触点（或电路）串联，保持电路是当前步对应的辅助继电器的常开触点，停止电路是后续步对应的辅助继电器的常闭触点，再用代表各步的编程元件去控制 PLC 的输出位，就可以设计出满足要求的梯形图。

概括地说，根据顺序功能图使用启保停电路的编程方法来设计梯形图，要从步的处理和输出电路两方面来考虑。

1. 步的处理

用辅助继电器 M 来代表步，当某一步为活动步时，对应的辅助继电器 M 为 ON 状态。某一转换实现时，该转换的后续步变为活动步，前级步变为不活动步。由于很多转换条件都是短信号，即它存在的时间比它激活后续步所需要的时间短，因此，应使用有记忆（或保持）功能的电路（如启保停电路、置位 / 复位指令等组成的电路）来

控制代表步的辅助继电器 M。

设计启保停电路的关键是根据顺序功能图中转换实现的基本规则找出它的启动条件和停止条件。如图 3–1–12 所示的步 M_{i-1}、M_i 和 M_{i+1} 是顺序功能图中顺序连接的三步，I_i 是步 M_i 之前的转换条件。转换实现的条件是它的前级步为活动步，并且满足相应的转换条件，所以步 M_i 变为活动步的条件是它的前级步 M_{i-1} 为活动步，且转换条件 I_i=1。在启保停电路中，则应将前级步 M_{i-1} 和转换条件 I_i 对应的常开触点串联，作为控制 M_i 的启动电路。

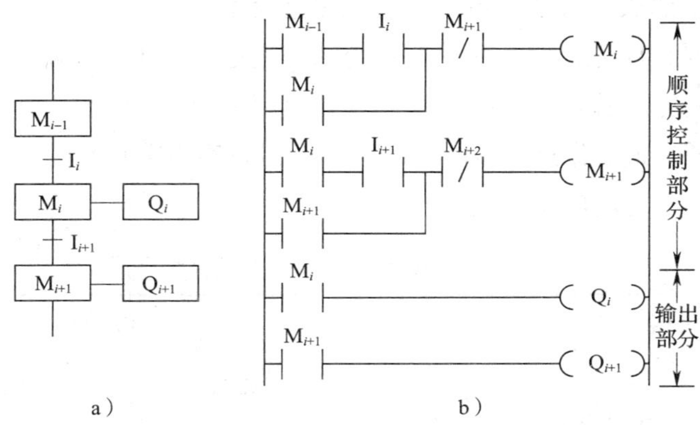

图 3–1–12 使用启保停电路的编程方法

a）顺序功能图 b）梯形图

当 M_i 和 I_{i+1} 均为 ON 状态时，步 M_{i+1} 变为活动步，这时步 M_i 应变为不活动步。因此，可以将 M_{i+1}=1 作为使辅助继电器 M_i 变为 OFF 状态的条件，即将后续步 M_{i+1} 的常闭触点与 M_i 线圈串联，作为启保停电路的停止电路。

如图 3–1–12 所示的梯形图也可以用步进逻辑公式法来设计。列出每个工作步的逻辑代数式后，再用启保停电路（PLC 通用逻辑指令）画出每个工作步的梯形图的设计方法称为步进逻辑公式法。步进逻辑公式法实际上就是逻辑设计法在 PLC 顺序控制系统中的应用。

步进逻辑公式法的使用方法如下：

（1）步进逻辑公式

对于比较复杂的生产工艺要求，每个工作步之间都存在着如下关系：每个工作步都随前一步行程开关的压合或按钮（转换条件）的按下而产生，都随后一步的出现而消失。假设 i 表示第 i 工作步（本步），i–1 表示第 i–1 工作步（前一步），i+1 表示第 i+1 工作步（后一步），M 表示辅助继电器的线圈或触点，I 表示按钮或行程开关。用逻辑代数表示时，M_i 在等号的左端出现表示辅助继电器的线圈符号，M_i 在等号的右端出现表示辅助继电器的触点符号。

第 i 工作步用逻辑代数表示的过程为：

1）每一步 M_i 都是由前一步行程开关的压合或按钮（转换条件）的按下 I_i 产生，则有 $M_i=M_{i-1}\cdot I_i$。

2）每一步 M_i 产生后应有一段时间保持不变，故应该有自锁（自保）功能，则有 $M_i=M_{i-1}\cdot I_i+M_i$。

3）每一步 M_i 都是随着后一步的出现而消失，则有 $M_i=(M_{i-1}\cdot I_i+M_i)\cdot\overline{M_{i+1}}$，此表达式即为以后经常使用的步进逻辑公式。

（2）使用步进逻辑公式法的步骤

步进逻辑公式的表示方法简单、容易记忆且使用方便。用步进逻辑公式法来设计顺序控制梯形图时，应先根据顺序控制系统的工艺过程画出顺序功能图，然后套用步进逻辑公式列出每个工作步的逻辑代数方程，再利用启保停电路的编程方法，画出每个工作步的梯形图，最后做进一步整理综合，得到完整的梯形图程序。

步进逻辑公式与对应的梯形图见表 3–1–3。

表 3–1–3　步进逻辑公式与对应的梯形图

步进逻辑公式	梯形图
$M_i=(M_{i-1}\cdot I_i+M_i)\cdot\overline{M_{i+1}}$	M_{i-1}　I_i　M_{i+1}（/）　(M_i)；M_i 并联于 M_{i-1}、I_i

2. 输出电路

步是根据输出量的状态变化划分的，它们之间的关系极为简单，可以分为以下两种情况来处理：

（1）如果某一输出继电器仅在某一步中为 ON 状态，则一种方法是将其线圈与对应的步元件辅助继电器 M 的常开触点串联（建议初学者使用，便于读图），另一种方法是将其线圈与对应的步元件辅助继电器 M 的线圈并联。这两种方法都使用辅助继电器 M，不会增加硬件费用，在设计和输入程序时也不会花费很多时间。用辅助继电器 M 来代表步具有概念清楚、编程规范、梯形图易于阅读和查错的优点。

（2）如果某一输出继电器在多步中为 ON 状态，则应将代表各有关步的辅助继电器 M 的常开触点并联后，驱动该输出继电器线圈，以避免双线圈输出现象。

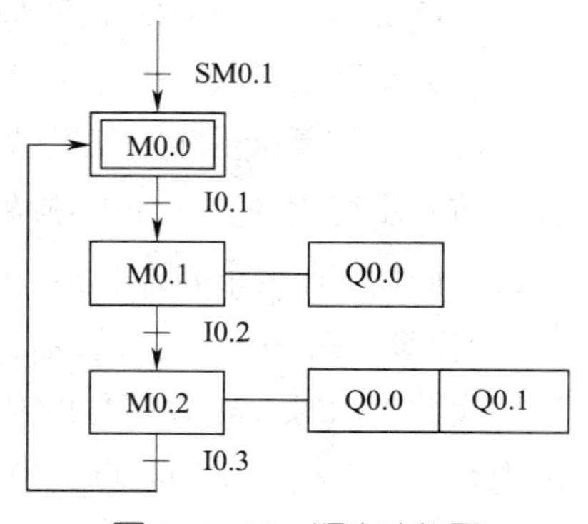

图 3–1–13　顺序功能图

【例 3–1–1】 某一顺序控制系统的顺序功能图如图 3–1–13 所示。

套用步进逻辑公式 $M_i=(M_{i-1}\cdot I_i+M_i)\cdot\overline{M_{i+1}}$，列

出每个工作步的逻辑代数方程为：

$$M0.0=(SM0.1+M0.2\cdot I0.3+M0.0)\cdot\overline{M0.1}$$

$$M0.1=(M0.0\cdot I0.1+M0.1)\cdot\overline{M0.2}$$

$$M0.2=(M0.1\cdot I0.2+M0.2)\cdot\overline{M0.0}$$

$$Q0.0=M0.1+M0.2$$

$$Q0.1=M0.2$$

使用启保停电路的编程方法，根据上述逻辑代数方程画出其梯形图，如图 3-1-14 所示。其中，输出继电器 Q0.1 仅在步 M0.2 中为 ON 状态，所以也可以将其线圈与对应的辅助继电器 M0.2 的线圈直接并联，这样处理可省去网络 5。

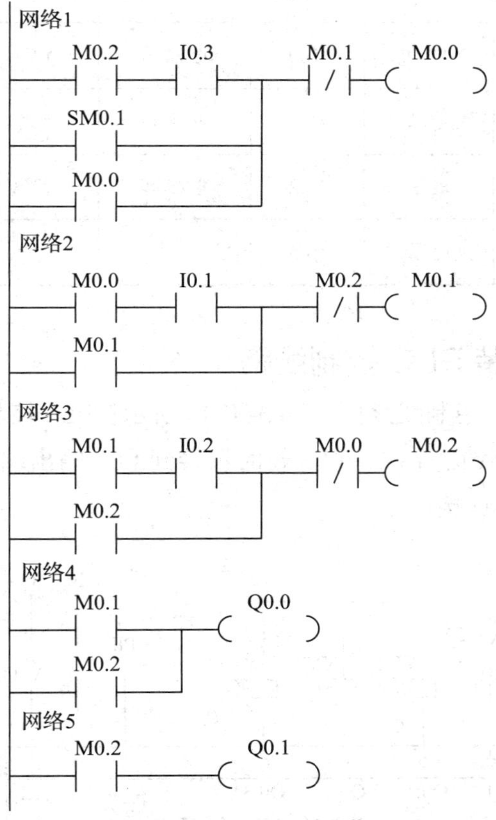

图 3-1-14　根据逻辑代数方程画出梯形图

扫描右侧二维码，可了解只有两步组成的小闭环的处理方法以及使用启保停电路的选择序列和并行序列顺序控制梯形图的编程方法。

任务实施

一、分配 I/O 地址

I/O 地址分配见表 3–1–4。

表 3–1–4 I/O 地址分配

输入				输出			
输入设备	文字符号	作用	输入继电器	输出设备	文字符号	作用	输出继电器
按钮	SB	启动	I0.0	电磁阀	YV1	快进	Q0.1
行程开关	SQ1	快进限位	I0.1	电磁阀	YV2	快退	Q0.2
行程开关	SQ2	工进限位	I0.2	电磁阀	YV3	工进	Q0.3
行程开关	SQ3	快退限位	I0.3				

二、绘制并安装 PLC 控制线路

液压动力滑台 PLC 控制线路图如图 3–1–15 所示，PLC 控制接线图请读者自行绘制。安装时，电磁阀 YV1、YV2、YV3 暂时不接到 PLC 输出端 Q0.1、Q0.2、Q0.3，待模拟调试程序通过后再连接。

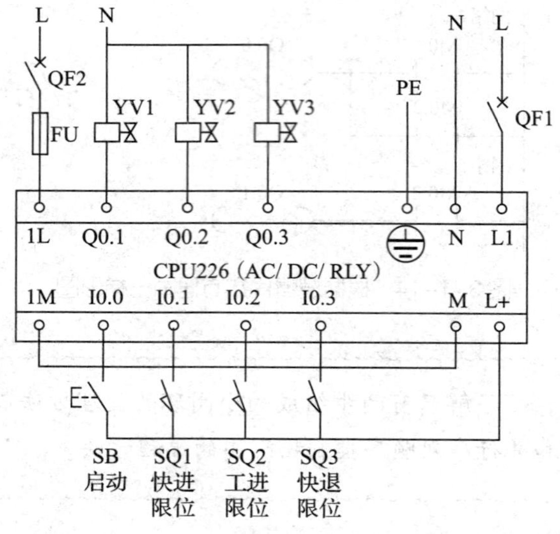

图 3–1–15 液压动力滑台 PLC 控制线路图

三、设计梯形图程序

编辑液压动力滑台 PLC 控制系统符号表，如图 3–1–16 所示。

符号表

	符号	地址	注释
1	启动按钮SB	I0.0	
2	行程开关SQ1	I0.1	快进限位
3	行程开关SQ2	I0.2	工进限位
4	行程开关SQ3	I0.3	快退限位
5	电磁阀YV1	Q0.1	快进
6	电磁阀YV2	Q0.2	快退
7	电磁阀YV3	Q0.3	工进

用户定义1 POU 符号

图 3–1–16　液压动力滑台 PLC 控制系统符号表

使用顺序控制设计法，根据系统控制要求绘制顺序功能图，利用启保停电路的编程方法和步进逻辑公式，设计梯形图程序。

1. 划分工作步

全部相关输出状态保持不变的一段时间区域称为一个工作步，只要有一个输出状态发生变化就转入下一工作步。划分工作步是使用顺序控制设计法的关键和首要条件。分析液压动力滑台 PLC 控制系统的工作过程，根据输出量 Q0.1 ~ Q0.3 的 ON/OFF 状态变化，可以将一个工作周期分为快进、工进、暂停和快退四步，另外还应设置一个等待启动的初始步，分别用辅助继电器 M0.0 ~ M0.4 来代表这五步。如图 3–1–17 所示为液压动力滑台 PLC 控制系统输入 / 输出信号时序图。

每个工作步对应的输出量见表 3–1–5。

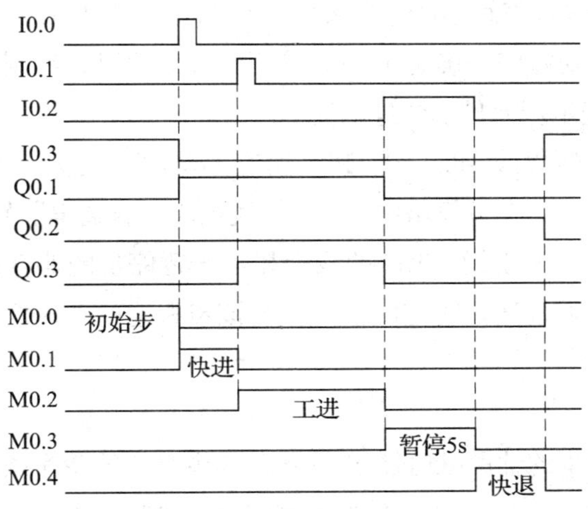

图 3–1–17　输入 / 输出信号时序图

表 3–1–5　每个工作步对应的输出量

工作步		输出量	
步名称	步元件	输出设备	编程元件
原位	M0.0	—	—
快进	M0.1	电磁阀 YV1	Q0.1
工进	M0.2	电磁阀 YV1 和 YV3	Q0.1 和 Q0.3
暂停	M0.3	—	T37
快退	M0.4	电磁阀 YV2	Q0.2

2. 确定转换条件

分析液压动力滑台 PLC 控制系统的控制要求，可以确定各步的转换条件，见表 3–1–6。

表 3–1–6　每个工作步对应的转换条件

工作步		转换条件	
步名称	步元件	输入设备	编程元件
原位	M0.0	行程开关 SQ3	SM0.1 和 I0.3
快进	M0.1	行程开关 SQ3 和启动按钮 SB	I0.3 和 I0.0
工进	M0.2	行程开关 SQ1	I0.1
暂停	M0.3	行程开关 SQ2	I0.2
快退	M0.4	—	T37

3. 绘制顺序功能图

根据划分的工作步和确定的转换条件，绘制如图 3–1–18a 所示的液压动力滑台 PLC 控制系统的顺序功能图。确定了 PLC 编程元件后，可以绘制如图 3–1–18b 所示的使用辅助继电器 M 表示步元件的顺序功能图。

在图 3–1–18b 的暂停步 M0.3 中，PLC 所有的输出量均为 OFF 状态。接通延时定时器 T37 做暂停步定时，在暂停步中，T37 的线圈应一直通电。转换到下一步后，T37 的线圈断电。从这个意义上说，T37 的线圈相当于暂停步的非存储型动作，因此可以将这种为某一步定时的接通延时定时器放在与该步相连的动作框内，它表示定时器的线圈在该步内通电。

4. 设计梯形图

明确代表各工作步的辅助继电器 M 及各工作步对应的转换条件后，套用步进逻辑公式 $M_i=（M_{i-1}\cdot I_i+M_i）\cdot \overline{M_{i+1}}$，列出各工作步的逻辑代数方程，使用启保停电路的编程方法，画出各工作步的梯形图，见表 3–1–7。

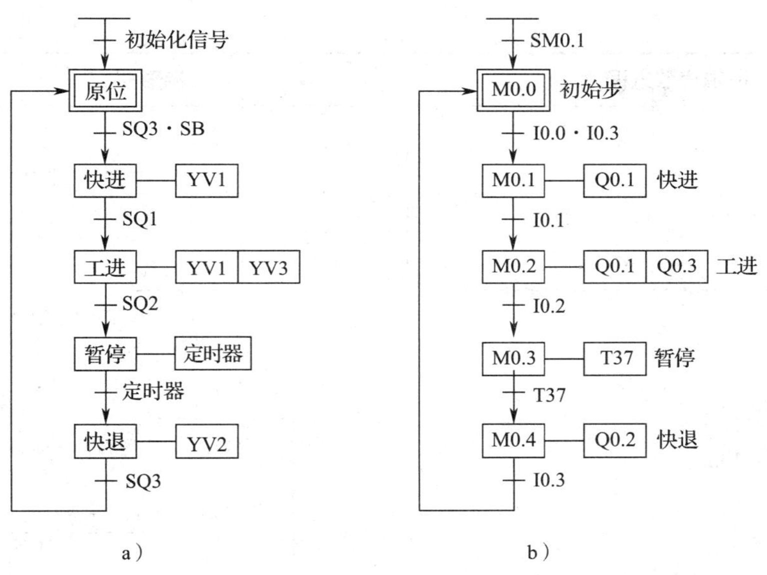

图 3-1-18 液压动力滑台 PLC 控制系统的顺序功能图

a）使用输入 / 输出设备绘制 b）使用 PLC 编程元件绘制

表 3-1-7 各工作步的逻辑代数方程和梯形图

逻辑代数方程	梯形图
初始步 M0.0： $M0.0=(M0.4\cdot I0.3+SM0.1+M0.0)\cdot\overline{M0.1}$	M0.4 行程开关SQ3:I0.3 M0.1 / M0.0 ( ) SM0.1 M0.0
步 M0.1： $M0.1=(M0.0\cdot I0.0\cdot I0.3+M0.1)\cdot\overline{M0.2}$	M0.0 启动按钮 SB:I0.0 行程开关 SQ3:I0.3 M0.2 / M0.1 ( ) M0.1
步 M0.2： $M0.2=(M0.1\cdot I0.1+M0.2)\cdot\overline{M0.3}$	M0.1 行程开关SQ1:I0.1 M0.3 / M0.2 ( ) M0.2
步 M0.3： $M0.3=(M0.2\cdot I0.2+M0.3)\cdot\overline{M0.4}$	M0.2 行程开关SQ2:I0.2 M0.4 / M0.3 ( ) M0.3

续表

逻辑代数方程	梯形图
步 M0.4： M0.4=（M0.3·T37+M0.4）·$\overline{\text{M0.0}}$	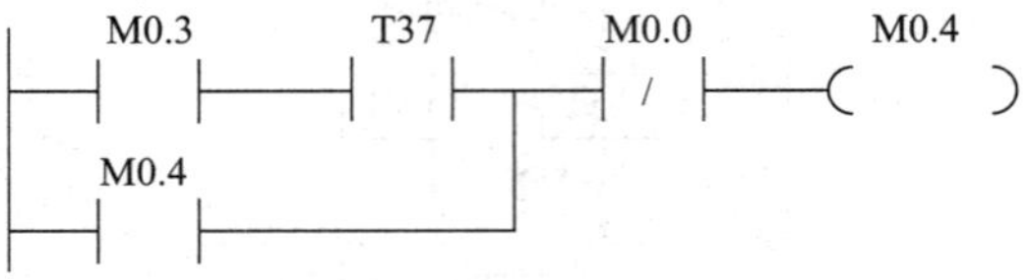 M0.3 T37 M0.0 M0.4 M0.4
输出电路： Q0.1=M0.1+M0.2 Q0.3=M0.2 T37=M0.3 Q0.2=M0.4	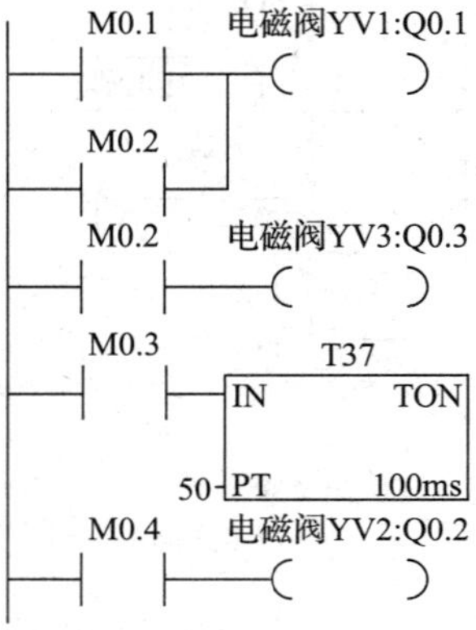 M0.1 电磁阀YV1:Q0.1 M0.2 M0.2 电磁阀YV3:Q0.3 M0.3 T37 IN TON 50-PT 100ms M0.4 电磁阀YV2:Q0.2

根据步进逻辑公式法，将表 3–1–7 所示各工作步的梯形图和输出电路的梯形图进行整合，可以得到本任务的完整梯形图，如图 3–1–19a 所示，语句表如图 3–1–19b 所示。

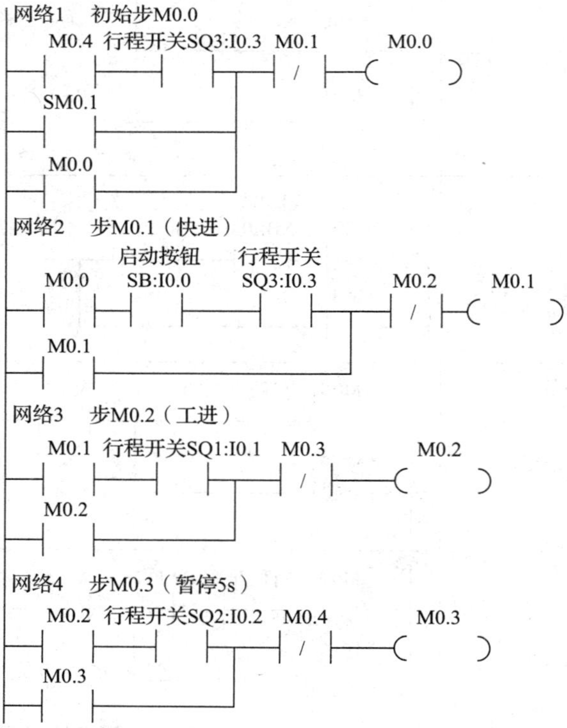

网络1 初始步M0.0
M0.4 行程开关SQ3:I0.3 M0.1 M0.0
SM0.1
M0.0

网络2 步M0.1（快进）
M0.0 启动按钮 SB:I0.0 行程开关 SQ3:I0.3 M0.2 M0.1
M0.1

网络3 步M0.2（工进）
M0.1 行程开关SQ1:I0.1 M0.3 M0.2
M0.2

网络4 步M0.3（暂停5s）
M0.2 行程开关SQ2:I0.2 M0.4 M0.3
M0.3

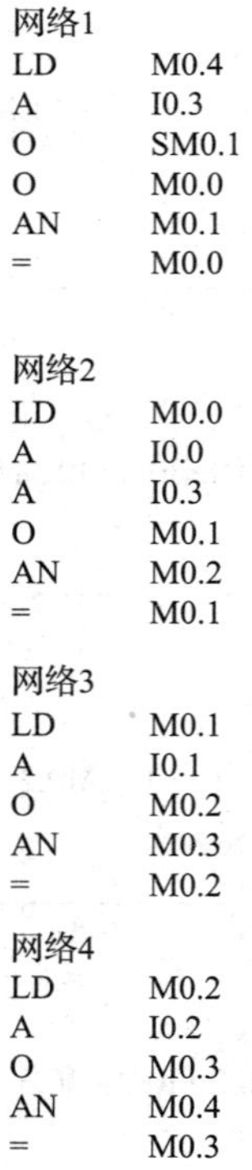

```
网络1
LD      M0.4
A       I0.3
O       SM0.1
O       M0.0
AN      M0.1
=       M0.0
网络2
LD      M0.0
A       I0.0
A       I0.3
O       M0.1
AN      M0.2
=       M0.1
网络3
LD      M0.1
A       I0.1
O       M0.2
AN      M0.3
=       M0.2
网络4
LD      M0.2
A       I0.2
O       M0.3
AN      M0.4
=       M0.3
```

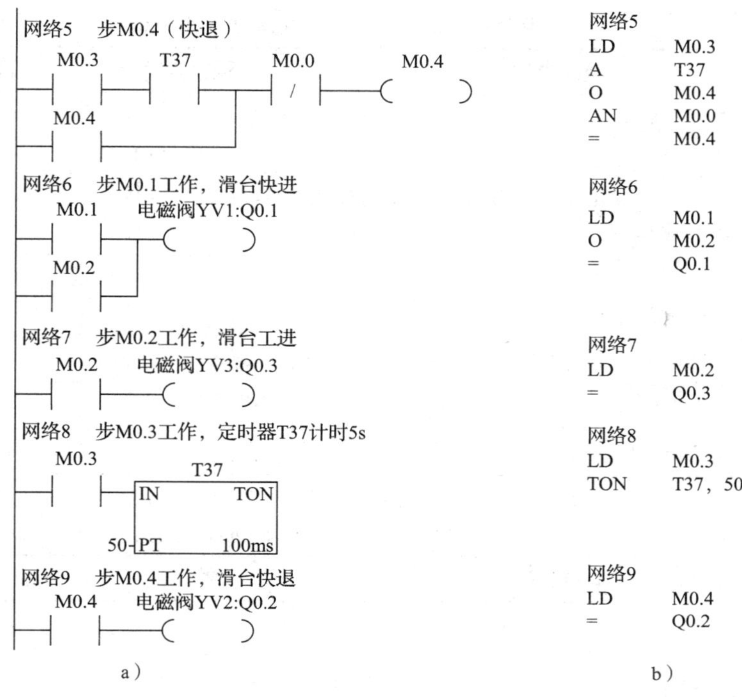

图 3-1-19　液压动力滑台 PLC 控制程序

a）梯形图　b）语句表

四、模拟调试

顺序功能图是用来描述控制系统的外部性能的，因此，应该根据顺序功能图而不是梯形图来调试 PLC 顺序控制程序。

图 3-1-20 所示是使用状态表监控本任务包含的所有步元件 MB0、对应的动作 QB0、输入继电器 IB0 和定时器 T37 的当前值，此刻正监控所激活的步 M0.3，对应的定时器 T37 在计时。使用二进制格式，可以用一行监控最多一个双字的 32 个位变量。

状态表

	地址	格式	当前值	新值
1	MB0	二进制	2#0000_1000	
2	QB0	二进制	2#0000_0000	
3	IB0	二进制	2#0000_0000	
4	T37	有符号	+15	
5		有符号		

用户定义1

图 3-1-20　状态表监控

五、联机调试

模拟调试成功后，接上实际的负载，按照表 3-1-8 的步骤进行联机调试，同时注意观察和记录。

表 3-1-8 联机调试记录表

<table>
<tr><th>步骤</th><th>操作内容</th><th>观察内容</th><th>观察结果</th></tr>
<tr><td>1</td><td>模式选择开关拨至 STOP 位置，合上电源开关 QF1 和 QF2</td><td rowspan="2">“STOP”“RUN”及 I/O 指示灯状态</td><td></td></tr>
<tr><td>2</td><td>模式选择开关拨至 TERM 位置，通过编程软件运行 CPU 模块</td><td></td></tr>
<tr><td>3</td><td>压合行程开关 SQ3 并按下启动按钮 SB，然后松开 SQ3 和 SB</td><td rowspan="4">I/O 指示灯状态、电磁阀 YV1 ~ YV3 工作情况</td><td></td></tr>
<tr><td>4</td><td>压合行程开关 SQ1，然后松开 SQ1</td><td></td></tr>
<tr><td>5</td><td>压合行程开关 SQ2，5 s 后松开 SQ2</td><td></td></tr>
<tr><td>6</td><td>压合行程开关 SQ3</td><td></td></tr>
<tr><td>7</td><td>通过编程软件停止运行 CPU 模块，模式选择开关拨至 STOP 位置</td><td>“STOP”“RUN”及 I/O 指示灯状态</td><td></td></tr>
<tr><td>8</td><td colspan="3">关断电源开关 QF1 和 QF2</td></tr>
</table>

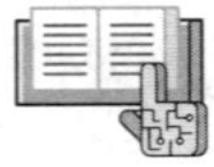

任务测评

清扫工作台面，整理技术文件，并参考表 1-3-7 进行任务测评。

任务 2 气动机械手 PLC 控制

学习目标

1. 了解磁性开关的工作原理，并能正确进行安装、检测和调整。
2. 了解气动机械手的控制原理。
3. 能使用置位 / 复位指令的编程方法，将以软元件 M 为步元件的顺序功能图改画为梯形图。
4. 能运用顺序控制设计法，根据系统控制要求绘制以软元件 M 为步元件的顺序功能图，使用置位 / 复位指令的编程方法设计 PLC 顺序控制系统。

任务引入

如图 3–2–1 所示的气动机械手由 A、B、C 三个气缸组成。按下启动按钮 SB1，系统开始按照如图 3–2–1 所示的①、②、③、④、⑤、⑥顺序工作：当接近开关 SQ0 检测到有物体时，气缸 A 向左运行；到极限位置 SQ2 后，气缸 B 向下运行，直到极限位置 SQ4 为止；接着手指气缸 C 抓住物体，延时 1 s；然后气缸 B 向上运行；到极限位置 SQ3 后，气缸 A 向右运行；到极限位置 SQ1 后，手指气缸 C 释放物体，并延时 1 s，完成搬运工作。按下停止按钮 SB2，系统完成当前的工作循环后才停止工作。电磁阀 YV1 通电后气缸 A 向左运行，电磁阀 YV2 通电后气缸 A 向右运行，电磁阀 YV3 通电后气缸 B 向下运行，电磁阀 YV4 通电后气缸 B 向上运行，电磁阀 YV5 通电后气缸 C 夹紧，电磁阀 YV5 断电后气缸 C 松开。

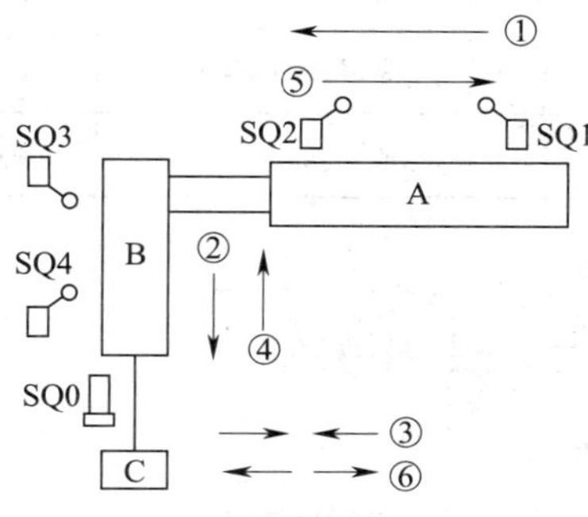

图 3–2–1 气动机械手工作示意图

本任务要求以图 3–2–1 所示的气动机械手为例，运用 PLC 顺序控制设计法，绘制以辅助继电器 M 代表步的顺序功能图，使用置位 / 复位指令的编程方法，完成气动机械手 PLC 控制系统的设计、安装和调试，要求具有短路保护等必要的保护措施。

分析上述控制要求可知，气动机械手控制系统也是一种典型的顺序控制系统，适合运用 PLC 顺序控制设计法进行设计。可以使用本课题任务 1 中所介绍的使用启保停电路的编程方法，但是此种编程方法涉及的指令条数较多，编程略显烦琐，容易出错。本任务要求使用置位 / 复位（S/R）指令的编程方法。

实施本任务所使用的实训设备可参考表 3–2–1。

表 3–2–1 实训设备清单

序号	设备名称	型号及规格	数量	单位	备注
1	微型计算机	带 STEP7–Micro/WIN 软件	1	台	
2	编程电缆	PC/PPI	1	条	
3	可编程序控制器	CPU226（AC/DC/RLY）	1	台	配 C45 导轨
4	开关式稳压电源	S–150–24，AC 220 V/DC 24 V，150 W	1	个	
5	低压断路器	Multi9 C65N D20，单极	2	个	

续表

序号	设备名称	型号及规格	数量	单位	备注
6	按钮	LA4–2H	1	个	
7	接近开关	欧姆龙 E2E–X7D1S M18	1	个	
8	磁性开关	D–Z73	4	个	
9	电磁阀	自定，DC 24 V	5	个	
10	接线端子排	TB–1540，40 位	1	条	
11	配电盘	600 mm × 900 mm	1	块	

相关知识

一、磁性开关

磁性开关是一种非接触式位置检测开关，用其检测时不会磨损和损伤检测对象，响应速度快。当有磁性物质接近磁性开关传感器时，传感器动作，并输出开关信号。

气动机械手中常用磁性开关的型号为 D–Z73 和 D–C73，外形和图形符号如图 3–2–2 所示，技术参数见表 3–2–2。

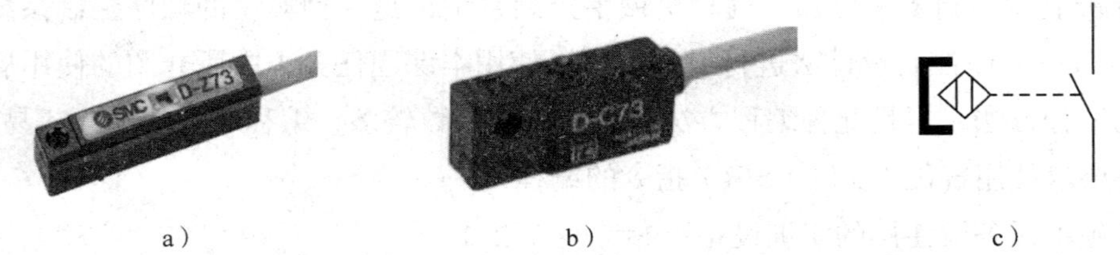

a）　　b）　　c）

图 3–2–2　磁性开关实物图及电气图形符号

a）D–Z73 型磁性开关实物图　b）D–C73 型磁性开关实物图　c）电气图形符号

表 3–2–2　D–Z73、D–C73 型磁性开关技术参数

技术参数	D–Z73	D–C73
负载电压及电流范围	DC：24 V/5 ～ 40 mA AC：100 V/5 ～ 20 mA	DC：24 V/5 ～ 40 mA AC：100 V/5 ～ 20 mA
安装方式	嵌入安装	环带安装
类型	直线型	直线型
电线长度 /m	0.5	0.5

续表

技术参数	D-Z73	D-C73
指示灯	LED	LED
反应时间 /ms	1.2	1.2
使用温度范围 / ℃	-10 ~ 60	-10 ~ 60
线制	2 线制有触点	2 线制有触点
保护等级	IP67	IP67
适用气缸型号	CQ2/CXS	CG1/CJ2

磁性开关一般和磁性气缸配套使用。例如，在气缸的活塞或活塞杆（被测物体）上安装一个永久性磁环，在气缸缸筒外面的两端各安装一个磁性开关。当活塞往复运动时，永久性磁环也一起运动。气缸的活塞杆运动到哪一端，哪一端的磁性开关就检测到永久性磁环，并发出一个电信号。利用这两个磁性开关就可以分别标识气缸运动的两个极限位置（缩回限位和伸出限位）。在气动机械手的控制中，可以利用磁性开关的信号判断气缸的运动状态或所处位置，以确定工件是否被夹紧或气缸是否返回。

1．电气接法与检查

磁性开关的内部电路如图 3-2-3 所示，如果使用共阴极接法，棕色线接 PLC 输入端，蓝色线接公共端。在磁性开关上设置有 LED，用于显示传感器的信号状态，供调试与运行监视时观察。当气缸活塞靠近磁性开关时，磁性开关输出动作，输出“1”信号，LED 亮；当没有气缸活塞靠近时，磁性开关输出不动作，输出“0”信号，LED 不亮。

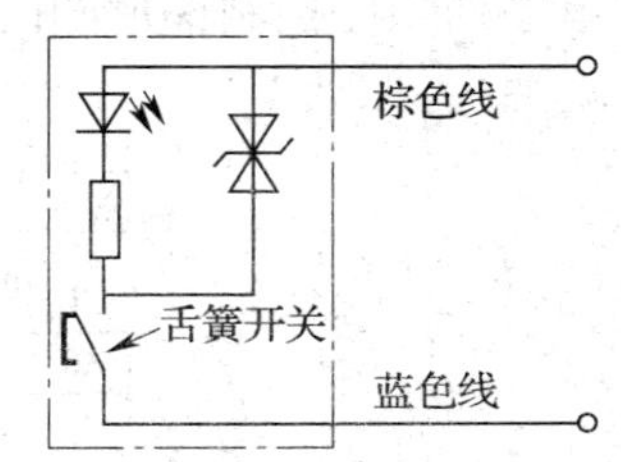

图 3-2-3 磁性开关内部电路

2．磁性开关在气缸上的安装与调整

如果磁性开关与气缸的安装不合理，可能会导致气缸的动作不正确。当气缸活塞移向磁性开关，并接近到一定距离时，磁性开关才会“感知”，开关才会动作，通常把这个距离称为“检出距离”。磁性开关的安装位置可以调整，调整方法是松开它的紧固螺栓，让磁性开关顺着气缸滑动，到达指定位置后，再旋紧紧固螺栓。

二、气动机械手的控制原理

如图 3-2-4 所示是气动机械手控制示意图。当手爪由单向气动控制阀控制时，单向气动控制阀得电，手爪夹紧；单向气动控制阀断电，手爪松开。当手爪由双向气动电磁阀控制时，手爪夹紧和松开分别由一个线圈控制，在控制过程中不允许两个线圈同时得电。二者的区别在于双向气动电磁阀的初始位置是任意的，可以随意控制两个位置，而单向气动电磁阀的初始位置是固定的，只能控制一个方向。由于双向气动电磁阀的两个线圈不能同时闭合，因此，从安全角度考虑，控制同一电磁换向阀的两个线圈都应在程序上加一个联锁保护。

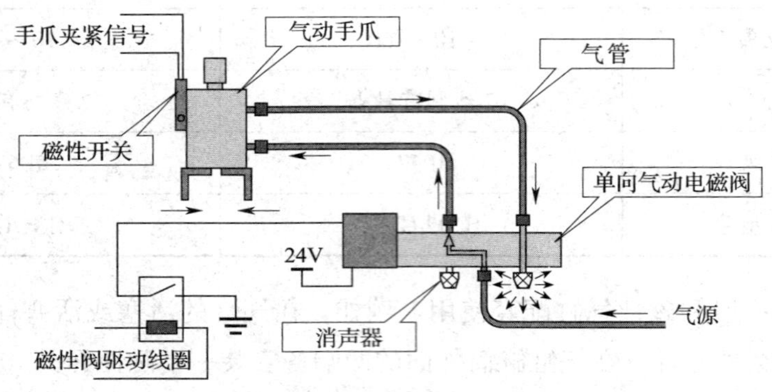

图 3-2-4　气动机械手控制示意图

三、使用置位 / 复位指令的单序列顺序控制梯形图的编程方法

图 3-2-5 所示的一段顺序功能图及其对应的梯形图即可说明使用置位 / 复位指令的单序列顺序控制梯形图的编程方法。

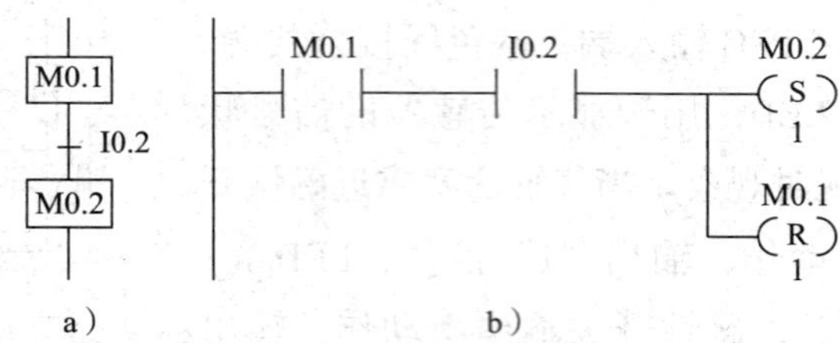

图 3-2-5　使用置位 / 复位指令的单序列顺序控制梯形图的编程方法

a）顺序功能图　b）梯形图

根据顺序功能图来设计梯形图时，可以使用辅助继电器 M 来代表步。当某一步为活动步时，对应的辅助继电器 M 为 ON 状态。图 3-2-5a 中，由步 M0.1 转换到步 M0.2 需要同时满足两个条件：一是该转换的前级步 M0.1 是活动步，即 M0.1 为 ON 状态；二是转换条件 I0.2 满足，即 I0.2 为 ON 状态。在图 3-2-5b 所示对应的梯形图中，可以用 M0.1 和 I0.2 的常开触点组成的串联电路来表示由步 M0.1 到步 M0.2 的转换条件。该串联电路接通即上述两个条件同时满足时，就实现了由步 M0.1 到步 M0.2 的转换。一旦转换实现，就完成了两个操作：一是将该转换的后续步 M0.2 变为活动步，即用置位指令将 M0.2 置位；二是将该转换的前级步 M0.1 变为不活动步，即用复位指令将 M0.1 复位。

使用置位 / 复位指令的编程方法也称为以转换为中心的编程方法。这种编程方法与转换实现的基本规则之间有着严格的对应关系，用它编制复杂的顺序功能图的梯形图时，更能显示出它的优越性。

概括地说，根据顺序功能图使用置位 / 复位指令的编程方法来设计梯形图，主要包括步的控制程序设计和输出电路的设计两方面。

1. 步的控制程序设计

在顺序功能图中，如果某一转换所有的前级步都是活动步，并且满足相应的转换条件，则转换实现，即所有由有向连线与相应转换符号相连的后续步都变为活动步，而所有由有向连线与相应转换符号相连的前级步都变为不活动步。

在使用置位 / 复位指令的编程方法中，将该转换的所有前级步对应的辅助继电器位的常开触点与转换对应的触点或电路串联，作为使所有后续步对应的辅助继电器位置位（使用置位指令）和使所有前级步对应的辅助继电器位复位（使用复位指令）的条件。在任何情况下，代表步的辅助继电器位的控制电路都可以用这一原则来设计，每一个转换对应一个控制置位 / 复位的电路块，转换的数量与电路块的数量相等。这种设计方法规律性强，梯形图与转换实现的基本规则之间有着严格的对应关系，在设计复杂的顺序功能图的梯形图时既容易掌握，又不容易出错。

【例 3–2–1】 图 3–2–6 所示的鼓风机和引风机的控制程序使用了置位 / 复位指令的单序列顺序控制梯形图的编程方法。图 3–2–6a 中的时序图给出了锅炉鼓风机和引风机的控制要求。当按下启动按钮 I0.0 后，应先开引风机，延时 15 s 后再开鼓风机。按下停止按钮 I0.1 后，应先停鼓风机，延时 20 s 后再停引风机。图 3–2–6b 为顺序功能图，图 3–2–6c 为梯形图。

在图 3–2–6b 所示的顺序功能图中，转换条件 I0.1 的前级步为 M0.2，后续步为 M0.3。在图 3–2–6c 所示的梯形图中，就可以用 M0.2 的常开触点和 I0.1 的常开触点组成的串联电路来控制后续步 M0.3 的置位和前级步 M0.2 的复位。

2. 输出电路的设计

步是根据输出量的状态变化划分的，它们之间的关系极为简单，因此输出电路可以分以下两种情况来设计：

（1）如果某一输出继电器仅在某一步中为 ON 状态，例如，图 3–2–6c 所示梯形图中，Q0.1 仅在步 M0.2 中为 ON 状态，则可以用 M0.2 的常开触点控制 Q0.1 的线圈，即将 Q0.1 的线圈与 M0.2 的常开触点串联。

（2）如果某一输出继电器在多步中为 ON 状态，则可以将代表各有关步的辅助继电器的常开触点并联后，驱动该输出继电器线圈，以避免双线圈输出现象。例如，图 3–2–6c 所示梯形图中，Q0.0 在步 M0.1、M0.2、M0.3 中都为 ON 状态，因此将 M0.1、M0.2、M0.3 的常开触点并联来控制 Q0.0 的线圈。

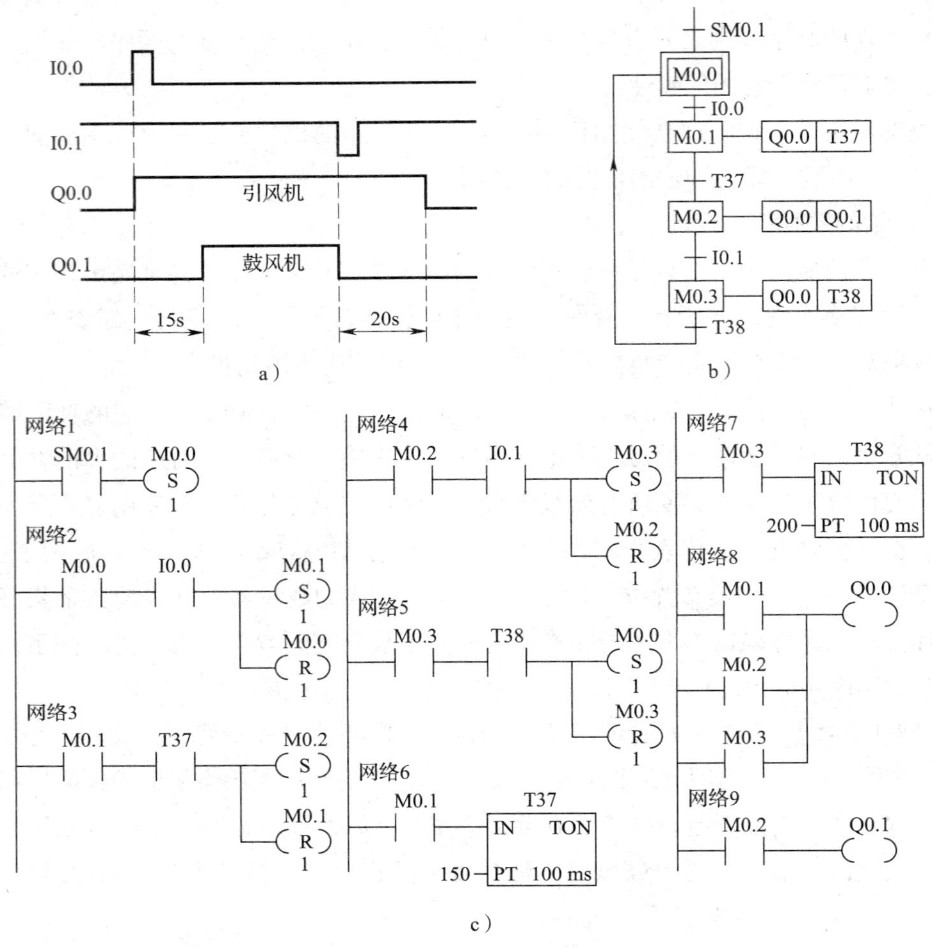

图3-2-6　鼓风机和引风机的控制程序

a）时序图　b）顺序功能图　c）梯形图

注意

使用置位/复位指令的顺序控制梯形图编程方法时，不能将输出继电器Q、定时器T和计数器C的线圈直接与置位/复位指令并联，这是因为前级步和转换条件对应的串联电路接通的时间是相当短的（只有一个扫描周期）。转换条件满足后前级步马上被复位，该串联电路断开，而输出继电器的线圈至少应该在某一步对应的全部时间内被接通。所以应根据顺序功能图，用代表步的辅助继电器M的常开触点或它们的并联电路来驱动输出继电器的线圈，如图3-2-6c中的网络6～9。

如果转换的前级步或后续步不止一个，则此转换的实现称为同步实现。可扫描右侧二维码，了解转换的同步实现的编程方法以及使用置位/复位指令的选择序列和并行序列顺序控制梯形图的编程方法。

任务实施

一、分配 I/O 地址

I/O 地址分配见表 3-2-3。

表 3-2-3　I/O 地址分配

输入				输出			
输入设备	文字符号	作用	输入继电器	输出设备	文字符号	作用	输出继电器
接近开关	SQ0	检测有无物体	I0.0	电磁阀	YV1	控制气缸 A 左行	Q0.1
磁性开关	SQ1	检测右极限	I0.1	电磁阀	YV2	控制气缸 A 右行	Q0.2
磁性开关	SQ2	检测左极限	I0.2	电磁阀	YV3	控制气缸 B 下行	Q0.3
磁性开关	SQ3	检测上极限	I0.3	电磁阀	YV4	控制气缸 B 上行	Q0.4
磁性开关	SQ4	检测下极限	I0.4	电磁阀	YV5	控制气缸 C 的夹紧与松开	Q0.5
启动按钮	SB1	启动	I0.5				
停止按钮	SB2	停止	I0.6				

二、绘制并安装 PLC 控制线路

气动机械手 PLC 控制线路图如图 3-2-7 所示，PLC 控制接线图请读者自行绘制。安装时，电磁阀 YV1、YV2、YV3、YV4、YV5 暂时不接到 PLC 输出端 Q0.1、Q0.2、Q0.3、Q0.4、Q0.5，待模拟调试程序通过后再连接。

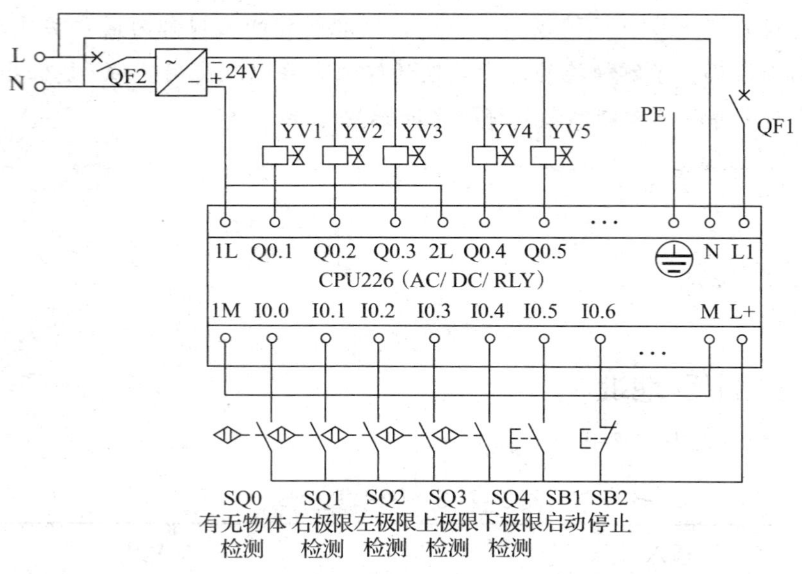

图 3–2–7　气动机械手 PLC 控制线路图

三、设计梯形图程序

根据顺序控制设计法的步骤，通过绘制顺序功能图，使用置位 / 复位指令的编程方法，设计梯形图程序。

编辑符号表，如图 3–2–8 所示。

符号表

	符号	地址	注释
1	接近开关SQ0	I0.0	检测有无物体
2	右极限开关	I0.1	磁性开关SQ1检测右极限
3	左极限开关	I0.2	磁性开关SQ2检测左极限
4	上极限开关	I0.3	磁性开关SQ3检测上极限
5	下极限开关	I0.4	磁性开关SQ4检测下极限
6	启动按钮	I0.5	SB1启动
7	停止按钮	I0.6	SB2停止，常闭触点
8	左行电磁阀	Q0.1	YV1控制左行
9	右行电磁阀	Q0.2	YV2控制右行
10	下行电磁阀	Q0.3	YV3控制下行
11	上行电磁阀	Q0.4	YV4控制上行
12	夹紧松开电磁阀	Q0.5	YV5控制夹紧与松开

用户定义1　POU 符号

图 3–2–8　符号表

分析气动机械手 PLC 控制的工作过程，绘制如图 3–2–9 所示的使用辅助继电器 M 表示步元件的顺序功能图。

使用置位 / 复位指令的编程方法，将如图 3–2–9 所示的顺序功能图改为如图 3–2–10a 所示的气动机械手 PLC 控制梯形图，图 3–2–10b 所示为语句表。

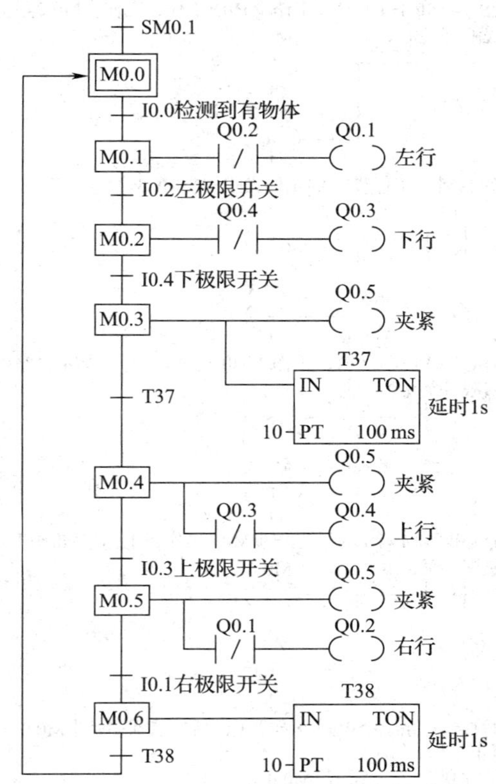

图 3-2-9 气动机械手 PLC 控制顺序功能图

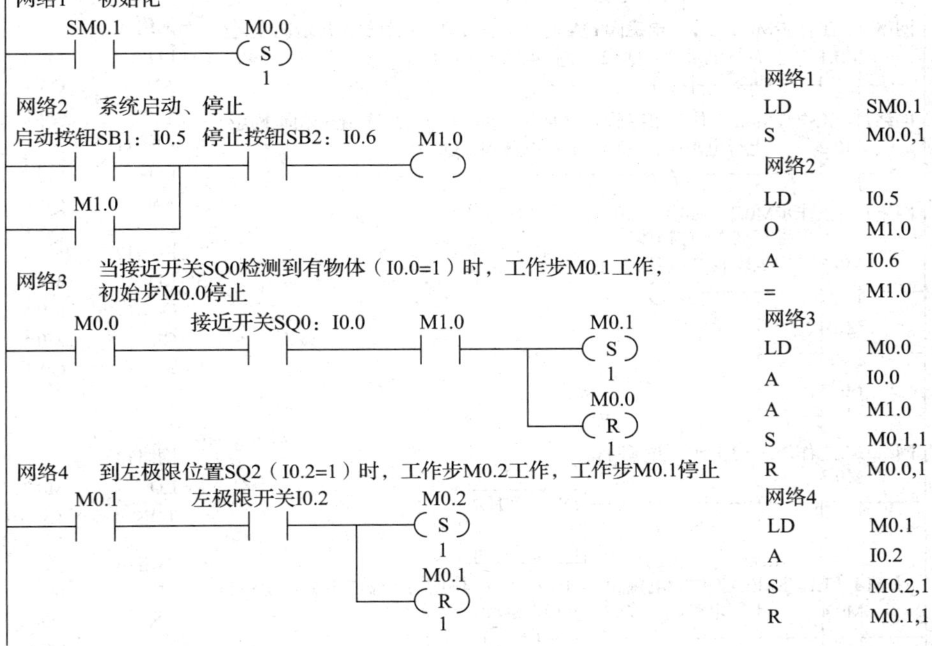

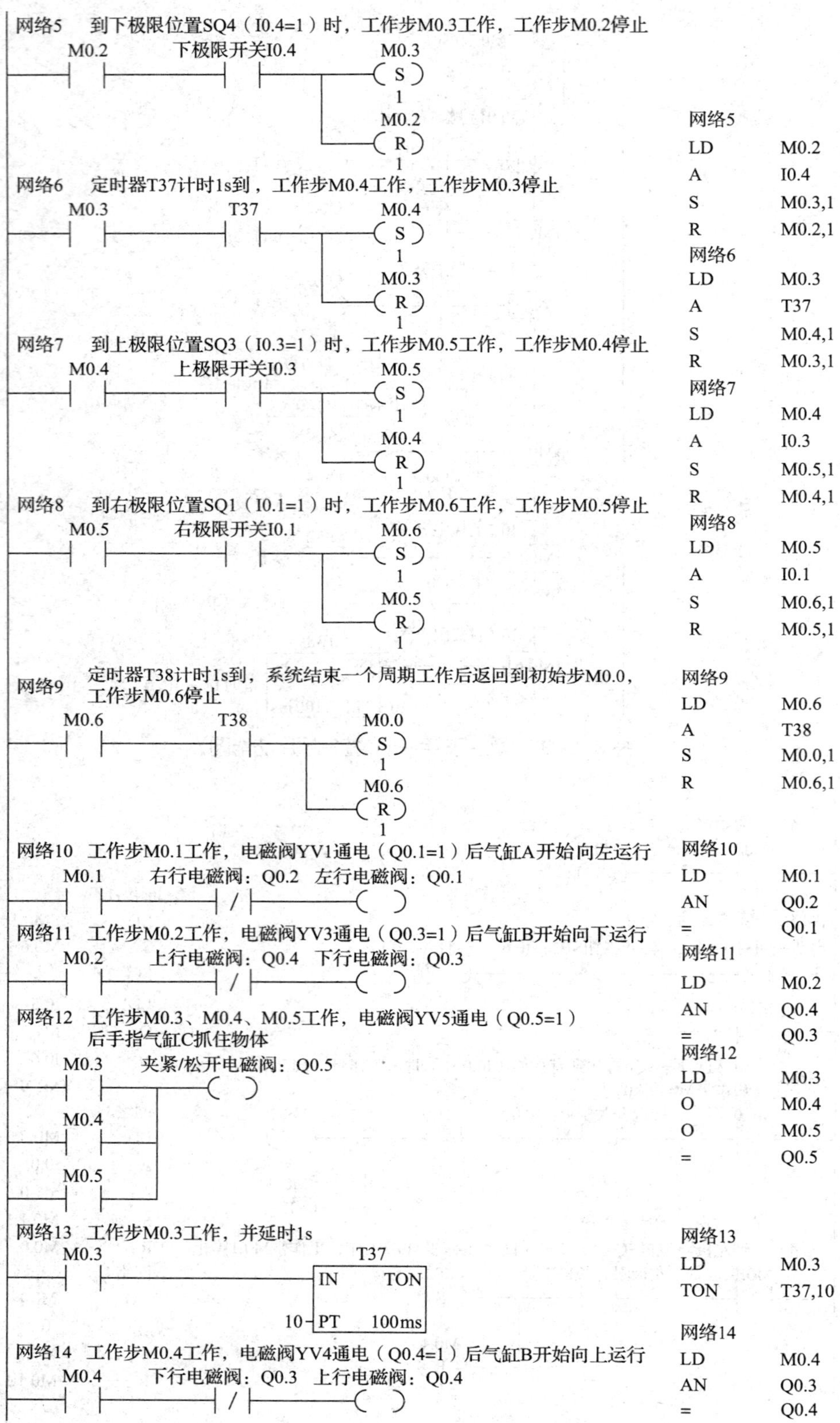
网络5　到下极限位置SQ4（I0.4=1）时，工作步M0.3工作，工作步M0.2停止
M0.2
下极限开关I0.4
M0.3
S
1
M0.2
R
1
网络6　定时器T37计时1s到，工作步M0.4工作，工作步M0.3停止
M0.3
T37
M0.4
S
1
M0.3
R
1
网络7　到上极限位置SQ3（I0.3=1）时，工作步M0.5工作，工作步M0.4停止
M0.4
上极限开关I0.3
M0.5
S
1
M0.4
R
1
网络8　到右极限位置SQ1（I0.1=1）时，工作步M0.6工作，工作步M0.5停止
M0.5
右极限开关I0.1
M0.6
S
1
M0.5
R
1
网络9　定时器T38计时1s到，系统结束一个周期工作后返回到初始步M0.0，工作步M0.6停止
M0.6
T38
M0.0
S
1
M0.6
R
1
网络10　工作步M0.1工作，电磁阀YV1通电（Q0.1=1）后气缸A开始向左运行
M0.1
右行电磁阀：Q0.2
左行电磁阀：Q0.1
网络11　工作步M0.2工作，电磁阀YV3通电（Q0.3=1）后气缸B开始向下运行
M0.2
上行电磁阀：Q0.4
下行电磁阀：Q0.3
网络12　工作步M0.3、M0.4、M0.5工作，电磁阀YV5通电（Q0.5=1）后手指气缸C抓住物体
M0.3
夹紧/松开电磁阀：Q0.5
M0.4
M0.5
网络13　工作步M0.3工作，并延时1s
M0.3
T37
IN
TON
10
PT
100ms
网络14　工作步M0.4工作，电磁阀YV4通电（Q0.4=1）后气缸B开始向上运行
M0.4
下行电磁阀：Q0.3
上行电磁阀：Q0.4
网络5
LD M0.2
A I0.4
S M0.3,1
R M0.2,1
网络6
LD M0.3
A T37
S M0.4,1
R M0.3,1
网络7
LD M0.4
A I0.3
S M0.5,1
R M0.4,1
网络8
LD M0.5
A I0.1
S M0.6,1
R M0.5,1
网络9
LD M0.6
A T38
S M0.0,1
R M0.6,1
网络10
LD M0.1
AN Q0.2
= Q0.1
网络11
LD M0.2
AN Q0.4
= Q0.3
网络12
LD M0.3
O M0.4
O M0.5
= Q0.5
网络13
LD M0.3
TON T37,10
网络14
LD M0.4
AN Q0.3
= Q0.4

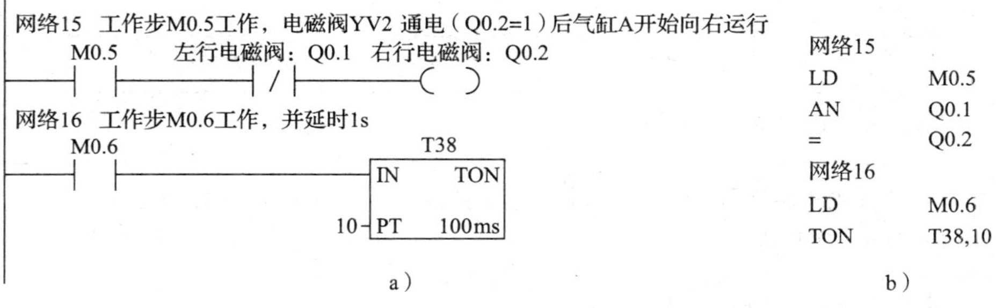

图 3-2-10 气动机械手 PLC 控制程序

a）梯形图 b）语句表

想一想

如果要求按下停止按钮 SB2 后系统立即停止工作，程序应如何编写？

四、模拟调试

根据顺序功能图，利用状态表监控程序的方法模拟调试顺序控制程序。

五、联机调试

模拟调试成功后，接上实际的负载，按照表 3-2-4 的步骤进行联机调试，同时注意观察和记录。

表 3-2-4 联机调试记录表

步骤	操作内容	观察内容	观察结果
1	模式选择开关拨至 STOP 位置，合上电源开关 QF1 和 QF2	“STOP”“RUN” 及 I/O 指示灯状态	
2	模式选择开关拨至 TERM 位置，通过编程软件运行 CPU 模块		
3	按下启动按钮 SB1	I/O 指示灯状态、电磁阀 YV1 ～ YV5 通电情况	
4	接通接近开关 SQ0		
5	接通左极限开关 SQ2		
6	接通下极限开关 SQ4		
7	定时器 T37 计时 1 s 到		
8	接通上极限开关 SQ3		
9	接通右极限开关 SQ1		
10	定时器 T38 计时 1 s 到		

续表

步骤	操作内容	观察内容	观察结果
11	按下停止按钮 SB2		
12	通过编程软件停止运行 CPU 模块，模式选择开关拨至 STOP 位置	“STOP”“RUN”及 I/O 指示灯状态	
13	关断电源开关 QF1 和 QF2		

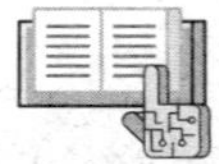

任务测评

清扫工作台面，整理技术文件，并参考表 1–3–7 进行任务测评。

任务 3　多种液体自动混合机 PLC 控制

学习目标

1. 了解液位传感器的工作原理和接线方法。

2. 了解顺序控制继电器 S 的功能，掌握 SCR 指令的功能、表示形式及使用方法。

3. 能运用 SCR 指令的编程方法，将以软元件 S 为步元件的单序列顺序功能图改为梯形图。

4. 能运用顺序控制设计法，根据系统控制要求绘制以软元件 S 为步元件的单序列顺序功能图，并使用 SCR 指令设计单序列顺序控制系统。

任务引入

图 3-3-1 所示为某多种液体自动混合机示意图，其在医药、食品、化工等行业中应用非常广泛。

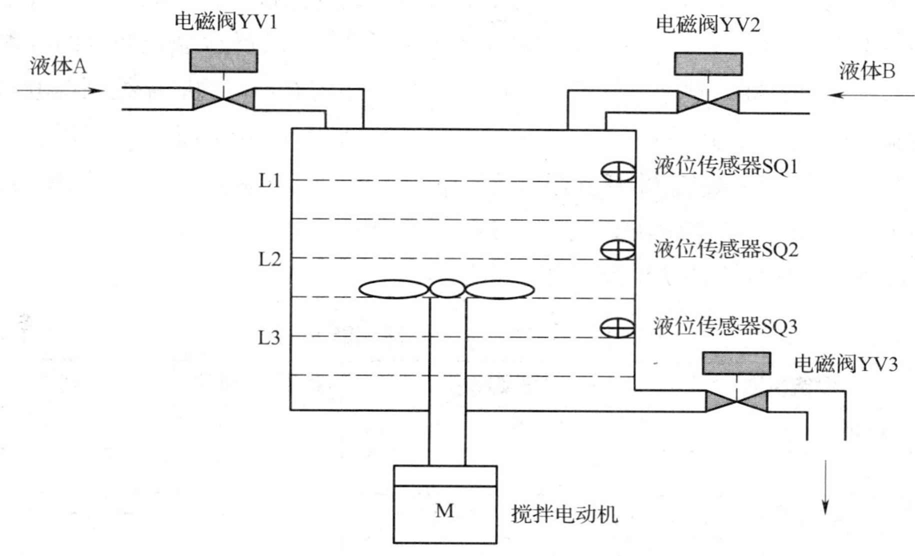

图 3-3-1 多种液体自动混合机示意图

本任务要求运用 PLC 顺序控制设计法，使用 SCR 指令设计多种液体自动混合机 PLC 控制系统，并完成安装和调试。控制要求如下：

1. 初始状态

多种液体自动混合机投入运行时，液体 A、B 的阀门关闭，容器为放空关闭状态。

2. 周期工作

按下启动按钮 SB1 后，多种液体自动混合机开始按如下顺序工作：

（1）电磁阀 YV1 通电，液体 A 的阀门打开，液体 A 流入容器，液位上升。

（2）当液位上升到 L2 液面时，SQ2 导通，电磁阀 YV1 断电，关闭液体 A 的阀门，同时电磁阀 YV2 通电，打开液体 B 的阀门，液体 B 开始流入容器。

（3）当液位上升到 L1 液面时，SQ1 导通，电磁阀 YV2 断电，关闭液体 B 的阀门，搅拌电动机 M 通电启动开始搅拌液体。

（4）搅拌电动机 M 工作 20 s 后停止搅拌工作，电磁阀 YV3 通电，混合液阀门打开，放出混合液体。

（5）当液位下降到 L3 液面，SQ3 由导通变为断开时开始计时，且装置继续放液直至将容器放空，计时满 10 s 后，电磁阀 YV3 断电，混合液阀门关闭，自动开始下一个周期。

3. 停止工作

当按下停止按钮SB2时，多种液体自动混合机在完成当前的工作循环后才停止工作。

4. 具有短路、过载保护等必要的保护措施。

分析本任务的控制要求可知，多种液体自动混合机PLC控制属于典型的单序列结构的顺序控制。在前面两个任务中，使用顺序控制设计法进行设计时，都是根据以编程元件M代表步的顺序功能图，分别使用PLC通用指令和置位/复位指令的编程方法设计梯形图程序。针对顺序控制系统，西门子PLC还配有专门的顺序控制继电器S和顺序控制继电器（sequence control relay，SCR）指令来设计梯形图程序，适用于任意简单或复杂的顺序控制系统。本任务通过绘制以顺序控制继电器S代表步的顺序功能图，使用SCR指令设计多种液体自动混合机PLC控制程序。

实施本任务所使用的实训设备可参考表3–3–1。

表3–3–1　实训设备清单

序号	设备名称	型号及规格	数量	单位	备注
1	微型计算机	带STEP7–Micro/WIN软件	1	台	
2	编程电缆	PC/PPI	1	条	
3	可编程序控制器	CPU226（AC/DC/RLY）	1	台	配C45导轨
4	低压断路器	Multi9 C65N D20，单极	2	个	
5	低压断路器	Multi9 C65N D20，三极	1	个	
6	熔断器	RT28–32/4	4	个	
7	按钮	LA4–2H	1	个	
8	选择开关	自定	1	个	
9	液位传感器	SL–78	3	个	
10	电磁阀	自定，AC 220 V	3	个	
11	接触器	CJX1–22/22，AC 220 V	1	个	
12	热继电器	JR36–20，整定范围1.5～2.4 A	1	个	
13	接线端子排	TB–1540，40位	1	条	
14	配电盘	600 mm×900 mm	1	块	
15	三相异步电动机	Y801–4，0.75 kW	1	台	

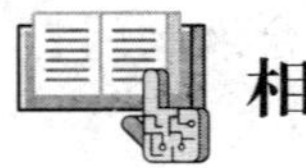

相关知识

一、液位传感器

液位传感器又称液位开关，它根据控制信号开启排放液体或者流进液体的阀门以调节液位。

常用的液位开关有浮球式液位开关（接触式）和电容式液位开关（非接触式）。浮球式液位开关及其接线示意图如图 3–3–2 所示。浮球式液位开关主要是基于浮力和磁感应原理工作的。带有磁体的浮球在被测介质中的位置受浮力作用影响，液位的变化会导致磁性浮球位置的变化。浮球式液位开关中的磁体和传感器（磁簧开关）作用，即可产生开关量信号。当浮球式液位开关检测到一定高度的液位时，其常开触点闭合，否则断开。浮球式液位开关的引出线有三根，一根是公共端（COM），另外两根分别是常闭（NC）和常开（NO）接点。

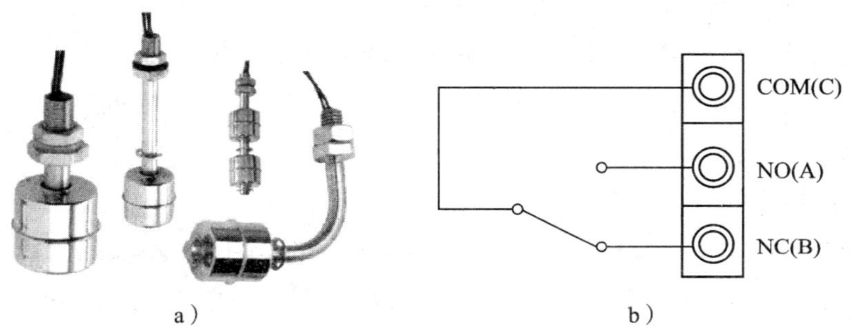

图 3–3–2 浮球式液位开关及其接线示意图

a）实物图 b）接线示意图

电容式液位开关及其接线示意图如图 3–3–3 所示。其测量原理是，物料的物位高低变化导致探头被覆盖区域的大小发生变化，从而导致电容值发生变化。探头与罐壁（导电材料制成）构成一个电容器。当探头处于空气中时，测量到的是一个小数值的初始电容值。当罐体中有物料注入时，电容值将随探头被物料所覆盖区域面积的增加而增大。当电容达到设定值时，液位开关便会动作。

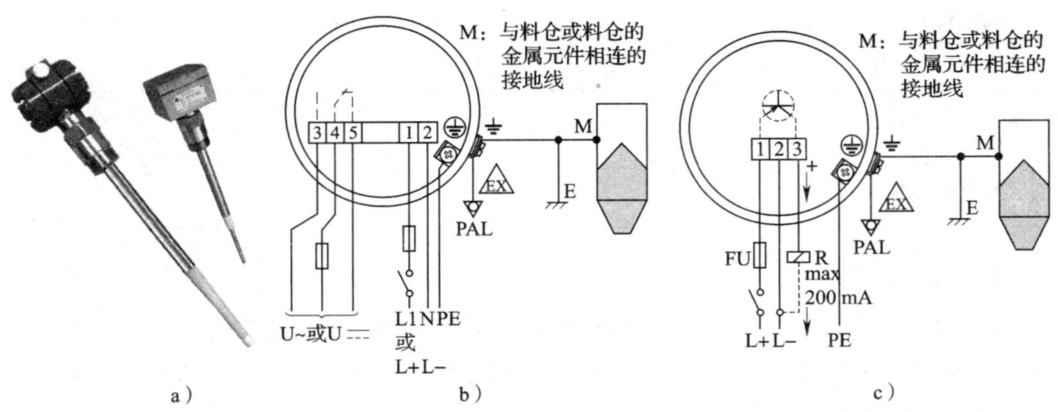

图 3–3–3 电容式液位开关及其接线示意图

a）实物图 b）AC 或 DC 供电继电器输出型液位开关接线示意图

c）DC 供电晶体管输出型液位开关接线示意图

二、顺序控制继电器 S

顺序控制继电器 S 也称状态继电器，与 SCR 指令配合使用，用于组织设备的顺序操作，以实现顺序控制。顺序控制继电器 S 可以按位、字节、字或双字来存取，编址范围为 S0.0 ~ S31.7，共 256 位，采用八进制编号（S0.0 ~ S0.7、S1.0 ~ S1.7、…、S31.0 ~ S31.7）。

三、顺序控制继电器（SCR）指令

S7–200 系列 PLC 中的顺序控制继电器 S 专门用于顺序控制程序。顺序控制程序被 SCR 指令划分为 LSCR（load sequence control relay，装载顺序控制继电器）指令与 SCRE（sequence control relay end，顺序控制继电器结束）指令之间的若干个 SCR 段，一个 SCR 段对应顺序功能图中的一步。

1. SCR 指令的分类

SCR 指令包括 LSCR 指令、SCRT（sequence control relay transition，顺序控制继电器转换）指令、SCRE 指令和 CSCRE 指令（CSCRE 指令只能在 STL 编辑器中使用，且应用较少，这里不予介绍），其梯形图和语句表表示形式见表 3–3–2。

表 3–3–2　SCR 指令的梯形图和语句表

指令名称	梯形图	语句表	功能
装载顺序控制继电器指令（LSCR 指令）	S_bit SCR	LSCR S_bit	SCR 程序段的开始
顺序控制继电器转换指令（SCRT 指令）	S_bit —(SCRT)	SCRT S_bit	SCR 程序段的转换
顺序控制继电器结束指令（SCRE 指令）	—(SCRE)	SCRE	SCR 程序段的结束

（1）LSCR 指令

LSCR 指令用来表示一个 SCR 段的开始，即顺序功能图中步的开始。指令中的操作数 S_bit 为顺序控制继电器 S（BOOL 型）的地址。当 S_bit 为“1”状态时，对应的 SCR 段中的程序被执行，反之则不被执行。

（2）SCRT 指令

SCRT 指令用来表示 SCR 段之间的转换，即步的活动状态的转换。当 SCRT 线圈得电时，后续步对应的顺序控制继电器 S_bit 变为“1”状态（即后续步变为活动步），同时当前活动步对应的顺序控制继电器 S_bit 变为“0”状态（即当前步变为不活动步）。简单地说，SCRT 指令有两个功能：一是置位下一个要执行的 SCR 段的 S 位，使下一个 SCR 段开始工作；二是复位当前工作的 SCR 段的 S 位，使当前工作的 SCR 段停止工作。

（3）SCRE 指令

SCRE 指令用来表示 SCR 段的结束。

LSCR 指令将 S_bit 的值装载到 SCR 堆栈和逻辑堆栈的栈顶，SCR 堆栈中 S 位的状态决定对应的 SCR 段是否执行。由于逻辑堆栈栈顶装入了 S 位的值，所以可以将 SCR 指令和它后面的线圈直接连接到左母线上而不经过中间触点。

2. 使用 SCR 指令编程的要点

（1）SCR 指令的操作数只能是顺序控制继电器 S 的地址。S 的范围是 S0.0 ~ S31.7，采用八进制编号。如果顺序控制继电器 S 没有被 SCR 指令调用，它也可以作为位存储器使用。

（2）顺序控制继电器 S 可以用于主程序、子程序或中断程序中，但不能重复使用，即不能在不同的程序中使用相同的 S 位。例如，如果在主程序中使用了 S0.1，在子程序中就不能再使用它了。

（3）在顺序功能图中，使用顺序控制继电器 S 位时不一定要遵循元件的序号，即可以任意使用各序号的 S 位。但为避免重复，一般情况下都顺序地使用各 S 位，尤其在比较复杂的选择序列和并行序列中，最好做到分组、顺序地使用各 S 位。

（4）每一个顺序控制继电器的 S 位都表示一个 SCR 段的状态。各 SCR 段的程序能否执行取决于对应的 S 位是否被置位，可以使用 SCRT 指令或对该 SCR 段对应的 S 位进行置位操作。如果需要结束某个 SCR 段，可以使用 SCRE 指令或对该 SCR 段对应的 S 位进行复位操作。

（5）一个 SCR 段对应于顺序功能图中的一步，编程时每个 SCR 段一般要包含 LSCR、SCRT 和 SCRE 三个指令，而且编写每一个 SCR 段时要考虑三个方面的问题：

1）本 SCR 段要完成什么工作？

2）什么条件下才能实现状态的转移？

3）状态转移的目标是什么？

（6）在状态发生转移后，所有 SCR 段的元件（输出继电器、定时器等线圈）一般也要复位，如果希望继续输出，可以使用置位指令。

（7）所有 SCR 段结束后，一般要用复位指令复位仍处于置位状态的 S 位，否则程序会出现运行错误。

（8）不能在 SCR 段中使用 FOR、NEXT 和 END 指令；可以在 SCR 段中使用跳转指令，但相应的标号指令也必须在同一个 SCR 段中，即不允许用跳转的方法跳入或跳出 SCR 段。

（9）不支持双线圈输出。

四、使用 SCR 指令的单序列的编程方法

单序列顺序功能图的结构形式简单，如图 3–3–4 所示。其特点是每一步后面只有一个转换，每个转换后面只有一步。各个工作步按顺序执行，若上一工作步执行结束且转换条件成立，则立即开通下一工作步，同时关断上一工作步。

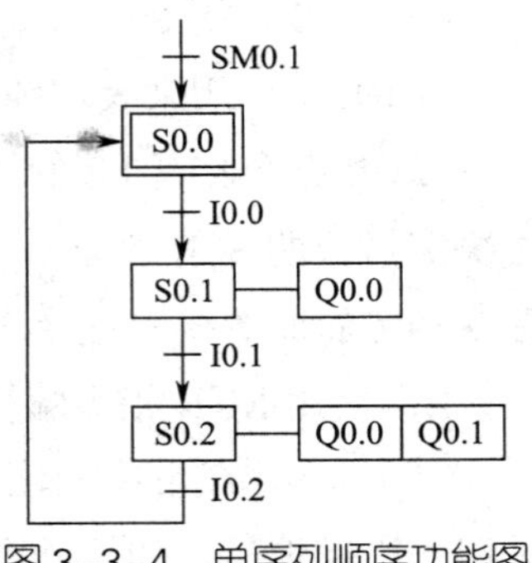

图 3–3–4　单序列顺序功能图

根据图 3–3–4 所示单序列顺序功能图，用 SCR 指令编程，可得到如图 3–3–5 所示单序列顺序控制梯形图。

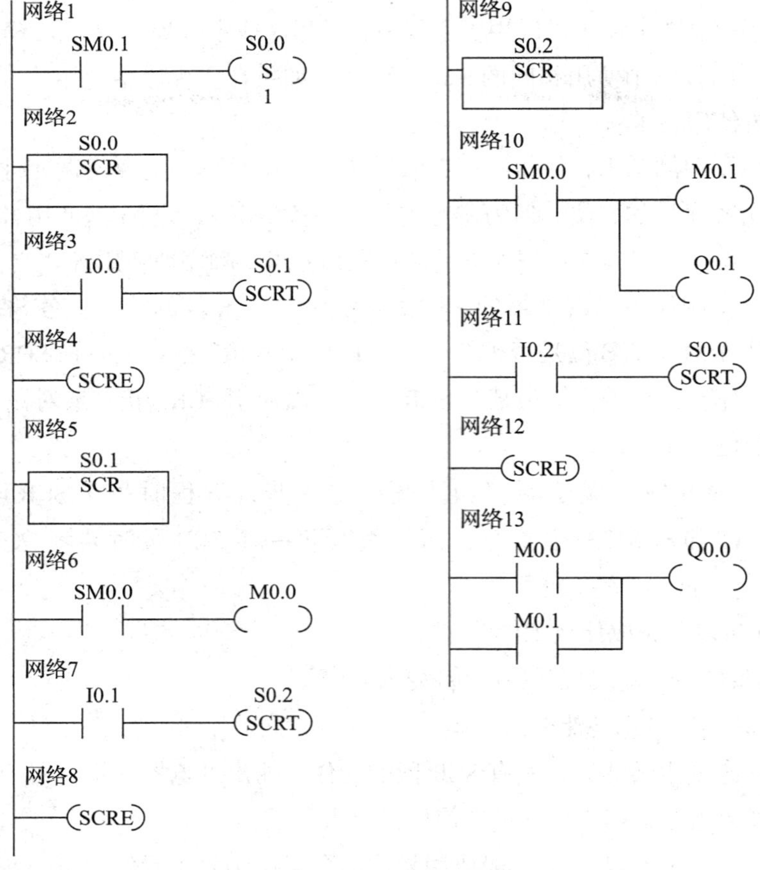

图 3–3–5　使用 SCR 指令的单序列顺序控制梯形图

一个 SCR 段由 LSCR 指令开始，SCRE 指令结束。也就是说，一个 SCR 段由 LSCR 指令和 SCRE 指令之间的所有指令组成，对应于顺序功能图中的一步。例如，如图 3–3–5 所示的梯形图中，网络 2 ~ 网络 4、网络 5 ~ 网络 8、网络 9 ~ 网络 12 分别为步 S0.0、S0.1、S0.2 对应的 SCR 段。

在 SCR 段输出时，常用 SM0.0（常 ON）执行 SCR 段的输出操作，如图 3–3–5 所示的网络 6 和网络 10。因为线圈不能直接与左母线相连，所以需借助 SM0.0，也可以借助与当前 SCR 段的步号一致的 S_bit 的常开触点来与左母线相连。

扫描右侧二维码，可了解顺序控制系统中两种停止功能的实现方法。

为了避免双线圈输出现象，在将顺序功能图改为梯形图时要将顺序功能图（图 3–3–4）中对 Q0.0 线圈的控制合在一起，如图 3–3–5 中网络 13 所示。

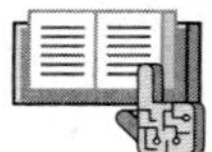

任务实施

一、分配 I/O 地址

I/O 地址分配见表 3–3–3。

表 3–3–3 I/O 地址分配

输入				输出			
输入设备	文字符号	作用	输入继电器	输出设备	文字符号	作用	输出继电器
启动按钮	SB1	启动	I0.0	电磁阀	YV1	控制液体 A 流入	Q0.1
液位传感器	SQ1	L1 液位检测	I0.1	电磁阀	YV2	控制液体 B 流入	Q0.2
液位传感器	SQ2	L2 液位检测	I0.2	电磁阀	YV3	控制混合液体排放	Q0.3
液位传感器	SQ3	L3 液位检测	I0.3	接触器	KM	控制搅拌电动机	Q0.4
选择开关	SA	单周 / 连续	I0.4				
停止按钮	SB2	停止	I0.5				

二、绘制并安装 PLC 控制线路

多种液体自动混合机 PLC 控制线路图如图 3-3-6 所示，PLC 控制接线图请读者自行绘制。安装时，电磁阀 YV1、YV2、YV3 和接触器 KM 暂时不接到 PLC 输出端 Q0.1、Q0.2、Q0.3、Q0.4，待模拟调试程序通过后再连接。

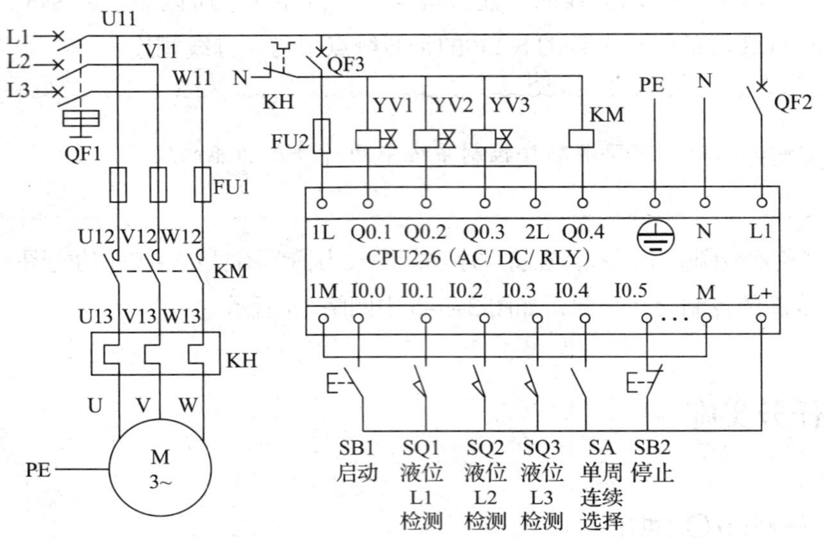

图 3-3-6　多种液体自动混合机 PLC 控制线路图

三、设计梯形图程序

编辑符号表，如图 3-3-7 所示。

符号表

	符号	地址	注释
1	启动按钮	I0.0	启动
2	L1液位传感器	I0.1	L1液位检测
3	L2液位传感器	I0.2	L2液位检测
4	L3液位传感器	I0.3	L3液位检测
5	选择开关	I0.4	单周/连续（闭合/断开）
6	停止按钮	I0.5	停止（常闭触点）
7	液体A电磁阀	Q0.1	控制液体A流入
8	液体B电磁阀	Q0.2	控制液体B流入
9	混合液体电磁阀	Q0.3	控制混合液体排放
10	搅拌电动机	Q0.4	搅拌混合液体

用户定义1　POU 符号

图 3-3-7　符号表

分析多种液体自动混合机 PLC 控制的工作过程，绘制如图 3-3-8 所示的使用顺序控制继电器 S 表示步元件的顺序功能图。

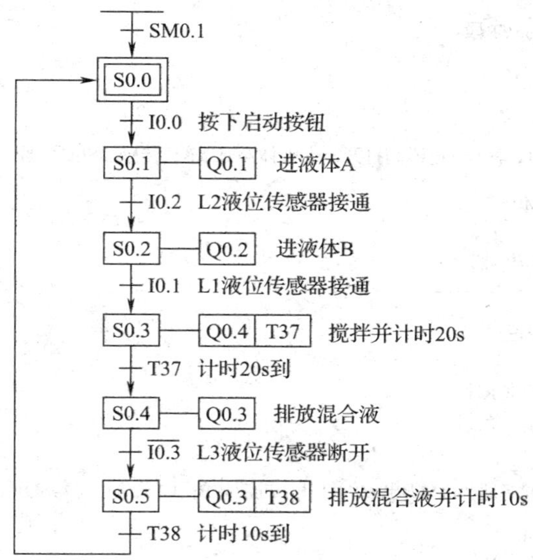

图 3-3-8 多种液体自动混合机 PLC 控制顺序功能图

想一想

当液面高于液位传感器 SQ3 时，I0.3 的常闭触点是闭合还是断开？当液面低于液位传感器 SQ3 时，I0.3 的常闭触点是闭合还是断开？

使用 SCR 指令的编程方法，将如图 3-3-8 所示的顺序功能图转换为如图 3-3-9a 所示的 PLC 顺序控制梯形图，图 3-3-9b 所示为语句表。

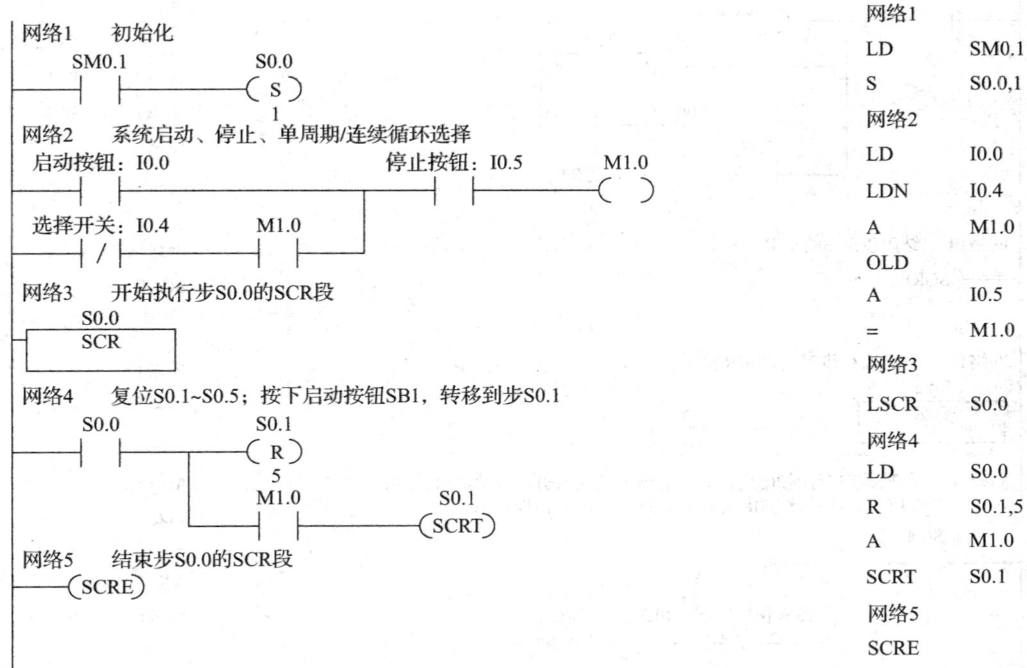

网络6　开始执行步S0.1的SCR段

S0.1 SCR

网络7　按下启动按钮SB1，液体A电磁阀打开，进液体A；L2液位传感器SQ2接通，转移到步S0.2

S0.1　M0.1

L2液位传感器：I0.2　S0.2 SCRT

网络8　结束步S0.1的SCR段

SCRE

网络9　开始执行步S0.2的SCR段

S0.2 SCR

网络10　L2液位传感器SQ2接通，液体B电磁阀打开，进液体B；L1液位传感器SQ1接通，转移到步S0.3

S0.2　M0.2

L1液位传感器：I0.1　S0.3 SCRT

网络11　结束步S0.2的SCR段

SCRE

网络12　开始执行步S0.3的SCR段

S0.3 SCR

网络13　L1液位传感器SQ1接通，电动机M启动，搅拌混合液体；搅拌持续20s；定时器T37计时20s到，转移到步S0.4

S0.3　M0.3

T37　IN TON　200 PT 100ms

T37　S0.4 SCRT

网络14　结束步S0.3的SCR段

SCRE

网络15　开始执行步S0.4的SCR段

S0.4 SCR

网络16　定时器T37计时20s到，混合液体电磁阀打开，排放混合液体；L3液位传感器SQ3由接通变为断开，转移到步S0.5

S0.4　M0.4

L3液位传感器：I0.3　S0.5 SCRT

```
网络6
LSCR    S0.1

网络7
LD      S0.1
=       M0.1
A       I0.2
SCRT    S0.2

网络8
SCRE

网络9
LSCR    S0.2

网络10
LD      S0.2
=       M0.2
A       I0.1
SCRT    S0.3

网络11
SCRE

网络12
LSCR    S0.3

网络13
LD      S0.3
=       M0.3
TON     T37,200
A       T37
SCRT    S0.4

网络14
SCRE

网络15
LSCR    S0.4

网络16
LD      S0.4
=       M0.4
AN      I0.3
SCRT    S0.5
```

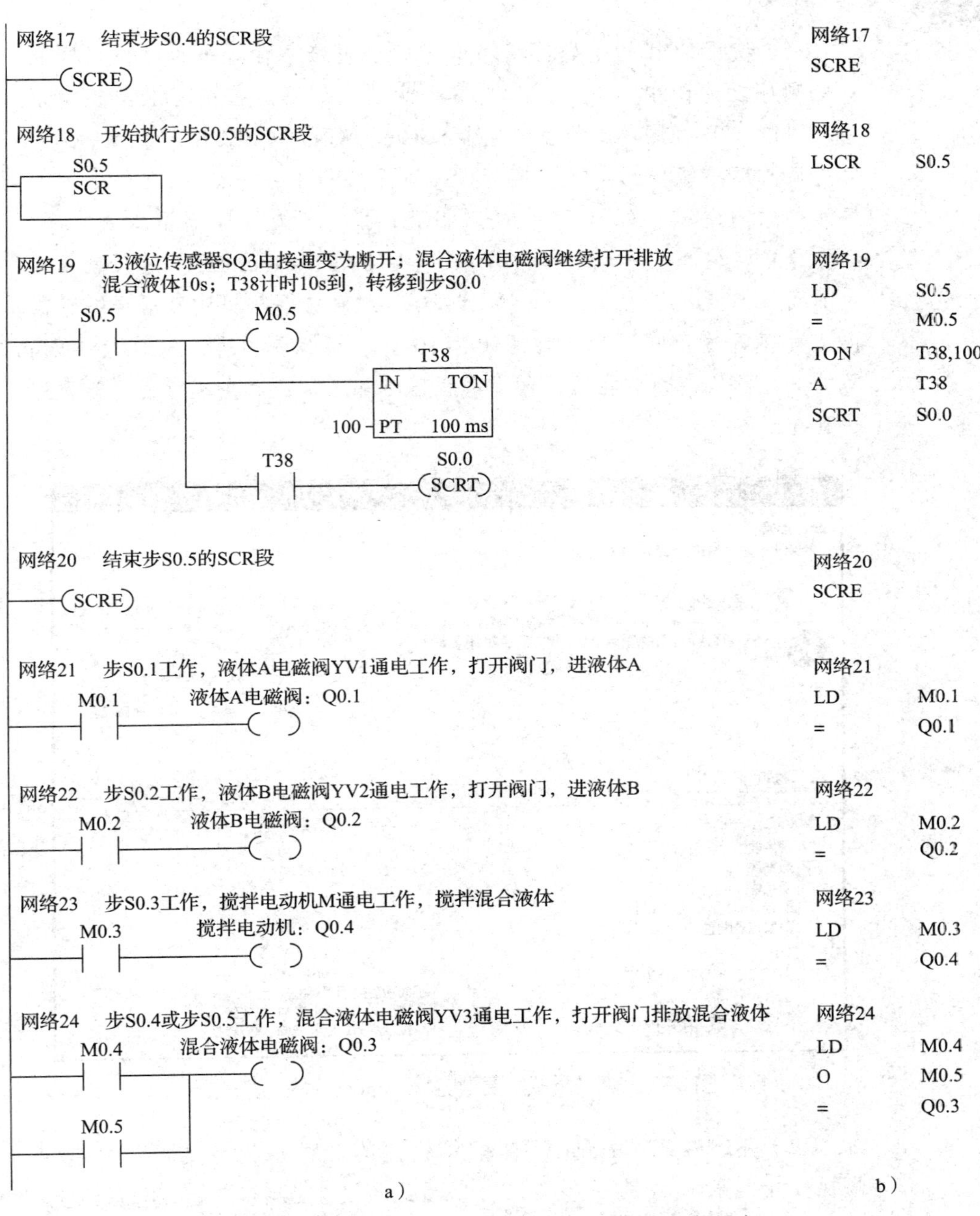

图3-3-9 多种液体自动混合机PLC顺序控制程序
a）梯形图 b）语句表

四、模拟调试

根据顺序功能图，利用状态表监控程序的方法模拟调试顺序控制程序。

操作提示

（1）使用SCR指令设计或编辑PLC控制程序时，一个SCR程序段对应顺序功能图中的一步，如果这一步使用到顺序控制继电器转换指令，则该SCR程序段必须完整包含LSCR、SCRT和SCRE三个指令，而且先后次序不能颠倒，即按照LSCR指令、SCRT指令、SCRE指令的次序。如果遗漏其中的LSCR指令或SCRE指令，或者颠倒了指令次序，则会导致在编译程序时没有出现问题（即STEP7-Micro/WIN编程软件的主界面状态栏显示为“总错误数目：0”），而在下载程序时出现编译错误，程序无法正常下载，如图3-3-10所示。如果遗漏了SCRT指令编写的一个网络，则会在编译和下载程序时都正常，而在执行程序时无法达到控制要求。

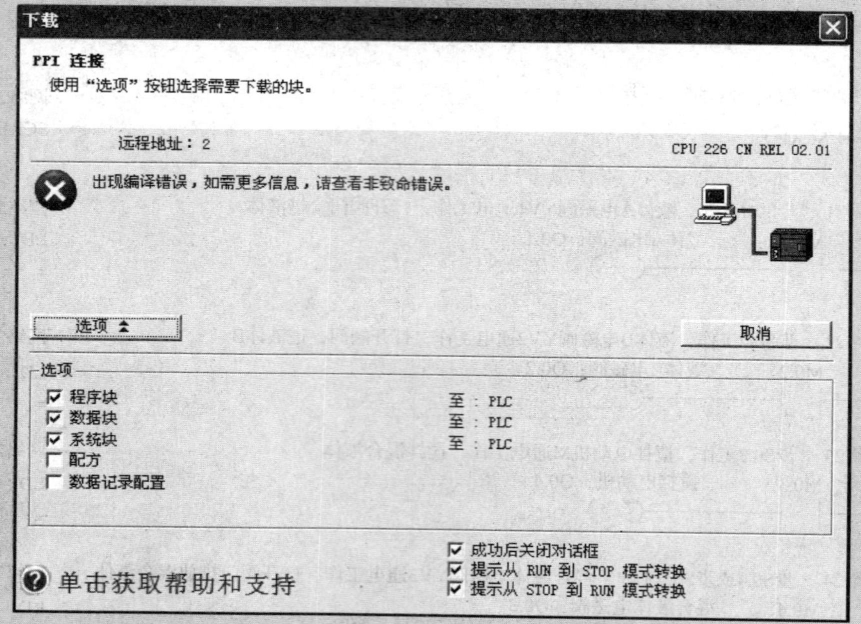

图3-3-10 “下载”窗口显示“出现编译错误”信息

（2）用STEP7-Micro/WIN编程软件的“程序状态监控”功能来监视处于运行模式的梯形图，可以看到因为直接接在左侧电源线上，每一个SCR方框都是蓝色的，但是只有活动步对应的SCRE线圈得电，并且只有活动步对应的SCR段内的SM0.0的常开触点闭合，不活动步的SCR段内的SM0.0的常开触点断开。因此，SCR段内的所有线圈受到对应的顺序控制继电器S的控制，并且受到与它串联的触点的控制。

五、联机调试

模拟调试成功后，接上实际的负载，按照表 3–3–4 的步骤进行联机调试，同时注意观察和记录。

表 3–3–4　联机调试记录表

步骤	操作内容	观察内容	观察结果
1	模式选择开关拨至 STOP 位置，合上电源开关 QF1、QF2 和 QF3	“STOP”“RUN”及 I/O 指示灯状态	
2	模式选择开关拨至 TERM 位置，通过编程软件运行 CPU 模块		
3	连续循环工作，断开选择开关 SA	I/O 指示灯状态、电磁阀 YV1 ~ YV3 和接触器 KM 运行情况	
4	按下启动按钮 SB1		
5	接通液位传感器 SQ3 并保持		
6	接通液位传感器 SQ2 并保持		
7	接通液位传感器 SQ1 并保持		
8	定时器 T37 计时 20 s 到		
9	断开液位传感器 SQ1		
10	断开液位传感器 SQ2		
11	断开液位传感器 SQ3		
12	定时器 T38 计时 10 s 到		
13	重复步骤 5 ~ 12		
14	按下停止按钮 SB2		
15	单周期工作，闭合选择开关 SA		
16	重复步骤 4 ~ 12		
17	通过编程软件停止运行 CPU 模块，模式选择开关拨至 STOP 位置	“STOP”“RUN”及 I/O 指示灯状态	
18	关断电源开关 QF1、QF2 和 QF3		

任务测评

清扫工作台面，整理技术文件，并参考表 1–3–7 进行任务测评。

任务4　自动门PLC控制

学习目标

1. 了解自动门感应器的原理和使用方法。

2. 能使用SCR指令的编程方法，将以软元件S为步元件的选择序列顺序功能图改为梯形图。

3. 能运用顺序控制设计法，根据系统控制要求绘制以软元件S为步元件的选择序列顺序功能图，并使用SCR指令设计选择序列顺序控制系统。

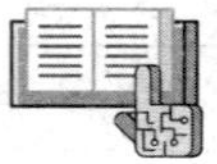

任务引入

在经济飞速发展、高楼耸立的大都市里，宾馆、酒店、银行、商场、写字楼等建筑物里的自动门已经随处可见，如图3-4-1a所示。自动门是通过感应开关来感应人的出入的，如图3-4-1b所示。当人走近自动门时，感应开关感应到人的存在，给控制器一个开门信号，控制器通过驱动装置将门打开。当人通过门后，再将门关闭。

a）

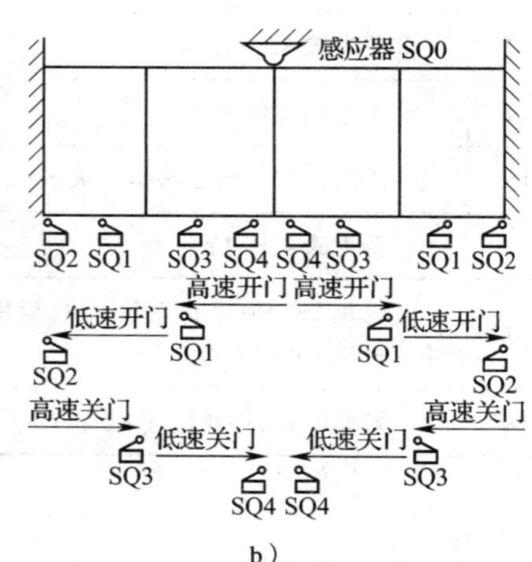

b）

图3-4-1　自动门及其工作示意图

a）自动门　b）工作示意图

本任务要求运用 PLC 顺序控制设计法，使用 SCR 指令设计自动门 PLC 控制系统，并完成安装和调试。控制要求如下：

1. 开门控制

当有人靠近自动门时，感应器 SQ0 检测到信号，执行高速开门动作。当门开到一定位置，碰到开门减速开关 SQ1 时，变为低速开门。当碰到开门极限开关 SQ2 时，门打开到位，并开始延时。若在 4 s 内感应器持续检测到无人，即转为关门动作。

2. 关门控制

先高速关门，当门关到一定位置碰到关门减速开关 SQ3 时，改为低速关门，碰到关门极限开关 SQ4 时停止。在关门期间若感应器检测到有人（SQ0 动作），则停止关门，并延时 1 s 后自动转换为高速开门。

3. 具有短路保护等必要的保护措施

本课题前面三个任务都是典型的单序列顺序控制系统的程序设计，根据单序列顺序功能图，分别使用了启保停电路的编程方法、置位 / 复位指令的编程方法和 SCR 指令的编程方法，进行了单序列顺序控制梯形图的设计。但在很多顺序控制系统对应的顺序功能图中，往往有两个或两个以上的状态转移支路，即多分支流程。按照驱动条件的不同，多分支流程的顺序控制可分为选择性分支和并行性分支。其中选择性分支是指当前步执行完时有两个或两个以上的步可转移；并行性分支是指当转换条件满足时有两个或两个以上的步同时被激活。分析本任务的控制要求可知，自动门 PLC 控制属于典型的选择序列结构的顺序控制。SCR 指令编程简单清晰，容易理解，而且编程效率高，因此本任务选择使用 SCR 指令设计自动门 PLC 控制系统。

实施本任务所使用的实训设备可参考表 3–4–1。

表 3–4–1 实训设备清单

序号	设备名称	型号及规格	数量	单位	备注
1	微型计算机	带 STEP7–Micro/WIN 软件	1	台	
2	编程电缆	PC/PPI	1	条	
3	可编程序控制器	CPU226（AC/DC/RLY）	1	台	配 C45 导轨
4	低压断路器	Multi9 C65N D20，单极	2	个	
5	低压断路器	Multi9 C65N D20，三极	1	个	
6	熔断器	RT28–32/4	7	个	
7	红外感应器	K–25，12 ~ 24 V	1	个	
8	限位开关	JLXK1–111	4	个	
9	接触器	CJX1–22/22，AC 220 V	4	个	

续表

序号	设备名称	型号及规格	数量	单位	备注
10	热继电器	JR36–20，整定范围 1.5 ~ 2.4 A	2	个	
11	接线端子排	TB–1540，40 位	1	条	
12	配电盘	600 mm × 900 mm	1	块	
13	三相异步电动机	Y801–2，0.75 kW	1	台	
14	三相异步电动机	Y801–4，0.75 kW	1	台	

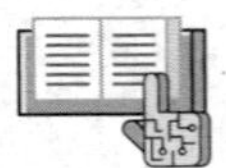

相关知识

一、自动门感应器

感应器是自动门的重要部件，常用的自动门感应器有微波感应器和红外感应器。

微波感应器又称微波雷达，它通过电磁波对物体的移动进行反应，因而反应速度快，适用于行走速度正常人员通过的场所。它的缺点是一旦在门附近的人员不想出门而静止不动，雷达便不再反应，自动门就会关闭，有可能出现夹人现象。

红外感应器利用物体的红外光谱对物体的存在进行反应，不管人员是否移动，只要处于感应器的扫描范围内，它都会产生反应。红外感应器的反应速度比微波感应器慢，但为了安全，可以选用红外感应器。

自动门常用的热释电红外感应器是一种根据热释电效应原理，以非接触形式检测出人体辐射的红外线而输出电信号的感应器。应用这类感应器时，应设法使红外辐射不断变化，这样才能使感应器不断有信号输出。因此，通常会在热释电红外感应器的前面加装一个菲涅尔透镜。由于热释电红外感应器输出的是 5 V 直流信号，因此需要进行信号的处理和转换，以作为 PLC 的输入量使用。例如，使用一款具有较高性能的传感信号处理集成电路 BISS0001，配以热释电红外感应器和少量外接元器件，构成被动式的热释电红外开关，即可作为 PLC 的输入设备，控制自动门的开启和关闭。热释电红外开关的组成示意图如图 3–4–2 所示。

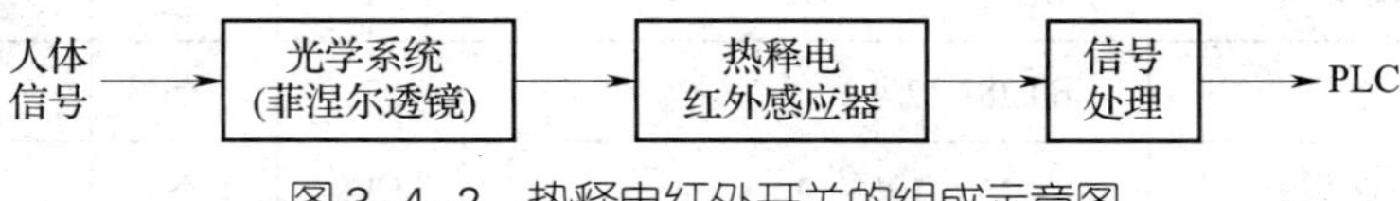

图 3–4–2　热释电红外开关的组成示意图

实际的平移自动门装置中，自动门感应器应在门里、门外各放置一只，本任务为简便起见，只使用一只接近开关。

二、选择序列的特点

选择序列顺序功能图有两个或两个以上的分支，由各自条件决定转移到其中一个分支（各自的转换条件只能标在水平连线之内），而不能有两个或两个以上的转移发生。

三、使用 SCR 指令的选择序列的编程方法

选择序列的编程主要分为两部分：选择序列分支的编程和选择序列合并的编程。

1．选择序列分支的编程方法

在进行选择序列分支的编程时，如果某一步的后面有 N 个选择序列的分支，则该步的 SRC 程序段内应有 N 个分别指明各转换条件和转换目标的电路。

【例 3–4–1】图 3–4–3a 中，在步 S0.0 之后有两个选择序列的分支，这两个分支不能同时执行，只能选择其中的一个分支执行，其梯形图如图 3–4–3b 所示。

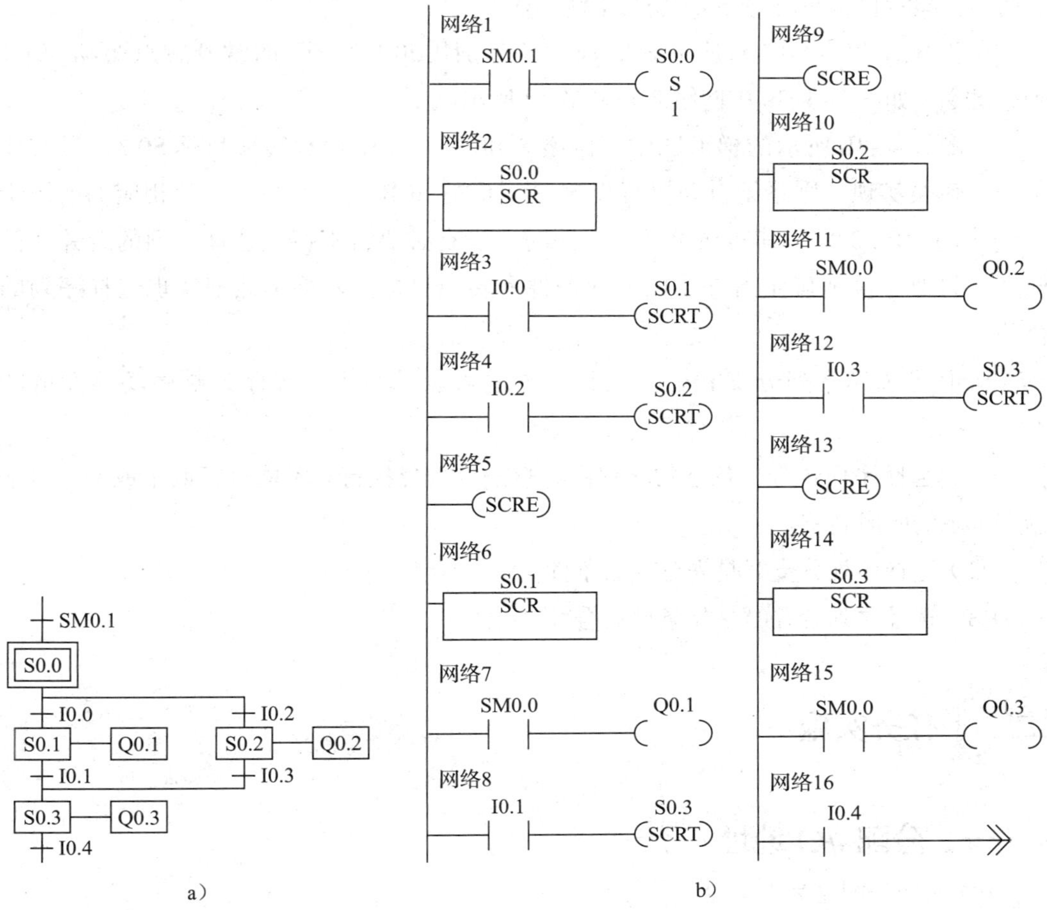

图 3–4–3 使用 SCR 指令的选择序列的编程方法

a）顺序功能图 b）梯形图

例如，当步 S0.0 为活动步，即 S0.0 为 1 时，若转换条件 I0.0 为 1，步 S0.0 对应的程序段网络 3 中的指令 SCRT S0.1 被执行，步 S0.1 将变为活动步，步 S0.1 对应的 SCR 段（网络 6 ~ 网络 9）被执行，而步 S0.0 变为不活动步；同理，当步 S0.0 为活动步，即 S0.0 为 1 时，若转换条件 I0.2 的常开触点闭合，将执行步 S0.0 对应的程序段网络 4 中的指令 SCRT S0.2，步 S0.2 将变为活动步，步 S0.2 对应的 SCR 段（网络 10 ~ 网络 13）被执行，步 S0.0 变为不活动步。

2. 选择序列合并的编程方法

在进行选择序列合并的编程时，如果某一步的前面有一个由 N 个支路组成的选择序列的合并，则该步的 SCR 程序段之前也应有 N 个分别指明各转换条件和同一转换目标的串联电路。

图 3-4-3a 中，步 S0.3 之前为由两个支路组成的选择序列的合并。当步 S0.1 为活动步且转换条件 I0.1 满足，或步 S0.2 为活动步且转换条件 I0.3 满足时，步 S0.3 变为活动步，同时将步 S0.1 或 S0.2 变为不活动步。

在步 S0.1 和步 S0.2 对应的 SCR 段中，分别用 I0.1 和 I0.3 的常开触点驱动 SCRT S0.3 指令，如图 3-4-3b 中网络 8 和网络 12 所示。

如图 3-4-3b 所示的梯形图中，网络 8 和网络 12 中均有转换目标 S0.3，只要任意一个转换实现，则系统自动执行步 S0.3 对应的 SCR 段，并自动复位相应的前级步（步 S0.1 或步 S0.2）。其实在设计梯形图时，没有必要特别留意选择序列的合并如何处理，只要正确地确定每一步的转换条件和转换目标，就能自然地实现选择序列的合并。

从上述选择序列分支和合并的编程方法可以总结出选择序列顺序功能图的特点：

（1）选择序列各分支状态的转移由各自条件选择执行，不能进行两个或两个以上分支状态的同时转移。

（2）选择序列分支时是先分支后条件。

（3）选择序列合并时是先条件后合并。

任务实施

一、分配 I/O 地址

I/O 地址分配见表 3-4-2。

表 3-4-2 I/O 地址分配

输入				输出			
输入设备	文字符号	作用	输入继电器	输出设备	文字符号	作用	输出继电器
红外感应器	SQ0	检测有无人	I0.0	接触器	KM0	控制高速开门	Q0.0
限位开关	SQ1	开门减速开关	I0.1	接触器	KM1	控制低速开门	Q0.1
限位开关	SQ2	开门极限开关	I0.2	接触器	KM2	控制高速关门	Q0.2
限位开关	SQ3	关门减速开关	I0.3	接触器	KM3	控制低速关门	Q0.3
限位开关	SQ4	关门极限开关	I0.4				

二、绘制并安装 PLC 控制线路

自动门 PLC 控制线路图如图 3-4-4 所示，PLC 控制接线图请读者自行绘制。安装时，接触器 KM0、KM1、KM2、KM3 暂时不接到 PLC 输出端 Q0.0、Q0.1、Q0.2、Q0.3，待模拟调试程序通过后再连接。

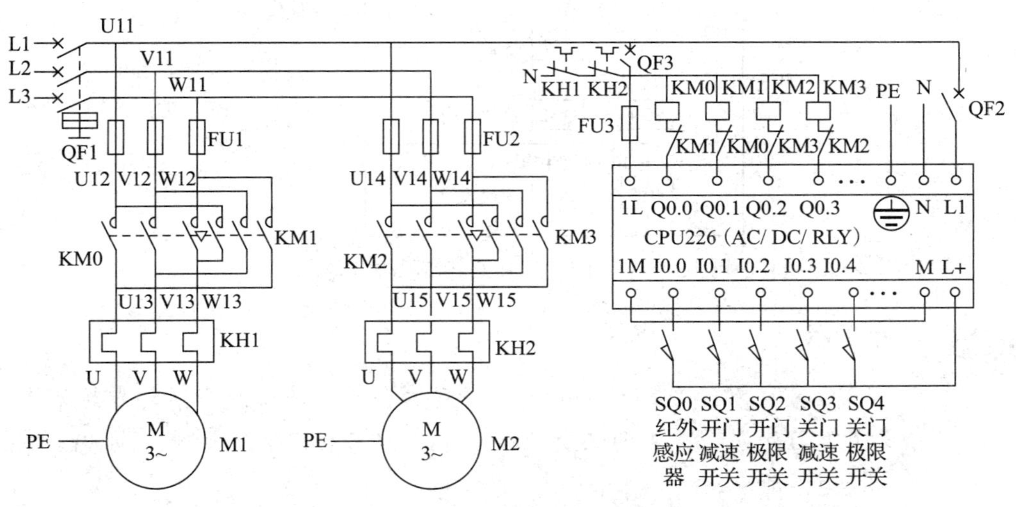

图 3-4-4 自动门 PLC 控制线路图

三、设计梯形图程序

编辑符号表，如图 3-4-5 所示。

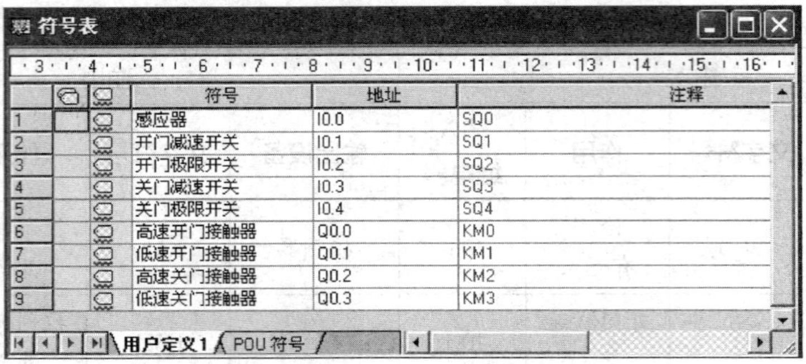

符号表

		符号	地址	注释
1		感应器	I0.0	SQ0
2		开门减速开关	I0.1	SQ1
3		开门极限开关	I0.2	SQ2
4		关门减速开关	I0.3	SQ3
5		关门极限开关	I0.4	SQ4
6		高速开门接触器	Q0.0	KM0
7		低速开门接触器	Q0.1	KM1
8		高速关门接触器	Q0.2	KM2
9		低速关门接触器	Q0.3	KM3

用户定义1　POU符号

图 3–4–5　符号表

分析自动门的工作过程，可以看出自动门在关门时有三种选择：一是关门期间无人要求进出时，自动门会继续完成关门动作；二是高速关门期间有人要求进出时，自动门会暂停关门动作，继续开门让人进出后再关门；三是低速关门期间有人要求进出时，自动门会暂停关门动作，继续开门让人进出后再关门。据此可绘制出如图 3–4–6 所示的使用顺序控制继电器 S 表示步元件的顺序功能图。

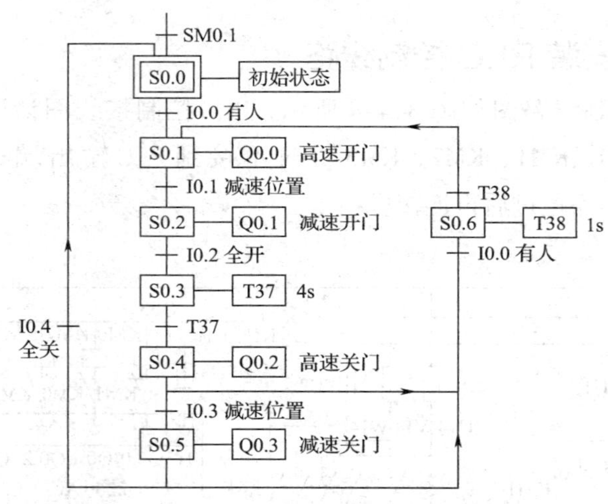

图 3–4–6　自动门 PLC 控制顺序功能图

小提示

（1）步 S0.1 之前有一个选择序列的合并，当 S0.0 为活动步且转换条件 I0.0 满足，或者 S0.6 为活动步且转换条件 T38 满足时，步 S0.1 都应变为活动步。

（2）步 S0.4 之后有一个选择序列的分支，当它的后续步 S0.5 或 S0.6 变为活动步时，它都应变为不活动步。同样步 S0.5 之后也有一个选择序列的分支，当它的后续步 S0.0 或 S0.6 变为活动步时，它也应变为不活动步。

使用 SCR 指令的编程方法，将如图 3–4–6 所示的顺序功能图转换为如图 3–4–7a 所示的 PLC 控制梯形图，语句表如图 3–4–7b 所示。

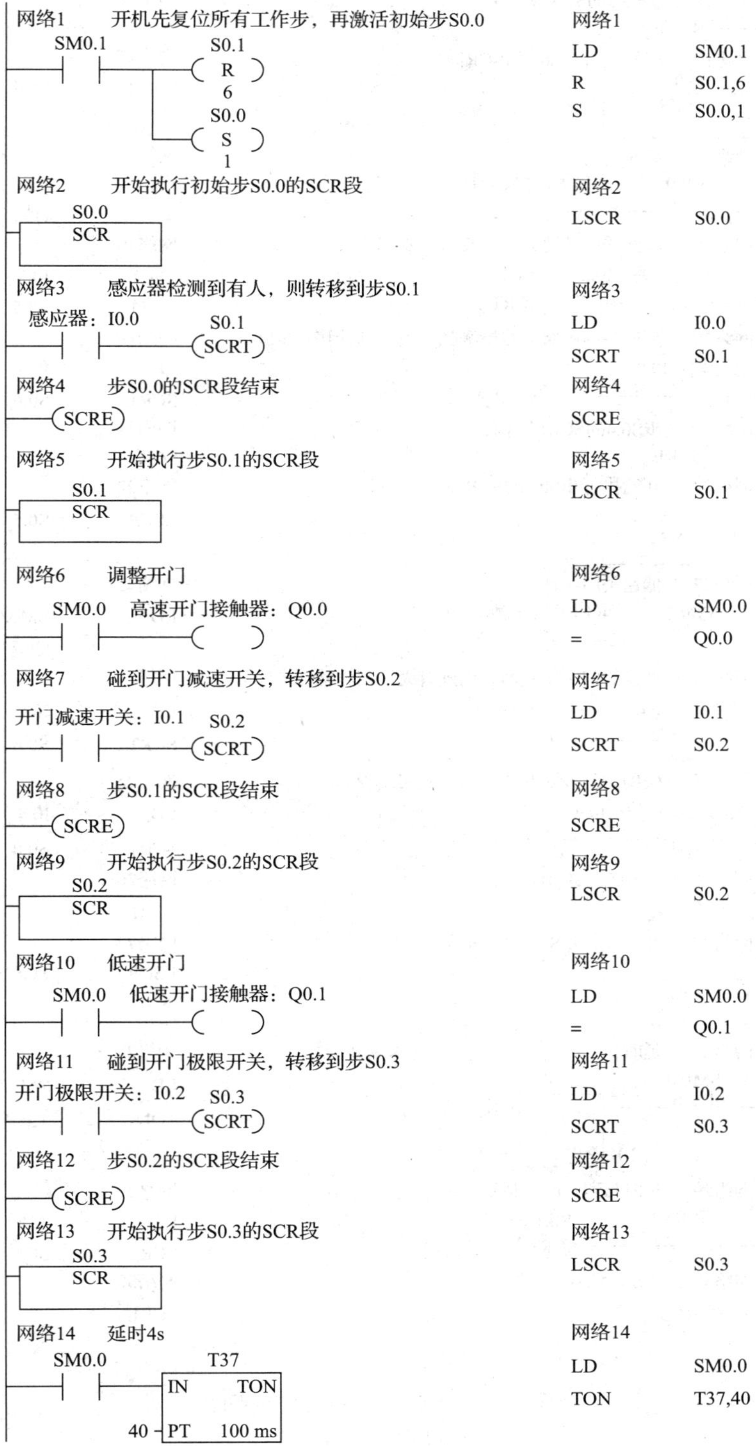

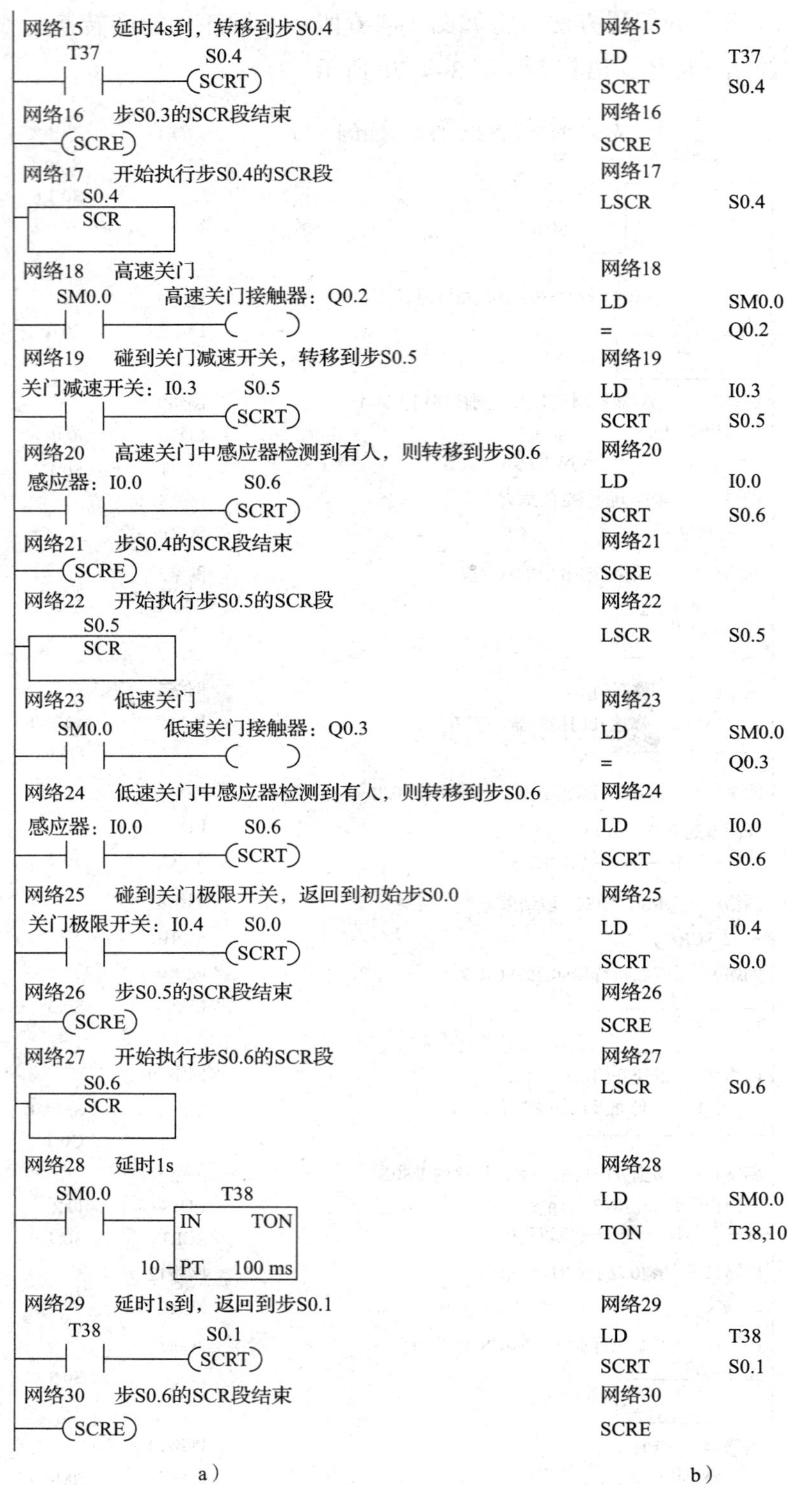

图 3-4-7 自动门 PLC 控制程序

a）梯形图 b）语句表

四、模拟调试

根据顺序功能图，利用状态表监控程序的方法模拟调试顺序控制程序。

五、联机调试

模拟调试成功后，接上实际的负载，按照表 3–4–3 的步骤进行联机调试，同时注意观察和记录。

表 3–4–3 联机调试记录表

<table>
<tr><th>步骤</th><th>操作内容</th><th>观察内容</th><th>观察结果</th></tr>
<tr><td>1</td><td>模式选择开关拨至 STOP 位置，合上电源开关 QF1、QF2 和 QF3</td><td rowspan="2">“STOP”“RUN” 及 I/O 指示灯状态</td><td></td></tr>
<tr><td>2</td><td>模式选择开关拨至 TERM 位置，通过编程软件运行 CPU 模块</td><td></td></tr>
<tr><td>3</td><td>接通 SQ0</td><td rowspan="12">I/O 指示灯状态、接触器 KM0 ~ KM3 及电动机 M1、M2 运行情况</td><td></td></tr>
<tr><td>4</td><td>接通 SQ1</td><td></td></tr>
<tr><td>5</td><td>接通 SQ2</td><td></td></tr>
<tr><td>6</td><td>定时器 T37 计时 4 s 到</td><td></td></tr>
<tr><td>7</td><td>接通 SQ3</td><td></td></tr>
<tr><td>8</td><td>接通 SQ4</td><td></td></tr>
<tr><td>9</td><td>重复步骤 3 ~ 6</td><td></td></tr>
<tr><td>10</td><td>接通 SQ0</td><td></td></tr>
<tr><td>11</td><td>定时器 T38 计时 1 s 到</td><td></td></tr>
<tr><td>12</td><td>重复步骤 4 ~ 7</td><td></td></tr>
<tr><td>13</td><td>接通 SQ0</td><td></td></tr>
<tr><td>14</td><td>重复步骤 11</td><td></td></tr>
<tr><td>15</td><td>通过编程软件停止运行 CPU 模块，模式选择开关拨至 STOP 位置</td><td>“STOP”“RUN” 及 I/O 指示灯状态</td><td></td></tr>
<tr><td>16</td><td colspan="3">关断电源开关 QF1、QF2 和 QF3</td></tr>
</table>

任务测评

清扫工作台面，整理技术文件，并参考表 1–3–7 进行任务测评。

任务 5　按钮式人行横道交通灯 PLC 控制

学习目标

1. 能使用 SCR 指令的编程方法，将以软元件 S 为步元件的并行序列顺序功能图改为梯形图。

2. 能运用顺序控制设计法，根据系统控制要求绘制以软元件 S 为步元件的并行序列顺序功能图，并使用 SCR 指令设计并行序列顺序控制系统。

任务引入

如图 3-5-1 所示为按钮式人行横道交通灯示意图。平时车行道都是绿灯，人行横道都是红灯。当有行人要过马路时，按下灯杆上的按钮 SB1 或 SB2，等待一定的时间，当车行道变为红灯时，车辆停驶，再等待一定的时间后，人行横道变为绿灯，行人才可以安全地穿过马路，这种按钮式人行横道交通灯体现了交通管理的人性化。

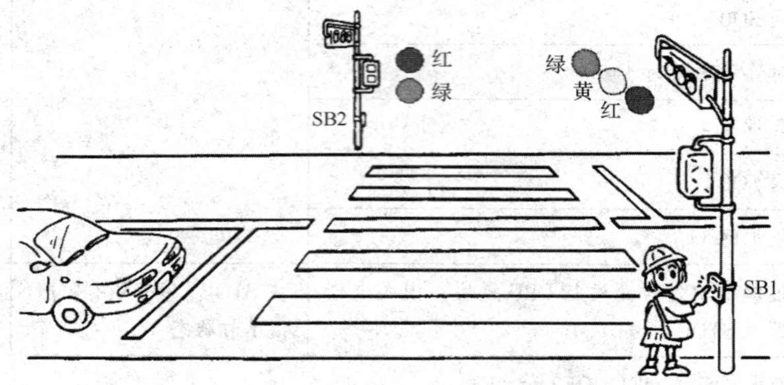

图 3-5-1　按钮式人行横道交通灯示意图

按钮式人行横道交通灯一个工作周期控制的时序图如图 3-5-2 所示。

本任务要求运用 PLC 顺序控制设计法，使用 SCR 指令设计按钮式人行横道交通灯 PLC 控制系统，并完成安装和调试。控制要求如下：

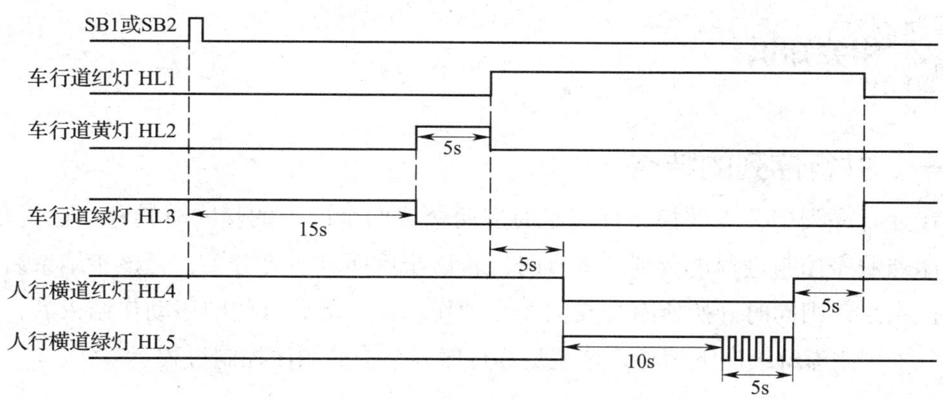

图 3-5-2 按钮式人行横道交通灯时序图

1. 若无行人要过人行横道（初始状态），则车行道为绿灯信号，人行横道为红灯信号。

2. 若有行人要过人行横道，按下按钮 SB1 或 SB2，15 s 后车行道响应为黄灯信号，再经 5 s 转为红灯信号，表明行人可以通过横道。但为了确保安全，车行道红灯信号给出 5 s 后才允许人行横道绿灯亮，即人行横道方可通行。

3. 人行横道绿灯亮 10 s 后，转为绿灯闪烁信号（OFF/ON 各 0.5 s），以提示人行横道绿灯即将关闭。人行横道绿灯闪烁五次后转为红灯信号，再经 5 s 后返回初始状态。

4. 具有短路保护等必要的保护措施。

在只有纵向行驶的交通系统中，常需要考虑人行横道的设置，人行横道的通行一般都用启动按钮控制。这种车行道和人行横道同时进行的控制，属于典型的并行序列顺序控制。

实施本任务所使用的实训设备可参考表 3-5-1。

表 3-5-1 实训设备清单

序号	设备名称	型号及规格	数量	单位	备注
1	微型计算机	带 STEP7-Micro/WIN 软件	1	台	
2	编程电缆	PC/PPI	1	条	
3	可编程序控制器	CPU226（AC/DC/RLY）	1	台	配 C45 导轨
4	低压断路器	Multi9 C65N D20，单极	2	个	
5	熔断器	RT28-32/4	1	个	
6	按钮	LA4-2H	1	个	
7	信号灯	自定，AC 220 V	10	个	红 / 黄 / 绿（4/4/2）
8	接线端子排	TB-1540，40 位	1	条	
9	配电盘	600 mm × 900 mm	1	块	

相关知识

一、并行序列的特点

在并行序列中，当转换条件满足时有两个或两个以上的步同时转移。也就是说，并行序列顺序控制过程进行到某一步时，若该步后面有多个分支，且该步结束后，转移条件满足，则同时开始所有分支的顺序动作。在全部分支的顺序动作结束后，合并成为一个控制流继续向下运行，这就是并行序列结构的顺序控制过程。

二、使用 SCR 指令的并行序列的编程方法

并行序列的编程主要分两部分：并行序列分支的编程和并行序列合并的编程。

1. 并行序列分支的编程

并行序列的分支是指当转换实现后将同时激活多个后续步，每个序列中活动步的进展将是独立的。为了区别于选择序列顺序功能图，强调转换的同步实现，并行序列开始的分支水平连线用双线表示，转换条件放在双线之上。

在进行并行序列分支的编程时，如果某一步的后面有 N 个并行序列的分支，则该步的 SCR 程序段中应有同一转换条件控制的 N 个不同转换目标的电路，即在一个 SCR 程序段中应同时激活多个 SCR 程序段。

图 3-5-3a 中，在步 S0.1 之后有一个并行序列的分支，当步 S0.1 是活动步，且转换条件 I0.1 满足时，步 S0.2 与步 S0.3 应同时变为活动步。这是用 S0.1 对应的 SCR 段中 I0.1 的常开触点同时驱动指令 SCRT S0.2 和 SCRT S0.3 对应的线圈（如图 3-5-3b 所示梯形图中的网络 7）来实现的。与此同时，S0.1 被自动复位，步 S0.1 变为不活动步。

2. 并行序列合并的编程方法

为了区别于选择序列结构的顺序功能图，并行序列合并时的水平连线也用双线表示，转换条件放在双线之下。

在进行并行序列合并的编程时，如果某一步的前面有一个由 N 个支路组成的并行序列的合并，则该步的 SCR 程序段之前应有这样功能的电路，即应使用以转换条件为中心的编程方法，也就是将该步的所有（N 个）前级步对应的顺序控制继电器位（S_bit）的常开触点和该步的转换条件对应的触点或电路串联（该串联电路即启保停电路中的启动电路），用此串联电路作为使该步对应的顺序控制继电器位置位和使所有前级步对应的顺序控制继电器位复位的条件。值得注意的是，由于并行序列是多个分支同时工作的，合并时必须等到所有分支的最后一个状态都处于活动状态，并且满足转换条件时，才能共同进入下一个 SCR 程序段。

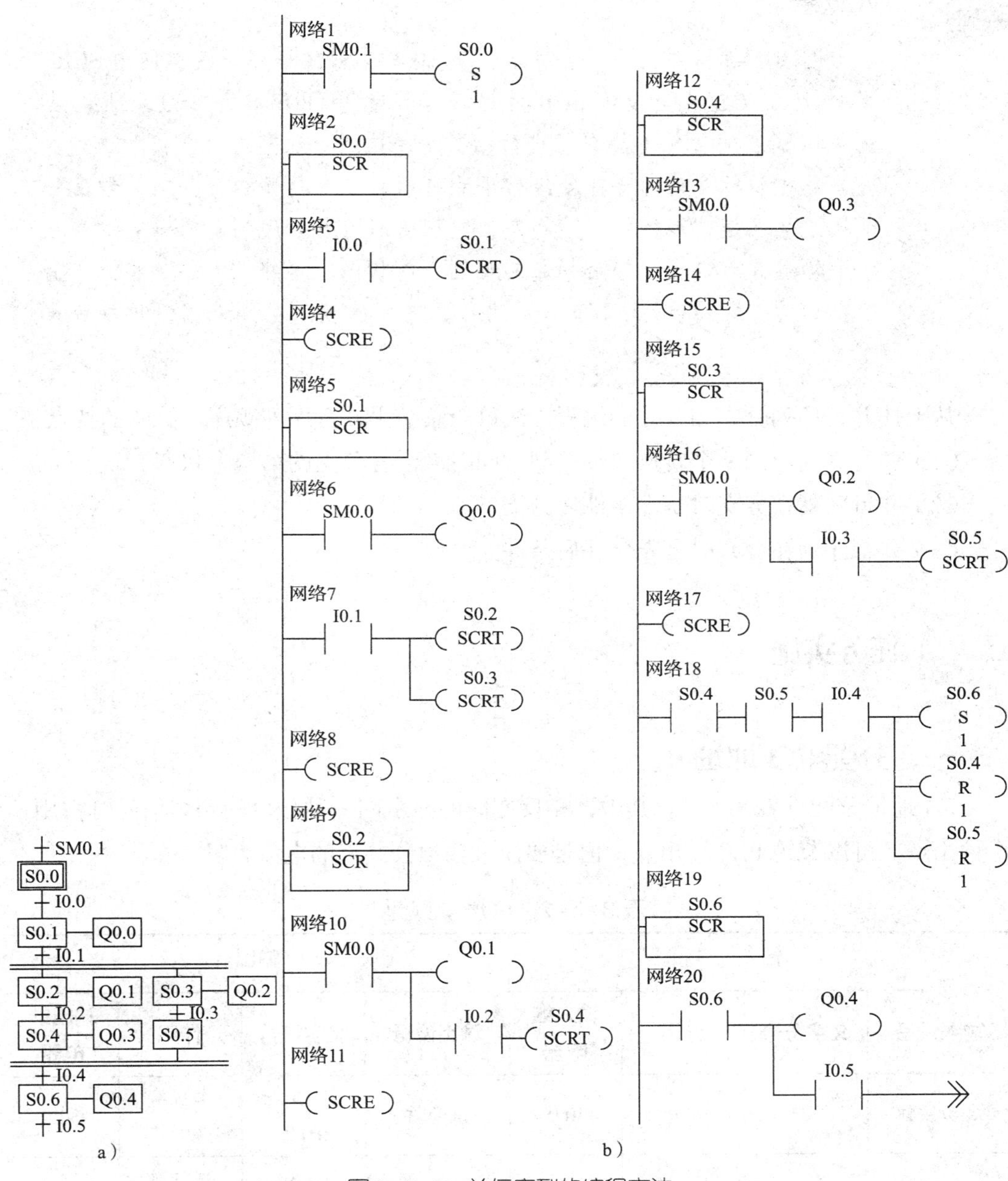

图 3-5-3 并行序列的编程方法

a）顺序功能图 b）梯形图

图 3-5-3a 中，在步 S0.6 之前有一个并行序列的合并，转换 I0.4 实现的条件是所有的前级步（即步 S0.4 和 S0.5）都是活动步且转换条件 I0.4 满足。由此可知，应使用以转换条件为中心的编程方法，也就是将 S0.4、S0.5 和 I0.4 的常开触点串联，来控制 S0.6 的置位和 S0.4、S0.5 的复位（如图 3-5-3b 所示梯形图中的网络 18），从而使步 S0.6 变为活动步，步 S0.4 和 S0.5 变为不活动步。

小提示

图 3–5–3 中并行序列合并时，步 S0.4 的 SCR 程序段没有使用 SCRT 指令，步 S0.5 甚至没有 SCR 程序段（没有使用 SCR 指令），所以步 S0.4 和 S0.5 的复位不能自动进行，要用复位指令对其进行复位。这种处理方法在并行序列的合并处经常用到，而且在并行序列合并前的最后一个状态往往是“等待”过渡状态，它们要等待并行序列所有分支的最后一个状态都为活动状态后一起转移到新的状态。这些“等待”状态（有时也称为“等待步”）不能自动复位，它们的复位必须使用复位指令来完成。

从上述并行序列分支和合并的编程方法可以总结出并行序列顺序功能图的特点：

（1）并行序列由同一个转换条件控制，同时激活各分支的第一个状态。

（2）并行序列在分支时是先条件后分支。

（3）并行序列在合并时是先合并后条件。

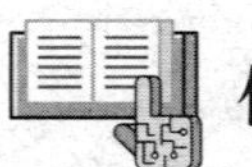

任务实施

一、分配 I/O 地址

I/O 地址分配见表 3–5–2。其中，相反方向的显示同一种颜色的两个信号灯占用一个输出点，可以节约 PLC 输出点，但是要注意输出公共点的电流容量。

表 3–5–2　I/O 地址分配

输入				输出			
输入设备	文字符号	作用	输入继电器	输出设备	文字符号	作用	输出继电器
启动按钮	SB1	启动	I0.0	信号灯	HL1、HL2	车行道红灯	Q0.0
启动按钮	SB2	启动	I0.1	信号灯	HL3、HL4	车行道黄灯	Q0.1
				信号灯	HL5、HL6	车行道绿灯	Q0.2
				信号灯	HL7、HL8	人行横道红灯	Q0.3
				信号灯	HL9、HL10	人行横道绿灯	Q0.4

二、绘制并安装 PLC 控制线路

按钮式人行横道交通灯 PLC 控制线路图如图 3–5–4 所示，PLC 控制接线图请读者自行绘制。安装时，信号灯 HL1、HL2、HL3、HL4、HL5、HL6、HL7、HL8、HL9、HL10 暂时不接到 PLC 输出端 Q0.0、Q0.1、Q0.2、Q0.3、Q0.4，待模拟调试程序通过后再连接。

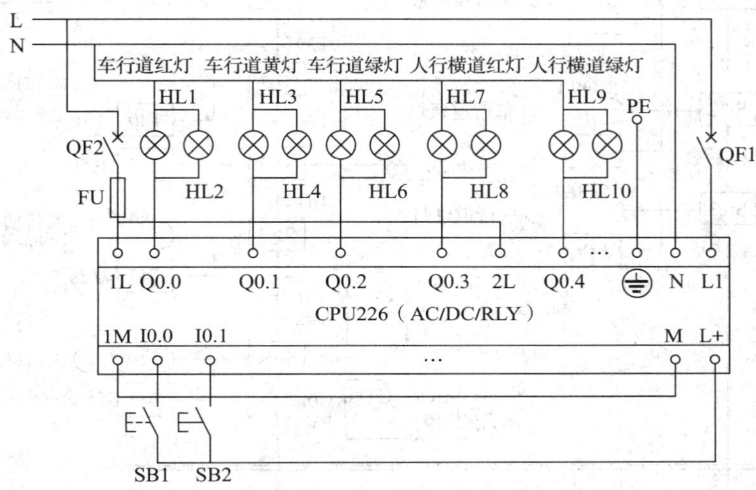

图 3–5–4 按钮式人行横道交通灯 PLC 控制线路图

三、设计梯形图程序

编辑符号表，如图 3–5–5 所示。

符号表

	符号	地址	注释
1	启动按钮SB1	I0.0	SB1
2	启动按钮SB2	I0.1	SB2
3	车行道红灯	Q0.0	HL1、HL2
4	车行道黄灯	Q0.1	HL3、HL4
5	车行道绿灯	Q0.2	HL5、HL6
6	人行横道红灯	Q0.3	HL7、HL8
7	人行横道绿灯	Q0.4	HL9、HL10

用户定义1 POU 符号

图 3–5–5 符号表

分析按钮式人行横道交通灯的工作过程，可以看出车行道交通灯与人行横道交通灯是并行工作的，车行道允许通行的同时，人行横道是禁止通行的，反之亦然。将车行道交通灯与人行横道交通灯的运行流程分别作为一个分支，可以绘制出如图 3–5–6 所示的使用顺序控制继电器 S 表示步元件的顺序功能图。

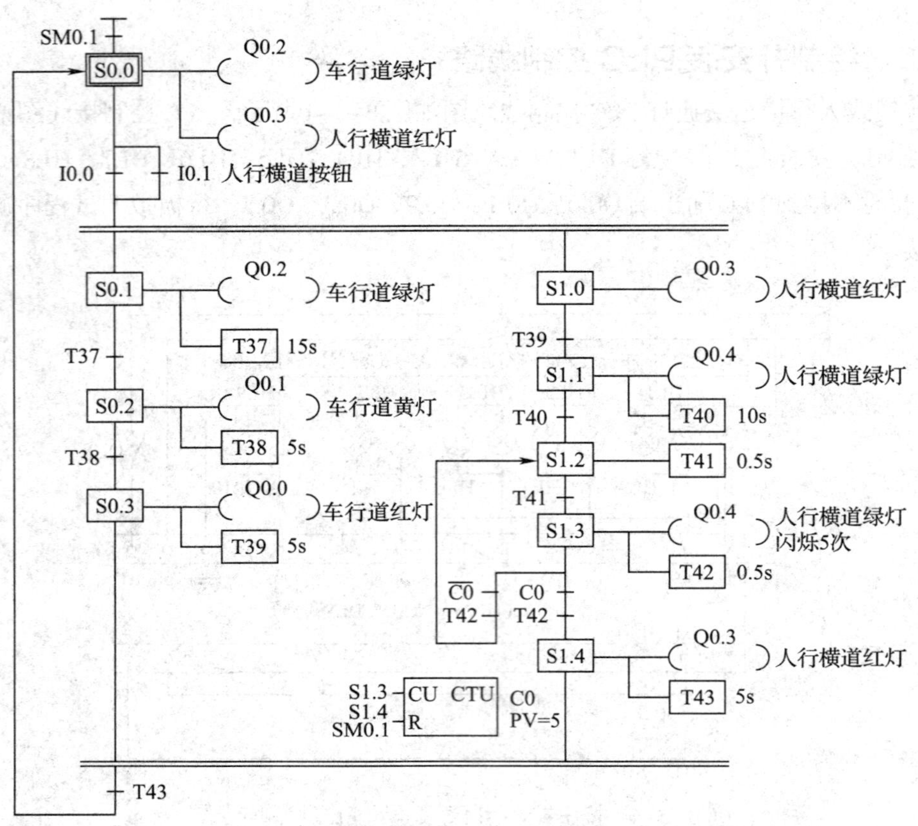

图 3-5-6　按钮式人行横道交通灯顺序功能图

小提示

步 S1.0 转换到步 S1.1 的转换条件是定时器 T39 计时 5 s 到，但是，自按下启动按钮起，步 S1.0 即人行横道红灯实际上亮了 25 s。这是由于人行横道交通灯分支中的步 S1.0（人行横道红灯亮）是紧接着车行道交通灯分支中的步 S0.3（车行道红灯亮 5 s）编程的，而 PLC 是按照顺序扫描工作方式执行控制程序的。在时间上，PLC 先扫描第一分支序列（车行道交通灯分支），接着才扫描第二分支序列（人行横道交通灯分支）。

另外，人行横道绿灯闪烁五次（OFF/ON 各 0.5 s）是使用定时器闪烁电路和计数器计数组合，通过重复执行步 S1.2 和 S1.3 来实现的。也可以使用周期为 1 s 的时钟脉冲 SM0.5 和定时器 T37 的组合来实现人行横道绿灯闪烁五次的控制，读者可自行设计相应的顺序功能图。

使用 SCR 指令的编程方法，将如图 3-5-6 所示的顺序功能图改为如图 3-5-7a 所示的 PLC 控制梯形图，语句表如图 3-5-7b 所示。

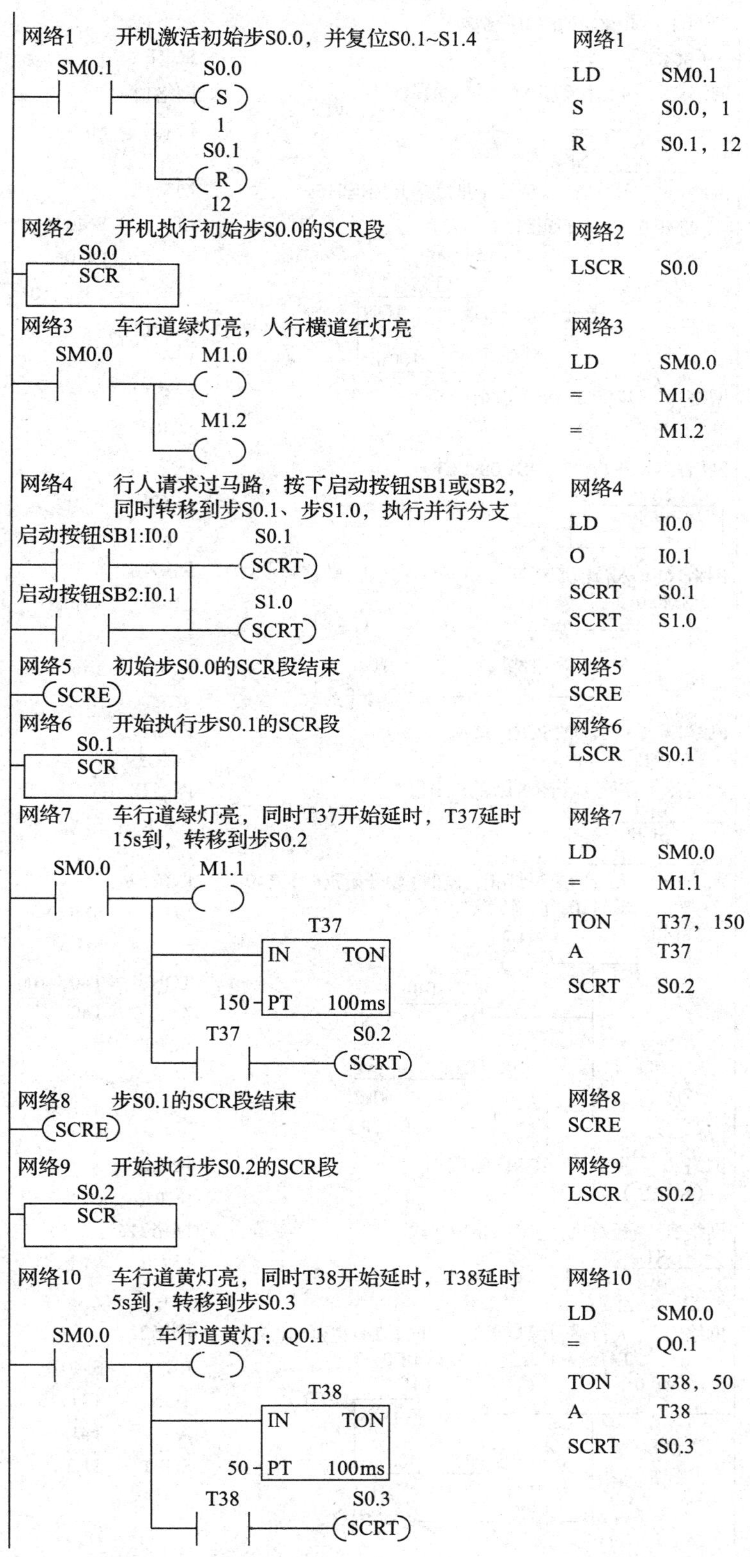
网络1 开机激活初始步S0.0，并复位S0.1~S1.4
SM0.1
S0.0
S
1
S0.1
R
12
网络1
LD SM0.1
S S0.0，1
R S0.1，12
网络2 开机执行初始步S0.0的SCR段
S0.0
SCR
网络2
LSCR S0.0
网络3 车行道绿灯亮，人行横道红灯亮
SM0.0
M1.0
M1.2
网络3
LD SM0.0
= M1.0
= M1.2
网络4 行人请求过马路，按下启动按钮SB1或SB2，同时转移到步S0.1、步S1.0，执行并行分支
启动按钮SB1:I0.0
S0.1
SCRT
启动按钮SB2:I0.1
S1.0
SCRT
网络4
LD I0.0
O I0.1
SCRT S0.1
SCRT S1.0
网络5 初始步S0.0的SCR段结束
SCRE
网络5
SCRE
网络6 开始执行步S0.1的SCR段
S0.1
SCR
网络6
LSCR S0.1
网络7 车行道绿灯亮，同时T37开始延时，T37延时15s到，转移到步S0.2
SM0.0
M1.1
T37
IN TON
150 PT 100ms
T37
S0.2
SCRT
网络7
LD SM0.0
= M1.1
TON T37，150
A T37
SCRT S0.2
网络8 步S0.1的SCR段结束
SCRE
网络8
SCRE
网络9 开始执行步S0.2的SCR段
S0.2
SCR
网络9
LSCR S0.2
网络10 车行道黄灯亮，同时T38开始延时，T38延时5s到，转移到步S0.3
SM0.0
车行道黄灯：Q0.1
T38
IN TON
50 PT 100ms
T38
S0.3
SCRT
网络10
LD SM0.0
= Q0.1
TON T38，50
A T38
SCRT S0.3

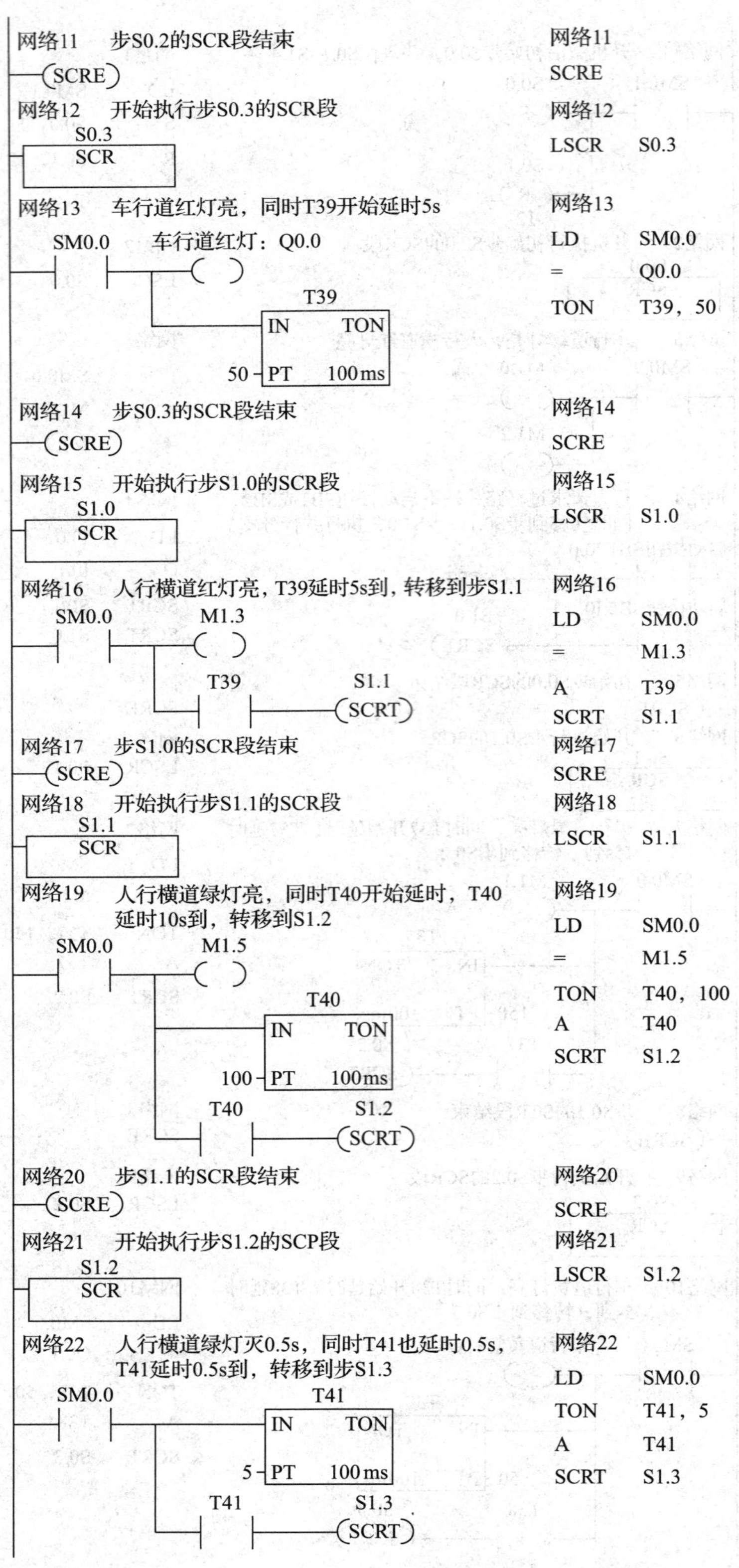
网络11 步S0.2的SCR段结束
SCRE
网络11
SCRE
网络12 开始执行步S0.3的SCR段
S0.3
SCR
网络12
LSCR S0.3
网络13 车行道红灯亮，同时T39开始延时5s
SM0.0
车行道红灯：Q0.0
T39
IN TON
50 PT 100ms
网络13
LD SM0.0
= Q0.0
TON T39，50
网络14 步S0.3的SCR段结束
SCRE
网络14
SCRE
网络15 开始执行步S1.0的SCR段
S1.0
SCR
网络15
LSCR S1.0
网络16 人行横道红灯亮，T39延时5s到，转移到步S1.1
SM0.0
M1.3
T39
S1.1
SCRT
网络16
LD SM0.0
= M1.3
A T39
SCRT S1.1
网络17 步S1.0的SCR段结束
SCRE
网络17
SCRE
网络18 开始执行步S1.1的SCR段
S1.1
SCR
网络18
LSCR S1.1
网络19 人行横道绿灯亮，同时T40开始延时，T40延时10s到，转移到S1.2
SM0.0
M1.5
T40
IN TON
100 PT 100ms
T40
S1.2
SCRT
网络19
LD SM0.0
= M1.5
TON T40，100
A T40
SCRT S1.2
网络20 步S1.1的SCR段结束
SCRE
网络20
SCRE
网络21 开始执行步S1.2的SCP段
S1.2
SCR
网络21
LSCR S1.2
网络22 人行横道绿灯灭0.5s，同时T41也延时0.5s，T41延时0.5s到，转移到步S1.3
SM0.0
T41
IN TON
5 PT 100ms
T41
S1.3
SCRT
网络22
LD SM0.0
TON T41，5
A T41
SCRT S1.3

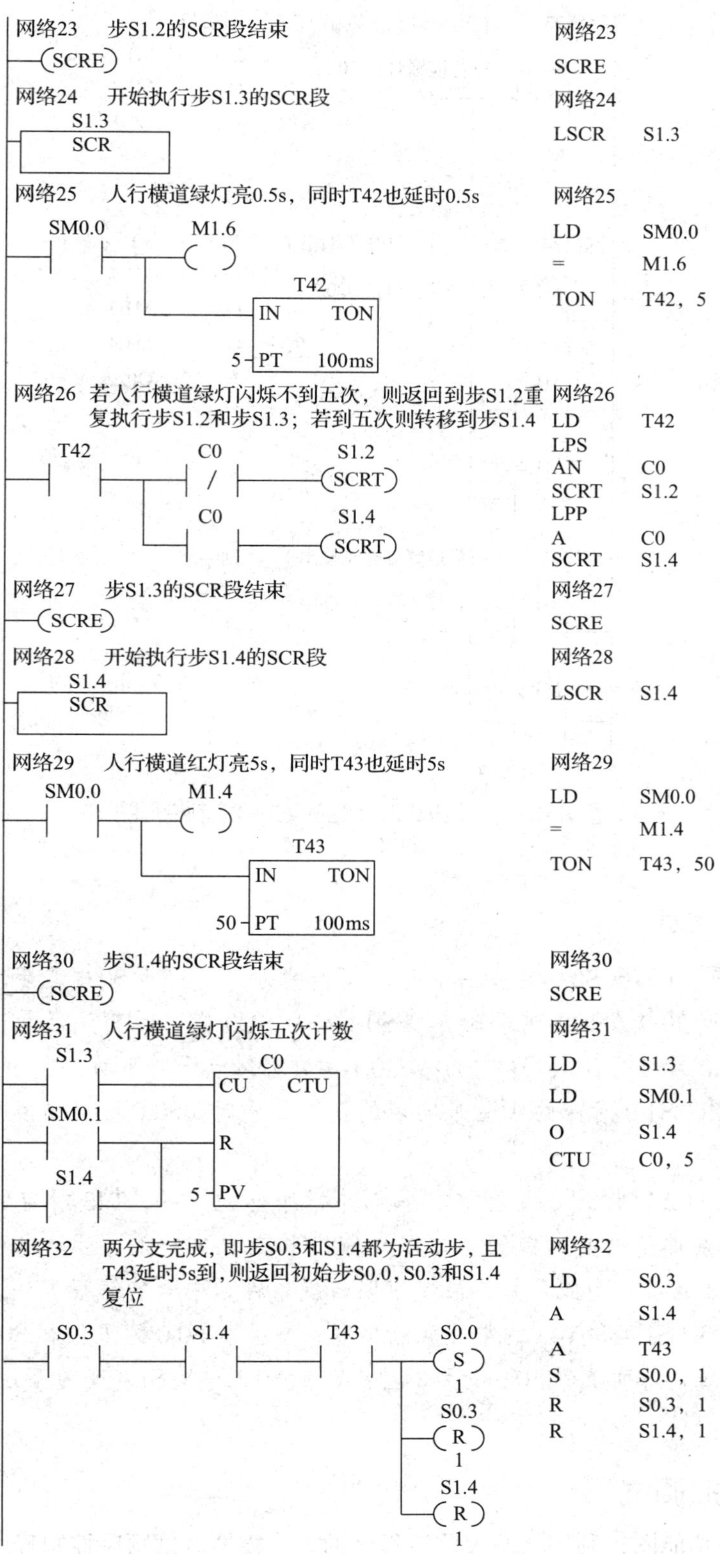
网络23 步S1.2的SCR段结束
SCRE
网络24 开始执行步S1.3的SCR段
S1.3
SCR
网络25 人行横道绿灯亮0.5s，同时T42也延时0.5s
SM0.0
M1.6
T42
IN TON
5 PT 100ms
网络26 若人行横道绿灯闪烁不到五次，则返回到步S1.2重复执行步S1.2和步S1.3；若到五次则转移到步S1.4
T42
C0
S1.2
SCRT
C0
S1.4
SCRT
网络27 步S1.3的SCR段结束
SCRE
网络28 开始执行步S1.4的SCR段
S1.4
SCR
网络29 人行横道红灯亮5s，同时T43也延时5s
SM0.0
M1.4
T43
IN TON
50 PT 100ms
网络30 步S1.4的SCR段结束
SCRE
网络31 人行横道绿灯闪烁五次计数
S1.3
C0
CU CTU
SM0.1
R
S1.4
5 PV
网络32 两分支完成，即步S0.3和S1.4都为活动步，且T43延时5s到，则返回初始步S0.0，S0.3和S1.4复位
S0.3
S1.4
T43
S0.0
S
1
S0.3
R
1
S1.4
R
1
网络23
SCRE
网络24
LSCR S1.3
网络25
LD SM0.0
= M1.6
TON T42，5
网络26
LD T42
LPS
AN C0
SCRT S1.2
LPP
A C0
SCRT S1.4
网络27
SCRE
网络28
LSCR S1.4
网络29
LD SM0.0
= M1.4
TON T43，50
网络30
SCRE
网络31
LD S1.3
LD SM0.1
O S1.4
CTU C0，5
网络32
LD S0.3
A S1.4
A T43
S S0.0，1
R S0.3，1
R S1.4，1

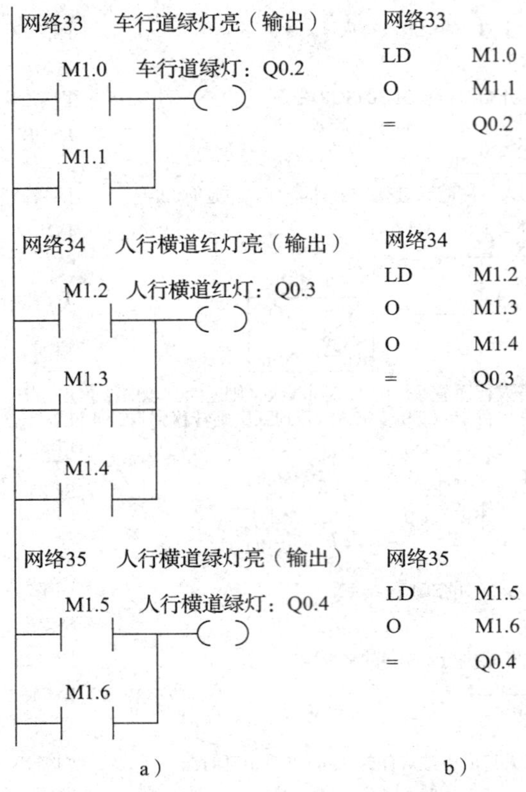

图 3-5-7 按钮式人行横道交通灯控制梯形图

a）梯形图 b）语句表

小提示

（1）步 S0.0 后有一个并行序列的分支，当步 S0.0 是活动步，转换条件 I0.0 或 I0.1 满足时，步 S0.1 与步 S1.0 应同时变为活动步。这是用 S0.0 对应的 SCR 段中 I0.0 或 I0.1 的常开触点同时驱动指令 SCRT S0.1 和 SCRT S1.0 对应的线圈来实现的。与此同时，S0.0 被自动复位，步 S0.0 变为不活动步。

（2）步 S0.0 之前也有一个并行序列的合并，T43 对应的转换实现的条件是所有的前级步（即步 S0.3 和步 S1.4）都是活动步且转换条件 T43 满足。由此可知，应使用以转换条件为中心的编程方法，也就是将 S0.3、S1.4 和 T43 的常开触点串联，来控制 S0.0 的置位和 S0.3、S1.4 的复位，从而使步 S0.0 变为活动步，步 S0.3 和步 S1.4 变为不活动步。

四、模拟调试

根据顺序功能图，利用状态表监控程序的方法模拟调试顺序控制程序。

五、联机调试

模拟调试成功后，接上实际的负载，按照表 3–5–3 的步骤进行联机调试，同时注意观察和记录。

表 3–5–3 联机调试记录表

步骤	操作内容	观察内容	观察结果
1	模式选择开关拨至 STOP 位置，合上电源开关 QF1 和 QF2	“STOP”“RUN” 及 I/O 指示灯状态	
2	模式选择开关拨至 TERM 位置，通过编程软件运行 CPU 模块		
3	按下 SB1 或 SB2 按钮	I/O 指示灯状态、信号灯 HL1 ~ HL10 点亮情况	
4	15 s 后		
5	再 5 s 后		
6	再 5 s 后		
7	再 10 s 后		
8	再 5 s 后		
9	再 5 s 后		
10	通过编程软件停止运行 CPU 模块，模式选择开关拨至 STOP 位置	“STOP”“RUN” 及 I/O 指示灯状态	
11	关断电源开关 QF1 和 QF2		

任务测评

清扫工作台面，整理技术文件，并参考表 1–3–7 进行任务测评。

课题四
功能指令应用

任务1　抢答器PLC控制 

学习目标

1. 了解功能指令的表示形式和使用要素。
2. 掌握数据传送指令的功能、表示形式及使用方法。
3. 掌握七段译码指令的功能、表示形式和使用方法。
4. 能使用数据传送指令和七段译码指令设计抢答器PLC控制程序。

任务引入

在各种知识竞赛中常用到抢答器，它为知识竞赛增添了刺激性和娱乐性，在一定程度上丰富了人们的业余生活。实现抢答器功能的方式有多种，可以采用早期的模拟电路、数字电路或模数混合电路，也可以应用PLC。用PLC控制知识竞赛抢答器方便、灵活，只要改变PLC的控制程序，便可改变知识竞赛抢答器的抢答方式。如图4-1-1所示为四组知识竞赛抢答器的示意图。

本任务要求应用PLC功能指令中的数据传送指令和七段译码指令设计抢答器PLC控制系统，并完成安装和调试。控制要求如下：

1. 设有一个主持人总台和四个参赛队分台，总台设有一个复位按钮SB0、一个蜂鸣器HA以及一个七段数码管。分台设有四个抢答按钮SB1、SB2、SB3和SB4。

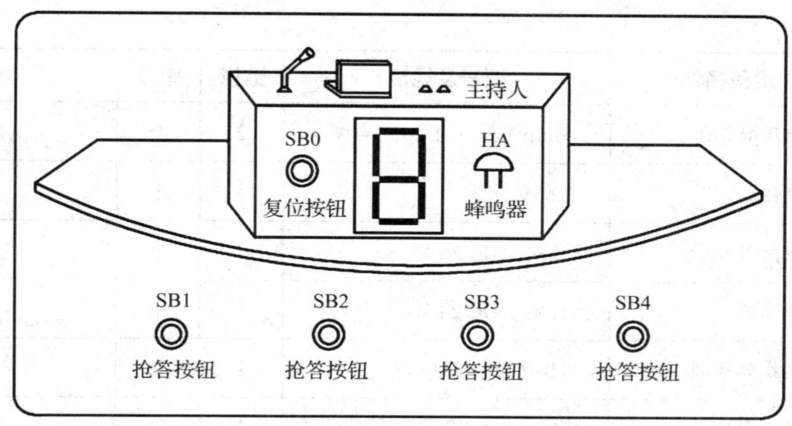

图 4-1-1 四组知识竞赛抢答器示意图

2. 按下抢答按钮 SB1、SB2、SB3、SB4 中的任意一个后，数码管能及时显示该组的编号并且蜂鸣器发出响声（蜂鸣器响 3 s 后停止），同时锁住抢答器，使其他组按键无效，直至主持人按下复位按钮 SB0 后才能进行下一轮抢答。

3. 具有短路保护等必要的保护措施。

本任务要求的四组知识竞赛抢答器控制，可以使用基本指令编写，但是编写程序会比较烦琐。针对这些有特殊控制要求的应用，各种品牌的 PLC 制造商都提供了丰富的功能指令。这些功能指令不仅增加了 PLC 编程的灵活性，也极大地拓宽了 PLC 的应用范围。

分析上述控制要求可知，输入量为一个复位按钮 SB0 和四个抢答按钮 SB1、SB2、SB3、SB4，输出量为七段数码管和蜂鸣器。七段数码管的每一段都应分配一个输出端子，可以设计不同的程序驱动七段数码管。各组抢答按钮之间应采用电气联锁，以保证某一组抢答按钮按下后，其他组即使按下抢答按钮也无效。复位按钮不仅要将抢答器复位，同时应将七段数码管复位。本任务可以使用 PLC 功能指令中的数据传送指令和七段译码指令设计梯形图程序。由于传送指令和七段译码指令都属于数据处理类指令，因此在使用时要注意 PLC 的数据类型和编址方式。

实施本任务所使用的实训设备见表 4-1-1。

表 4-1-1 实训设备清单

序号	设备名称	型号及规格	数量	单位	备注
1	微型计算机	带 STEP7-Micro/WIN 软件	1	台	
2	编程电缆	PC/PPI	1	条	
3	可编程序控制器	CPU226（AC/DC/RLY）	1	台	配 C45 导轨
4	开关式稳压电源	S-150-24，AC 220 V/DC 24 V，150 W	1	台	

续表

序号	设备名称	型号及规格	数量	单位	备注
5	低压断路器	Multi9 C65N D20，单极	2	个	
6	按钮	LA19	5	个	
7	七段数码管	自定，DC 24 V	2	个	
8	蜂鸣器	自定，DC 24 V	1	个	
9	接线端子排	TB–1520，20 位	1	条	
10	配电盘	600 mm × 900 mm	1	块	

相关知识

一、功能指令的表示形式及使用要素

功能指令又称应用指令，是指在基本逻辑控制、定时控制和顺序控制的基础上，PLC 制造商为满足用户不断提出的特殊控制要求而开发的指令，如数据处理类指令、程序控制类指令、特种功能类指令、外部设备类指令等。这些功能指令的出现，极大地拓宽了 PLC 的应用范围，增加了 PLC 编程的灵活性。功能指令的丰富程度及其使用的方便程度是衡量 PLC 性能的一个重要指标。

和基本指令类似，功能指令具有梯形图及语句表等表示形式。功能指令主要表示指令要完成的功能，而不含表达梯形图符号间相互关系的成分，因此功能指令的梯形图符号多为功能框。由于数据处理远比逻辑处理复杂，所以功能指令涉及的机内元件种类及数据量都比较多。现以表 4–1–2 所示的 S7–200 系列 PLC 单个数据传送指令为例介绍功能指令的表示形式及使用要素。

表 4–1–2　单个数据传送指令的梯形图和语句表

指令名称	梯形图	语句表	操作数范围及数据类型
字节传送指令（MOVB 指令）	MOV_B EN　ENO IN　OUT	MOVB IN，OUT	IN：IB、QB、VB、MB、SB、SMB、LB、AC、*VD、*LD、*AC、常数 OUT：IB、QB、VB、MB、SB、SMB、LB、AC、*VD、*LD、*AC 数据类型：字节

续表

指令名称	梯形图	语句表	操作数范围及数据类型
字传送指令（MOVW 指令）	MOV_W EN ENO IN OUT	MOVW IN，OUT	IN：IW、QW、VW、MW、SW、SMW、T、C、LW、AC、AIW、*VD、*LD、*AC、常数 OUT：IW、QW、VW、MW、SW、SMW、T、C、LW、AC、AQW、*VD、*LD、*AC 数据类型：字
双字传送指令（MOVD 指令）	MOV_DW EN ENO IN OUT	MOVD IN，OUT	IN：ID、QD、VD、MD、SD、SMD、LD、HC、&IB、&VB、&QB、&MB、&SMB、&SB、&T、&C、&AIW、&AQW、AC、*VD、*LD、*AC、常数 OUT：ID、QD、VD、MD、SD、SMD、LD、AC、*VD、*LD、*AC 数据类型：双字
实数传送指令（MOVR 指令）	MOV_R EN ENO IN OUT	MOVR IN，OUT	IN：ID、QD、VD、MD、SD、SMD、LD、AC、*VD、*LD、*AC、常数 OUT：ID、QD、VD、MD、SD、SMD、LD、AC、*VD、*LD、*AC 数据类型：实数

1. 功能框及指令的标题

功能框顶部标有该指令的标题，如表 4-1-2 中的“MOV_B”表示字节传送指令。

标题一般由两部分组成：前面部分为指令的助记符，多为英文缩写词，如字节传送指令中“MOVE”简写为“MOV”；后面部分为参与运算的数据类型，如“B”表示字节。另外，常见的还有“W”（表示字）、“DW”（表示双字）、“I”（表示整数）、“DI”（表示双整数）、“R”（表示实数）等。

2. 语句表达式

语句表达式一般也分为两部分，第一部分表示指令的功能，第二部分为参加运算的数据地址或数据，也有无数据的功能指令语句。第一部分即助记符，一般和功能框中指令标题相同，如字节传送指令中使用“MOVB”表示字节传送，但也有些功能指令的助记符和功能框中的指令标题不同。

3. 操作数类型及长度

操作数是功能指令涉及或产生的数据。功能框及语句中用“IN”及“OUT”标示的即为操作数。操作数可分为源操作数、目标操作数及其他操作数。源操作数是指令执行后不改变其内容的操作数。目标操作数是指令执行后改变其内容的操作数。从梯形图符号来说，功能框左边的操作数通常是源操作数，功能框右边的操作数为目标操作数，如加法指令梯形图符号中“IN”为源操作数，“OUT”为目标操作数。有时源操作数和目标操作数也可使用同一存储单元。操作数中还有辅助操作数，常用来对源操作数和目标操作数做补充说明。

操作数的类型及长度必须和指令相配合。S7-200 系列 PLC 的数据存储单元有 I、Q、V、M、SM、S、L、AC 等多种类型，长度表达形式有字节（B）、字（W）、双字（DW）多种，需认真选用。各操作数适合的数据类型及长度可在语句表说明部分查阅，如表 4-1-2 中给出了 IN、OUT 的取值范围。其中标有“*”号的为变址标记。此外，常数也可作为操作数。表示常数时，要符合常数的书写格式。在一条指令中，源操作数、目标操作数及其他操作数都可能不止一个，也可能一个都没有。

4. 执行条件及执行形式

功能框中以“EN”表示的输入为指令执行的条件。在梯形图中，“EN”连接的为编程软元件触点的组合。从能流的角度出发，当触点组合满足能流达到功能框的条件时，该功能框表示的指令就得以执行。值得一提的是，当功能框“EN”前的执行条件成立时，该指令在每个扫描周期都会被执行一次，这种执行方式称为连续执行。而在很多场合，某些功能框只需要被执行一次，即只在一个扫描周期中有效，这时可以用脉冲作为执行条件，这种执行方式称为脉冲执行。有些功能指令用连续执行和脉冲执行结果相同，但有些指令的执行结果会大不相同，如数据交换指令，原本是希望将两个数据单元中的数据交换位置，如多次换位，则可能与预期结果不同，即数据位置并未发生改变。因此，在编程时必须为功能框设定合适的执行条件。

5. 执行结果对特殊标志位的影响

为了方便用户更好地了解机内运行的情况并为控制及故障自诊断提供方便，PLC 中设立了许多特殊标志位，如溢出位、负值位等，具体情况可在指令说明中查阅。

6. 适用机型范围

某条功能指令往往并不是某系列机型中任意一款都适用的，不同的 CPU 型号可适用的功能指令范围不尽相同，可查有关手册了解。

S7–200 系列 PLC 编程语言的基本单位是语句，而语句的构成是指令，每条指令一般有两部分：一部分是操作码，另一部分是操作数。其指令中如何提供操作数或操作数地址，称为寻址方式。可扫描右侧二维码，了解 S7–200 系列 PLC 指令的规约和 S7–200 系列 PLC 寻址方式。

二、数据传送指令

数据传送指令包括以字节、字、双字和实数为单位的单个数据传送指令，以字节、字、双字为单位的数据块传送指令以及字节立即传送（读和写）指令。数据传送指令的功能是完成各存储器单元之间的数据传送。

单个数据传送指令（Move）一次完成一个字节、字或双字的传送，其梯形图和语句表见表 4–1–2。

单个数据传送指令的操作功能：当使能输入端 EN 有效时，把一个输入 IN 的单字节无符号数、单字长或双字长符号数送到 OUT 指定的存储器单元输出。

数据类型分别为字节、字、双字和实数。

操作数的寻址范围要与指令助记符中的数据长度一致。其中，字节传送时不能寻址专用的字和双字存储器，如 T、C 及 HC 等，OUT 寻址不能寻址常数。

【例 4–1–1】如图 4–1–2 所示，将十进制常数 88 传送到 VB0 中，则字节 VB0 中的数据为 88。若将输出 VB0 改成 VW0，则程序出错，因为单字节数据传送的操作数不能为字。

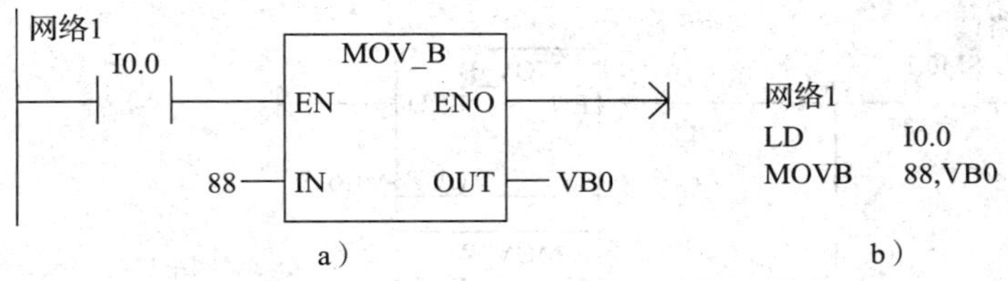

图 4–1–2 单字节数据传送程序示例

a）梯形图 b）语句表

【例 4–1–2】如图 4–1–3 所示，将十进制常数 88 传送到 VW0 中，则字节 VB0 中的数据为 0，字节 VB1 中的数据为常数 88。若将输出 VW0 改成 VB0，则程序出错，因为单字数据传送的操作数不能为字节。

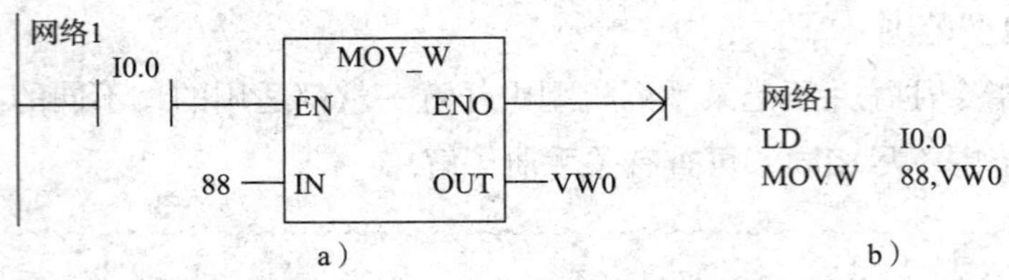

图 4-1-3 单字数据传送程序示例

a）梯形图 b）语句表

【例 4-1-3】如图 4-1-4 所示，将十六进制数 16#E071 传送到 QW0 中，则字节 QB0 中的数据为 2#1110 0000，字节 QB1 中的数据为 2#0111 0001。若将输出 QW0 改成 QB0，则程序出错，因为单字数据传送的操作数不能为字节。

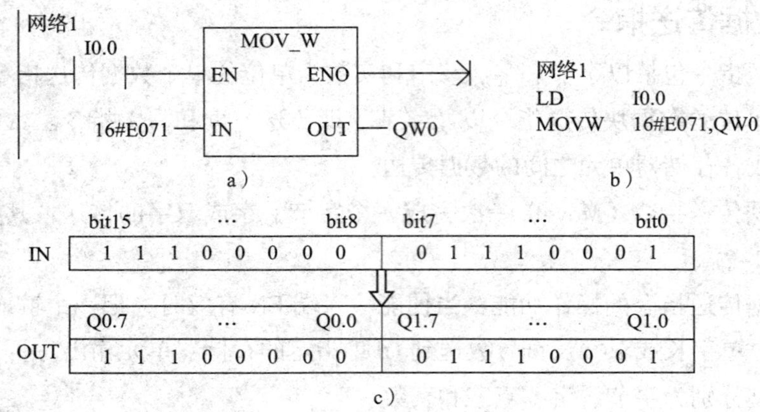

图 4-1-4 单字数据传送程序示例

a）梯形图 b）语句表 c）指令功能图

【例 4-1-4】初始化程序的设计。存储器初始化程序是用于 PLC 开机运行时对某些存储器清零或设置的一种操作，常使用传送指令来编程。若开机运行时将 VB0 清零，将 VW20 设置为 200，则对应的梯形图程序如图 4-1-5 所示。

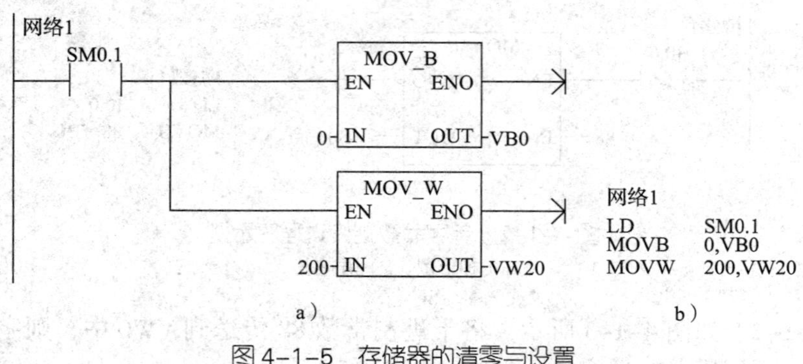

图 4-1-5 存储器的清零与设置

a）梯形图 b）语句表

【例 4-1-5】多台电动机同时启动、停止的梯形图程序。设四台电动机分别由 Q0.0、Q0.1、Q0.2 和 Q0.3 控制，I0.1 为启动按钮，I0.2 为停止按钮。用传送指令设计的梯形图程序如图 4-1-6 所示。

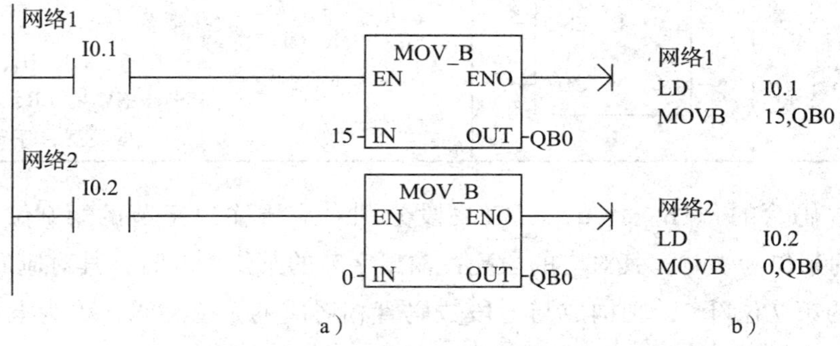

图 4-1-6 多台电动机同时启动、停止控制梯形图
a）梯形图 b）语句表

试一试

PLC 硬件安装完毕后，要检测所有的输入、输出设备，如果用一个输入继电器带一个输出继电器的方法，则需要编写一大段程序。学会功能指令后，一条数据传送指令就可以解决问题，如图 4-1-7 所示。

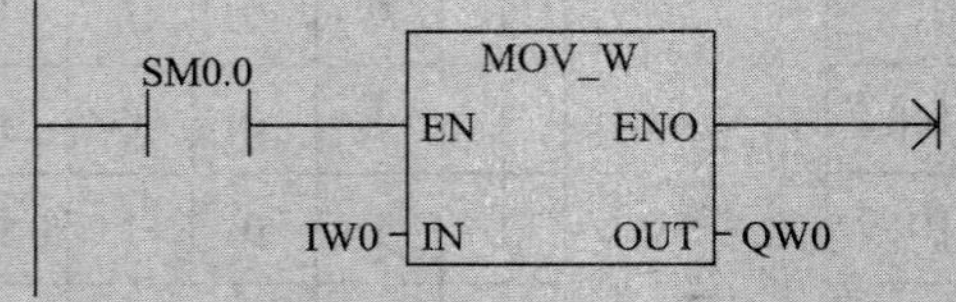

图 4-1-7 用数据传送指令检测所有的输入、输出设备

三、七段译码指令

七段译码指令（SEG）属于数据转换类功能指令。PLC 主要数据类型包括字节、整数、双整数和实数，主要数制有 BCD 码、ASC II 码、十进制和十六进制等。不同指令对操作数的类型要求不同，因此，在使用指令之前需要将操作数转化为相应的类型，数据转换类功能指令就可以实现这样的功能。

七段译码指令的梯形图和语句表见表 4-1-3。

七段译码指令的功能是将输入（IN）中指定的字节低 4 位确定的十六进制数（16#0 ~ F）转换成点亮七段数码管各段的代码，并送到输出（OUT）指定的变量中。

表 4–1–3　七段译码指令的梯形图和语句表

指令名称	梯形图	语句表	操作数及数据类型
七段译码指令	SEG EN　ENO IN　OUT	SEG IN，OUT	IN：VB、IB、QB、MB、SB、SM、SMB、LB、AC、常量 OUT：VB、IB、QB、MB、SM、SMB、LB、AC 数据类型：字节

七段数码管的 a、b、c、d、e、f、g 段分别对应于输出字节的第 0 位 ~ 第 6 位，输出字节的某位为 1 时，其对应的段亮；输出字节的某位为 0 时，其对应的段暗。将输出字节的第 7 位补 0，则构成与七段数码管相对应的 8 位编码，称为七段显示码。数字 0 ~ 9、字母 A ~ F 与七段显示码的对应见表 4–1–4。

表 4–1–4　七段译码转换表

输入的数据（IN）		七段数码管组成	输出的数据（OUT）							七段码显示
十六进制	二进制		g	f	e	d	c	b	a	
00	00000000		0	1	1	1	1	1	1	0
01	00000001		0	0	0	0	1	1	0	1
02	00000010		1	0	1	1	0	1	1	2
03	00000011		1	0	0	1	1	1	1	3
04	00000100		1	1	0	0	1	1	0	4
05	00000101		1	1	0	1	1	0	1	5
06	00000110	a f　g　b e　c d	1	1	1	1	1	0	1	6
07	00000111		0	0	0	0	1	1	1	7
08	00001000		1	1	1	1	1	1	1	8
09	00001001		1	1	0	0	1	1	1	9
0A	00001010		1	1	1	0	1	1	1	A
0B	00001011		1	1	1	1	1	0	0	b
0C	00001100		0	1	1	1	0	0	1	C
0D	00001101		1	0	1	1	1	1	0	d
0E	00001110		1	1	1	1	0	0	1	E
0F	00001111		1	1	1	0	0	0	1	F

【例 4-1-6】七段译码指令的应用如图 4-1-8 所示。若 I0.0 接通，则程序运行结果 QB0 中的值为 16#7D（2#01111101）。

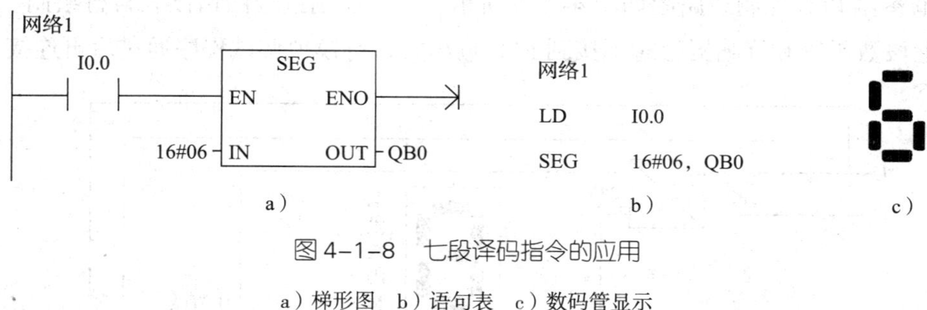

图 4-1-8　七段译码指令的应用

a）梯形图　b）语句表　c）数码管显示

任务实施

一、分配 I/O 地址

根据任务分析，复位按钮 SB0 以及抢答按钮 SB1、SB2、SB3、SB4 属于控制信号，作为 PLC 的输入量分配接线端子；七段数码管的 a、b、c、d、e、f、g 段和蜂鸣器 HA 属于被控对象，作为 PLC 的输出量分配接线端子。对输入 / 输出（I/O）进行地址分配，见表 4-1-5。

表 4-1-5　I/O 地址分配

输入			输出		
输入设备	文字符号	输入继电器	输出设备	文字符号	输出继电器
复位按钮	SB0	I0.0	七段数码管	a 段	Q0.0
第 1 组抢答按钮	SB1	I0.1	七段数码管	b 段	Q0.1
第 2 组抢答按钮	SB2	I0.2	七段数码管	c 段	Q0.2
第 3 组抢答按钮	SB3	I0.3	七段数码管	d 段	Q0.3
第 4 组抢答按钮	SB4	I0.4	七段数码管	e 段	Q0.4
			七段数码管	f 段	Q0.5
			七段数码管	g 段	Q0.6
			蜂鸣器	HA	Q1.0

二、绘制并安装 PLC 控制线路

抢答器 PLC 控制线路图如图 4–1–9 所示，PLC 控制接线图请读者自行绘制。安装时，七段数码管和蜂鸣器暂时不接到 PLC 输出端，待模拟调试程序通过后再连接。

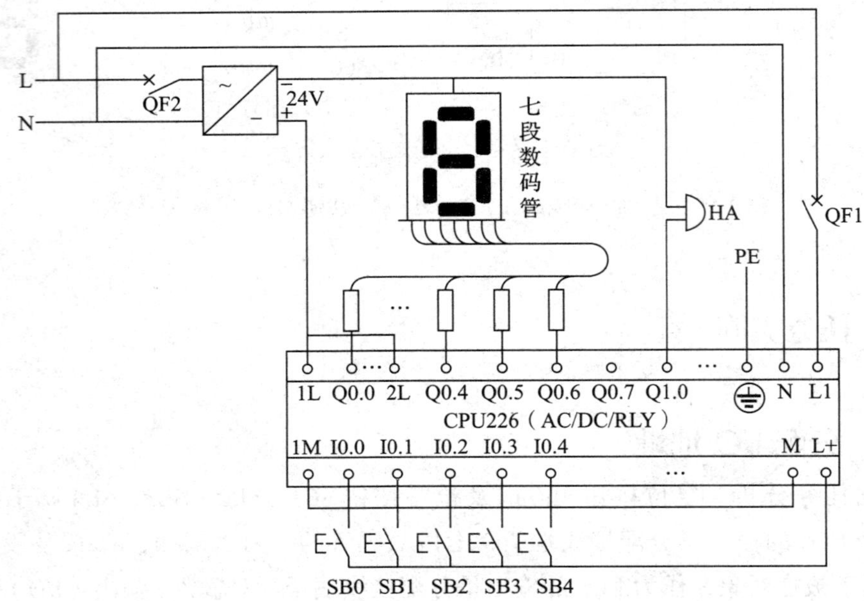

图 4–1–9 抢答器 PLC 控制线路图

注意

七段数码管有共阴极和共阳极两种接法。如果把七段数码管的每一段都等效为发光二极管，共阴极接法就是把 a、b、c、d、e、f、g 这七个发光二极管的负极连接在一起并接地，它们的七个正极通过限流电阻接到 PLC 对应的输出端子上。无论共阴极还是共阳极七段显示电路，都需要加限流电阻，否则通电后会烧坏七段数码管。限流电阻的选取方法是：电源电压减去发光二极管的工作电压再除以发光二极管的工作电流得到的即为限流电阻的阻值。本任务中电源电压取 DC 24 V，发光二极管的工作电压一般在 2 V 左右（以实际规格为准），发光二极管的工作电流为 10 ~ 20 mA（以实际规格为准，电流偏小，七段数码管不太亮；电流偏大，工作时间长了七段数码管易烧坏）。由此可知，限流电阻的阻值选 2 kΩ 即可。对于大功率七段数码管，可根据实际情况选取限流电阻阻值及电阻的额定功率。

三、设计梯形图程序

编辑符号表，如图 4-1-10 所示。

			符号	地址	注释
1			复位按钮	I0.0	
2			第一組抢答按钮	I0.1	
3			第二組抢答按钮	I0.2	
4			第三組抢答按钮	I0.3	
5			第四組抢答按钮	I0.4	
6			a段	Q0.0	
7			b段	Q0.1	
8			c段	Q0.2	
9			d段	Q0.3	
10			e段	Q0.4	
11			f段	Q0.5	
12			g段	Q0.6	
13			蜂鸣器	Q1.0	

图 4-1-10 符号表

1. 使用数据传送指令设计

使用数据传送指令设计的抢答器 PLC 控制程序如图 4-1-11 所示。

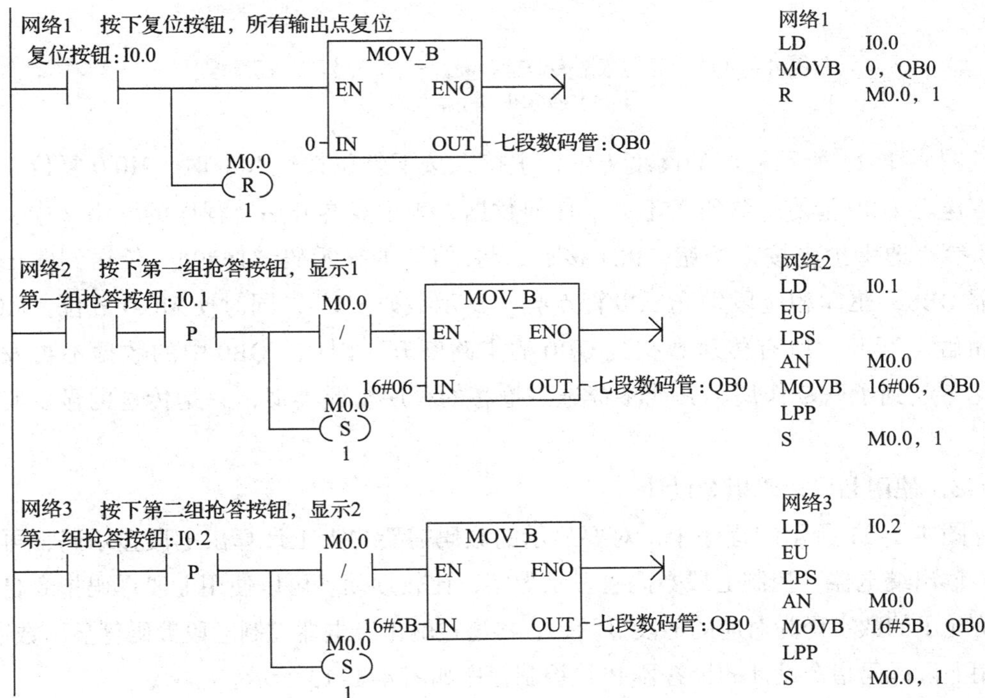

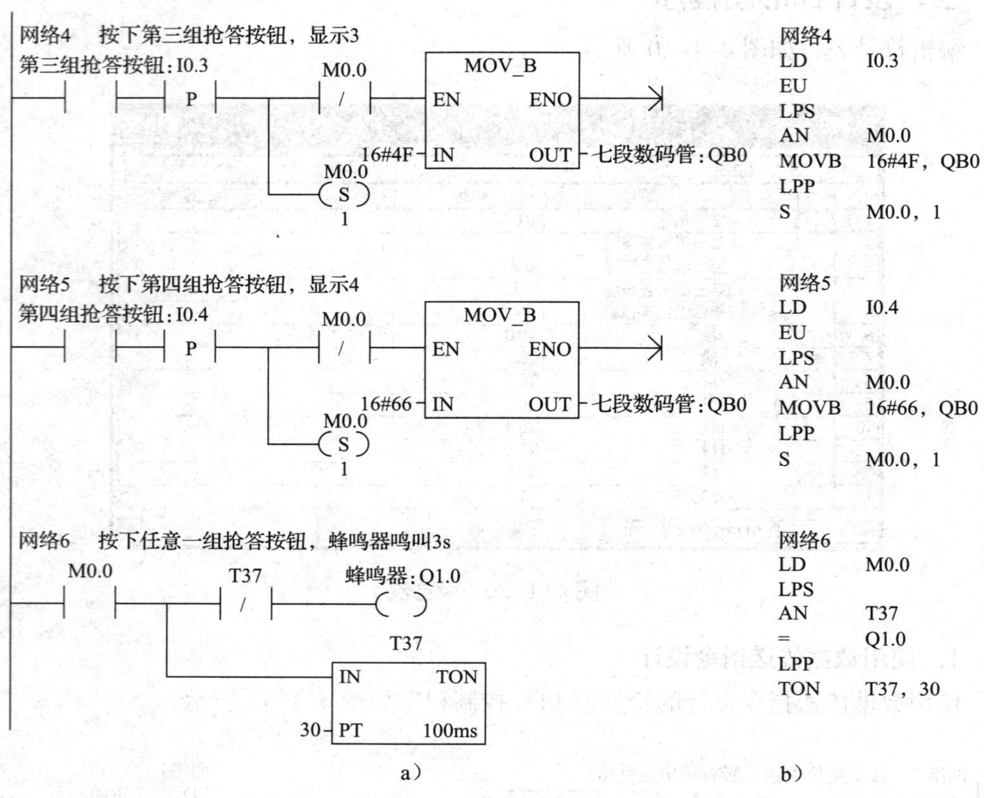

图 4–1–11 使用数据传送指令设计的抢答器 PLC 控制程序
a）梯形图 b）语句表

图 4–1–11 所示程序的网络 1 中，主持人按下复位按钮 I0.0 时，M0.0 复位，输出继电器 QB0 清零，数码管不显示任何数据，表示竞赛开始。程序的网络 2 中，若 1 号参赛选手抢先按下按钮，I0.1 接通，将“1”的显示码“16#06”传送到输出继电器 QB0，驱动相应段发光二极管点亮，显示数码“1”，同时使 M0.0 置位。M0.0 常闭触点断开，所有传送数据到 QB0 的支路断开。因此，QB0 中的数据不再发生变化，起到了联锁作用。其他参赛选手抢答的程序与此类似，只是传送的显示码不同。

2. 使用七段译码指令设计

图 4–1–11 所示的程序中，对要显示的数码需要先人工计算出七段显示码，再传送给输出继电器，控制七段数码管显示数字，比较烦琐。可以使用七段译码指令自动将待显示的数字译为对应的七段显示码，再通过输出继电器控制七段数码管显示数字。使用七段译码指令设计的抢答器 PLC 控制程序如图 4–1–12 所示。

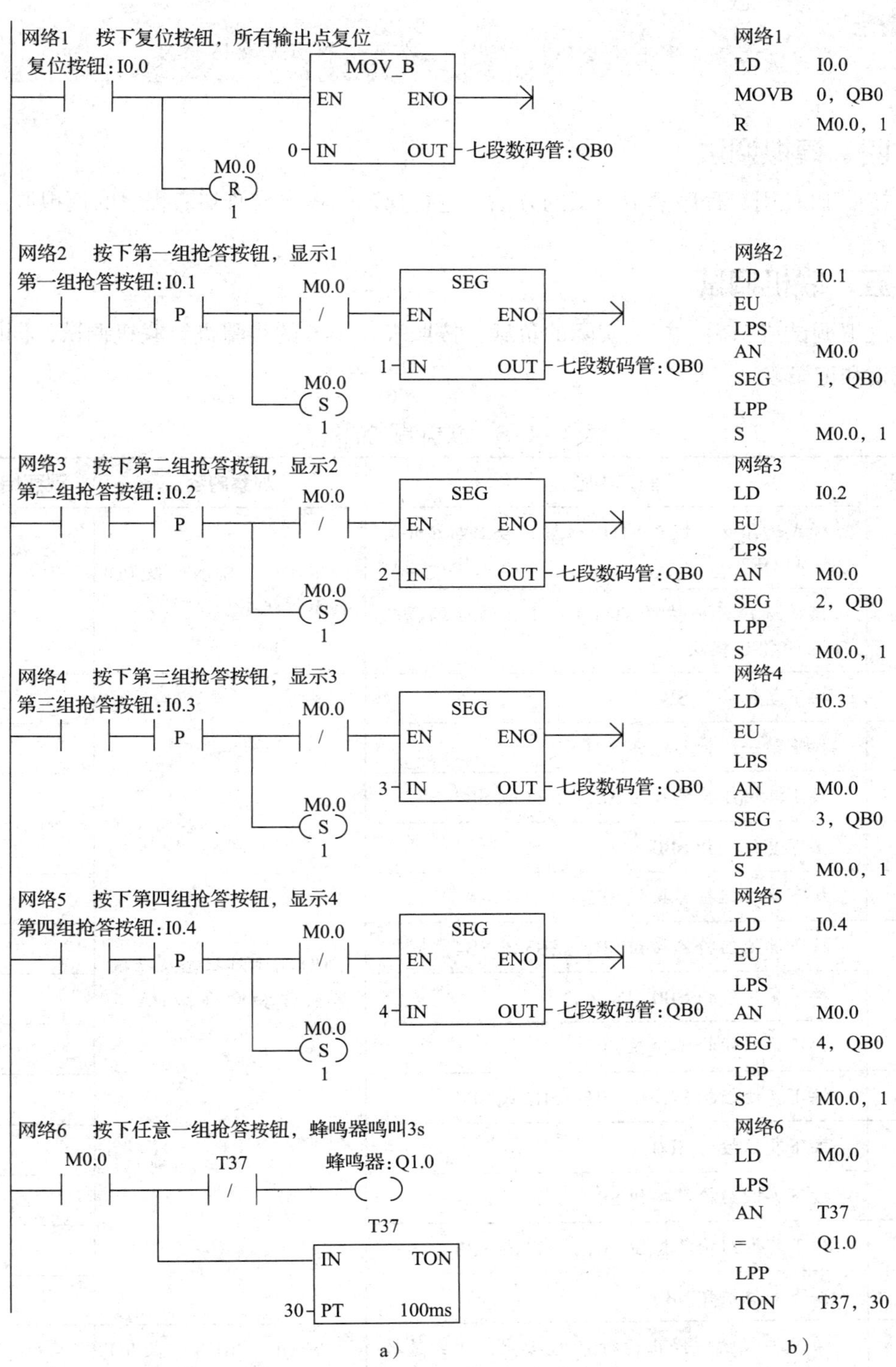

图 4–1–12 使用七段译码指令设计的抢答器 PLC 控制程序

a）梯形图 b）语句表

想一想

如何应用七段译码指令设计一个九人智力竞赛抢答器？

四、模拟调试

按照 PLC 用户程序模拟调试的方法，进行梯形图程序或语句表程序的模拟调试。

五、联机调试

模拟调试成功后，接上实际的负载，按照表 4–1–6 的步骤进行联机调试，同时注意观察和记录。

表 4–1–6　联机调试记录表

步骤	操作内容	观察内容	观察结果
1	模式选择开关拨至 STOP 位置，合上电源开关 QF1 和 QF2	“STOP”“RUN” 及 I/O 指示灯状态	
2	模式选择开关拨至 TERM 位置，通过编程软件运行 CPU 模块		
3	按下复位按钮 SB0	I/O 指示灯状态及七段数码管和蜂鸣器 HA 工作情况	
4	按下第一组抢答按钮 SB1		
5	按下其他组抢答按钮 SB2、SB3 或 SB4		
6	按下复位按钮 SB0		
7	按下第二组抢答按钮 SB2		
8	按下其他组抢答按钮 SB1、SB3 或 SB4		
9	按下复位按钮 SB0		
10	按下第三组抢答按钮 SB3		
11	按下其他组抢答按钮 SB1、SB2 或 SB4		
12	按下复位按钮 SB0		
13	按下第四组抢答按钮 SB4		
14	按下其他组抢答按钮 SB1、SB2 或 SB3		
15	按下复位按钮 SB0		
16	通过编程软件停止运行 CPU 模块，模式选择开关拨至 STOP 位置	“STOP”“RUN” 及 I/O 指示灯状态	
17	关断电源开关 QF1 和 QF2		

任务测评

清扫工作台面，整理技术文件，并参考表 1–3–7 进行任务测评。

任务 2 彩灯循环闪亮 PLC 控制

学习目标

1. 掌握移位指令的功能、表示形式及使用方法。
2. 能使用移位指令设计彩灯循环闪亮 PLC 控制程序。

任务引入

生活中常见的各种装饰彩灯和广告彩灯都是在控制设备的控制下变幻出各种效果。其中，中小型彩灯的控制设备多为数字电路，而大型楼宇的轮廓装饰或大型晚会的灯光布景等多由 PLC 进行控制，原因是其变化多、功率大，数字电路往往难以胜任。如图 4–2–1 所示为常见的彩灯画面，这些彩灯的亮暗、闪烁时间及流动方向均可以通过 PLC 来控制。

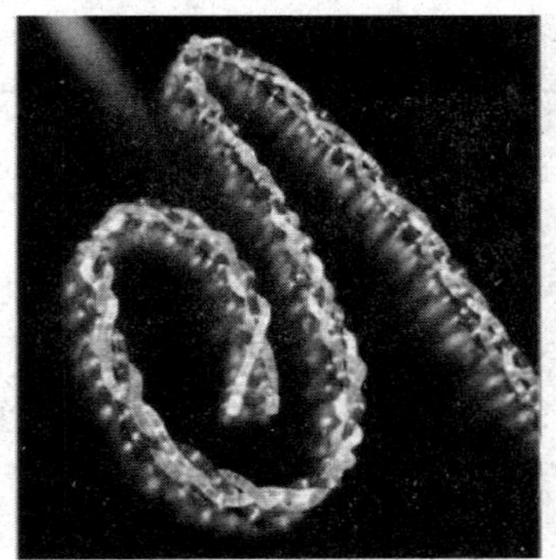

图 4–2–1 常见的彩灯画面

本任务要求应用 PLC 功能指令中的移位指令，设计彩灯循环闪亮 PLC 控制系统，并完成安装和调试。控制要求如下：

1. 现有 HL1 ~ HL8 共八盏彩灯，按下启动按钮后，彩灯 HL1 ~ HL8 以正序（从左到右）每隔 1 s 依次轮流点亮（即每盏灯依次点亮 1 s）；当第八盏彩灯 HL8 点亮后，再反向逆序（从右到左）每隔 1 s 依次点亮；当第一盏彩灯 HL1 再次点亮后，重复上述循环过程；当按下停止按钮后，彩灯控制系统停止工作。

2. 具有短路保护等必要的保护措施。

本任务要求的八盏彩灯依次点亮控制，可以使用基本指令编写，但是编写程序会比较烦琐。使用 PLC 功能指令中的移位指令来设计会很简明、便捷。

实施本任务所使用的实训设备见表 4–2–1。

表 4–2–1　实训设备清单

序号	设备名称	型号及规格	数量	单位	备注
1	微型计算机	带 STEP7–Micro/WIN 软件	1	台	
2	编程电缆	PC/PPI	1	条	
3	可编程序控制器	CPU226（AC/DC/RLY）	1	台	配 C45 导轨
4	低压断路器	Multi9 C65N D20，单极	2	个	
5	熔断器	RT28–32/4	1	个	
6	按钮	LA4–2H	1	个	
7	指示灯	自定，AC 220 V	8	个	
8	接线端子排	TB–1520，20 位	1	条	
9	配电盘	600 mm × 900 mm	1	块	

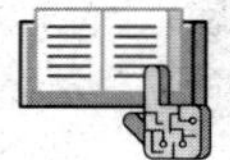

相关知识

移位指令包括左 / 右移位指令、循环左 / 右移位指令、移位寄存器指令以及字节交换指令，这里只介绍左 / 右移位指令和循环左 / 右移位指令。

一、左 / 右移位指令

左移位指令和右移位指令的梯形图和语句表见表 4–2–2。

表 4-2-2 左/右移位指令的梯形图和语句表

指令名称	梯形图	语句表	操作数范围及数据类型
字节左移位指令（SLB 指令）	SHL_B EN ENO IN OUT N	SLB OUT，N	IN：IB、QB、VB、MB、SB、SMB、LB、AC、*VD、*LD、*AC、常数 OUT：IB、QB、VB、MB、SB、SMB、LB、AC、*VD、*LD、*AC N：IB、QB、VB、MB、SB、SMB、LB、AC、*VD、*LD、*AC、常数 数据类型：字节
字左移位指令（SLW 指令）	SHL_W EN ENO IN OUT N	SLW OUT，N	IN：IW、QW、VW、MW、SW、SMW、T、C、LW、AC、AIW、*VD、*LD、*AC、常数 OUT：IW、QW、VW、MW、SW、SMW、T、C、LW、AC、*VD、*LD、*AC N：IB、QB、VB、MB、SB、SMB、LB、AC、*VD、*LD、*AC、常数 数据类型：字
双字左移位指令（SLD 指令）	SHL_DW EN ENO IN OUT N	SLD OUT，N	IN：ID、QD、VD、MD、SD、SMD、LD、HC、AC、*VD、*LD、*AC、常数 OUT：ID、QD、VD、MD、SD、SMD、LD、AC、*VD、*LD、*AC N：IB、QB、VB、MB、SB、SMB、LB、AC、*VD、*LD、*AC、常数 数据类型：双字

续表

指令名称	梯形图	语句表	操作数范围及数据类型
字节右移位指令（SRB 指令）	SHR_B EN ENO IN OUT N	SRB OUT，N	同字节左移位指令
字右移位指令（SRW 指令）	SHR_W EN ENO IN OUT N	SRW OUT，N	同字左移位指令
双字右移位指令（SRD 指令）	SHR_DW EN ENO IN OUT N	SRD OUT，N	同双字左移位指令

注意

在语句表中，若 IN 和 OUT 指定的存储器不同，则先使用数据传送指令将 IN 中的数据送入 OUT 指定的存储单元，如：

MOVB IN，OUT

SLB OUT，N

左/右移位指令的功能是将 IN 中的数的各位向左或向右移动 N 位后，送入 OUT。移位指令对移出的位自动补 0。如果移位的位数 N 大于或等于允许值（如字节操作为 8，字操作为 16，双字操作为 32），应对 N 进行取模操作。例如，对于字移位，将 N 除以 16 后取余数，并将余数作为有效的移位次数。取模操作的结果对于字节操作是 0 ~ 7，对于字操作是 0 ~ 15，对于双字操作是 0 ~ 31。如果 N 分别等于 8、16、32，则不进行移位操作。所有移位指令中的 N 均为字节型数据。如果移位次数大于 0，溢出标志位 SM1.1 将保存最后一次被移出的位的值。如果被移位的值为 0，则零标志位 SM1.0 被置位。

1. 左移位指令 SHL（shift left）

当使能端输入有效时，将输入的字节、字或双字左移 N 位，右端补 0，并将结果输出至 OUT 指定的存储器单元中，最后一次移出的位保存在 SM1.1 中。

【例 4–2–1】图 4–2–2 所示为左移位指令的应用示例。

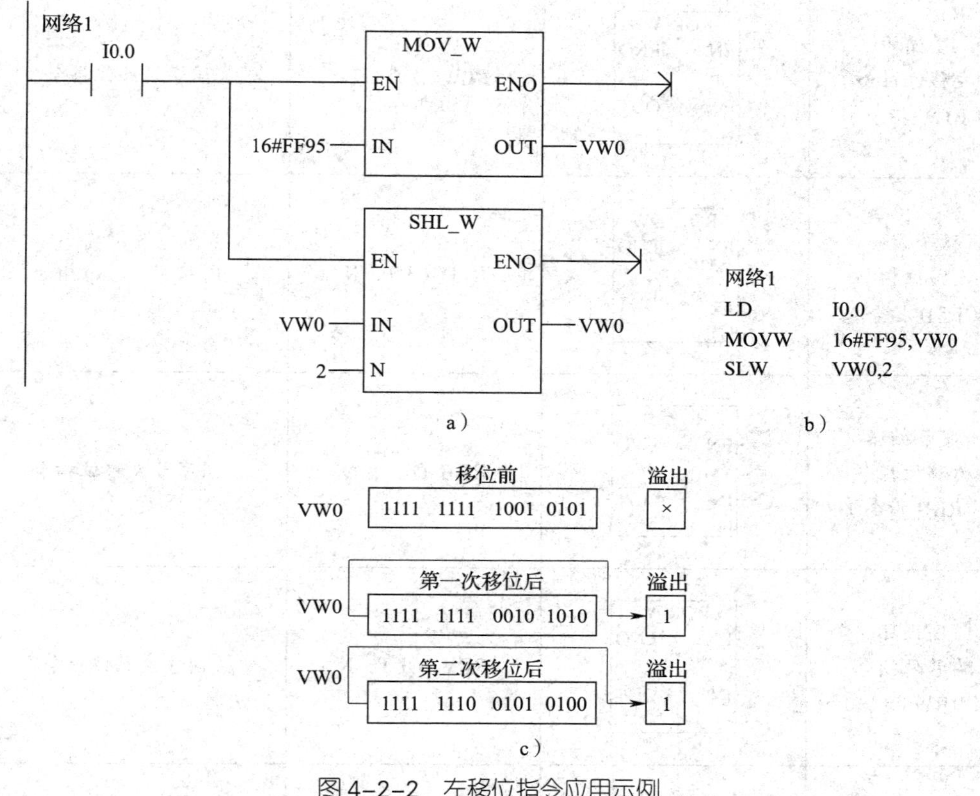

图 4–2–2 左移位指令应用示例

a）梯形图 b）语句表 c）指令功能图

2. 右移位指令 SHR（shift right）

当使能端输入有效时，将输入的字节、字或双字右移 N 位，左端补 0，并将结果输出到 OUT 指定的存储器单元中，最后一次移出的位保存在 SM1.1 中。

二、循环左 / 右移位指令

循环左 / 右移位指令的梯形图和语句表见表 4–2–3。

表 4–2–3 循环左 / 右移位指令的梯形图和语句表

指令名称	梯形图	语句表	操作数范围及数据类型
字节循环左移位指令（RLB 指令）	ROL_B EN ENO IN OUT N	RLB OUT，N	同字节左移位指令

续表

指令名称	梯形图	语句表	操作数范围及数据类型
字循环左移位指令（RLW 指令）	ROL_W: EN ENO IN OUT N	RLW OUT，N	同字左移位指令
双字循环左移位指令（RLD 指令）	ROL_DW: EN ENO IN OUT N	RLD OUT，N	同双字左移位指令
字节循环右移位指令（RRB 指令）	ROR_B: EN ENO IN OUT N	RRB OUT，N	同字节左移位指令
字循环右移位指令（RRW 指令）	ROR_W: EN ENO IN OUT N	RRW OUT，N	同字左移位指令
双字循环右移位指令（RRD 指令）	ROR_DW: EN ENO IN OUT N	RRD OUT，N	同双字左移位指令

循环左 / 右移位指令的功能是将 IN 中的各位向左或向右循环移动 N 位后，送入 OUT。循环移位是环形的，即被移出的位将返回另一端空出来的位置。如果移动的位数 N 大于或等于允许值（字节操作为 8，字操作为 16，双字操作为 32），执行循环移位前应对 N 进行取模操作。如果取模操作的结果为 0，则不进行循环移位操作。如果循环移位指令被执行，移出的最后一位数值会被复制到溢出标志位（SM1.1）。如果被循环移位的值为 0，则零标志位（SM1.0）被置位。另外，字节操作是无符号的，对于字和双字操作，当使用有符号数据类型时，符号位也被移位。

1. 循环左移位指令 ROL（rotate left）

当使能端输入有效时，字节、字或双字循环左移 N 位后，将结果输出至 OUT 指定的存储单元中，并将最后一次移出的位送至 SM1.1 存放。

2. 循环右移位指令 ROR（rotate right）

当使能端输入有效时，字节、字或双字循环右移 N 位后，将结果输出至 OUT 指定的存储单元中，并将最后一次移出的位送至 SM1.1 存放。

【例 4–2–2】如图 4–2–3 所示，当 I0.0 输入有效时，将 VB10 左移 4 位送到 VB10，将 VB0 循环右移 3 位送到 VB0。

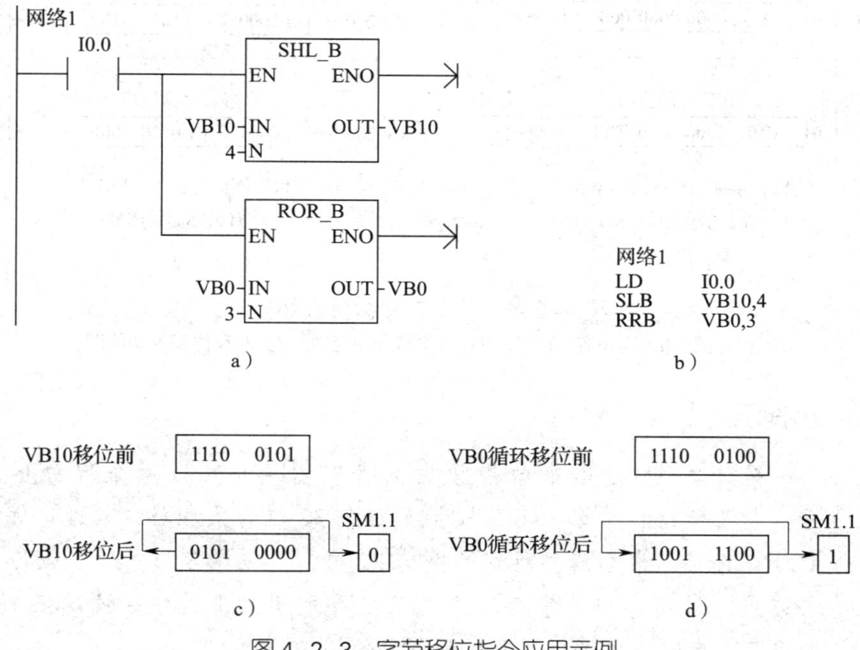

图 4–2–3 字节移位指令应用示例

a）梯形图 b）语句表 c）左移位指令功能图 d）循环右移位指令功能图

【例 4–2–3】如图 4–2–4 所示，将 AC0 中的字循环右移 2 位，将 VW200 中的字左移 3 位。

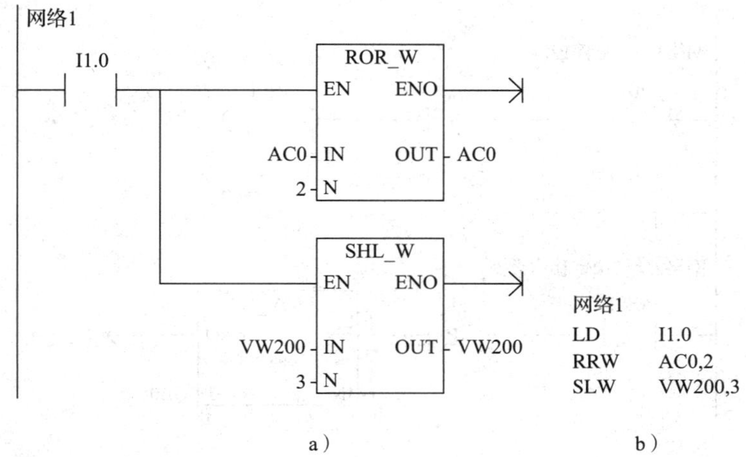

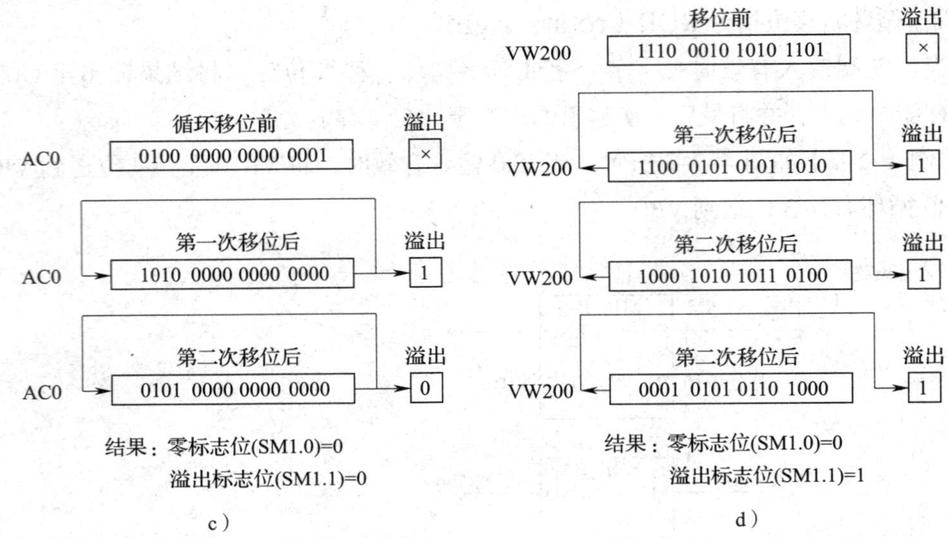

图 4-2-4　字移位指令应用示例

a）梯形图　b）语句表　c）循环右移位指令功能图　d）左移位指令功能图

小提示

累加器 AC 是用来暂存数据的寄存器，它可以用来存放运算数据、中间数据和结果。CPU 提供了四个 32 位的累加器，其地址编号为 AC0 ~ AC3。累加器的可用长度为 32 位，可采用字节、字、双字的存取方式，采用字节、字存取方式只能存取累加器的低 8 位或低 16 位，采用双字存取方式可以存取累加器全部的 32 位。

【例 4-2-4】循环移位指令的应用。当按下启动按钮 I0.1 后，八盏彩灯从 Q0.0 开始每隔 1 s 依次向左循环点亮，直至按下停止按钮 I0.2 后熄灭。根据控制要求设计的梯形图如图 4-2-5 所示，八盏彩灯为 Q0.0 ~ Q0.7。

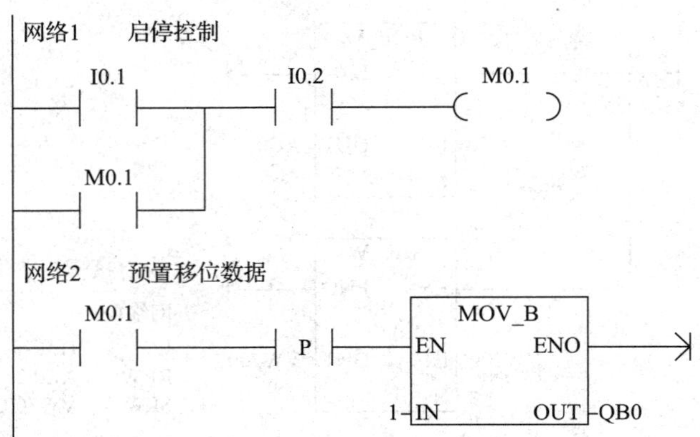

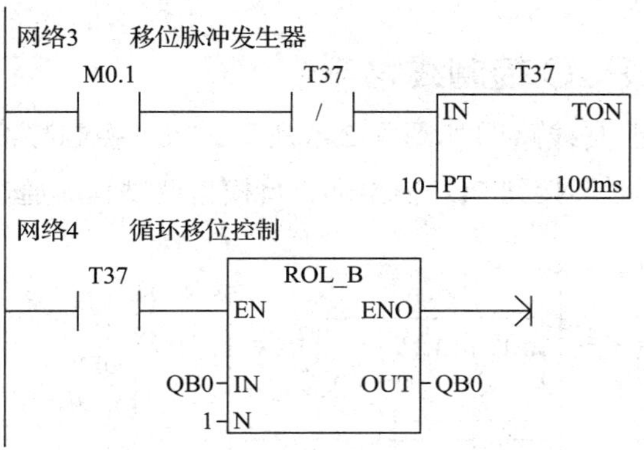

图 4-2-5 八盏彩灯依次向左循环点亮梯形图

扫描右侧二维码，可了解移位寄存器指令的表示形式及使用方法。

任务实施

一、分配 I/O 地址

I/O 地址分配见表 4-2-4。

表 4-2-4 I/O 地址分配

输入				输出			
输入设备	文字符号	作用	输入继电器	输出设备	文字符号	作用	输出继电器
启动按钮	SB1	启动	I0.0	第一盏彩灯	HL1	指示灯	Q0.0
停止按钮	SB2	停止	I0.1	第二盏彩灯	HL2	指示灯	Q0.1
				第三盏彩灯	HL3	指示灯	Q0.2
				第四盏彩灯	HL4	指示灯	Q0.3
				第五盏彩灯	HL5	指示灯	Q0.4
				第六盏彩灯	HL6	指示灯	Q0.5
				第七盏彩灯	HL7	指示灯	Q0.6
				第八盏彩灯	HL8	指示灯	Q0.7

二、绘制并安装 PLC 控制线路

彩灯循环闪亮 PLC 控制线路图如图 4–2–6 所示，PLC 控制接线图请读者自行绘制。安装时，八盏彩灯暂时不接到 PLC 输出端，待模拟调试程序通过后再连接。

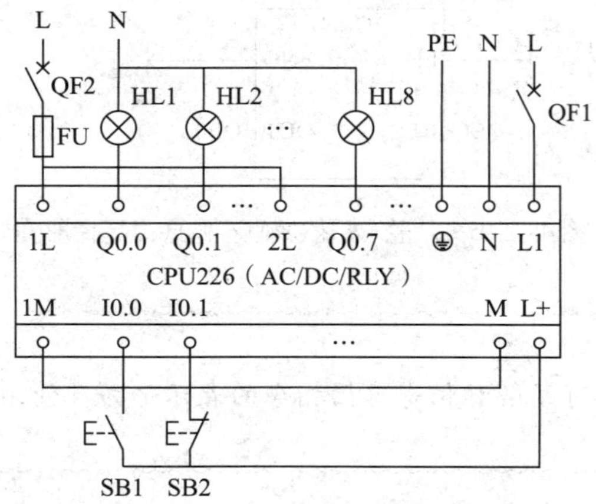

图 4–2–6　彩灯循环闪亮 PLC 控制线路图

三、设计梯形图程序

编辑符号表，如图 4–2–7 所示。

符号表

	符号	地址	注释
1	启动按钮SB1	I0.0	启动
2	停止按钮SB2	I0.1	停止
3	第一盏彩灯HL1	Q0.0	指示灯
4	第二盏彩灯HL2	Q0.1	指示灯
5	第三盏彩灯HL3	Q0.2	指示灯
6	第四盏彩灯HL4	Q0.3	指示灯
7	第五盏彩灯HL5	Q0.4	指示灯
8	第六盏彩灯HL6	Q0.5	指示灯
9	第七盏彩灯HL7	Q0.6	指示灯
10	第八盏彩灯HL8	Q0.7	指示灯

用户定义1　POU 符号

图 4–2–7　符号表

本任务使用数据传送指令和循环移位指令设计梯形图。可以分别利用循环左 / 右移位指令完成彩灯的左、右移动控制，利用输出的状态作为移位寄存器指令的执行控制。因为彩灯每秒移动一次，所以可以采用特殊辅助继电器 SM0.5 作为移动控制触点。具体的编程思路如下：

1．设计彩灯 HL1 ~ HL8 正序点亮的控制程序

当按下启动按钮 SB1 时，输入继电器 I0.0 接通，彩灯 HL1 ~ HL8 以正序（从左到右）点亮，此时 Q0.7 ~ Q0.0 的状态依次应该是 0000 0001、0000 0010、…、1000 0000，此操作可以使用循环左移位指令实现。其梯形图程序如图 4-2-8 所示。其控制原理如下：当 I0.0 置 1 时，上升沿检测指令对应的常开触点接通，Q0.0=1；Q0.0 常开触点闭合，接通控制正序启动程序的辅助继电器 M0.0；M0.0 的常开触点与 1 s 连续脉冲 SM0.5 及下降沿检测指令串联，并通过循环左移位指令控制彩灯按正序每秒亮灯左移 1 位。当需要停止时，只要按下停止按钮 SB2，一方面通过数据传送指令使 QB0 置 0 关灯；另一方面其常开触点断开辅助继电器 M0.0 线圈，使正序点亮控制回路断开，彩灯停止正序点亮工作。

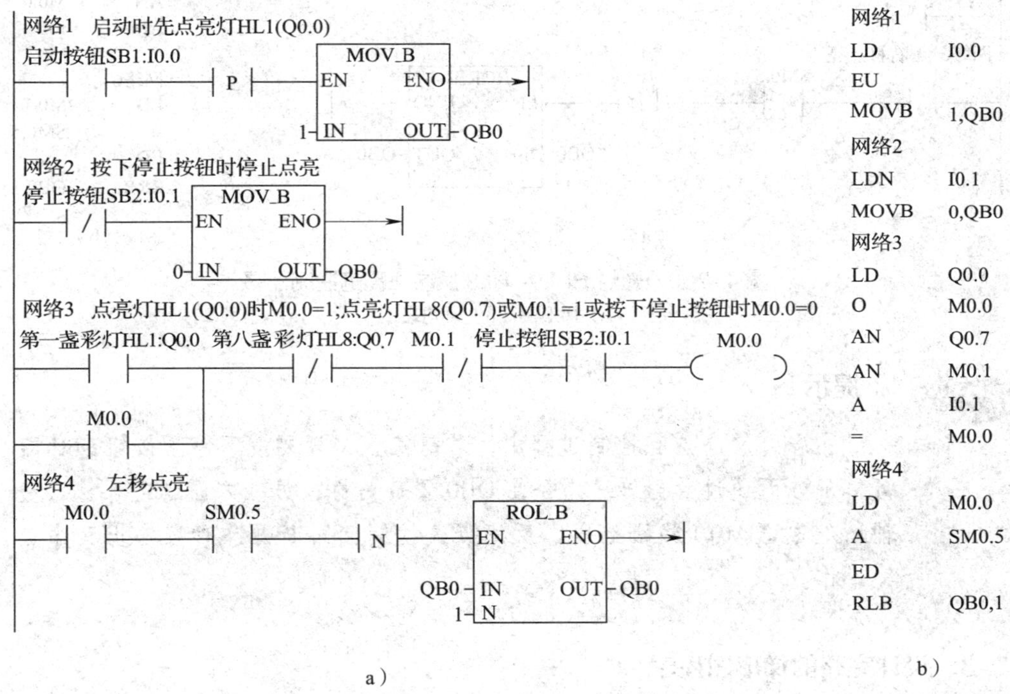

图 4-2-8 彩灯 HL1 ~ HL8 正序点亮的控制程序

a）梯形图 b）语句表

小提示

在程序启动运行和循环再开始回路中串入 Q0.7 和 M0.1 的常闭触点的目的如下：当彩灯依次点亮到第八盏灯时，Q0.7 置 1，其常闭触点断开，程序启动运行和循环再开始回路断开，使 M0.0 置 0，正序控制回路断开，而 M0.1 的常闭触点起着正反序控制的互锁作用。

2. 设计彩灯 HL1 ~ HL8 反序点亮的控制程序

同样，逆序点亮可以使用循环右移位指令来实现，其梯形图程序如图 4-2-9 所示。其控制原理如下：当彩灯 HL1 ~ HL8 以正序点亮至第八盏灯 HL8 时，Q0.7 置 1，其常闭触点断开，正序点亮停止；M0.1 置 1，其常开触点闭合，接通反序控制回路，彩灯 HL1 ~ HL8 以反序每秒亮灯右移 1 位。当彩灯 HL1 ~ HL8 以反序点亮至第一盏灯 HL1 时，Q0.0 置 1，其常闭触点断开，反序右移点亮停止；M0.0 置 1，其常开触点闭合，接通正序控制回路，彩灯开始下一次点亮循环控制。

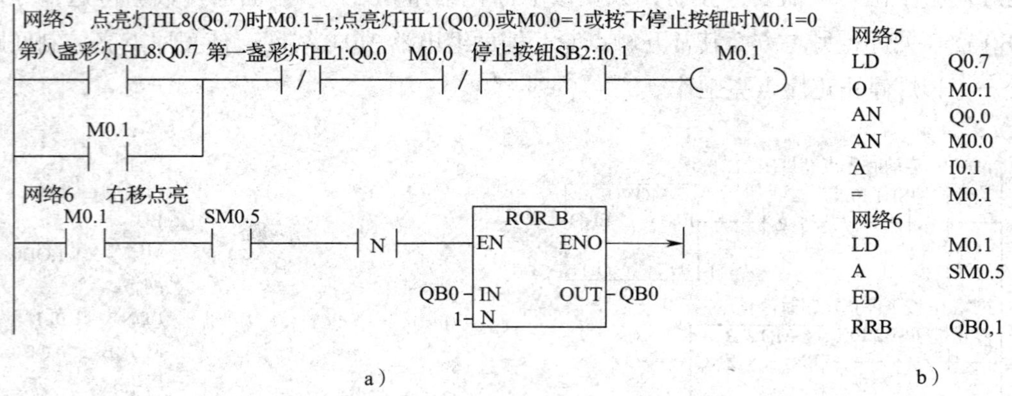

图 4-2-9 彩灯 HL1 ~ HL8 反序点亮的控制程序

a）梯形图 b）语句表

小提示

在彩灯反序点亮控制过程中，若需停止，只要按下停止按钮 SB2 即可，一方面通过数据传送指令使 QB0 置 0 关灯，另一方面其常开触点使辅助继电器 M0.1 线圈断电，反序点亮控制回路断开，彩灯停止反序点亮工作。

3. 设计完整的梯形图程序

综上所述，只要把图 4-2-8a 和图 4-2-9a 所示的梯形图结合起来，即可得到本任务完整的梯形图程序。

想一想

（1）若本任务中的彩灯 HL1 ~ HL8 以正序每隔 1 s 轮流点亮，当第八盏灯 HL8 点亮后，要求停 2 s，然后才以反序间隔 1 s 轮流点亮，当第一盏灯 HL1 再点亮后，停 2 s，重复上述过程。则其控制程序应如何设计？

（2）若本任务的彩灯改为 16 盏，其控制程序又将如何设计？

操作提示

当使用数据传送及移位指令等数据处理类指令进行编程时，尤其要注意指令操作码和操作数数据类型的匹配问题。本任务编程时正确的左循环移位指令应为“RLB QB0，1”，如果误将左循环移位指令写成“RLW QB0，1”，将出现指令操作数的数据长度或类型无效的错误。这是因为在左循环移位指令“RLB QB0，1”中，RLB 指令操作码已经规定了是字节循环左移功能，则其相应的指令操作数数据类型就必须是字节类型。否则，在程序编译时会有错误提示，而且也不能完成程序下载。

四、模拟调试

按照 PLC 用户程序模拟调试的方法，进行梯形图程序或语句表程序的模拟调试。

五、联机调试

模拟调试成功后，接上实际的负载，按照表 4-2-5 的步骤进行联机调试，同时注意观察和记录。

表 4-2-5　联机调试记录表

<table>
<tr><th>步骤</th><th>操作内容</th><th>观察内容</th><th>观察结果</th></tr>
<tr><td>1</td><td>模式选择开关拨至 STOP 位置，合上电源开关 QF1 和 QF2</td><td rowspan="2">“STOP”“RUN” 及 I/O 指示灯状态</td><td></td></tr>
<tr><td>2</td><td>模式选择开关拨至 TERM 位置，通过编程软件运行 CPU 模块</td><td></td></tr>
<tr><td>3</td><td>按下启动按钮 SB1</td><td rowspan="2">I/O 指示灯状态及彩灯 HL1 ~ HL8 点亮情况</td><td></td></tr>
<tr><td>4</td><td>按下停止按钮 SB2</td><td></td></tr>
<tr><td>5</td><td>通过编程软件停止运行 CPU 模块，模式选择开关拨至 STOP 位置</td><td>“STOP”“RUN” 及 I/O 指示灯状态</td><td></td></tr>
<tr><td>6</td><td colspan="3">关断电源开关 QF1 和 QF2</td></tr>
</table>

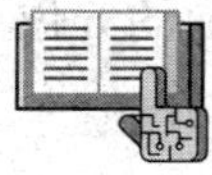

任务测评

清扫工作台面，整理技术文件，并参考表 1-3-7 进行任务测评。

任务 3　密码锁 PLC 控制

学习目标

1. 掌握数值比较指令的功能、表示形式及使用方法。

2. 掌握递增和递减指令的功能、表示形式及使用方法。

3. 能使用数值比较指令和递增 / 递减指令设计密码锁 PLC 控制程序。

任务引入

近年来，随着人们生活水平的不断提高，电子密码锁开始走进千家万户。传统的机械锁不仅安全性能低，而且钥匙容易丢失。而电子密码锁凭借保密性高、使用灵活、安全系数高等优势，受到了广大用户的青睐。如图 4–3–1 所示为一款常用的门禁密码锁。

图 4–3–1　简易门禁密码锁示意图

本任务要求使用 PLC 的数值比较指令和递增指令，设计一个简易的 6 位密码锁控制系统。该密码锁控制系统由 S7–200 系列可编程序控制器、键盘输入单元、密码锁执行单元和报警单元组成。其中，键盘输入单元由十个按钮（SB0 ~ SB9）分别表示数字 0 ~ 9，SB10 为确认键，SB11 为复位键；密码锁执行单元由电磁阀 YV 和机械结构组成；报警单元由蜂鸣器 HA 组成。控制要求如下：

1. 6 位密码预设为“791026”（对应十个按键中的数字 7、9、1、0、2、6）；用户按正确顺序输入密码，按确认键后，门开；用户未按正确顺序输入密码或输入错误密码，按确认键后，门不开的同时报警；按复位键可以重新输入密码。

2. 具有短路保护等必要的保护措施。

在程序设计时，要注意必须按正确顺序输入 6 位密码，否则即使输入正确的 6 位密码数字，也不能开锁。当然输入密码的位数不足 6 位或者多于 6 位，也不能开锁。

实施本任务所使用的实训设备可参考表 4–3–1。

表 4-3-1 实训设备清单

序号	设备名称	型号及规格	数量	单位	备注
1	微型计算机	带 STEP7-Micro/WIN 软件	1	台	
2	编程电缆	PC/PPI	1	条	
3	可编程序控制器	CPU226（AC/DC/RLY）	1	台	配 C45 导轨
4	低压断路器	Multi9 C65N D20，单极	2	个	
5	熔断器	RT28-32/4	1	个	
6	按钮	LA19	12	个	
7	电磁阀	自定，AC 220 V	1	个	
8	报警器	自定，AC 220 V	1	个	
9	接线端子排	TB1520，20 位	1	条	
10	配电盘	600 mm × 900 mm	1	块	

相关知识

一、数值比较指令

数值比较指令用来比较两个操作数 IN1 与 IN2 的大小关系，如大于、大于等于、等于、小于、小于等于及不等于。两个操作数 IN1、IN2 可以是整数，也可以是实数。

数值比较指令在梯形图中用带参数（即两个操作数 IN1、IN2）和运算符的触点表示，比较条件成立时，触点闭合，否则断开，所以数值比较指令实际上也是一种位指令。在语句表中，数值比较指令与基本逻辑指令 LD、A 和 O 进行组合后编程，当比较结果为真时，PLC 将栈顶值置 1。数值比较指令为上、下限控制以及数值条件判断提供了方便。

数值比较指令的类型有字节比较、整数比较、双字整数比较和实数比较。

数值比较指令的运算符有 >、>=、==、<、<= 和 <>。

对数值比较指令可进行 LD、A 和 O 编程。

对上述三种条件进行组合，可以得到 4 × 6 × 3=72 条数值比较指令，其梯形图和语句表形式见表 4-3-2。

字节比较用于比较两个字节型整数值 IN1 和 IN2 的大小，字节比较是无符号的。

整数比较用于比较两个一个字长的整数值 IN1 和 IN2 的大小，整数比较是有符号的（最高位为符号位），其范围是 16#8000 ~ 16#7FFF。例如，16#7FFF>16#8000（后者为负数）。

表 4-3-2　数值比较指令的梯形图和语句表

指令名称	梯形图	语句表	操作数范围及数据类型
字节比较指令	IN1 ┤ >B ├ IN2	LDB> IN1，IN2 AB> IN1，IN2 OB> IN1，IN2	IN1、IN2：IB、QB、MB、SMB、VB、SB、LB、AC、*VD、*AC、*LD、常数 数据类型：字节
	IN1 ┤ >=B ├ IN2	LDB>= IN1，IN2 AB>= IN1，IN2 OB>= IN1，IN2	
	IN1 ┤ ==B ├ IN2	LDB= IN1，IN2 AB= IN1，IN2 OB= IN1，IN2	
	IN1 ┤ <=B ├ IN2	LDB<= IN1，IN2 AB<= IN1，IN2 OB<= IN1，IN2	
	IN1 ┤ <B ├ IN2	LDB< IN1，IN2 AB< IN1，IN2 OB< IN1，IN2	
	IN1 ┤ <>B ├ IN2	LDB<> IN1，IN2 AB<> IN1，IN2 OB<> IN1，IN2	
整数比较指令	IN1 ┤ >I ├ IN2	LDW> IN1，IN2 AW> IN1，IN2 OW> IN1，IN2	IN1、IN2：IW、QW、MW、SW、SMW、T、C、VW、LW、AIW、AC、*VD、*LD、*AC、常数 数据类型：整数
	IN1 ┤ >=I ├ IN2	LDW>= IN1，IN2 AW>= IN1，IN2 OW>= IN1，IN2	
	IN1 ┤ ==I ├ IN2	LDW= IN1，IN2 AW= IN1，IN2 OW= IN1，IN2	
	IN1 ┤ <=I ├ IN2	LDW<= IN1，IN2 AW<= IN1，IN2 OW<= IN1，IN2	
	IN1 ┤ <I ├ IN2	LDW< IN1，IN2 AW< IN1，IN2 OW< IN1，IN2	
	IN1 ┤ <>I ├ IN2	LDW<> IN1，IN2 AW<> IN1，IN2 OW<> IN1，IN2	

续表

指令名称	梯形图	语句表	操作数范围及数据类型
双字整数比较指令	IN1 ┤>D├ IN2	LDD> IN1，IN2 AD> IN1，IN2 OD> IN1，IN2	IN1、IN2：ID、QD、MD、SD、SMD、VD、LD、HC、AC、*VD、*LD、*AC、常数 数据类型：双整数
	IN1 ┤>=D├ IN2	LDD>= IN1，IN2 AD>= IN1，IN2 OD>= IN1，IN2	
	IN1 ┤==D├ IN2	LDD= IN1，IN2 AD= IN1，IN2 OD= IN1，IN2	
	IN1 ┤<=D├ IN2	LDD<= IN1，IN2 AD<= IN1，IN2 OD<= IN1，IN2	
	IN1 ┤<D├ IN2	LDD< IN1，IN2 AD< IN1，IN2 OD< IN1，IN2	
	IN1 ┤<>D├ IN2	LDD<> IN1，IN2 AD<> IN1，IN2 OD<> IN1，IN2	
实数比较指令	IN1 ┤>R├ IN2	LDR> IN1，IN2 AR> IN1，IN2 OR> IN1，IN2	IN1、IN2：ID、QD、MD、SD、SMD、VD、LD、AC、*VD、*LD、*AC、常数 数据类型：实数
	IN1 ┤>=R├ IN2	LDR>= IN1，IN2 AR>= IN1，IN2 OR>= IN1，IN2	
	IN1 ┤==R├ IN2	LDR= IN1，IN2 AR= IN1，IN2 OR= IN1，IN2	
	IN1 ┤<=R├ IN2	LDR<= IN1，IN2 AR<= IN1，IN2 OR<= IN1，IN2	
	IN1 ┤<R├ IN2	LDR< IN1，IN2 AR< IN1，IN2 OR< IN1，IN2	
	IN1 ┤<>R├ IN2	LDR<> IN1，IN2 AR<> IN1，IN2 OR<> IN1，IN2	

双字整数比较用于比较两个双字长整数值 IN1 和 IN2 的大小，它们的比较也是有符号的（最高位为符号位），其范围是 16#80000000 ~ 16#7FFFFFFF。例如，16#7FFFFFFF>16#80000000（后者为负数）。

实数比较用于比较两个双字长实数值 IN1 和 IN2 的大小，实数比较是有符号的（最高位为符号位）。负实数范围为 $-3.402\ 823\times10^{38}$ ~ $-1.175\ 495\times10^{-38}$，正实数范围为 $+1.175\ 495\times10^{-38}$ ~ $+3.402\ 823\times10^{38}$。

【例 4-3-1】字节比较指令的应用如图 4-3-2 所示。在 I0.0 接通的情况下，当 SMB28 数值小于或等于 50 时，Q0.0 有输出，其状态指示灯点亮；当 SMB28 数值大于或等于 150 时，Q0.1 有输出，状态指示灯点亮。

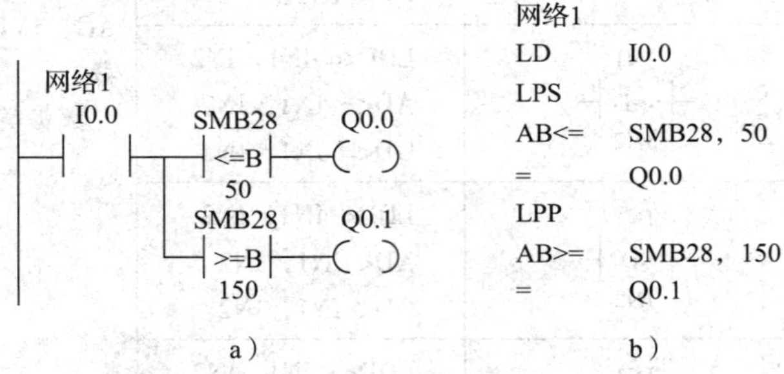

图 4-3-2　字节比较指令应用示例

a）梯形图　b）语句表

【例 4-3-2】整数比较指令的应用如图 4-3-3 所示。将变量存储器 VW100 中的数值与十进制数 50 相比较，当变量存储器 VW100 中的数值等于十进制数 50 时，常开触点接通，Q0.0 线圈有输出。

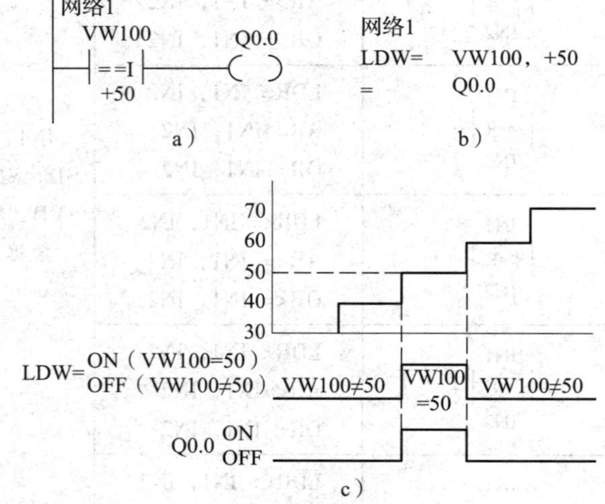

图 4-3-3　整数比较指令应用示例

a）梯形图　b）语句表　c）指令功能图

【**例 4-3-3**】整数、双字整数和实数比较指令的应用如图 4-3-4 所示。在 I0.3 接通的情况下，当 VW0>+10 000 时，Q0.2 为 ON；当 VD2>−150 000 000 时，Q0.3 为 ON；当 VD6>5.001E−006 时，Q0.4 为 ON。

网络1
I0.3
VW0 >I +10000 Q0.2
−150000000 <D VD2 Q0.3
VD6 >R 5.001E-006 Q0.4

a）

```
网络1
LD      I0.3
LPS
AW>     VW0, +10000
=       Q0.2
LRD
AD<     -150000000, VD2
=       Q0.3
LPP
AR>     VD6, 5.001E-006
=       Q0.4
```

b）

图 4-3-4 整数、双字整数和实数比较指令应用示例

a）梯形图 b）语句表

【**例 4-3-4**】字节、整数和实数比较指令的应用如图 4-3-5 所示。当计数器 C30 中的当前值大于等于 30 时，Q0.0 为 ON；当 I0.0 为 ON 且 VD1 中的实数小于 95.8 时，Q0.1 为 ON；当 I0.1 为 ON 或 VB1 中的值大于 VB2 中的值时，Q0.2 为 ON。

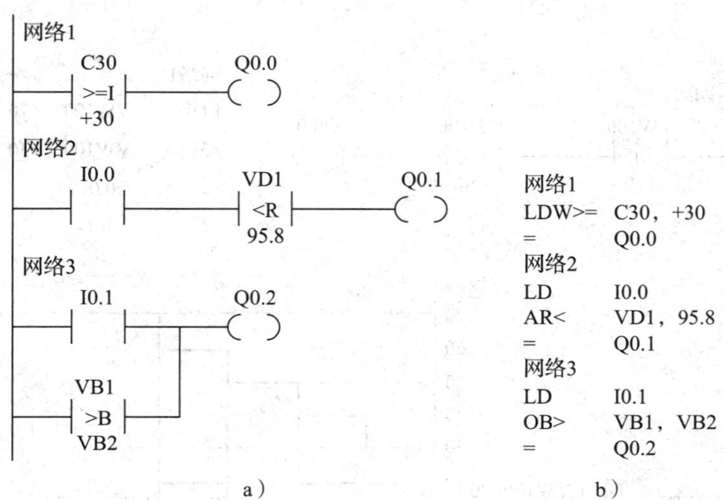

图 4-3-5 字节、整数和实数比较指令的应用示例

a）梯形图 b）语句表

【**例 4-3-5**】如图 4-3-6 所示，用接通延时定时器和数值比较指令可组成占空比可调的脉冲发生器（断电 6 s、通电 4 s）。Q0.0 为 0 的时间取决于数值比较指令（LDW>=T37，60）中的第 2 个操作数的值。

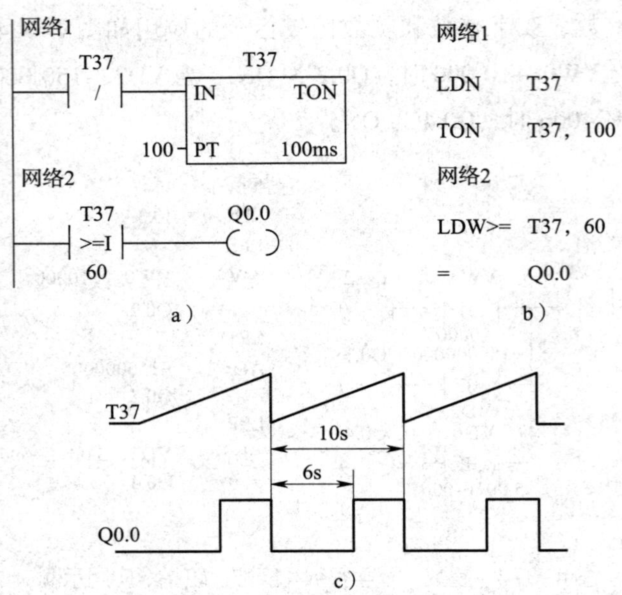

图 4–3–6　接通延时定时器和数值比较指令组成脉冲发生器

a）梯形图　b）语句表　c）时序图

【例 4–3–6】如图 4–3–7 所示为两个数值比较指令相与的应用。当两个数值比较指令相与时，只有当第一个数值比较指令满足比较关系接通后，第二个数值比较指令才能被执行。

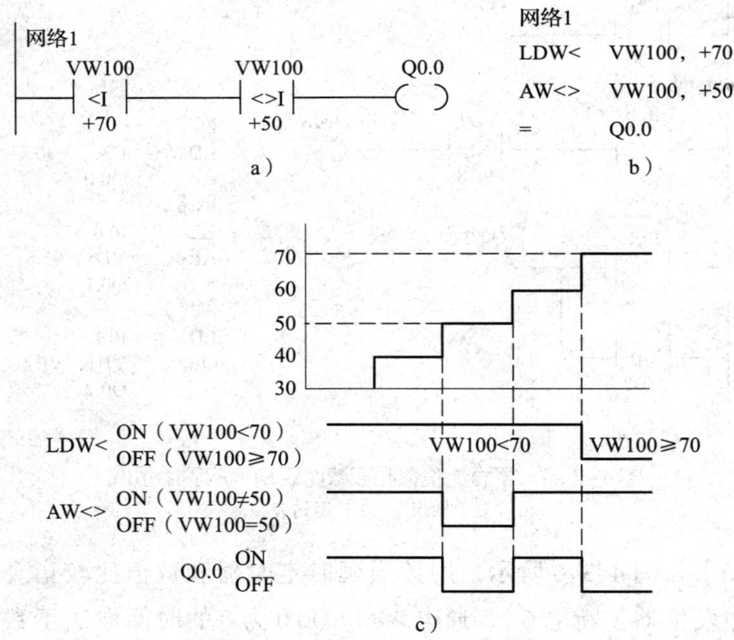

图 4–3–7　两个数值比较指令相与的应用

a）梯形图　b）语句表　c）指令功能图

二、递增和递减指令

运算功能的加入是现代PLC与传统PLC的最大区别之一，目前各种型号的PLC普遍具备较强的运算功能。数学运算指令包括算术运算指令（加、减、乘、除指令以及整数乘法产生双整数指令和带余数的整数除法指令）、数学功能指令以及递增和递减指令，在此仅介绍与本任务相关的递增和递减指令。

递增和递减指令用于自增/自减操作，以实现累加计数和循环控制等程序的编写。递增和递减指令包括字节、字、双字递增和递减指令，其梯形图和语句表见表4-3-3。

表4-3-3 递增和递减指令的梯形图和语句表

<table>
<tr><th>指令名称</th><th>梯形图</th><th>语句表</th><th>操作数范围及数据类型</th></tr>
<tr><td>字节递增指令</td><td> 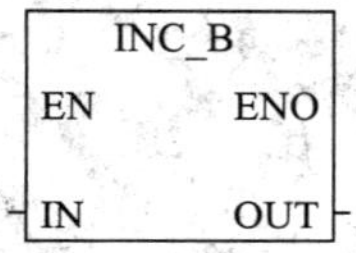INC_B
EN ENO
IN OUT</td><td>INCB IN</td><td rowspan="2">IN：IB、QB、MB、SMB、VB、SB、LB、AC、*VD、*AC、*LD、常数
数据类型：字节
OUT：IB、QB、MB、SMB、VB、SB、LB、AC、*VD、*AC、*LD
数据类型：字节</td></tr>
<tr><td>字节递减指令</td><td> 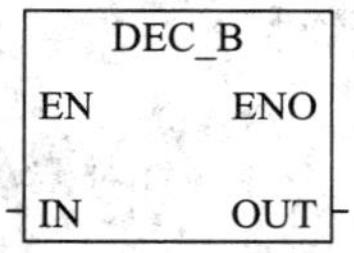DEC_B
EN ENO
IN OUT</td><td>DECB IN</td></tr>
<tr><td>字递增指令</td><td> 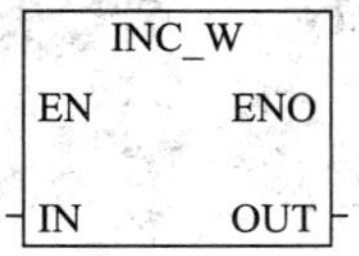INC_W
EN ENO
IN OUT</td><td>INCW IN</td><td rowspan="2">IN：IW、QW、MW、SW、SMW、T、C、VW、LW、AIW、AC、*VD、*LD、*AC、常数
数据类型：整数
OUT：IW、QW、MW、SW、SMW、T、C、VW、LW、AC、*VD、*LD、*A
数据类型：整数</td></tr>
<tr><td>字递减指令</td><td> 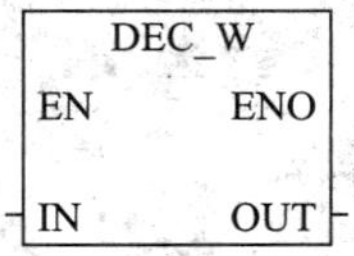DEC_W
EN ENO
IN OUT</td><td>DECW IN</td></tr>
<tr><td>双字递增指令</td><td> 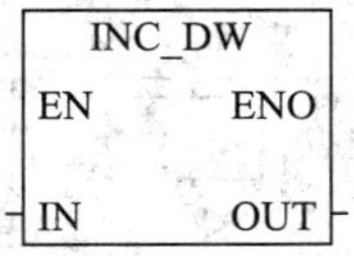INC_DW
EN ENO
IN OUT</td><td>INCD IN</td><td rowspan="2">IN：ID、QD、MD、SD、SMD、VD、LD、HC、AC、*VD、*LD、*AC、常数
数据类型：双整数
OUT：ID、QD、MD、SD、SMD、VD、LD、AC、*VD、*LD、*AC
数据类型：双整数</td></tr>
<tr><td>双字递减指令</td><td> 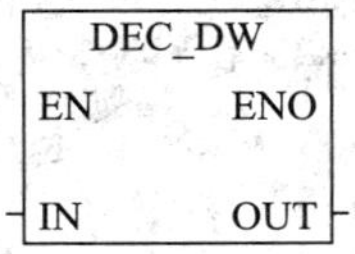DEC_DW
EN ENO
IN OUT</td><td>DECD IN</td></tr>
</table>

字节递增指令和字节递减指令分别将输入字节（IN）加 1 和减 1，并将结果存入 OUT 指定的变量中。字节递增和递减指令是无符号的，该指令影响 SM1.0（零标志位）和 SM1.1（溢出标志位）。

字递增指令和字递减指令分别将输入字（IN）加 1 和减 1，并将结果存入 OUT 指定的变量中。字递增和递减指令是有符号的（如 16#7FFF>16#8000）。

双字递增指令和双字递减指令分别将输入双字（IN）加 1 和减 1，并将结果存入 OUT 指定的变量中。双字递增和递减指令是有符号的（如 16#7FFFFFFF>16#80000000）。

在梯形图中，IN+1=OUT，IN−1=OUT；在语句表中，OUT+1=OUT，OUT−1=OUT。

上述指令影响 SM1.0（零标志位）、SM1.1（溢出标志位）和 SM1.2（负标志位）。

使上述指令的 ENO=0 的错误条件是：SM1.1（溢出）、0006（间接地址）。

【例 4–3–7】递增和递减指令运算程序如图 4–3–8 所示。初始状态下，AC0 中的内容为 125，VD100 中的内容为 128 000，试分析加 1 和减 1 运算结果。

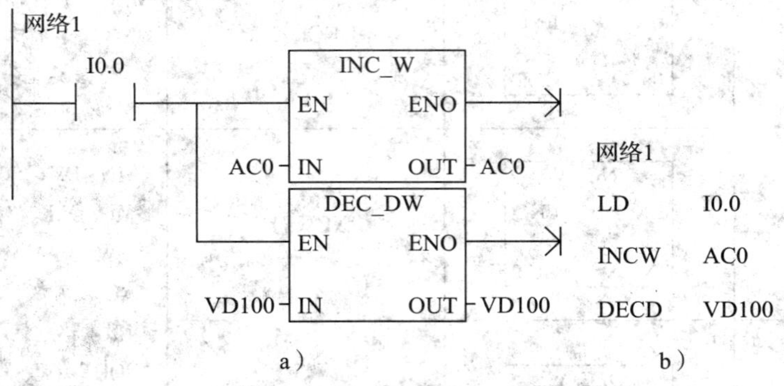

图 4–3–8　递增和递减指令运算程序

a）梯形图　b）语句表

程序运算结果如图 4–3–9 所示。

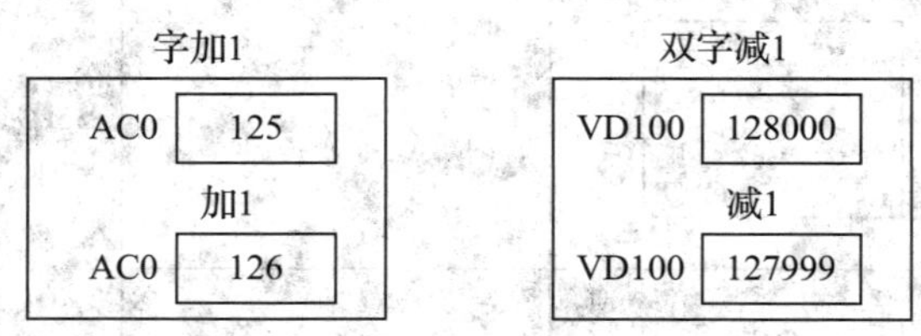

图 4–3–9　加 1 和减 1 运算结果

任务实施

一、分配 I/O 地址

I/O 地址分配见表 4-3-4。

表 4-3-4 I/O 地址分配

输入				输出			
输入设备	文字符号	作用	输入继电器	输出设备	文字符号	作用	输出继电器
按钮	SB0	数字键 0	I0.0	电磁阀	YV	控制开门	Q0.0
按钮	SB1	数字键 1	I0.1	蜂鸣器	HA	报警	Q0.1
按钮	SB2	数字键 2	I0.2				
按钮	SB3	数字键 3	I0.3				
按钮	SB4	数字键 4	I0.4				
按钮	SB5	数字键 5	I0.5				
按钮	SB6	数字键 6	I0.6				
按钮	SB7	数字键 7	I0.7				
按钮	SB8	数字键 8	I1.0				
按钮	SB9	数字键 9	I1.1				
按钮	SB10	确认键	I1.2				
按钮	SB11	复位键	I1.3				

二、绘制并安装 PLC 控制线路

密码锁 PLC 控制线路图如图 4-3-10 所示（主电路略），PLC 控制接线图请读者自行绘制。安装时，电磁阀 YV 和蜂鸣器 HA 暂时不接到 PLC 输出端 Q0.0 和 Q0.1，待模拟调试程序通过后再连接。

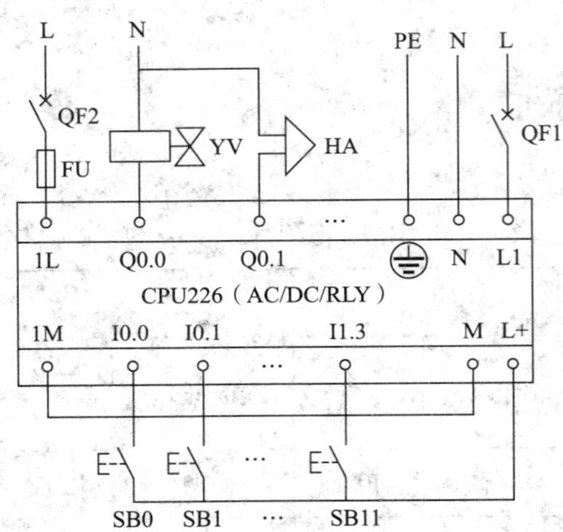

图 4–3–10　密码锁 PLC 控制线路图

三、设计梯形图程序

编辑符号表，如图 4–3–11 所示。

符号表

	符号	地址	注释
1	键0	I0.0	数字0
2	键1	I0.1	数字1
3	键2	I0.2	数字2
4	键3	I0.3	数字3
5	键4	I0.4	数字4
6	键5	I0.5	数字5
7	键6	I0.6	数字6
8	键7	I0.7	数字7
9	键8	I1.0	数字8
10	键9	I1.1	数字9
11	确认键	I1.2	确认
12	复位键	I1.3	复位
13	开门电磁阀	Q0.0	控制开门
14	蜂鸣器	Q0.1	报警

用户定义1　POU 符号

图 4–3–11　符号表

根据任务分析，使用数值比较指令和递增指令设计密码锁 PLC 控制程序。

1．设计密码锁开启控制程序

根据控制要求，如要解锁，则输入的数字应和程序设定的密码相同，可以使用数值比较指令和递增指令实现判断。若判断正确，则由 Q0.0 控制开门。密码锁开启程序为图 4–3–12 中网络 1 ~ 网络 18 之间的程序段。

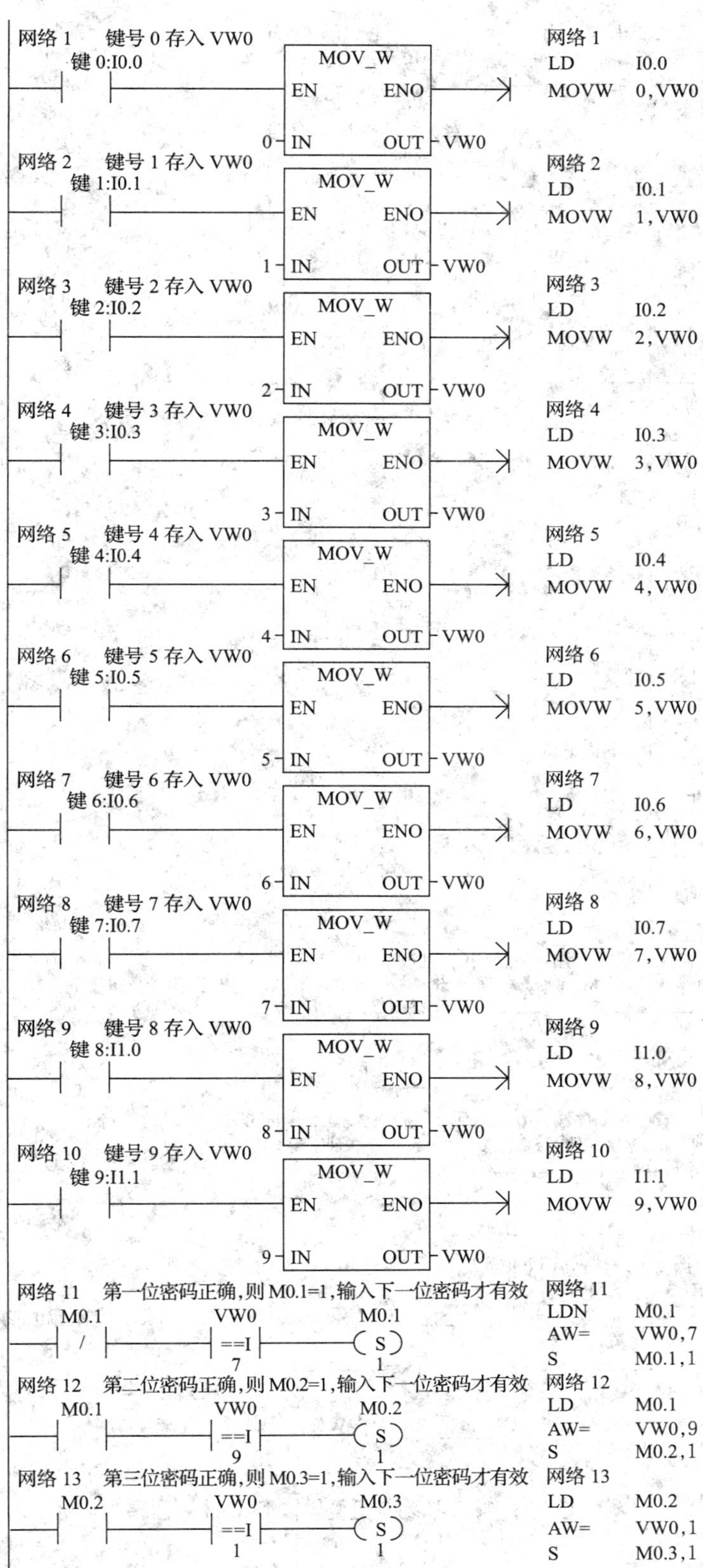
网络 1 键号 0 存入 VW0
键 0:I0.0
MOV_W
EN ENO
0 IN OUT VW0
网络 2 键号 1 存入 VW0
键 1:I0.1
MOV_W
EN ENO
1 IN OUT VW0
网络 3 键号 2 存入 VW0
键 2:I0.2
MOV_W
EN ENO
2 IN OUT VW0
网络 4 键号 3 存入 VW0
键 3:I0.3
MOV_W
EN ENO
3 IN OUT VW0
网络 5 键号 4 存入 VW0
键 4:I0.4
MOV_W
EN ENO
4 IN OUT VW0
网络 6 键号 5 存入 VW0
键 5:I0.5
MOV_W
EN ENO
5 IN OUT VW0
网络 7 键号 6 存入 VW0
键 6:I0.6
MOV_W
EN ENO
6 IN OUT VW0
网络 8 键号 7 存入 VW0
键 7:I0.7
MOV_W
EN ENO
7 IN OUT VW0
网络 9 键号 8 存入 VW0
键 8:I1.0
MOV_W
EN ENO
8 IN OUT VW0
网络 10 键号 9 存入 VW0
键 9:I1.1
MOV_W
EN ENO
9 IN OUT VW0
网络 11 第一位密码正确,则 M0.1=1,输入下一位密码才有效
M0.1 / VW0 ==I 7 M0.1 S 1
网络 12 第二位密码正确,则 M0.2=1,输入下一位密码才有效
M0.1 VW0 ==I 9 M0.2 S 1
网络 13 第三位密码正确,则 M0.3=1,输入下一位密码才有效
M0.2 VW0 ==I 1 M0.3 S 1
网络 1
LD I0.0
MOVW 0,VW0
网络 2
LD I0.1
MOVW 1,VW0
网络 3
LD I0.2
MOVW 2,VW0
网络 4
LD I0.3
MOVW 3,VW0
网络 5
LD I0.4
MOVW 4,VW0
网络 6
LD I0.5
MOVW 5,VW0
网络 7
LD I0.6
MOVW 6,VW0
网络 8
LD I0.7
MOVW 7,VW0
网络 9
LD I1.0
MOVW 8,VW0
网络 10
LD I1.1
MOVW 9,VW0
网络 11
LDN M0.1
AW= VW0,7
S M0.1,1
网络 12
LD M0.1
AW= VW0,9
S M0.2,1
网络 13
LD M0.2
AW= VW0,1
S M0.3,1

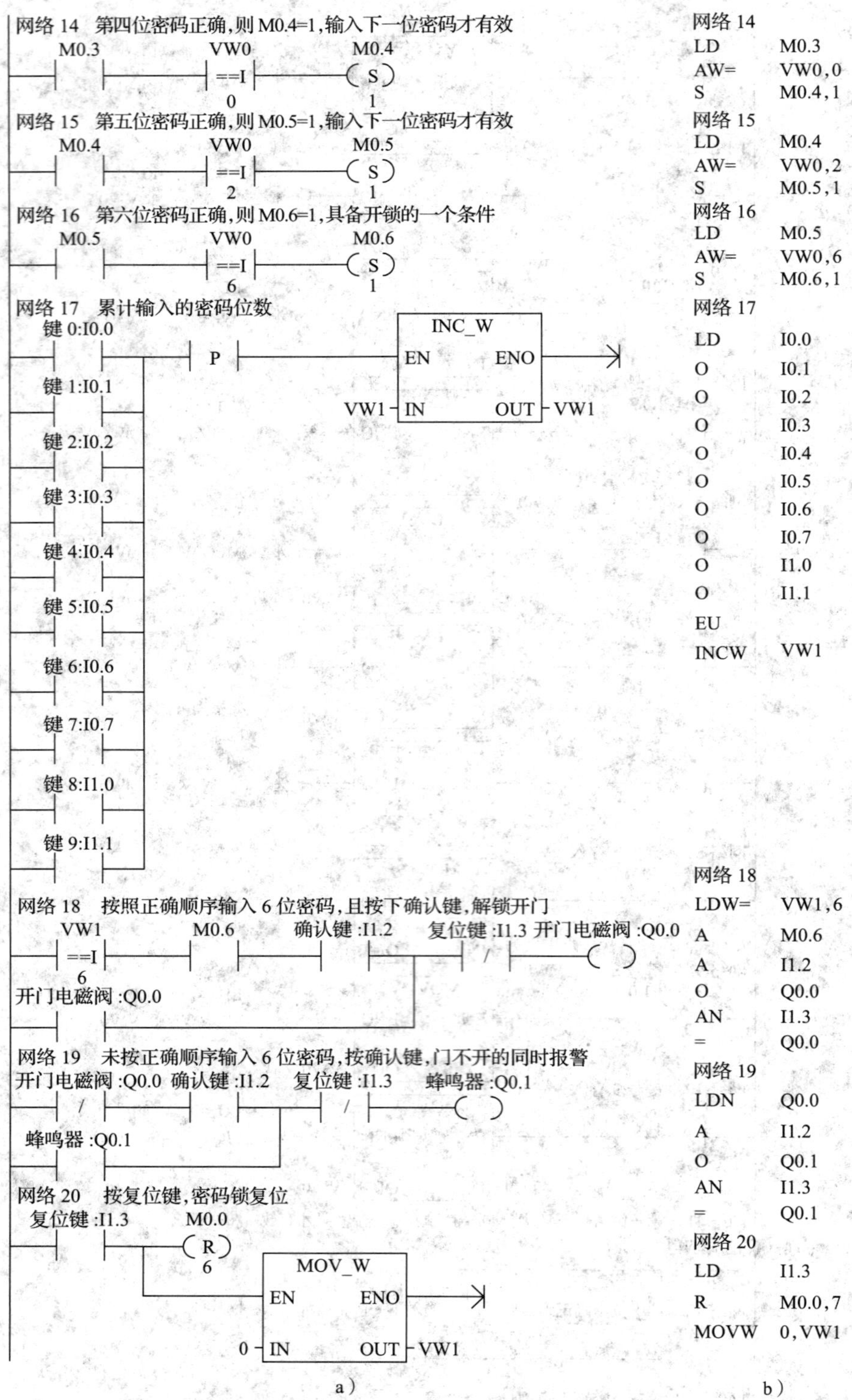

图 4–3–12 简易 6 位密码锁 PLC 控制程序

a）梯形图 b）语句表

2. 设计密码锁报警控制程序

当输入密码与预先设定的6位密码“791026”不相符时，按下确认键（I1.2）后，Q0.0不得电，此时还应接通蜂鸣器（Q0.1）报警，据此可设计出报警程序，即图4–3–12中网络19的程序段。

3. 设计密码锁复位控制程序

从图4–3–12中网络19的密码锁报警控制程序可以看出，当出现报警时，只要按下复位键（I1.3），报警输出继电器Q0.1线圈就会断电，报警停止，实现报警复位功能。但从图4–3–12中网络1 ~ 网络18之间的密码锁开锁程序可以看出，当输入密码与预先设定的6位密码“791026”相符，按下确认键（I1.2）后，Q0.0得电，门打开，此时即使按下复位键（I1.3），虽然Q0.0断电，但装载字比较指令的触点（网络18中）和M0.6的常开触点并没有复位，关门后只要再次按下确认键（I1.2），Q0.0会再次得电，密码锁会自动解锁开门，所以应该通过复位指令进行复位。因此，需设计出密码锁复位程序，即图4–3–12中网络20的程序段。

想一想

如果控制要求改为三次输入密码错误后才报警，应该如何修改程序？

操作提示

在设计密码锁复位控制程序时，除了采用复位指令对M0.1 ~ M0.6进行复位，还应使用MOVW指令对变量存储器VW1进行清零复位。如果未进行清零复位操作，将会导致变量存储器VW1计数错误，无法通过密码锁开门。这是因为变量存储器VW1根据密码锁输入位数进行计数，每次开门只能输入6位密码，若超过6位密码则出现计数错误。例如，第一次输入6位正确的密码后，门会自动开启。如果不对变量存储器VW1清零，即使第二次输入的密码正确，也会因变量存储器VW1计数为12，而导致密码位数计数错误，无法使装载字比较指令（图4–3–12网络18中）的常开触点闭合。即使M0.6闭合，Q0.0也无法得电，导致门无法打开。

四、模拟调试

按照PLC用户程序模拟调试的方法，进行梯形图程序或语句表程序的模拟调试。

五、联机调试

模拟调试成功后，接上实际的负载，按照表 4–3–5 的步骤进行联机调试，同时注意观察和记录。

表 4–3–5　联机调试记录表

步骤	操作内容	观察内容	观察结果
1	模式选择开关拨至 STOP 位置，合上电源开关 QF1 和 QF2	“STOP”“RUN” 及 I/O 指示灯状态	
2	模式选择开关拨至 TERM 位置，通过编程软件运行 CPU 模块		
3	分别按顺序按下按钮 SB7、SB9、SB1、SB0、SB2、SB6，再按下确认键 SB10	I/O 指示灯状态及 YV、HA 工作情况	
4	按下复位键 SB11		
5	按下数字键按钮 SB0 ~ SB9 中的任意几个，再按下确认键 SB10		
6	按下复位键 SB11		
7	通过编程软件停止运行 CPU 模块，模式选择开关拨至 STOP 位置	“STOP”“RUN” 及 I/O 指示灯状态	
8	关断电源开关 QF1 和 QF2		

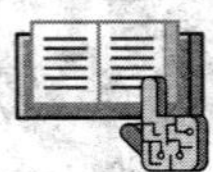

任务测评

清扫工作台面，整理技术文件，并参考表 1–3–7 进行任务测评。

课题五

PLC 综合应用技术

任务 1　应用 PLC 改造 X62W 型铣床电气控制系统

学习目标

1. 掌握应用 PLC 改造常用机床的原则和工艺步骤。

2. 能综合调试常用机床 PLC 控制硬件和软件系统。

3. 能应用 PLC 改造 X62W 型铣床电气控制系统，并完成安装和调试。

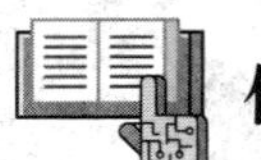

任务引入

机床电气设备在运行过程中会受到许多不利因素的影响，如机械振动、触点烧蚀或高温、潮湿的环境等，并且继电器控制系统属于硬件接线逻辑，接点较多，导致继电器控制系统难免出现一些电气故障而影响机床的正常运行。由于 PLC 控制系统的接点少，并且本身软、硬件的抗干扰能力较强，所以故障率很低。据统计，PLC 控制系统的故障率是继电器控制系统故障率的 5%。因此，将传统机床的继电器控制系统升级改造为 PLC 控制系统，不但可以继续发挥老设备的作用，而且大大减轻了设备电气维修的工作量。

如图 5-1-1 所示为 X62W 型卧式万能铣床继电器控制系统电气原理图。

本任务要求用 PLC 升级改造原 X62W 型卧式万能铣床的继电器控制系统，并完成模拟安装和调试。控制要求如下：

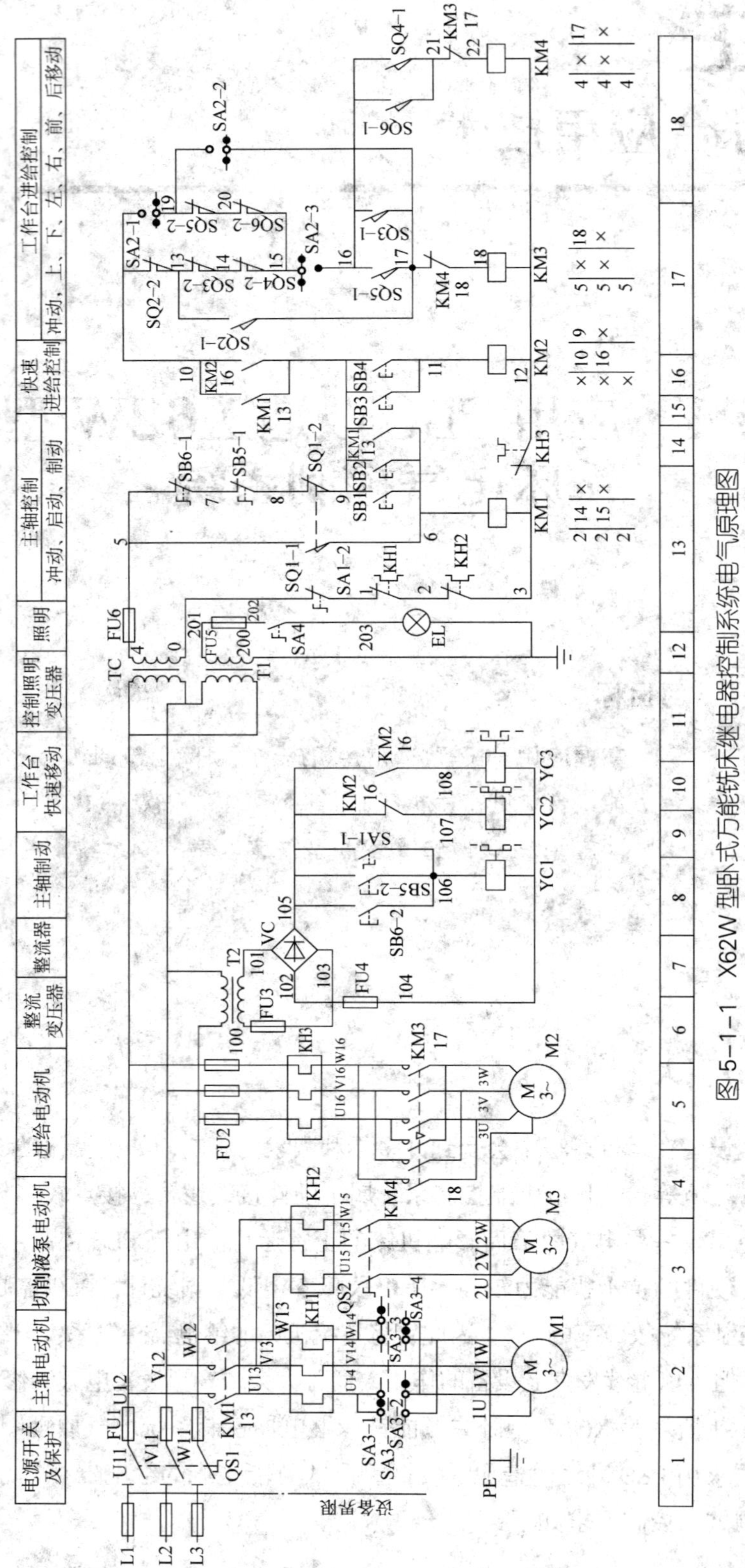

图 5-1-1　X62W 型卧式万能铣床继电器控制系统电气原理图

1. 接通电源开关 QS1，接通开关 SA4，照明灯 EL 亮。

2. 主轴电动机 M1 的控制

（1）按下按钮 SB1 或 SB2，接触器 KM1 通电闭合，主轴电动机 M1 启动运转。按下按钮 SB5 或 SB6，主轴电动机 M1 制动停止。

（2）主轴变速盘瞬时压合行程开关 SQ1，接触器 KM1 瞬时通电闭合，主轴电动机 M1 瞬时启动运转，对主轴变速齿轮进行冲动。

（3）将换刀制动开关 SA1 扳至“换刀”位置，常开触点 SA1–1 接通制动电磁离合器 YC1 线圈的电源，主轴被制动，操作人员可进行换刀操作。

3. 进给电动机 M2 的控制

主轴电动机 M1 启动后，将圆工作台开关 SA2 扳至“断开”位置，SA2–1、SA2–3 触点闭合，SA2–2 触点断开。

（1）将工作台左右进给操作手柄扳至“向左”或“向右”位置，行程开关 SQ5 或 SQ6 压合，接触器 KM3 或 KM4 通电闭合，进给电动机 M2 启动正转或启动反转，通过机械装置带动工作台向左或向右运动。

（2）将工作台上下与前后进给操作手柄扳至“向下”或“向上”位置，行程开关 SQ3 或 SQ4 被压合，接触器 KM3 或 KM4 通电闭合，进给电动机 M2 启动正转或启动反转，通过机械装置带动工作台向下或向上运动。

（3）将工作台上下与前后进给操作手柄扳至“向前”或“向后”位置，行程开关 SQ3 或 SQ4 被压合，接触器 KM3 或 KM4 通电闭合，进给电动机 M2 启动正转或启动反转，通过机械装置带动工作台向前或向后运动。

（4）当进给变速盘瞬时压合行程开关 SQ2 时，接触器 KM3 瞬时通电闭合，进给电动机 M2 瞬时启动正转，对进给变速齿轮进行冲动。

4. 工作台快速移动的控制

按下按钮 SB3 或 SB4，电磁离合器 YC2 线圈断电（YC2 线圈仅在工作台快速移动时断电，其余时间一直处于得电状态），YC3 线圈得电，工作台可向六个进给方向（左、右、上、下、前、后）中的任意一个方向快速移动（圆工作台开关 SA2 要扳至“断开”位置）。

5. 圆工作台进给的控制

主轴电动机 M1 启动后，将圆工作台开关 SA2 扳至“接通”位置，SA2–1、SA2–3 触点断开，SA2–2 触点闭合，接触器 KM3 通电闭合，进给电动机 M2 启动正转，带动圆工作台工作（圆工作台只能单向旋转）。

6. 具有短路、过载保护等必要的保护措施。

学习 PLC 的最终目的是把它应用到实际的工业控制系统中去。对于初学者而言，通过前面几个课题的学习，联系实际，应用 PLC 改造 X62W 型铣床电气控制系统等较复杂的常用机床继电器控制系统，可以锻炼和提高 PLC 的综合应用能力。

应用 PLC 改造 X62W 型铣床时要注意以下几点：

（1）对于主轴电动机要求有过载保护和电磁离合器制动（电磁离合器 YC1 工作）。另外，进给电动机必须要等主轴电动机启动后或快速移动时（点动）才能启动。进给电动机也要有过载保护装置，而且要求正反转控制。

（2）主轴电动机和进给电动机都具有变速冲动（SQ1 和 SQ2）。进给电动机要求在工作台向左（SQ5）、向下和向前（SQ3）、进给电动机变速冲动（SQ2）、圆工作台工作（SA2–2 闭合）时正转，当工作台向右（SQ6）、向上和向后（SQ4）时反转。编程时要注意工作台只能向六个方向（左、右、上、下、前、后）中的一个方向进给，这六个方向之间必须加联锁限制。而且，工作台变速冲动时，不能进行这六个方向的进给，这些联锁限制也必须在程序中予以体现。

（3）电磁离合器 YC1、YC2、YC3 线圈的工作电压为直流 24 V。

实施本任务所使用的实训设备可参考表 5–1–1。

表 5–1–1　实训设备清单

序号	设备名称	型号及规格	数量	单位	备注
1	微型计算机	带 STEP7–Micro/WIN 软件	1	台	
2	编程电缆	PC/PPI	1	条	
3	可编程序控制器	CPU226（AC/DC/RLY）	1	台	配 C45 导轨
4	电源开关	HZ10–60/3	1	个	QS1
5	电源开关	HZ10–10/3	1	个	QS2
6	低压断路器	Multi9 C65N D20，单极	3	个	QF1 ~ QF3
7	开关	自定	1	个	换刀开关 SA1
8	开关	自定	1	个	圆工作台开关 SA2
9	开关	HZ3–133	1	个	M1 换向开关 SA3
10	旋钮开关	LAY3–01Y/2	1	个	照明开关 SA4
11	电源变压器	380 V/220 V，36 V	1	台	
12	开关式稳压电源	S–150–24，AC 220 V/DC 24 V，150 W	1	台	
13	熔断器	RT28–32	6	个	
14	熔断器	RT28–20/2	1	个	
15	按钮	LA4–2H	3	个	

续表

序号	设备名称	型号及规格	数量	单位	备注
16	行程开关	LX3-11K，开启式	4	个	
17	行程开关	LX3-131，单轮自动复位	2	个	
18	热继电器	JR36-40，整定值自定	1	个	KH1
19	热继电器	JR36-10，整定值自定	2	个	KH2、KH3
20	交流接触器	CJX1-22/22，AC 220 V	3	个	KM1、KM3、KM4
21	电磁离合器	B1DL-Ⅲ	1	个	主轴制动
22	电磁离合器	B1DL-Ⅱ	2	个	冲动
23	照明灯	JC11，24 V	1	个	EL
24	接线端子排	TB-1520，20 位	3	条	
25	配电盘	600 mm × 900 mm	1	块	
26	三相异步电动机	自定	3	台	M1 ~ M3

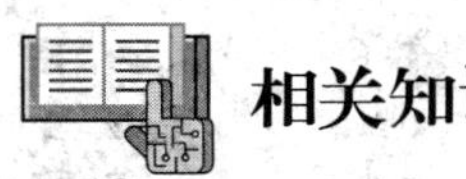

相关知识

一、应用 PLC 改造常用机床的原则

将常用机床继电器控制系统升级改造为 PLC 控制系统时，在满足控制功能的前提下应尽量使用原有的元器件，通常按以下原则进行处理：

1. 如果在升级改造中不增加新的控制功能，则主电路保持不变，主电路中的电源开关、断路器、熔断器、热继电器和电动机保留。

2. 如果控制电路中的接触器、电磁阀、电磁离合器等负载线圈的额定电压为 220 V 及以下，则可保留。如果线圈额定电压为 380 V，则应更换为额定电压为 220 V 及以下的线圈。

3. 控制电路中的中间继电器、时间继电器和计数装置全部去除，其功能分别由软元件辅助继电器 M、定时器 T 和计数器 C 实现。

4. 启动按钮、停止按钮、行程开关、转换开关、热继电器等保留，并且仍使用原来的常开或常闭触点。

5. 酌情保留原控制系统中的控制变压器，妥善处理 PLC 的使用电源。S7-200（AC/DC/RLY）型 CPU 模块的电源电压范围为交流 85 V ~ 265 V；S7-200（DC/DC/DC）型 CPU 模块的电源电压为直流 24 V。

6. 原控制系统的一般联锁功能可以用软件联锁来实现，但对于正反转接触器之类的重要互锁，除软件互锁外，还必须具有接触器触点的硬件互锁。

7. 改造完成后将 PLC 控制系统的 I/O 地址分配表、电气原理图、安装接线图、元器件明细表、PLC 程序等作为资料保存，以便于今后维修和保养。

二、应用 PLC 改造常用机床的工艺步骤

1. 深入了解常用机床的特点和性能，分析常用机床的控制要求和电气工作原理。

2. 根据常用机床的控制功能确定 PLC 的输入、输出设备，同时考虑 PLC 硬件的性价比选配合适的 PLC，并分配 I/O 地址。

3. 硬件改造。

4. 软件设计。

5. 软件的模拟调试。

6. 现场调试。

7. 编写技术文件，包括 I/O 地址分配表、PLC 的外部接线图以及梯形图（带注释）等。

可编程序控制器的每个 I/O 点的平均价格高达数十元，减少所需 I/O 点数是降低系统硬件费用的主要措施。扫描右侧二维码，可了解节省可编程序控制器 I/O 点数的方法。

任务实施

一、分配 I/O 地址

根据原 X62W 型铣床的电气控制要求及应用 PLC 改造常用机床的原则，确定以下输入、输出设备：

1. 输入设备

（1）原机床所有的按钮、开关、热继电器等保留，分别连接 PLC 输入端子。

（2）为了节省输入点数，将热继电器 KH1 和 KH2 的常闭触点串联后再连接 PLC 的一个输入端子。

（3）照明灯不受 PLC 控制，保留原电路，因此不需要另外分配 PLC 输入端子。

2. 输出设备

（1）原线圈电压为 AC 110 V 的接触器可以保留。本任务为了实训方便，统一选

用线圈电压为 AC 220 V 的交流接触器（原接触器 KM2 省去，其功能改用软继电器实现），分别连接 PLC 输出端子。

（2）原线圈电压为 DC 24 V 的电磁离合器都保留，分别连接 PLC 输出端子。

（3）照明灯不受 PLC 控制，保留原电路，因此不需要另外分配 PLC 输出端子。

对输入 / 输出（I/O）端口进行地址分配，见表 5–1–2。

表 5–1–2 I/O 地址分配

输入			输出		
输入设备	文字符号	输入继电器	输出设备	文字符号	输出继电器
主轴电动机 M1 停止及制动按钮	SB5、SB6	I0.0	主轴电动机 M1 运行接触器	KM1	Q0.0
主轴电动机 M1 启动按钮	SB1、SB2	I0.1	进给电动机 M2 正转接触器	KM3	Q0.1
快速移动点动按钮	SB3、SB4	I0.2	进给电动机 M2 反转接触器	KM4	Q0.2
主轴电动机 M1 及切削液泵电动机 M3 热继电器	KH1、KH2	I0.3	主轴制动电磁离合器	YC1	Q0.4
进给电动机 M2 热继电器	KH3	I0.4	工作台工作进给电磁离合器	YC2	Q0.5
换刀制动开关	SA1	I0.5	工作台快速移动电磁离合器	YC3	Q0.6
圆工作台开关（工作台工作进给）	SA2–1	I0.6			
圆工作台开关（圆工作台进给）	SA2–2	I0.7			
主轴变速冲动行程开关	SQ1	I1.0			
进给变速冲动行程开关	SQ2	I1.1			
向下、向前进给行程开关	SQ3	I1.2			
向上、向后进给行程开关	SQ4	I1.3			
向左进给行程开关	SQ5	I1.4			
向右进给行程开关	SQ6	I1.5			

二、绘制并安装 PLC 控制线路

X62W 型铣床 PLC 控制线路图如图 5–1–2 所示，PLC 控制接线图请读者自行绘

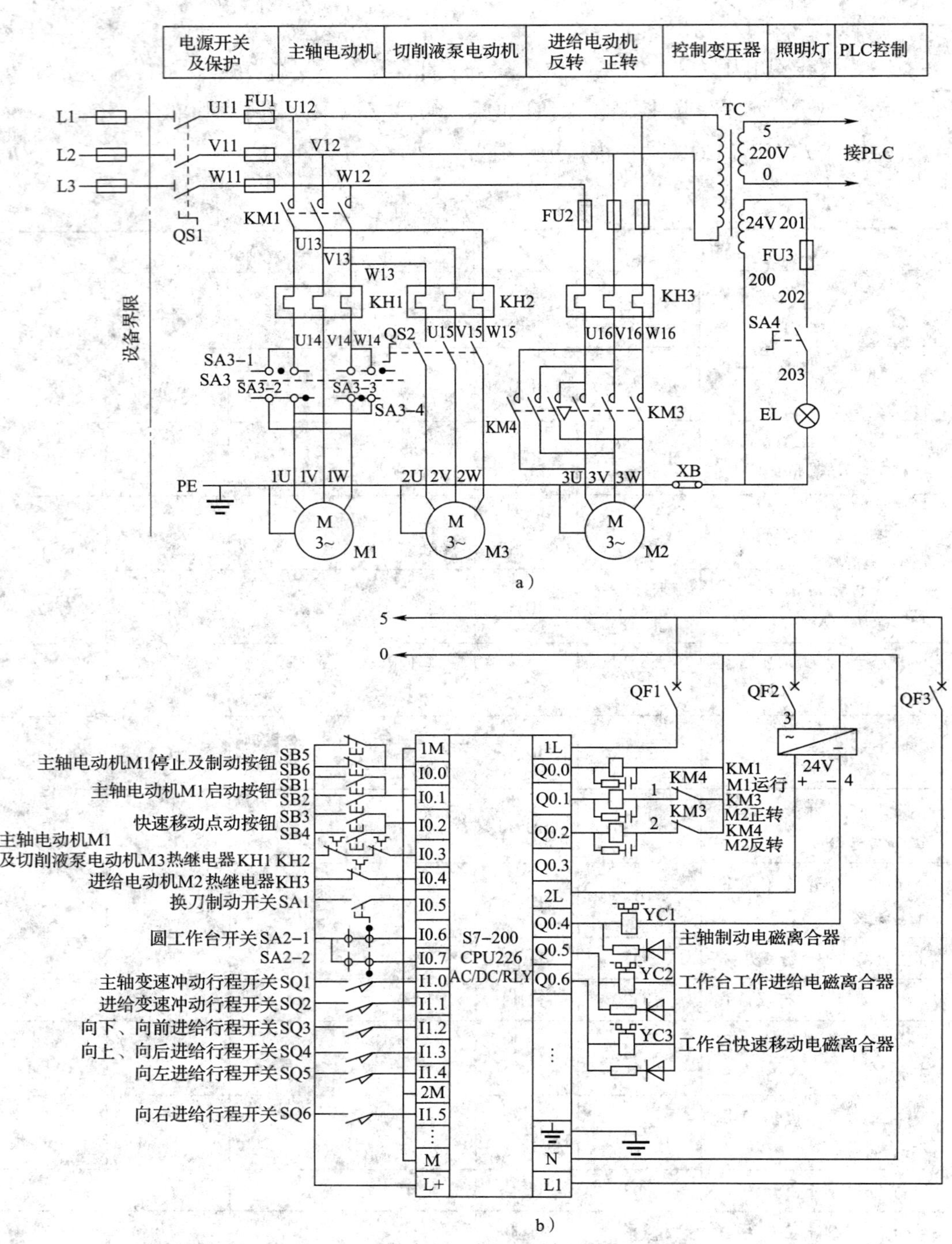

图 5-1-2　X62W 型铣床 PLC 控制线路图

a）主电路及照明电路　b）控制电路

制。其中，为了提高 PLC 控制系统的抗干扰能力，在 PLC 控制电路中增加了隔离变压器 TC，在 PLC 交流负载两端并联了阻容电路，在直流负载两端并联了放电二极管。模拟安装时，接触器 KM1、KM2、KM3 和电磁离合器 YC1、YC2、YC3 暂时不接到 PLC 输出端，待模拟调试程序通过后再连接。

PLC 是专为工业环境设计的控制装置，一般不需要采取特殊措施就可以直接在工业环境中使用。但是，如果环境过于恶劣，如电磁干扰特别强烈或者安装使用不当，则不能保证系统的正常安全运行。干扰可能使 PLC 接收错误的信号，造成误动作，或使 PLC 内部的数据丢失，严重时甚至会使系统失控。可扫描右侧二维码，了解提高 PLC 控制系统可靠性的措施。

三、设计梯形图程序

编辑符号表，如图 5-1-3 所示。

符号表

	符号	地址	注释
1	主轴停止及制动按钮	I0.0	SB5和SB6常闭触点
2	主轴启动按钮	I0.1	SB1和SB2
3	快速移动点动按钮	I0.2	SB3和SB4
4	M1及M3热继电器	I0.3	常闭触点
5	M2热继电器	I0.4	常闭触点
6	换刀制动开关SA1	I0.5	
7	圆工作台SA2-1	I0.6	闭合时工作台正常速度进给
8	圆工作台SA2-2	I0.7	闭合时圆工作台进给
9	主轴冲动SQ1	I1.0	
10	进给冲动SQ2	I1.1	
11	向下向前SQ3	I1.2	
12	向上向后SQ4	I1.3	
13	向左SQ5	I1.4	
14	向右SQ6	I1.5	
15	主轴启动	M0.0	
16	主轴制动	M0.1	
17	主轴冲动	M0.2	
18	快速移动	M0.3	
19	向下向前	M0.4	
20	向上向后	M0.5	
21	向左	M0.6	
22	向右	M0.7	
23	圆工作台	M1.0	
24	工作台	M1.1	
25	进给冲动	M1.2	
26	主轴电动机KM1	Q0.0	
27	进给电动机正转KM3	Q0.1	
28	进给电动机反转KM4	Q0.2	
29	主轴制动YC1	Q0.4	
30	工作台工作进给YC2	Q0.5	
31	工作台快速移动YC3	Q0.6	

用户定义1　POU 符号

图 5-1-3　符号表

X62W 型卧式万能铣床 PLC 控制梯形图程序如图 5-1-4 所示。

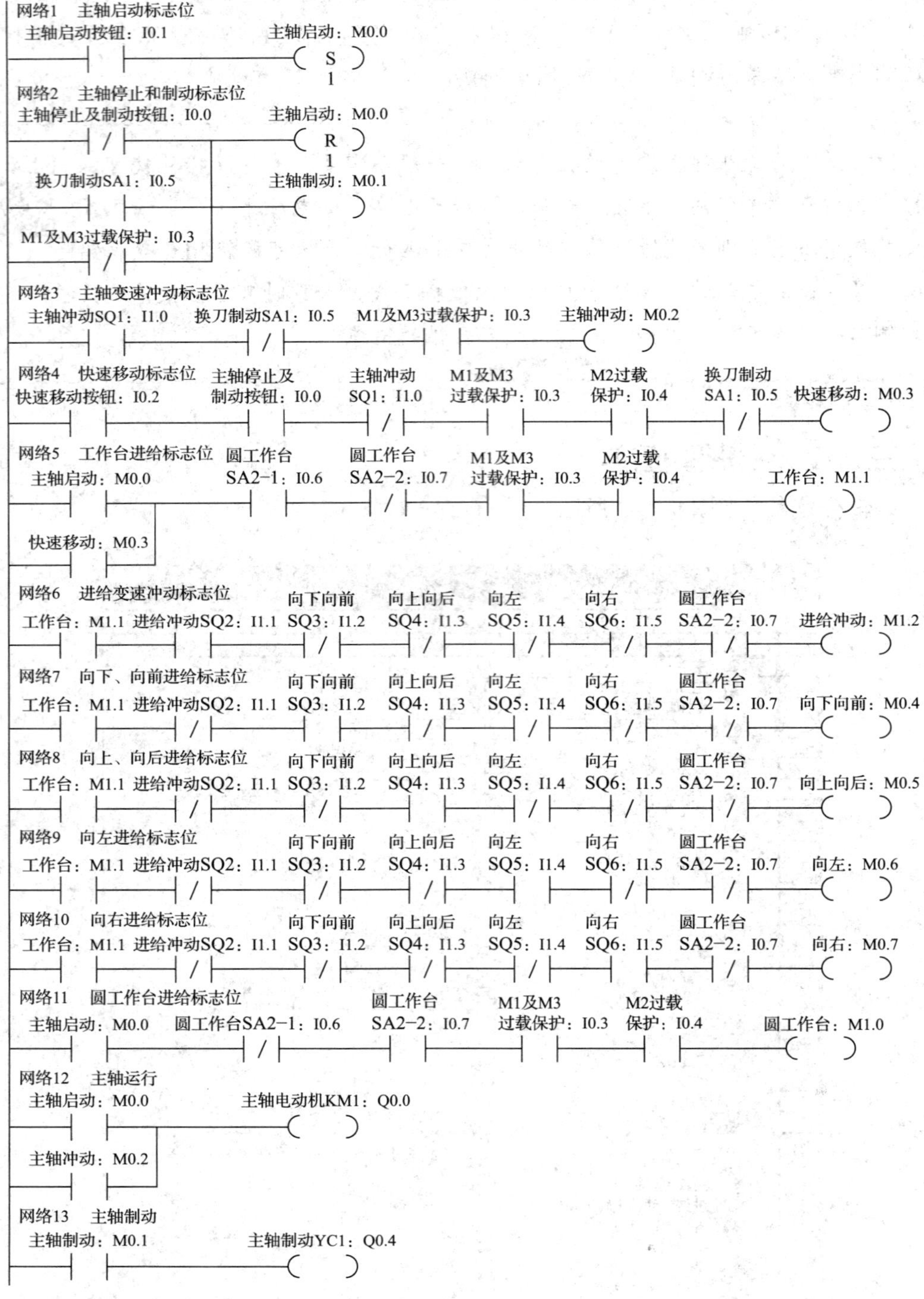

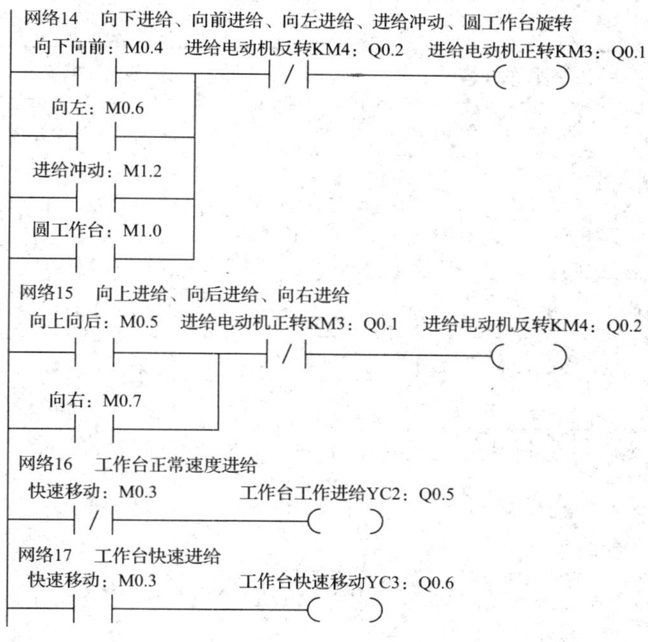

图 5-1-4 X62W 型卧式万能铣床 PLC 控制梯形图

四、模拟调试

按照 PLC 用户程序模拟调试的方法，进行梯形图程序或语句表程序的模拟调试。

五、联机调试

模拟调试成功后，接上实际的负载，按照表 5-1-3 的步骤进行联机调试，同时注意观察和记录。

表 5-1-3 联机调试记录表

步骤	操作内容	观察内容	观察结果
1	模式选择开关拨至 STOP 位置，合上电源开关 QS1、QS2、QF1 ~ QF3	“STOP”“RUN” 及 I/O 指示灯状态	
2	模式选择开关拨至 TERM 位置，通过编程软件运行 CPU 模块		
3	按下主轴电动机启动按钮 SB1 或 SB2	I/O 指示灯状态、接触器 KM1、KM3、KM4 及电磁离合器 YC1 ~ YC3 运行情况	
4	按下主轴电动机停止及制动按钮 SB5 或 SB6		
5	按下主轴电动机启动按钮 SB1 或 SB2		
6	将换刀制动开关扳向“换刀”位置（闭合 SA1）		
7	将换刀制动开关扳回原位（断开 SA1）		

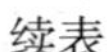

续表

步骤	操作内容	观察内容	观察结果
8	按下主轴电动机启动按钮 SB1 或 SB2		
9	断开热继电器 KH1 或者 KH2 的常闭触点		
10	下压主轴变速手柄并向外拉出，转动变速盘选定转速后再推回手柄（压合行程开关 SQ1，再松开 SQ1）		
11	将换刀制动开关扳向“换刀”位置（闭合 SA1）		
12	将换刀制动开关扳回原位（断开 SA1）		
13	按下主轴电动机启动按钮 SB1 或 SB2，闭合圆工作台开关 SA2-1		
14	左右进给手柄分别置于“向左”“向右”位置（压合 SQ5、SQ6）		
15	左右进给手柄置于“中间”位置（松开 SQ5、SQ6）		
16	上下与前后进给手柄分别置于“向下”“向前”位置（压合 SQ3）		
17	上下与前后进给手柄置于“中间”位置（松开 SQ3）		
18	上下与前后进给手柄分别置于“向上”“向后”位置（压合 SQ4）		
19	上下与前后进给手柄置于“中间”位置（松开 SQ4）		
20	向外拉出进给变速盘，转动变速盘选定转速后再推回（压合进给变速冲动行程开关 SQ2，再松开 SQ2）		
21	断开圆工作台开关 SA2-1		
22	按下工作台快速移动点动按钮 SB3 或 SB4		
23	按下主轴电动机启动按钮 SB1 或 SB2		
24	闭合圆工作台开关 SA2-2		
25	断开圆工作台开关 SA2-2		
26	按下主轴电动机停止及制动按钮 SB5 或 SB6		

续表

步骤	操作内容	观察内容	观察结果
27	闭合照明灯开关 SA4	照明灯 EL 点亮情况	
28	关断照明灯开关 SA4		
29	通过编程软件停止运行 CPU 模块，模式选择开关拨至 STOP 位置	"STOP""RUN" 及 I/O 指示灯状态	
30	关断电源开关 QF1 ~ QF3、QS2、QS1		

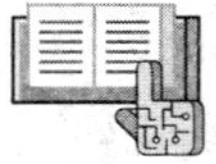

任务测评

清扫工作台面，整理技术文件，并参考表 1-3-7 进行任务测评。

任务 2　应用 PLC 设计双面钻孔组合机床电气控制系统

学习目标

1. 了解 PLC 控制系统设计的基本原则和主要内容，掌握 PLC 控制系统的设计和调试步骤。

2. 掌握跳转 / 标号指令的功能、表示形式和使用方法。

3. 能理解较复杂的工业自动化控制设备的动作顺序和控制要求。

4. 能应用顺序控制设计法设计较复杂的工业自动化设备 PLC 控制系统。

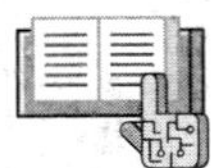

任务引入

组合机床是针对特定工件进行特定加工而设计的一种高效率自动化专用加工设备，

这类设备大多能多刀同时工作，并且具有自动循环功能。双面钻孔组合机床主要用于在工件的两相对表面上钻孔，该机床的结构简图如图 5–2–1 所示。

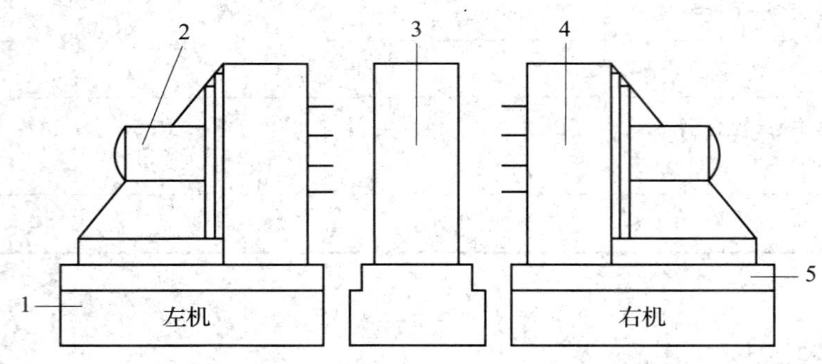

图 5–2–1　双面钻孔组合机床的结构简图

1—侧底座　2—刀具电动机　3—工件定位夹紧装置　4—主轴箱及钻头　5—动力滑台

机床动力滑台由液压驱动系统提供进给动力，电动机拖动主轴箱刀具主轴，提供切削主动力，工件定位夹紧装置由液压系统驱动。

机床的工作循环图如图 5–2–2 所示。机床工作时，工件装入定位夹紧装置，按下启动按钮 SB4，工件开始定位和夹紧，然后左、右两面的动力滑台同时进行快速进给、工进和快退的加工循环。与此同时，刀具电动机也启动工作，切削液泵在工进过程中提供切削液。加工结束后，动力滑台退回到原位，夹紧装置松开并拔出定位销，一次加工的工作循环结束。

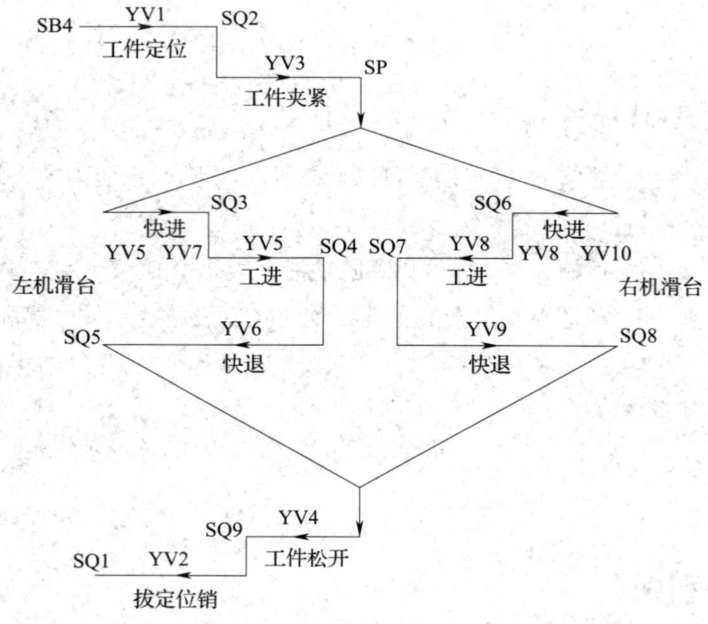

图 5–2–2　双面钻孔组合机床的工作循环图

本任务要求应用 PLC 设计双面钻孔组合机床控制系统，并完成安装和调试。控制要求如下：

1. 双面钻孔组合机床共有四台电动机。

（1）M1 为液压泵电动机。液压泵电动机 M1 应先启动，待系统正常供油后，其他电动机的控制电路及液压系统的控制电路才能通电工作。

（2）M2、M3 分别为左、右机的刀具电动机。刀具电动机应在滑台进给循环开始时启动运转，滑台退回原位后停止运转。

（3）M4 为切削液泵电动机。切削液泵电动机可以手动控制启动和停止，也可以在滑台工进时自动启动，在工进结束后自动停止。

2. 双面钻孔组合机床动力滑台和工件定位夹紧装置由液压系统驱动。电磁阀 YV1 和 YV2 控制定位液压缸活塞的运动方向；电磁阀 YV3 和 YV4 控制夹紧液压缸活塞的运动方向；YV5、YV6 和 YV7 为左机滑台油路中电磁阀，用于控制左机滑台的工作状态；YV8、YV9 和 YV10 为右机滑台油路中电磁阀，用于控制右机滑台的工作状态。电磁阀动作状态见表 5-2-1。

表 5-2-1 电磁阀动作状态（“+”表示电磁阀线圈得电）

工作状态	定位		夹紧		左机滑台			右机滑台			转换指令
	YV1	YV2	YV3	YV4	YV5	YV6	YV7	YV8	YV9	YV10	
工件定位	+										SB4
工件夹紧			+								SQ2
滑台快进			+		+		+	+		+	SP
滑台工进			+		+			+			SQ3 SQ6
滑台快退			+			+			+		SQ4 SQ7
松开工件				+							SQ5 SQ8
拔定位销		+									SQ9
停止											SQ1

3. 要求组合机床能分别在自动和手动两种模式下工作。

4. 具有短路、过载保护等必要的保护措施。

PLC控制系统与传统的继电器控制系统相比，具有控制能力强、故障率低、控制功能修改方便等优点。近年来，随着PLC性价比的不断提高，新、老生产设备上都已广泛采用PLC控制系统。本任务要求结合生产实际，应用PLC设计机床控制系统，实现对工业生产的控制。

分析如图5-2-2所示机床的工作循环图可知，双面钻孔组合机床控制实际上是在单面钻孔机床控制的基础上再增加另外一面钻孔工作控制，左、右两面的钻孔工作具有对称性，控制要求也完全相同。由于左、右两面钻孔工作（左、右机动力滑台控制）是同时进行的，因此双面钻孔组合机床控制系统是一种典型的并行序列顺序控制系统，可以应用顺序控制设计法设计。

实施本任务所使用的实训设备可参考表5-2-2。

表5-2-2　实训设备清单

序号	设备名称	型号及规格	数量	单位	备注
1	微型计算机	带STEP7-Micro/WIN软件	1	台	
2	编程电缆	PC/PPI	1	条	
3	可编程序控制器	CPU226（AC/DC/RLY）	1	台	配C45导轨
4	电源开关	HZ10-60/3	1	个	QS
5	照明开关	LAY3-01Y/2	1	个	SA1
6	控制变压器	380 V/220 V，24 V	1	个	TC
7	低压断路器	Multi9 C65N D20，单极	2	个	QF1、QF2
8	熔断器	RT28-20	4	个	FU6 ~ FU9
9	熔断器	RT28-32	12	个	FU1 ~ FU4
10	按钮	LA4-3H	4	个	SB0 ~ SB11
11	行程开关	LX19-111	9	个	SQ1 ~ SQ9
12	选择开关	自定	1	个	SA2
13	压力继电器	自定	1	个	SP
14	交流接触器	CJX1-22/22，AC 220 V	4	个	KM1 ~ KM4
15	电磁阀	自定，AC 220 V	10	个	YV1 ~ YV10
16	热继电器	JR36-32，整定值自定	4	个	KH1 ~ KH4

续表

序号	设备名称	型号及规格	数量	单位	备注
17	指示灯	自定，AC 24 V	1	个	HL
18	照明灯	自定，AC 24 V	1	个	EL
19	接线端子排	TB-1520，20 位	3	条	
20	配电盘	600 mm × 900 mm	1	块	
21	三相异步电动机	自定	4	台	M1 ~ M4

相关知识

一、PLC 控制系统设计的基本原则和主要内容

1. PLC 控制系统设计的基本原则

（1）最大限度地满足被控对象的控制要求。

（2）在满足控制要求的前提下，力求使控制系统简单、经济，方便使用和维修。

（3）保证控制系统安全、可靠。

（4）考虑到生产的发展和工艺的改进，在选择 PLC 容量时，应适当留有余量。

2. PLC 控制系统设计的主要内容

（1）拟订控制系统设计的技术条件。技术条件一般以设计任务书的形式来体现，它是整个设计的依据。

（2）选择电气传动形式和电动机、电磁阀等执行机构。

（3）选定 PLC 的型号。

（4）编制 PLC 的输入 / 输出分配表或绘制输入 / 输出端子接线图。

（5）根据系统设计的要求编写软件规格说明书，然后再用相应的编程语言（常用梯形图）进行程序设计。

（6）进行软件测试。

（7）设计操作台、电气柜及非标准电气元器件。

（8）现场系统调试。

（9）编写设计说明书和使用说明书。

二、PLC 控制系统的设计与调试步骤

PLC 控制系统的设计与调试流程图如图 5-2-3 所示。

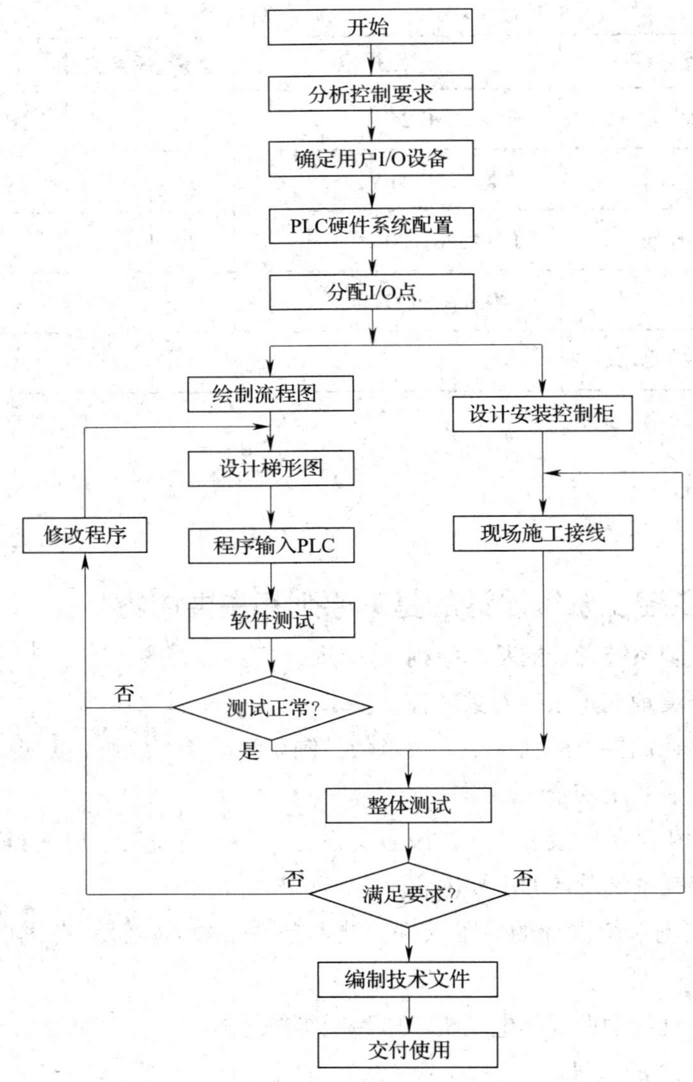

图 5-2-3　PLC 控制系统的设计与调试流程图

1．深入分析被控制系统

深入分析被控制系统是系统设计的基础。设计前应熟悉图样资料，深入调查研究，与工艺、机械方面的技术人员和现场操作人员密切配合，共同讨论，解决设计中出现的问题。应详细了解被控对象的全部功能，如机械部件的动作顺序、动作条件、必要的保护与联锁，系统要求的工作方式（如手动、半自动、自动等），设备内部机械、液压、气动、仪表、电气几大系统之间的关系，电源突然停电等紧急情况的处理，安全电路的设计等。有时需要设置可编程序控制器之外的手动或机电联锁装置来防止危险的操作。

这一阶段应确定哪些信号需要输入可编程序控制器，哪些负载由可编程序控制器驱动，分类统计出各输入量和输出量的性质，是数字量还是模拟量，是直流量还是交流量，以及电压的等级。

2. 与硬件有关的设计

（1）确定系统输入设备（如按钮、指令开关、限位开关、接近开关、传感器等）和输出设备（如继电器、接触器、电磁阀、指示灯等）的型号。

（2）根据设备的操作任务和操作方式，确定操作面板所需的元器件，如指示灯、数字显示装置、开关和按钮等。

（3）确定可编程序控制器的输入点和输出点。列表统计可编程序控制器的输入信号和输出信号，在表中标明各信号的意义和类型，如信号是数字量还是模拟量、模拟信号的范围等。

（4）确定可编程序控制器的型号和硬件配置。如确定 CPU 模块的型号、扩展模块的型号和块数。

（5）给各输入、输出变量分配地址，梯形图中的物理地址与可编程序控制器的外部接线端子号应保持一致。这一步是为绘制硬件接线图做准备，也是为梯形图的设计做准备。

（6）画出可编程序控制器的外部硬件接线图。为输入 / 输出变量分配好地址后，画出可编程序控制器的外部硬件接线图，以及其他电气原理图和接线图。

（7）画出操作站和控制柜面板的机械布置图和内部的机械安装图。

（8）建立符号表。符号表用来给存储器内的绝对地址命名，可对物理输入 / 输出信号和程序中用到的其他存储单元命名。建立符号表后可以在程序中显示各绝对地址的符号名，有利于程序的设计和阅读。

3. 设计梯形图程序

首先应根据总体要求和控制系统的具体情况，确定用户程序的基本结构，画出程序流程或数字量控制系统的顺序功能图。它们是编程的主要依据，应尽量准确和详细。

较简单的系统的梯形图可以用经验设计法设计，复杂的系统一般采用顺序控制设计法。

4. 梯形图程序的模拟调试

一般先对用户程序做模拟调试，根据顺序功能图，用小型开关和按钮来模拟可编程序控制器实际的输入信号，例如，用它们发出操作指令，或在适当的时候用它们来模拟实际的反馈信号，如限位开关触点的接通和断开。可通过模块上各输出位对应的发光二极管，观察各输出信号的变化是否满足设计的要求。

调试顺序控制程序的主要任务是检查程序的运行是否符合顺序功能图的规定，即在某一转换实现时，步的活动状态是否发生正确的变化，该转换所有的前级步是否变为不活动步，所有的后续步是否变为活动步，以及各步被驱动的负载是否发生相应的变化。

在调试时应充分考虑各种可能的情况，对系统不同的工作方式、顺序功能图中的每一条支路、各种可能的进展路线，都应逐一检查，不能遗漏。发现问题后应及时修改程序，直到在各种可能的情况下输入信号与输出信号之间的关系完全符合要求。如果程序中某些定时器或计数器的预置值过大，为了缩短调试时间，可以在调试时将它们减小，模拟调试结束后再写入它们的实际预置值。

在设计和模拟调试程序的同时，可以设计、制作控制台或控制柜，可编程序控制器之外的其他硬件的安装、接线工作也可以同时进行。

5．现场调试

完成上述工作后，将可编程序控制器安装在控制现场，接入实际的输入信号和负载。在联机总调试过程中将暴露出系统中可能存在的传感器、执行器和接线等硬件方面的问题，以及可编程序控制器的外部接线图和梯形图设计中的问题，发现问题后要尽可能在现场加以解决，直到完全符合要求。

6．编写技术文件

系统交付使用后，应根据调试的最终结果整理出完整的技术文件，并提供给用户，以便于系统的维修和改进。技术文件应包括：

（1）可编程序控制器的外部接线图和其他电气图样。

（2）可编程序控制器的编程元件表，包括程序中使用的输入 / 输出位、存储器位、计数器、顺序控制继电器等的地址、名称、功能，以及定时器、计数器的预置值等。

（3）顺序功能图、带注释的梯形图和必要的总体文字说明。

三、跳转 / 标号指令

跳转 / 标号指令属于程序控制类功能指令。程序控制指令用于对程序流程的控制，可以控制程序的结束、循环、跳转以及子程序或中断程序的调用等。合理应用程序控制指令，可以使程序结构灵活、层次分明，增加程序功能。

跳转指令 JMP（jump）和标号指令 LBL（label）的梯形图和语句表见表 5-2-3。

表 5-2-3　跳转 / 标号指令的梯形图和语句表

指令名称	梯形图	语句表	操作数范围
跳转指令（JMP 指令）	n —(JMP)	JUMP n	操作数 n 为常数 0 ~ 255
标号指令（LBL 指令）	n LBL	LBL n	

跳转 / 标号指令的功能是当使能输入有效时，跳转指令 JMP 线圈有信号流过，使程序流程跳转到与 JMP 指令编号相同的标号 LBL 处，顺序执行标号指令以下的程序，而跳转指令与标号指令之间的程序不执行。若使能输入无效，跳转指令 JMP 线圈没有信号流过，则顺序执行跳转指令与标号指令之间的程序。

【**例 5–2–1**】在图 5–2–4 中，当 JMP 指令执行条件满足（即 I0.0 为 ON）时，程序跳转执行 LBL 标号以后的指令，即执行网络 4 的程序段，而 JMP 和 LBL 之间的指令一概不执行，即不执行网络 2 的程序段。在这个过程中，即使 I0.1 接通 Q0.1 也不会有输出。若 JMP 指令执行条件不满足（即 I0.0 为 OFF），则当 I0.1 接通时 Q0.1 有输出。

网络1
I0.0
3
JMP
网络2
I0.1
Q0.1
网络3
3
LBL
网络4
I0.2
Q0.2

图 5–2–4　跳转与标号指令的使用

使用跳转 / 标号指令时应注意以下事项。

1. 跳转 / 标号指令必须配合使用，而且只能在同一个程序块中使用，如主程序、同一个子程序或者同一个中断程序，不能在不同的程序块中互相跳转。

2. 在 SCR 程序段之间不能有跳入和跳出，也就是不能使用跳转 / 标号指令，但是可以在 SCR 程序段内使用跳转 / 标号指令，即相应的标号指令必须和跳转指令在同一个 SCR 段中。

3. 执行跳转后，被跳过程序段中的各元件状态如下：

（1）Q、M、S、C 等元件的位保持跳转前的状态。

（2）计数器 C 停止计数，当前值存储器保持跳转前的计数值。

（3）对定时器来说，刷新方式的不同会导致工作状态不同。在跳转期间，定时精度为 1 ms 和 10 ms 的定时器会一直保持跳转前的工作状态，跳转前在工作的定时器会继续工作，到预置值后，位的状态才会改变，输入触点动作，直到当前值存储器累计到最大值 32 767 才停止。对于定时精度为 100 ms 的定时器，跳转期间停止工作，但不会复位，存储器里的值为跳转时的值，跳转结束后，若输入条件允许，可继续计时，但已失去准确计时的意义，所以在跳转段里的定时器要慎重使用。

4. 标号指令 LBL 一般放置在跳转指令 JMP 之后，以减少程序执行时间。若要放置在 JMP 指令之前，则必须严格控制跳转指令的运行时间，否则会引起运行瓶颈，导致扫描周期过长。

5. 编号相同的两个或多个 JMP 指令可以用在同一程序中。但在同一程序中，不可以使用相同编号的两个或多个 LBL 指令。多个 JMP 指令的使用如图 5–2–5 所示。

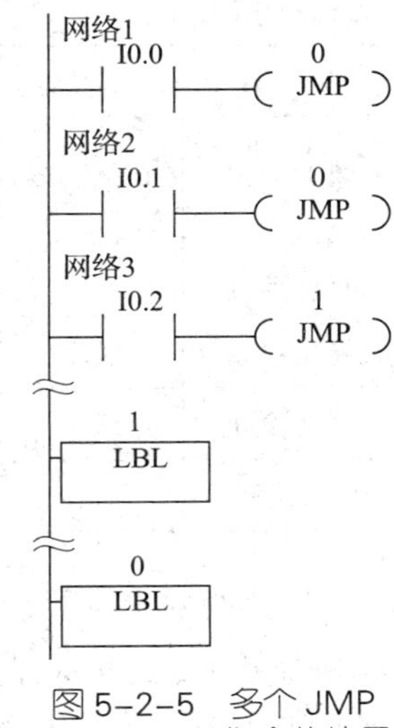

图 5–2–5　多个 JMP 指令的使用

6. 由于跳转指令具有选择程序段的功能，因此在同一段程序但位于因跳转而不会被同时执行的程序段中的同一个线圈不被视为双线圈。

小提示

S7-200 系列 PLC 不支持双线圈输出，但是若在同一扫描周期内只执行其中一个线圈对应的逻辑运算，这样的双线圈输出是允许的。因此，下列两种情况允许双线圈输出：

（1）在跳转条件相反的两个程序段中，允许出现双线圈输出，即同一元件的线圈可以在两个程序段中分别出现一次。实际上 CPU 只执行正在处理的程序段对应线圈的输出指令。

（2）在调用条件相反的两个子程序（如自动程序和手动程序）中，允许出现双线圈输出，即同一元件的线圈可以在两个子程序中分别出现一次。子程序中的指令只在该子程序被调用时才执行，没有被调用时不执行。

【例 5–2–2】JMP/LBL 指令在工业现场控制中常用于工作方式的选择。如某台设备具有手动 / 自动两种操作方式。SA 是操作方式选择开关，当 SA 处于断开状态时，选择手动操作方式；当 SA 处于接通状态时，选择自动操作方式。不同操作方式的进程如下：

（1）手动操作方式进程：按下启动按钮 SB1，电动机运转；按下停止按钮 SB2，电动机停止。

（2）自动操作方式进程：按下启动按钮 SB1，电动机连续运转 1 min 后，自动停止。按下停止按钮 SB2，电动机立即停止。

手动 / 自动控制电路的 I/O 地址分配见表 5–2–4。

表 5–2–4　I/O 地址分配

输入				输出			
输入设备	文字符号	作用	输入继电器	输出设备	文字符号	作用	输出继电器
热继电器	KH	过载保护	I0.0	交流接触器	KM	控制电动机	Q0.0
停止按钮	SB2	停止	I0.1				
启动按钮	SB1	启动	I0.2				
选择开关	SA	手动 / 自动	I0.3				

从控制要求中可以看出，需要在程序中体现两种可以任意选择的控制方式，所以运用跳转指令的程序结构可以满足控制要求，如图 5–2–6a 所示。当操作方式选择开关 SA 闭合时，I0.3 的常开触点闭合，跳过手动方式程序段，而 I0.3 常闭触点断开，选择

自动方式程序段执行；操作方式选择开关 SA 断开时的情况与此相反，即跳过自动方式程序段，选择手动方式程序段执行。图 5-2-6b、c 分别为梯形图及语句表。

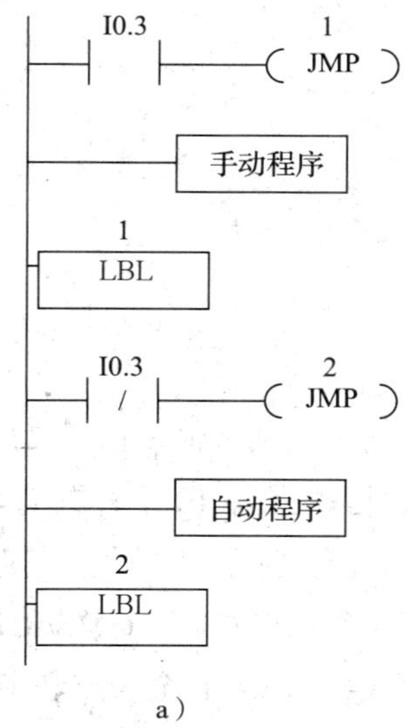

a）

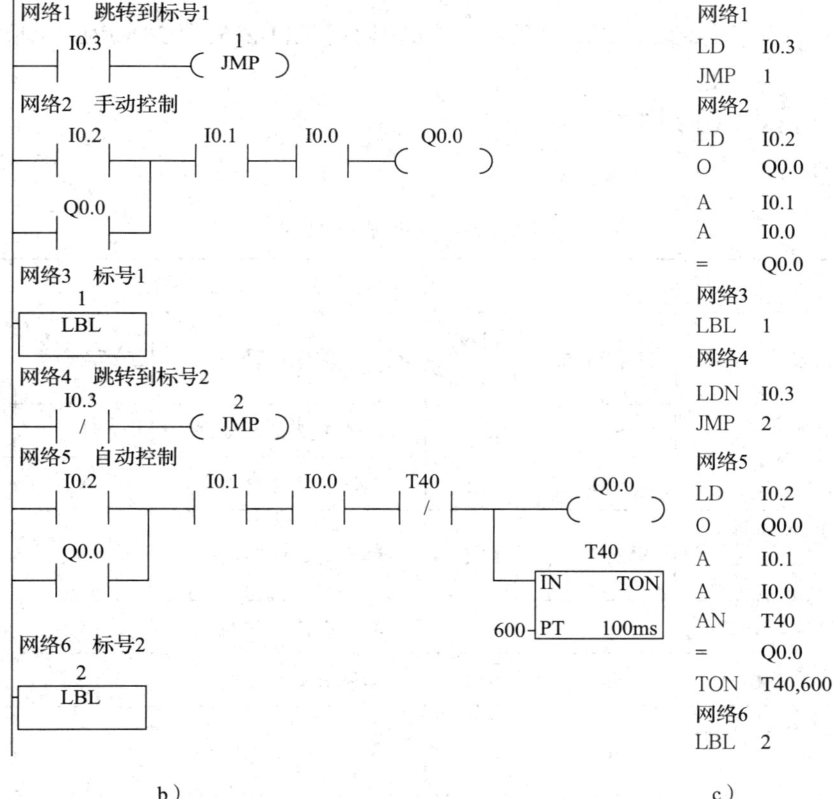

b） c）

图 5-2-6 手动 / 自动选择程序

a）程序结构 b）梯形图 c）语句表

程序控制类指令中的子程序指令，与跳转指令一样可以用于对程序流程的控制。可扫描右侧二维码，了解子程序指令的功能、表示形式和使用方法。

任务实施

一、PLC 选型

双面钻孔组合机床 PLC 控制系统共有输入信号 23 个，都是开关量，其中手动 / 自动选择开关 1 个，按钮 12 个，检测元件 10 个；共有输出信号 15 个，其中电磁阀 10 个，控制四台电动机的接触器 4 个，指示灯 1 个。按照 PLC 选型原则和方法，如果选择 S7–200 系列 PLC，可以选择 1 个 CPU226（AC/DC/RLY）模块和 1 个数字量扩展模块。因为 CPU226（AC/DC/RLY）模块共有 24 个输入点和 16 个输出点，但是余量不够（输入、输出都仅余下 1 个点），因此应该增加 1 个数字量扩展模块作为将来升级改造的备用。本任务为模拟安装设计，限于条件，仅选用 1 个 CPU226（AC/DC/RLY）模块。

二、分配 I/O 地址

I/O 地址分配见表 5–2–5。

表 5–2–5　I/O 地址分配

输入			输出		
输入设备	文字符号	输入继电器	输出设备	文字符号	输出继电器
工件手动夹紧按钮	SB0	I0.0	工件夹紧指示灯	HL	Q0.0
总停止按钮	SB1	I0.1	工件定位电磁阀	YV1	Q0.1
液压泵电动机 M1 启动按钮	SB2	I0.2	松开定位电磁阀	YV2	Q0.2
液压系统停止按钮	SB3	I0.3	工件夹紧电磁阀	YV3	Q0.3
液压系统启动按钮	SB4	I0.4	工件松开电磁阀	YV4	Q0.4
左机刀具电动机 M2 点动按钮	SB5	I0.5	左机工进电磁阀	YV5	Q0.5
右机刀具电动机 M3 点动按钮	SB6	I0.6	左机快退电磁阀	YV6	Q0.6

续表

输入			输出		
输入设备	文字符号	输入继电器	输出设备	文字符号	输出继电器
夹紧松开手动按钮	SB7	I0.7	左机快进电磁阀	YV7	Q0.7
左机快进点动按钮	SB8	I1.0	右机工进电磁阀	YV8	Q1.0
左机快退点动按钮	SB9	I1.1	右机快退电磁阀	YV9	Q1.1
右机快进点动按钮	SB10	I1.2	右机快进电磁阀	YV10	Q1.2
右机快退点动按钮	SB11	I1.3	液压泵电动机M1接触器	KM1	Q1.3
松开工件定位行程开关	SQ1	I1.4	左机刀具电动机M2接触器	KM2	Q1.4
工件定位行程开关	SQ2	I1.5	右机刀具电动机M3接触器	KM3	Q1.5
左机滑台快进结束行程开关	SQ3	I1.6	切削液泵电动机M4接触器	KM4	Q1.6
左机滑台工进结束行程开关	SQ4	I1.7			
左机滑台快退结束行程开关	SQ5	I2.0			
右机滑台快进结束行程开关	SQ6	I2.1			
右机滑台工进结束行程开关	SQ7	I2.2			
右机滑台快退结束行程开关	SQ8	I2.3			
工件压紧原位行程开关	SQ9	I2.4			
工件压紧压力继电器	SP	I2.5			
手动/自动选择开关	SA2	I2.6			

三、绘制并安装 PLC 控制线路

绘制如图 5–2–7 所示的双面钻孔组合机床 PLC 控制线路图，PLC 控制接线图请读者自行绘制。安装时，PLC 输出设备暂时不接到 PLC 输出端，待模拟调试程序通过后再连接。

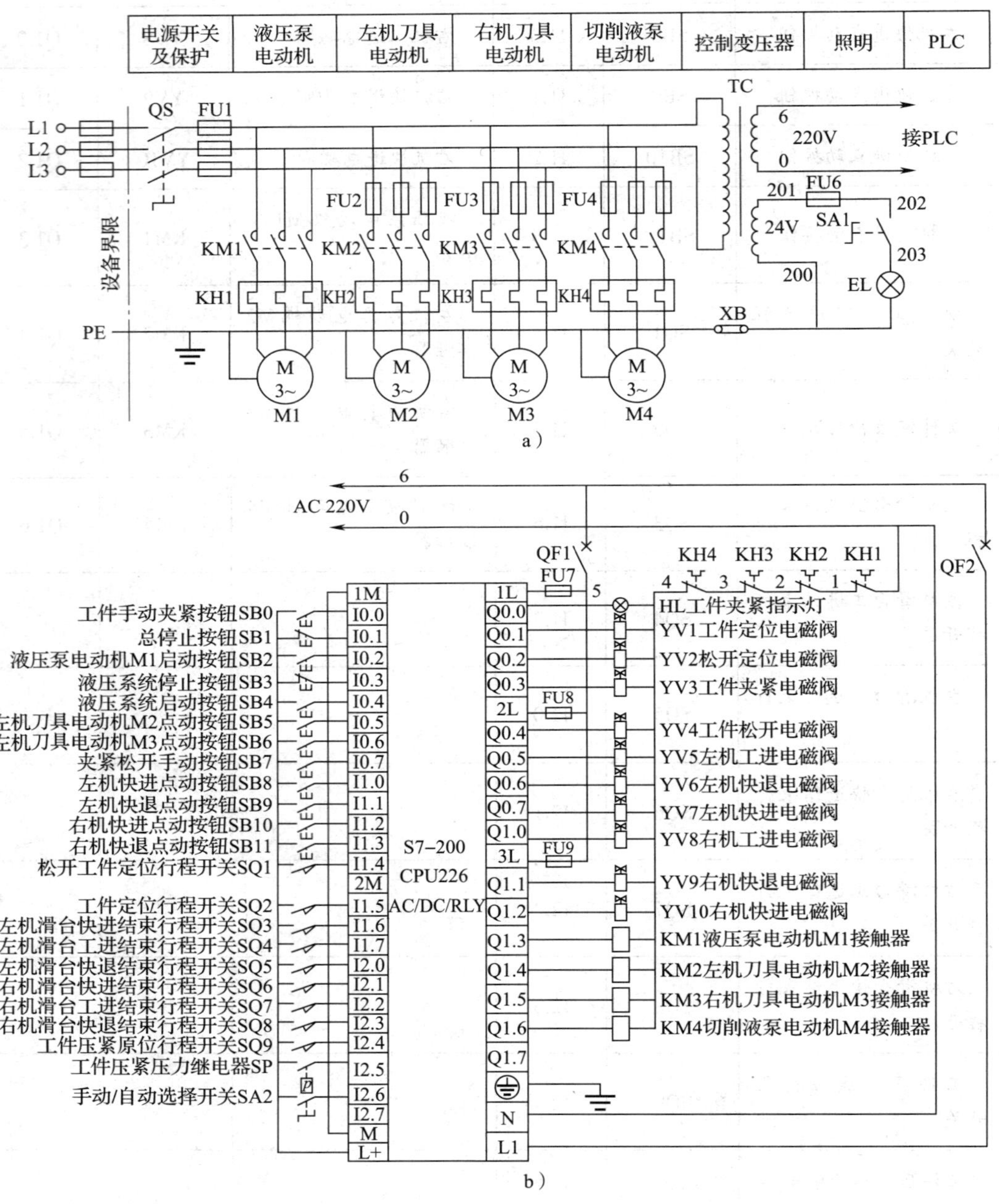

图 5–2–7　双面钻孔组合机床 PLC 控制线路图

a）主电路及照明电路　b）控制电路

四、设计梯形图程序

编辑符号表，如图 5-2-8 所示。

符号表

	符号	地址	注释
1	工件手动夹紧SB0	I0.0	
2	总停止SB1	I0.1	常闭
3	液压泵启动SB2	I0.2	
4	液压系统停止SB3	I0.3	常闭
5	液压系统启动SB4	I0.4	
6	左机刀具电动机点动SB5	I0.5	
7	右机刀具电动机点动SB6	I0.6	
8	夹紧松开手动SB7	I0.7	
9	左机快进点动SB8	I1.0	
10	左机快退点动SB9	I1.1	
11	右机快进点动SB10	I1.2	
12	右机快退点动SB11	I1.3	
13	松开工件定位SQ1	I1.4	
14	工件定位SQ2	I1.5	
15	左机快进结束SQ3	I1.6	
16	左机工进结束SQ4	I1.7	
17	左机快退结束SQ5	I2.0	
18	右机快进结束SQ6	I2.1	
19	右机工进结束SQ7	I2.2	
20	右机快退结束SQ8	I2.3	
21	工件压紧原位SQ9	I2.4	
22	工件压紧压力继电器SP	I2.5	
23	手动/自动选择SA2	I2.6	闭合时为手动，断开时为自动
24	工件夹紧指示灯HL	Q0.0	
25	工件定位电磁阀YV1	Q0.1	
26	松开定位电磁阀YV2	Q0.2	
27	工件夹紧电磁阀YV3	Q0.3	
28	工件松开电磁阀YV4	Q0.4	
29	左机工进电磁阀YV5	Q0.5	
30	左机快退电磁阀YV6	Q0.6	
31	左机快进电磁阀YV7	Q0.7	
32	右机工进电磁阀YV8	Q1.0	
33	右机快退电磁阀YV9	Q1.1	
34	右机快进电磁阀YV10	Q1.2	
35	液压泵电动机 KM1	Q1.3	
36	左机刀具电动机KM2	Q1.4	
37	右机刀具电动机KM3	Q1.5	
38	切削液泵电动机KM4	Q1.6	

用户定义1 / POU 符号

图 5-2-8　符号表

分析表 5-2-1 所示各电磁阀动作状态可知，电磁阀 YV1 通电时，机床工件定位装置将工件定位；当电磁阀 YV3 通电时，机床工件夹紧装置将工件夹紧；当电磁阀 YV3、YV5、YV7 通电时，左机滑台快速进给；当电磁阀 YV3、YV8、YV10 通电时，右机滑台快速进给；当电磁阀 YV3、YV5 或 YV3、YV8 通电时，左机滑台或右机滑台工进；当电磁阀 YV3、YV6 或 YV3、YV9 通电时，左机滑台或右机滑台快速后退；当电磁阀 YV4 通电时，夹紧装置松开；当电磁阀 YV2 通电时，机床拔开定位销；定位销松开后，撞击行程开关 SQ1，机床停止运行。

双面钻孔组合机床控制要求中提出液压泵电动机 M1 应先启动，在系统正常供油后，其他电动机和液压系统的控制电路才能通电工作，控制程序应满足这一要求。

组合机床有手动工作方式和自动工作方式，可以通过开关 SA2 选择不同的工作方式。假设当 SA2 断开时选择为自动工作方式，SA2 闭合时选择为手动工作方式。控制程序结构如图 5-2-9 所示。

其中，手动控制程序如图 5-2-10 所示。

因为该机床没有装料机械手，所以要手动将工件放到夹具上；加工完毕后，再手动取下工件，所以工作方式为半自动。在 PLC 开机后，进入半自动工作方式的初始状态 S0.0，按下启动按钮 SB4，系统进入半自动工作状态。当一个工作循环结束后，又进入 S0.0 初始状态，为下一次加工做准备。自动控制程序如图 5-2-11 所示。

网络1　液压泵电动机M1启动停止
液压泵启动SB2:I0.2
总停止SB1:I0.1
液压泵电动机KM1:Q1.3
液压泵电动机KM1:Q1.3
网络2　手动/自动选择开关闭合时，执行手动控制程序
手动/自动选择SA2:I2.6
0
JMP
网络3
手动控制程序
网络4
0
LBL
网络5　手动/自动选择开关断开时，执行自动控制程序
手动/自动选择SA2:I2.6
1
JMP
网络6-43
自动控制程序
网络44
1
LBL

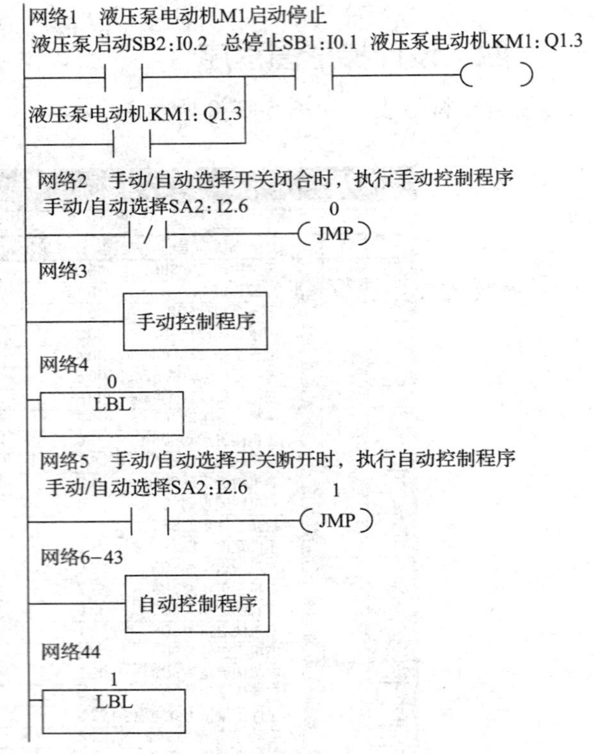

图 5-2-9　控制程序结构

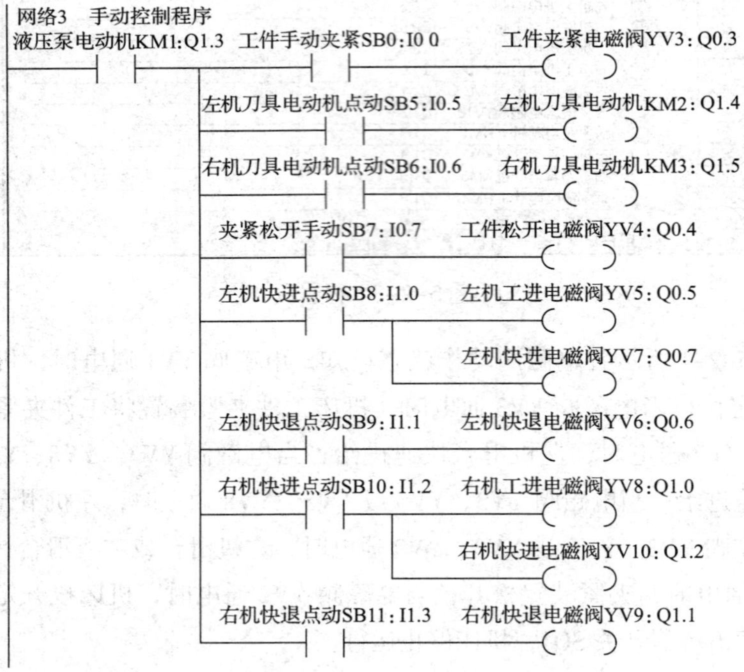

网络3　手动控制程序
液压泵电动机KM1:Q1.3
工件手动夹紧SB0:I0.0
工件夹紧电磁阀YV3:Q0.3
左机刀具电动机点动SB5:I0.5
左机刀具电动机KM2:Q1.4
右机刀具电动机点动SB6:I0.6
右机刀具电动机KM3:Q1.5
夹紧松开手动SB7:I0.7
工件松开电磁阀YV4:Q0.4
左机快进点动SB8:I1.0
左机工进电磁阀YV5:Q0.5
左机快进电磁阀YV7:Q0.7
左机快退点动SB9:I1.1
左机快退电磁阀YV6:Q0.6
右机快进点动SB10:I1.2
右机工进电磁阀YV8:Q1.0
右机快进电磁阀YV10:Q1.2
右机快退点动SB11:I1.3
右机快退电磁阀YV9:Q1.1

图 5-2-10　手动控制程序

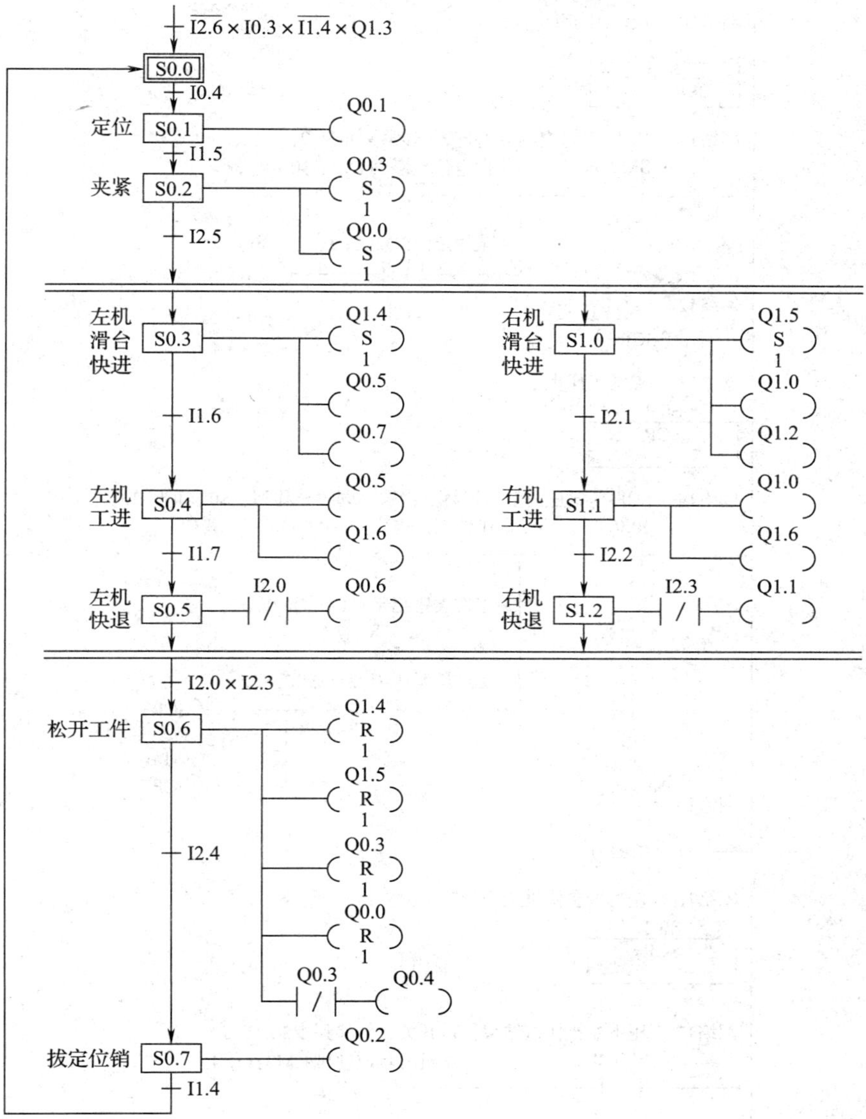

$\overline{I2.6} \times I0.3 \times \overline{I1.4} \times Q1.3$

S0.0
I0.4
定位 S0.1 Q0.1
I1.5
夹紧 S0.2 Q0.3 S 1 Q0.0 S 1
I2.5

左机滑台快进 S0.3 Q1.4 S 1 Q0.5 Q0.7
I1.6
左机工进 S0.4 Q0.5 Q1.6
I1.7
左机快退 S0.5 I2.0 Q0.6

右机滑台快进 S1.0 Q1.5 S 1 Q1.0 Q1.2
I2.1
右机工进 S1.1 Q1.0 Q1.6
I2.2
右机快退 S1.2 I2.3 Q1.1

$I2.0 \times I2.3$
松开工件 S0.6 Q1.4 R 1 Q1.5 R 1 Q0.3 R 1 Q0.0 R 1 Q0.3 Q0.4
I2.4
拔定位销 S0.7 Q0.2
I1.4

a）

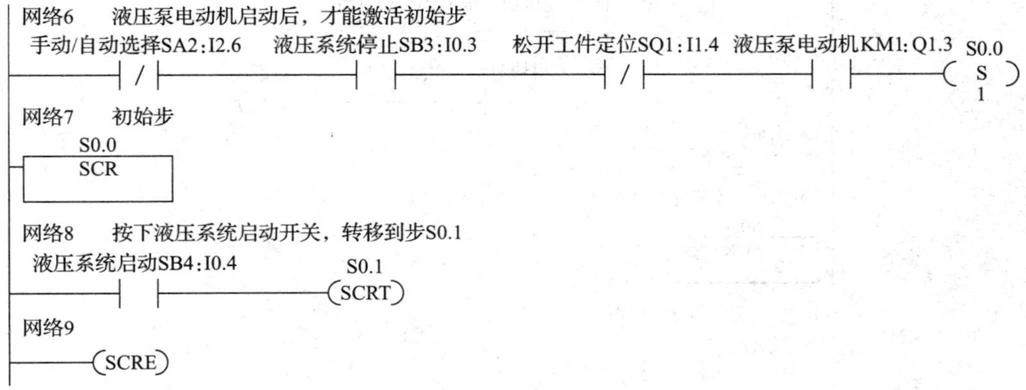

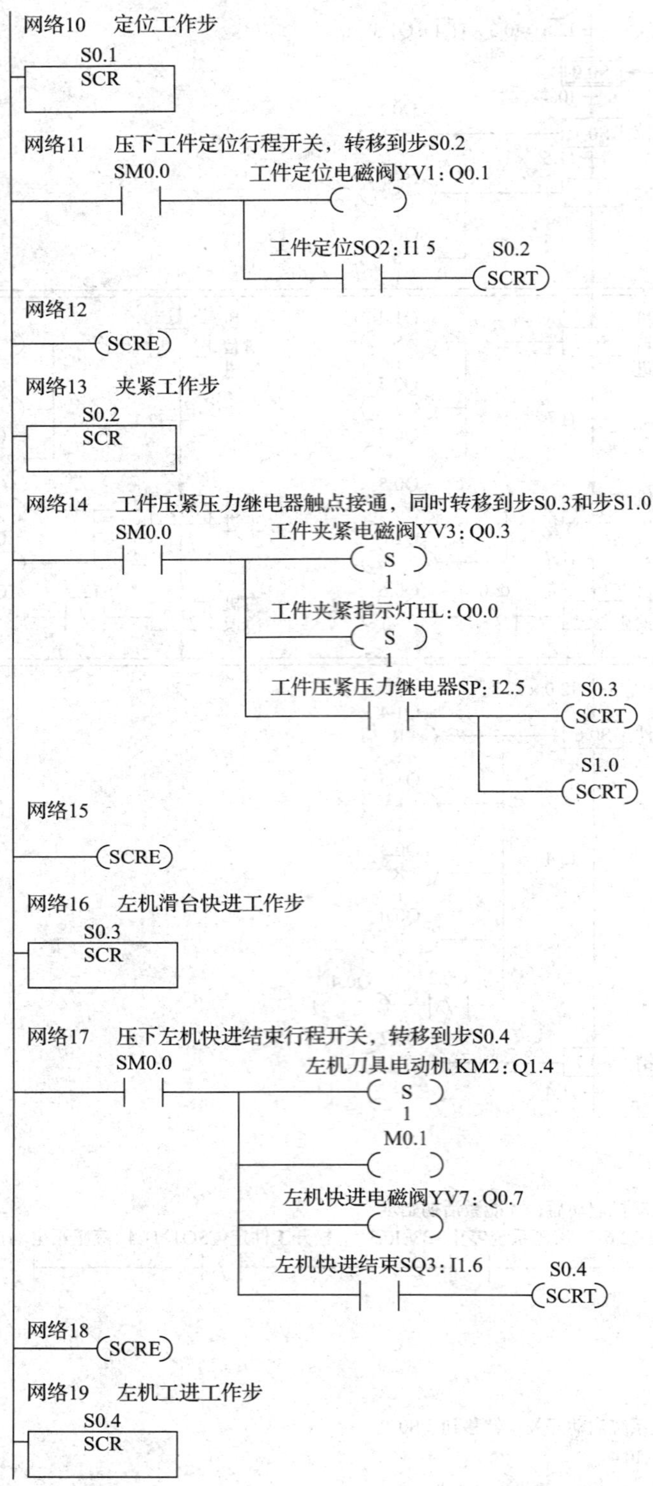

网络10 定位工作步
S0.1
SCR
网络11 压下工件定位行程开关，转移到步S0.2
SM0.0
工件定位电磁阀YV1：Q0.1
工件定位SQ2：I1 5
S0.2
SCRT
网络12
SCRE
网络13 夹紧工作步
S0.2
SCR
网络14 工件压紧压力继电器触点接通，同时转移到步S0.3和步S1.0
SM0.0
工件夹紧电磁阀YV3：Q0.3
S
1
工件夹紧指示灯HL：Q0.0
S
1
工件压紧压力继电器SP：I2.5
S0.3
SCRT
S1.0
SCRT
网络15
SCRE
网络16 左机滑台快进工作步
S0.3
SCR
网络17 压下左机快进结束行程开关，转移到步S0.4
SM0.0
左机刀具电动机KM2：Q1.4
S
1
M0.1
左机快进电磁阀YV7：Q0.7
左机快进结束SQ3：I1.6
S0.4
SCRT
网络18
SCRE
网络19 左机工进工作步
S0.4
SCR

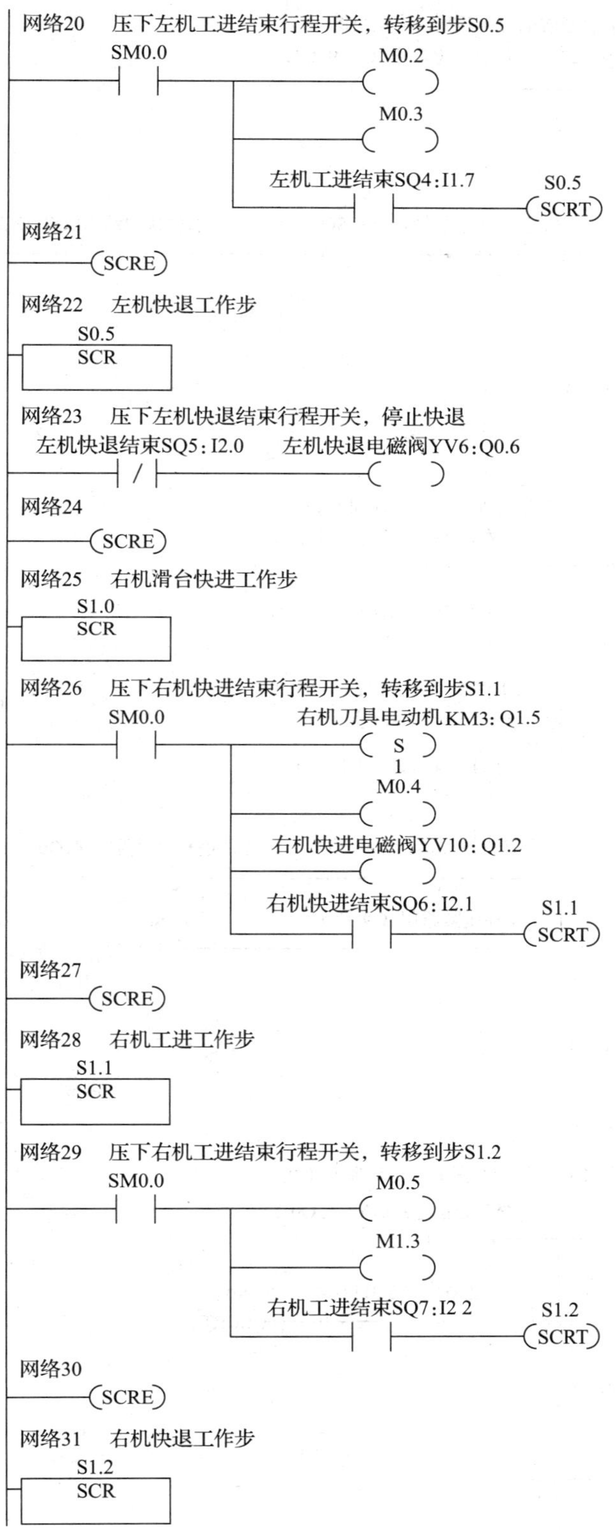
网络20 压下左机工进结束行程开关，转移到步S0.5
SM0.0
M0.2
M0.3
左机工进结束SQ4:I1.7
S0.5
SCRT
网络21
SCRE
网络22 左机快退工作步
S0.5
SCR
网络23 压下左机快退结束行程开关，停止快退
左机快退结束SQ5:I2.0
左机快退电磁阀YV6:Q0.6
网络24
SCRE
网络25 右机滑台快进工作步
S1.0
SCR
网络26 压下右机快进结束行程开关，转移到步S1.1
SM0.0
右机刀具电动机KM3: Q1.5
S
1
M0.4
右机快进电磁阀YV10: Q1.2
右机快进结束SQ6: I2.1
S1.1
SCRT
网络27
SCRE
网络28 右机工进工作步
S1.1
SCR
网络29 压下右机工进结束行程开关，转移到步S1.2
SM0.0
M0.5
M1.3
右机工进结束SQ7:I2 2
S1.2
SCRT
网络30
SCRE
网络31 右机快退工作步
S1.2
SCR

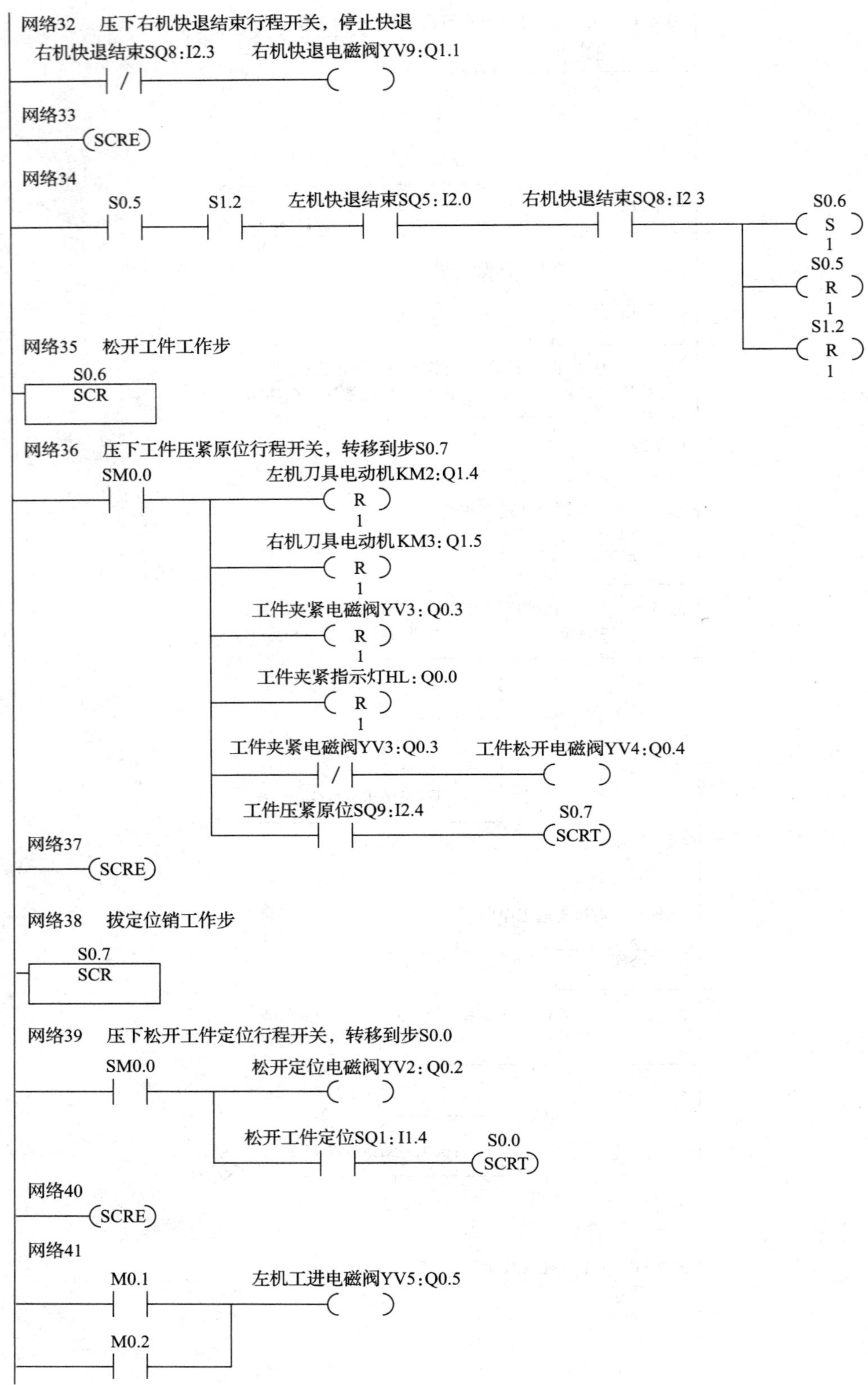
网络32　压下右机快退结束行程开关，停止快退
右机快退结束SQ8:I2.3
右机快退电磁阀YV9:Q1.1
网络33
SCRE
网络34
S0.5
S1.2
左机快退结束SQ5:I2.0
右机快退结束SQ8:I2 3
S0.6
S
1
S0.5
R
1
S1.2
R
1
网络35　松开工件工作步
S0.6
SCR
网络36　压下工件压紧原位行程开关，转移到步S0.7
SM0.0
左机刀具电动机KM2:Q1.4
R
1
右机刀具电动机KM3:Q1.5
R
1
工件夹紧电磁阀YV3:Q0.3
R
1
工件夹紧指示灯HL:Q0.0
R
1
工件夹紧电磁阀YV3:Q0.3
工件松开电磁阀YV4:Q0.4
工件压紧原位SQ9:I2.4
S0.7
SCRT
网络37
SCRE
网络38　拔定位销工作步
S0.7
SCR
网络39　压下松开工件定位行程开关，转移到步S0.0
SM0.0
松开定位电磁阀YV2:Q0.2
松开工件定位SQ1:I1.4
S0.0
SCRT
网络40
SCRE
网络41
M0.1
左机工进电磁阀YV5:Q0.5
M0.2

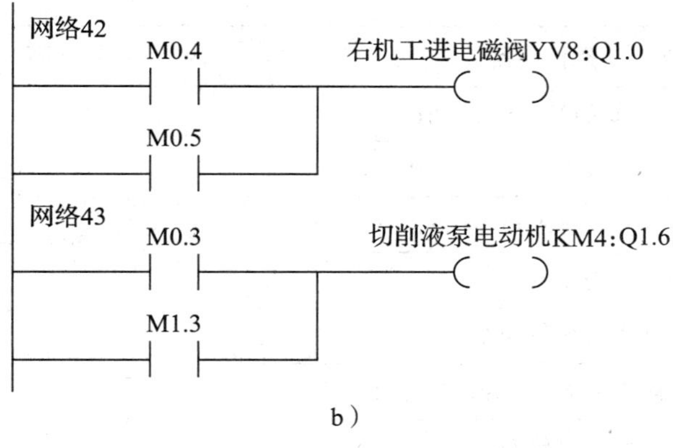

b）

图 5-2-11 自动控制程序

a）顺序功能图 b）梯形图

五、模拟调试

按照 PLC 用户程序模拟调试的方法，结合顺序功能图，进行梯形图程序或语句表程序的模拟调试。

六、联机调试

模拟调试成功后，接上实际的负载，按照表 5-2-6 的步骤进行联机调试，同时注意观察和记录。

表 5-2-6 联机调试记录表

步骤	操作内容	观察内容	观察结果
1	模式选择开关拨至 STOP 位置，合上电源开关 QS、QF1 和 QF2	"STOP""RUN" 及 I/O 指示灯状态	
2	模式选择开关拨至 TERM 位置，通过编程软件运行 CPU 模块		
3	闭合手动 / 自动选择开关 SA2（手动方式）	I/O、HL 指示灯状态，电磁阀 YV1 ~ YV10，接触器 KM1 ~ KM4 及电动机 M1 ~ M4 运行情况	
4	按下液压泵电动机启动按钮 SB2		
5	按下工件手动夹紧按钮 SB0		
6	松开工件手动夹紧按钮 SB0		
7	按下左（右）机刀具电动机点动按钮 SB5（SB6）		
8	松开左（右）机刀具电动机点动按钮 SB5（SB6）		
9	按下左（右）机快进点动按钮 SB8（SB10）		

续表

步骤	操作内容	观察内容	观察结果
10	松开左（右）机快进点动按钮 SB8（SB10）		
11	按下左（右）机快退点动按钮 SB9（SB11）		
12	松开左（右）机快退点动按钮 SB9（SB11）		
13	按下夹紧松开手动按钮 SB7		
14	松开夹紧松开手动按钮 SB7		
15	断开手动 / 自动选择开关 SA2（自动方式）		
16	按下液压系统启动按钮 SB4		
17	压下工件定位行程开关 SQ2		
18	接通工件压紧压力继电器 SP		
19	压下左（右）机滑台快进结束行程开关 SQ3（SQ6）		
20	压下左（右）机滑台工进结束行程开关 SQ4（SQ7）		
21	同时压下左、右机滑台快退结束行程开关 SQ5、SQ8		
22	压下工件压紧原位行程开关 SQ9		
23	压下松开工件定位行程开关 SQ1		
24	按下总停止按钮 SB1		
25	通过编程软件停止运行 CPU 模块，模式选择开关拨至 STOP 位置	“STOP”“RUN” 及 I/O 指示灯状态	
26	闭合 / 关断照明开关 SA1	照明灯 EL 点亮情况	
27	关断电源开关 QF1、QF2 和 QS		

在使用 PLC 控制系统的过程中，会不可避免地出现编程和硬件等方面的错误。可扫描右侧二维码，了解 S7-200 系列 PLC 出错处理方法和 S7-200 系列 PLC 硬件故障、可能原因及解决方法。

任务测评

清扫工作台面，整理技术文件，并参考表 1-3-7 进行任务测评。

任务 3 PLC 与变频器控制电动机实现多段速运行

学习目标

1. 了解变频器电路的结构和工作原理，掌握变频器的安装和调试方法。

2. 能正确进行 PLC 和变频器端子的连接，能使用 PLC 控制变频器进行逻辑切换。

3. 能完成 PLC 与变频器构成的调速系统的设计、安装和调试。

任务引入

由于工艺上的需要，很多生产机械在不同阶段需要在不同的转速下运行。为了满足这种需要，变频器提供了多段频率控制功能，它通过外接几个开关器件改变其输入端的状态组合来选择不同的运行频率，从而实现多段速度运行控制。PLC 可以提供数字量的输出，用来和变频器联机以实现多段速运行控制。

本任务就是使用 S7–200 系列 PLC 和西门子 V20 变频器联机实现电动机多段速运行控制。控制要求如下：

1. 按下启动按钮 SB1，电动机启动并运行在第一段，频率为 10 Hz；延时 20 s 后电动机反向运行在第二段，频率为 30 Hz；再延时 20 s 后电动机正向运行在第三段，频率为 50 Hz。按下停止按钮 SB2，电动机停止运行。

2. 具有短路保护等必要的保护措施。

变频器的调速方法有键盘调速、多段频率调速、通信调速和外部模拟量调速等，本任务属于多段频率调速。本任务的程序设计比较简单，使用基本逻辑指令即可完成。运行调试程序前必须先将变频器参数复位，然后按所用电动机的铭牌设置电动机参数，再根据控制要求设置三段速固定频率控制参数。

实施本任务所使用的实训设备可参考表 5–3–1。

表 5-3-1　实训设备清单

序号	设备名称	型号及规格	数量	单位	备注
1	微型计算机	带 STEP7-Micro/WIN 软件	1	台	
2	编程电缆	PC/PPI	1	条	
3	可编程序控制器	CPU226（AC/DC/RLY）	1	台	配 C45 导轨
4	低压断路器	Multi9 C65N D20，单极	1	个	
5	低压断路器	Multi9 C65N D20，三极	1	个	
6	按钮	LA4-2H	1	个	
7	变频器	西门子 V20，0.75 kW，2.2 A	1	台	
8	接线端子排	TB-1520，20 位	1	条	
9	配电盘	600 mm × 900 mm	1	块	
10	三相异步电动机	Y80 1-2，0.75 kW	1	台	

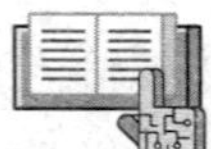

相关知识

西门子 V20 变频器是用于控制三相鼠笼式异步电动机速度的一种小型变频器，如图 5-3-1 所示。它有七种外型尺寸可以选择，功率范围是 0.12 ~ 30 kW，可为用户提供简单、经济的驱动控制解决方案。同时西门子 V20 变频器具有调试过程快捷、易于操作、稳定可靠以及经济高效的特点。

图 5-3-1　西门子 V20 变频器

V20 变频器由微处理器控制并采用具有现代先进技术水平的绝缘栅双极型晶体管（IGBT）技术。它使用可选择的脉冲频率来调制脉宽，从而大大降低了电动机运行的噪声。同时，V20 变频器具有全面而完善的保护功能。西门子 V20 变频器既可用于单独驱动系统，也可以通过输入 / 输出信号集成到自动化系统中。

一、西门子 V20 变频器电路

如图 5-3-2 所示，V20 变频器电路主要包括主电路和控制电路两部分。主电路完成电能的转换（整流、逆变），控制电路完成信息的收集、变换和传输。

在主电路中，首先输入单相或三相恒压恒频的交流电，经过整流模块并通过滤波器滤波后，转换成恒定的直流电，供给逆变模块（IGBT）。逆变模块在 CPU（DSP 处理器部分）的控制下，将恒定的直流电压逆变成电压和频率（频率为 0 ~ 600 Hz）均可调的三相交流电压输出给电动机负载。V20 变频器的直流环节是通过电容进行滤波的，因此属于电压型交—直—交变频器。开关电源通过输入的直流电，为各个模块分配电压。

V20 变频器的控制电路由 CPU、模拟量输入（AI 1、AI 2）、数字量输入（DI 1 ~ DI 4）、模拟量输出（AO 1）、数字量（晶体管）输出（DO 1+、DO 1-）、数字量（继电器）输出（DO 2 NC、DO 2 NO、DO 2 C）、操作板等组成，如图 5-3-2b 所示。两个模拟量输入还可以作为数字量输入，通常情况下在端子 1 和端子 3 之间接一个开关就可以实现从模拟量到数字量的转换。

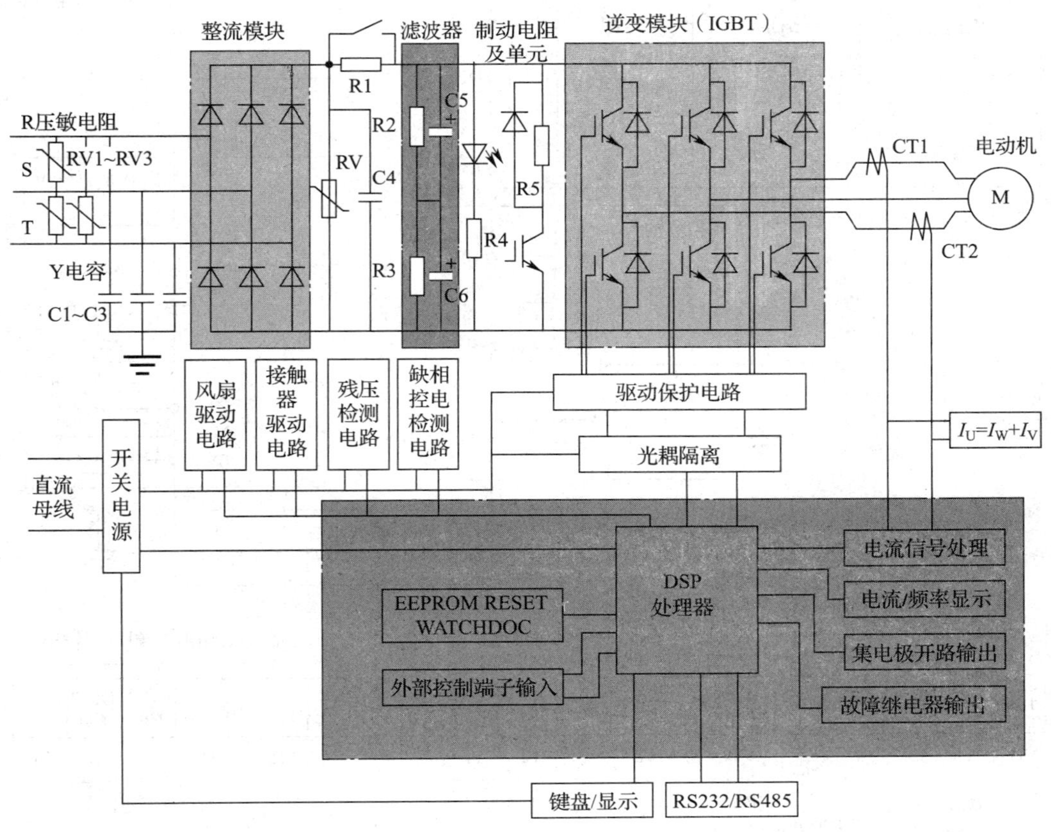

a）

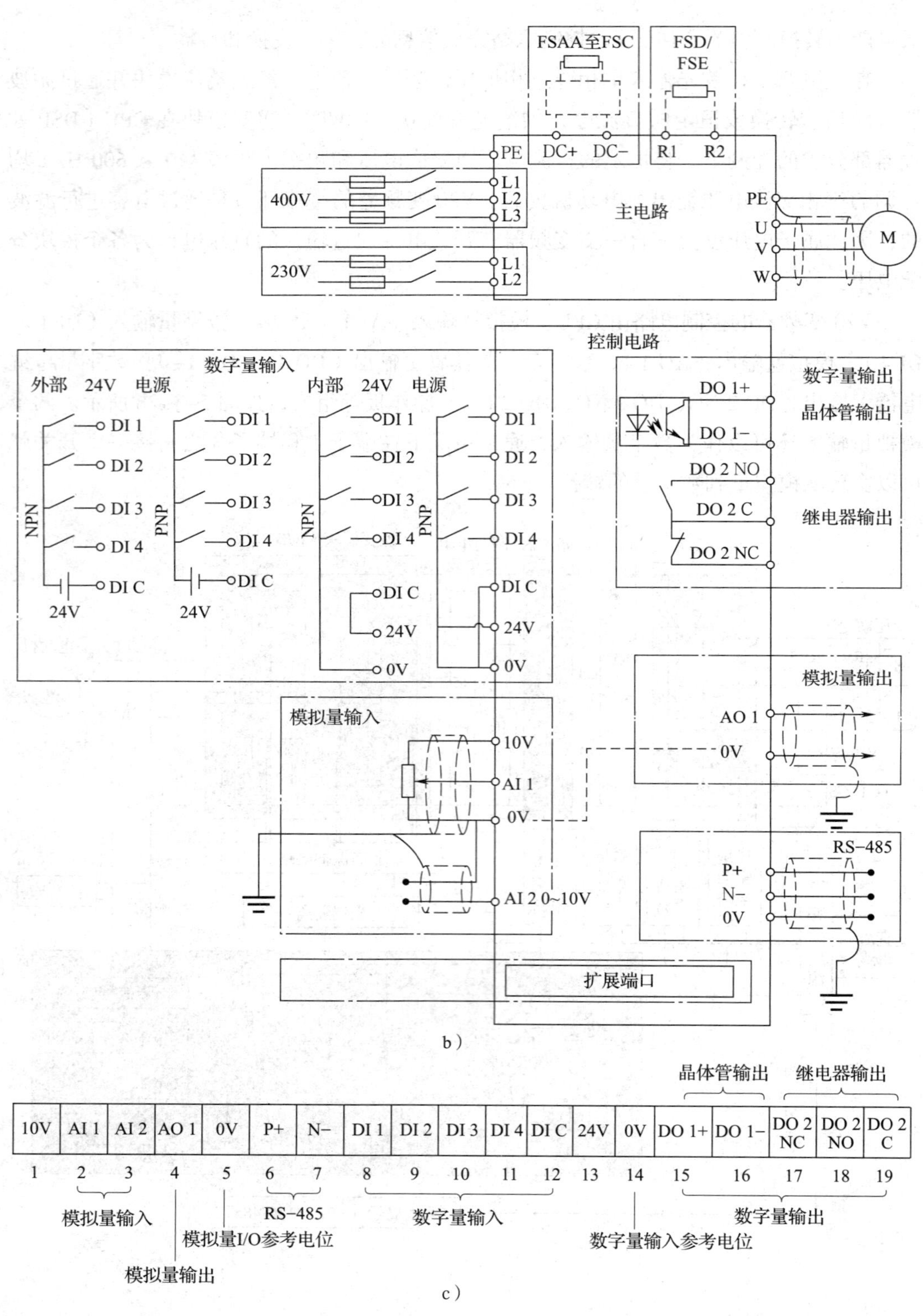

图 5−3−2 V20 变频器电路图

a）原理图 b）接线图 c）用户端子

二、西门子 V20 变频器调试

西门子 V20 变频器操作面板示意图如图 5-3-3 所示。

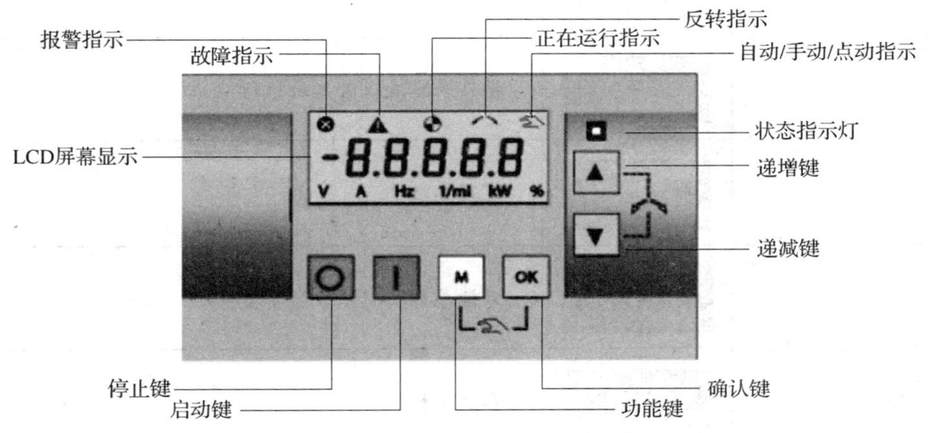

图 5-3-3 西门子 V20 变频器操作面板示意图

当“M”和“OK”两个按键被同时按下时，可在手动 / 点动 / 自动操作模式间循环切换，如图 5-3-4 所示。值得注意的是，只有在电动机停止状态下，才能启用点动模式。

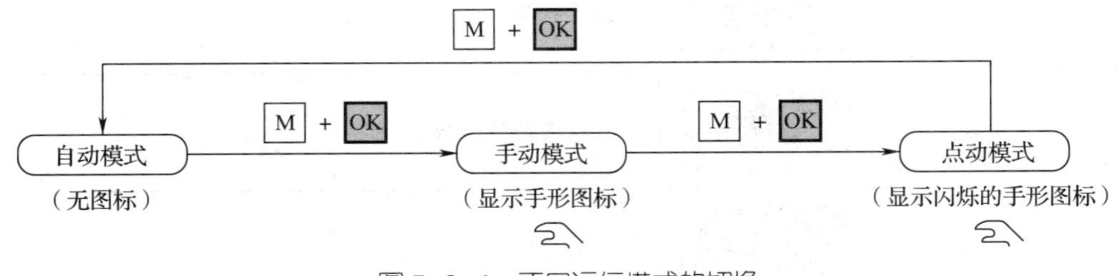

图 5-3-4 不同运行模式的切换

手动模式：面板操作。

自动模式：端子操作。

点动模式：面板 / 端子操作（按下启动按钮，电动机启动；松开启动按钮，电动机停止）。

在启动条件下，同时按下递增键和递减键，可以使电动机反转，再次按下使电动机正转。由图 5-3-3 可以看出递增键和递减键之间有虚线连接，并且虚线之间有正反转的标识。

系统上电时，状态指示灯为橙色；准备就绪（无故障）时，状态指示灯为绿色；采用快速调速模式时，状态指示灯为绿色并附加 0.5 Hz 闪烁；发生故障时，状态指示灯为红色并附加 2 Hz 闪烁；复制参数时，状态指示灯为橙色并附加 1 Hz 闪烁。

LCD 屏幕显示说明见表 5-3-2。

表 5-3-2　LCD 屏幕显示说明

LCD 屏幕信息	显示	功能
88888	88888	变频器正在执行内部数据处理
-----	-----	操作未完成或者无法执行
P×××	P0304	可写参数
r×××	r0026	只读参数
in×××	in001	参数下标
F×××	F395	故障代码
A×××	A930	报警代码
Cn×××	Cn001	可设置的连接宏
-Cn×××	-Cn011	当前选定的连接宏
AP×××	AP030	可设置的应用宏
-AP×××	-AP010	当前选定的应用宏

宏：指预先设置的一组变频器参数，也就是根据变频器在一些常用的场合中所需的一些功能在出厂时已经经过预编程的参数集。根据需求选择合适的宏可将现场实际使用过程中需要设定的参数数量减至最少，以便用户可以快速地使用变频器。

通常一台新的 V20 变频器需要按如图 5-3-5 中的三个步骤进行调试。

图 5-3-5　新 V20 变频器的调试

1. 参数复位

参数复位是将变频器参数恢复到出厂状态下默认值的操作。一般在变频器出厂和参数出现混乱时进行此操作，其操作流程如图 5-3-6 所示。

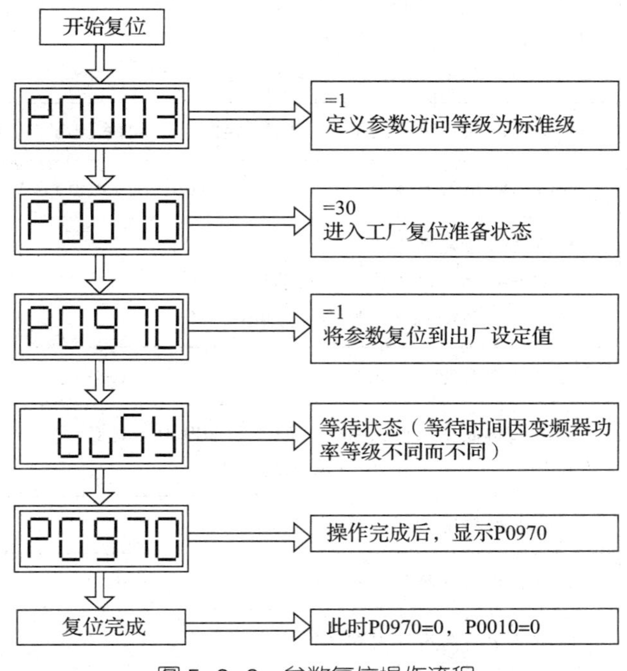

图 5-3-6 参数复位操作流程

2. 快速调试

快速调试是指通过设置电动机参数和变频器的命令源及频率给定源，达到快速运转电动机的目的。快速调试状态需要用户输入电动机的相关参数和一些基本驱动控制参数，使变频器可以顺利驱动电动机运转。一般在复位操作或者更换电动机后需要进行此操作。

西门子 V20 变频器通过设置菜单进行快速调试。设置菜单主要由四个子菜单组成，见表 5-3-3。其中，电动机数据子菜单见表 5-3-4。

表 5-3-3 设置菜单的四个子菜单及功能

序号	名称	功能
1	电动机数据	设置用于快速调试的电动机额定参数
2	连接宏选择	选择需要的宏进行标准接线
3	应用宏选择	选择需要的宏用于特定应用场景
4	常用参数选择	设置必要的参数以实现变频器性能优化

表 5-3-4　电动机数据子菜单

参数号	功能
P0100	选择电动机的功率单位和电网频率： （1）=0：欧洲（kW），频率 50 Hz （2）=1：北美（hp），频率 60 Hz （3）=2：北美（kW），频率 60 Hz
P0304	电动机的额定电压（V），注意电动机实际接线（Y/Δ）
P0305	电动机的额定电流（A），注意电动机实际接线（Y/Δ）
P0307	电动机的额定功率： （1）如果 P0100=0 或 2，则单位是 kW （2）如果 P0100=1，则单位是 hp
P0308	电动机的额定功率因数（cosφ），只有 P0100=0 或 2 时才能看到此参数
P0309	电动机的额定效率（%）：如果 P0309=0，则变频器自动计算电动机效率。只有 P0100=1 时才能看到此参数
P0310	电动机的额定频率（Hz）
P0311	电动机的额定转速（r/min）
P0700	选择命令给定源（启动/停止）： （1）=0：工厂设置值 （2）=1：BOP（基本面板操作） （3）=2：I/O 端子控制（出厂的缺省设置） 注意：改变 P0700 设置，可以将所有的数字输入输出复位至出厂默认值
P1000	设置频率给定源： （1）=1：BOP 电动电位计给定 （2）=2：模拟输入 1 通道 （3）=3：固定频率
P1900	选择电动机数据识别： （1）=0：禁止 （2）=2：禁止时识别所有参数

3．功能调试

功能调试是用户按照具体生产工艺的需要进行的设置操作。这一部分的调试工作比较复杂，常常需要在现场多次调试。

（1）开关量输入功能

V20 变频器包含了四个数字量的输入端子，每个端子都有一个对应的参数用来设定该端子的功能，见表 5-3-5。

表 5-3-5 V20 变频器的四个数字量输入端子

数字编号	端子编号	参数编号	出厂设置	功能说明
DI 1	8	P0701	0	=0：禁止数字量输入 =1：接通正转 / 断开停车 =2：接通反转 / 断开停车 =3：按惯性自由停车 =4：快速斜坡下降停车 =9：故障确认 =10：正向点动 =11：反向点动 =12：反向（与正转命令配合使用） =13：MOP（电动电位计）升速（增大频率） =14：MOP 减速（减小频率） =15：固定频率选择器位 0 =16：固定频率选择器位 1 =17：固定频率选择器位 2 =18：固定频率选择器位 3
DI 2	9	P0702	0	
DI 3	10	P0703	9	
DI 4	11	P0704	15	

（2）斜坡上升、下降时间

斜坡上升、下降时间即加速、减速时间，分别指电动机从静止状态加速到最高频率所需的时间和从最高频率减速到静止状态所需的时间。P1120 和 P1121 分别为加速、减速时间参数。

（3）频率限制

P1080 和 P1082 分别是最低、最高频率参数，这两个参数用于限制电动机的最低和最高运行频率，不受频率给定源的影响。

（4）多段速功能

多段速功能也称为固定频率，就是在设置参数 P1000=3 的条件下，用数字量输入端子选择固定频率的组合，实现电动机多段速运行。可通过如下三种方法实现：

1）直接选择（P0701 ~ P0704=15）。在这种操作方式下，一个数字输入对应一个固定频率，见表 5-3-6。

表 5-3-6 直接选择操作方式

端子编号	对应参数	对应频率设置	说明
8	P0701	P1001	（1）频率给定源 P1000 必须设置为 3 （2）当多个选择同时激活时，选定的频率是它们的总和
9	P0702	P1002	
10	P0703	P1003	
11	P0704	P1004	

2）直接选择 +ON 命令（P0701 ～ P0704=16）。在这种操作方式下，数字量输入既选择固定频率（见表 5–3–6），又具备启动功能。

3）二进制编码选择 +ON 命令（P0701 ～ P0704=17）。使用这种方法最多可以选择 15 个固定频率。各个固定频率的数值见表 5–3–7。

表 5–3–7　二进制编码选择 +ON 命令的 15 段频率设定

频率设定	端子 11	端子 10	端子 9	端子 8
P1001	0	0	0	1
P1002	0	0	1	0
P1003	0	0	1	1
P1004	0	1	0	0
P1005	0	1	0	1
P1006	0	1	1	0
P1007	0	1	1	1
P1008	1	0	0	0
P1009	1	0	0	1
P1010	1	0	1	0
P1011	1	0	1	1
P1012	1	1	0	0
P1013	1	1	0	1
P1014	1	1	1	0
P1015	1	1	1	1

任务实施

一、分配 I/O 地址

根据任务分析，启动按钮 SB1 和停止按钮 SB2 属于 PLC 输入设备，变频器属于 PLC 输出设备。其中，Q0.0 接 V20 变频器数字量输入端子 DI 1，作为电动机运行 / 停止（ON/OFF）控制端；Q0.1 ～ Q0.3 分别接 V20 变频器数字量输入端子 DI 2 ～ DI 4，用于电动机三段固定频率控制。I/O 地址分配见表 5–3–8。

表 5-3-8 I/O 地址分配

输入			输出		
输入设备	文字符号	输入继电器	输出设备	文字符号	输出继电器
启动按钮	SB1	I0.0	变频器数字量输入端子 8	DI 1	Q0.0
停止按钮	SB2	I0.1	变频器数字量输入端子 9	DI 2	Q0.1
			变频器数字量输入端子 10	DI 3	Q0.2
			变频器数字量输入端子 11	DI 4	Q0.3

二、绘制并安装 PLC 控制线路

绘制如图 5-3-7 所示的由 S7-200 系列 PLC 和西门子 V20 变频器联机实现的电动机三段速运行 PLC 控制接线图。安装时，变频器暂时不接到 PLC 输出端，待模拟调试程序通过后再连接。

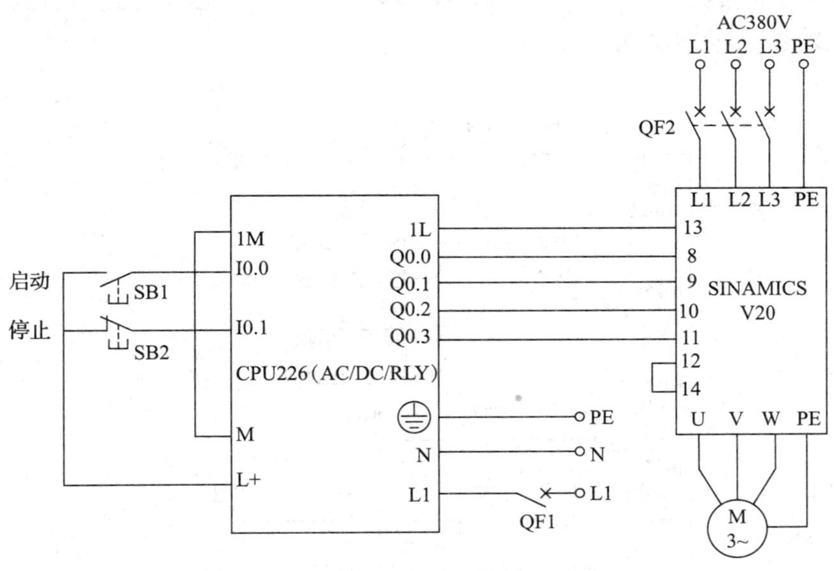

图 5-3-7 PLC 控制接线图

三、设计梯形图程序

编辑符号表，如图 5-3-8 所示。

	符号	地址	注释
1	启动按钮SB1	I0.0	
2	停止按钮SB2	I0.1	
3	正转	Q0.0	数字量输入端子DI 1
4	低速	Q0.1	数字量输入端子DI 2
5	中速	Q0.2	数字量输入端子DI 3
6	高速	Q0.3	数字量输入端子DI 4
7			

用户定义1 POU符号

图 5-3-8　符号表

PLC 梯形图程序应包括以下控制：

1. 按下启动按钮 SB1 时，PLC 的 Q0.0 应置位为 ON，允许电动机正转启动运行。

2. PLC 输出继电器状态和变频器运行频率变化见表 5-3-9。

表 5-3-9　三段频率控制状态表

段速序号	Q0.3	Q0.2	Q0.1	Q0.0	运行频率 /Hz
停止	0	0	0	0	0
1	0	0	1	1	10
2	0	1	0	1	–30
3	1	0	0	1	50

3. 按下停止按钮 SB2 时，PLC 的 Q0.0 应复位为 OFF，电动机停止运行。

PLC 梯形图如图 5-3-9 所示。

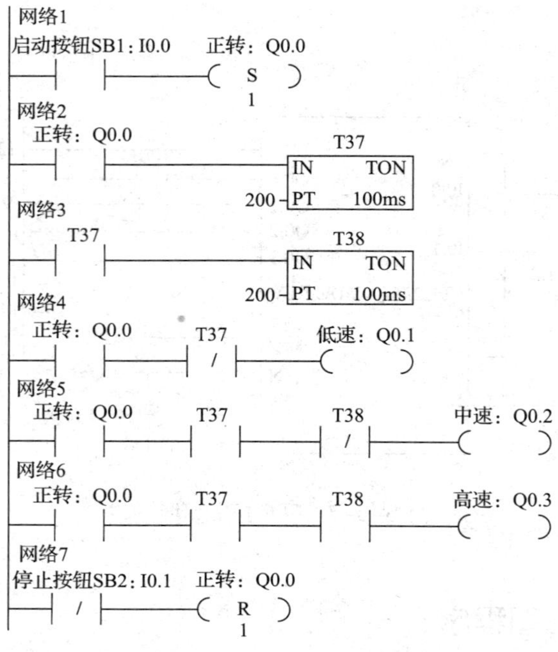

图 5-3-9　PLC 梯形图

四、模拟调试

按照 PLC 用户程序模拟调试的方法，进行梯形图程序的模拟调试。

五、联机调试

1. 变频器与 PLC 连接

注意

（1）在安装、拆卸、连接变频器或改变变频器接线之前，必须断开电源。

（2）变频器必须可靠接地。

（3）即使变频器不处于运行状态，其电源输入线、直流回路端子和电动机端子上仍然可能带有危险电压。因此，断开开关后必须等待 5 min，保证变频器放电完毕，再开始安装等工作。

（4）变频器的控制电缆、电源电缆和与电动机的连接电缆的走线必须相互隔离，不能放在同一个电缆线槽中或电缆桥架上。

2. 变频器调试

（1）恢复出厂设置

将 P0010 设为 30，P0970 设为 21，表示将所有参数及设置复位至工厂默认状态。

（2）设置电动机参数

电动机参数按照表 5-3-10 进行设置。电动机参数设置完成后，将 P0010 设为 0，变频器处于准备状态，可正常运行。

表 5-3-10 电动机参数设置

参数号	出厂值	设置值	说明
P0003	1	3	访问级为专家级
P0010	0	1	快速调试
P0100	0	0	功率以 kW 表示，额定频率为 50 Hz
P0304	400	380	电动机额定电压，单位为 V
P0305	1.86	1.81	电动机额定电流，单位为 A
P0307	0.75	0.75	电动机额定功率，单位为 kW
P0308	0	0.62	电动机功率因数（$\cos\varphi$）
P0310	50	50	电动机额定频率，单位为 Hz

续表

参数号	出厂值	设置值	说明
P0311	1 395	1 390	电动机额定转速，单位为 r/min
P0314	0	2	电动机磁极对数，采用 4 极电动机
P0335	0	0	电动机冷却方式，自冷
P0625	20	24	电动机环境温度，单位为 ℃
P0640	150	130	电动机过载系数，单位为 %
P3900	0	1	结束快速调试，进入“运行准备就绪”

注意

上述电动机参数要根据实训中与 V20 变频器连接的电动机铭牌进行设置。要设置参数 P0304、P0305、P0307、P0310 和 P0311，必须先将参数 P0010 设为 1（快速调试模式）。

（3）设置三段固定频率控制参数

将 V20 变频器数字量输入端子 DI 1 设定为电动机运行 / 停止控制端，由 P0701 参数设置。端子 DI 2、DI 3、DI 4 通过 P0702、P0703、P0704 参数设定为三段固定频率控制端，每一频段的频率分别由 P1001 ~ P1003 参数设置，见表 5–3–11。

表 5–3–11　三段固定频率控制参数表

参数号	出厂值	设置值	说明
P0003	1	3	访问级为专家级
P0700	1	2	命令源选择“由端子排输入”
P0701	0	1	电动机运行 / 停止
P0702	0	15	固定频率选择器位 0
P0703	9	16	固定频率选择器位 1
P0704	15	17	固定频率选择器位 2
P1000	1	3	选择固定频率设定值
P1001	10	10	选择固定频率 1
P1002	15	–30	选择固定频率 2
P1003	25	50	选择固定频率 3
P1031	1	1	MOP 模式

续表

参数号	出厂值	设置值	说明
P1032	1	0	禁止 MOP 反向设定值选择：=0 表示允许反向，=1 表示禁止反向
P1047	10	10	RFG（斜坡函数发生器）的 MOP 斜坡上升时间，单位为 s
P1048	10	10	RFG 的 MOP 斜坡下降时间，单位为 s
P1082	50	50	最大频率，单位为 kHz

小提示

V20 变频器的四个数字量输入端口（DI 1 ~ DI 4）中，哪一个作为电动机运行 / 停止控制端，哪些作为多段频率控制端，是可以由用户任意确定的。但是，一旦确定了某一数字量输入端口的控制功能，其内部参数的设置值必须与端口的控制功能相对应。在多段速频率控制中，电动机的运行方向由参数 P1001 ~ P1004 设置的频率的正负决定。

3. 系统调试

按照表 5-3-12 进行操作，观察系统运行情况并做好记录。

表 5-3-12 联机调试步骤及运行情况记录表

步骤	操作内容	观察内容	观察结果
1	模式选择开关拨至 STOP 位置，合上电源开关 QF1 和 QF2	“STOP”“RUN” 及 I/O 指示灯状态	
2	模式选择开关拨至 TERM 位置，通过编程软件运行 CPU 模块		
3	按下启动按钮 SB1	Q0.0 ~ Q0.4 灯、变频器显示及电动机运行情况	
4	按下停止按钮 SB2		
5	通过编程软件停止运行 CPU 模块，模式选择开关拨至 STOP 位置	“STOP”“RUN” 及 I/O 指示灯状态	
6	关断电源开关 QF1 和 QF2		

任务测评

清扫工作台面，整理技术文件，并参考表 1-3-7 进行任务测评。

任务 4　PLC、触摸屏与变频器实现小车运料控制

学习目标

1. 了解触摸屏的功能和工作原理，掌握触摸屏的使用方法。

2. 掌握组态软件的使用方法，会使用组态软件组态一个简单的项目。

3. 会设定触摸屏变量与 PLC 寄存器的对应关系，并能编写 PLC 与触摸屏联合应用的梯形图。

4. 能完成 PLC 与触摸屏和组态通信连接，并能将组态画面下载到触摸屏。

5. 能进行 PLC、触摸屏与变频器综合应用系统的联机调试。

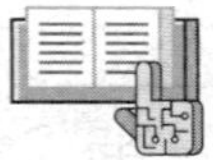

任务引入

如图 5-4-1 所示为小车运料工作示意图。小车停在 A 点时，按下启动按钮，装料阀打开，5 s 后小车启动前进，到达 B 点后小车停止，由人工卸料，10 s 后自行后退，到达 A 点后停止，重新装料，如此循环下去。

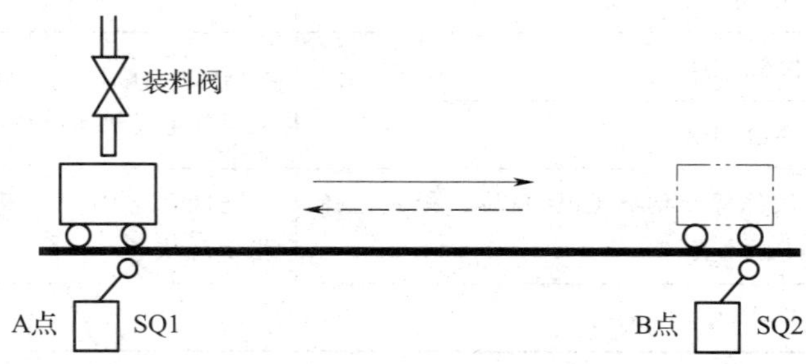

图 5-4-1　小车运料工作示意图

本任务是完成基于 PLC、触摸屏和变频器的小车运料控制系统的设计、安装和调试。任务要求如下：

（1）小车的前进和后退由三相异步电动机拖动，用西门子 V20 变频器实现调速，

前进时电动机工作频率为 20 Hz，后退时电动机工作频率为 –30 Hz。

（2）启动之前小车如果不在 A 点，可以通过点动调整按钮让小车前进或者后退，再按下停止按钮，使小车完成本次循环后停在 A 点，前面循环过的次数仍然保留，在完成全部工作后再次启动时才清零。

（3）本系统的操作由 SMART 700 IE 触摸屏实现，触摸屏上应有必要的数值显示、数值输入、位状态显示等，如图 5–4–2 所示。

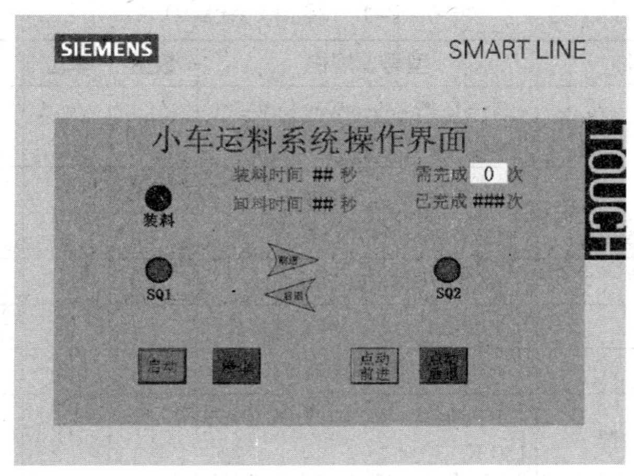

图 5–4–2　小车运料系统的参考操作画面

（4）具有短路保护等必要的保护措施。

本任务是使用 PLC、触摸屏和变频器联合控制小车运料工作的一个典型的 PLC 综合应用实例，其中系统的操作在 SMART 700 IE 触摸屏上实现，用西门子 V20 变频器实现前进、后退两种不同速度的运行。

本任务要求将启动按钮、停止按钮、点动前进按钮、点动后退按钮等输入设备用触摸屏上的触摸键来代替。左限位开关和右限位开关不属于人工操作性质的输入设备，因此不用制作触摸键，仍然将其与 PLC 的输入端子连接。另外，为了符合安全规范，在使用触摸屏人机界面的任何控制系统中都必须安装紧急停止开关。因此，急停按钮也要与 PLC 的输入端子连接，使小车能够立即停止运行，即小车的运行既可以通过触摸屏上的“停止”触摸键来停止（小车完成本次循环后停在 A 点），也可以通过与 PLC 的输入端子连接的急停按钮来停止（任意时刻立即停止）。

根据任务提供的参考操作画面，触摸屏上应包含左限位开关 SQ1 和右限位开关 SQ2 两个输入设备的位状态显示以及小车装料、前进和后退三个输出设备的位状态显示。另外，还应包含小车装料时间、小车卸料时间和已完成循环的次数三个数值显示以及需要完成循环次数的数值输入键。PLC 和触摸屏是通过与变频器联机控制实现小车低速前进和高速后退的，所以变频器属于 PLC 的输出设备。另外，小车装料用接触器工作来代替，因此接触器也属于 PLC 的输出设备。

本任务使用基本逻辑指令即可设计小车运料工作控制程序。由于在 PLC 的基础上加入了触摸屏控制和变频器调速，因此，不仅要考虑加入触摸屏后触摸屏的变量与 PLC 寄存器的对应关系以及相关梯形图的编写，还要考虑加入变频器调速后一些参数的设置以及相应程序的设计。

实施本任务所使用的实训设备可参考表 5-4-1。

表 5-4-1　实训设备清单

序号	设备名称	型号、规格	数量	单位	备注
1	微型计算机	带 STEP7-Micro/Win 和 WinCC flexible SMART V3 软件	1	台	
2	编程电缆	PC/PPI	1	条	
3	可编程序控制器	CPU226（AC/DC/RLY）	1	台	配 C45 导轨
4	触摸屏	西门子 SMART 700 IE	1	台	
5	通信电缆	MPI 通信电缆或网络连接器	1	条	
6	变频器	西门子 V20，0.75 kW，2.2 A	1	台	
7	开关式稳压电源	S-150-24，AC 220 V/DC 24 V，150 W	1	台	
8	交流接触器	CJX1-22/22，AC 220 V	1	个	
9	低压断路器	Multi9 C65N D20，单极	2	个	
10	低压断路器	Multi9 C65N D20，三极	1	个	
11	熔断器	RT28-20/4	1	个	
12	按钮	LA4-2H	1	个	
13	行程开关	JLXK1-111	2	个	
14	接线端子排	TB1520，20 位	1	条	
15	配电盘	600 mm × 900 mm	1	块	
16	三相异步电动机	Y80 1-2，0.75 kW	1	台	

相关知识

一、人机界面

1．人机界面的基本概念

人机界面（human machine interface，HMI）又称为人机接口。从广义上说，HMI 泛指计算机与操作人员交换信息的设备。在控制领域，HMI 一般特指用于操作人员与控制系统之间进行对话和相互作用的专用设备。人机界面可以在恶劣的工业环境中长时间连续运行，是 PLC 的最佳搭档。人机界面已经成为现代工业控制领域广泛使用的设备之一。

2. 人机界面的功能

人机界面用字符、图形和动画动态显示现场数据和状态，操作员可以通过人机界面来控制现场的被控对象。此外，人机界面还有报警、用户管理、数据记录、趋势图、配方管理、显示和打印报表、通信等功能。

人机界面最基本的功能是显示现场设备（通常是 PLC，以下默认为 PLC）中位变量的状态和寄存器中数字变量的值，通过监控画面上的按钮可以向 PLC 发出各种命令以及修改寄存器中的参数。

（1）对监控画面组态

首先需要用计算机上运行的组态软件对人机界面组态，生成满足用户要求的人机界面画面，实现人机界面的各种功能。画面的生成是可视化的，一般不需要用户编程。组态软件的使用简单方便，很容易掌握。

（2）编译和下载项目文件

编译项目文件是指将用户生成的画面和设置的信息转换成人机界面可以执行的文件。编译成功后，需要将可执行文件下载到人机界面的存储器中。

（3）运行阶段

在控制系统运行时，人机界面和 PLC 之间通过通信来交换信息，从而实现人机界面的各种功能。只要对通信参数进行简单的组态，就可以实现人机界面与 PLC 的通信。将画面中的图形对象与 PLC 的存储器地址联系起来，就可以在控制系统运行时实现 PLC 与人机界面之间的自动数据交换。

人机界面具有强大的通信功能，一般有串行通信端口，如 RS-232C 和 RS-422/RS-485 端口，有的还有 USB 和以太网端口。人机界面能与各主要生产厂家的 PLC 通信，也能与运行它的组态软件的计算机通信。

二、触摸屏

触摸屏是人机界面的发展方向，用户可以在触摸屏的屏幕上设置具有明确意义和提示信息的触摸式按键。其使用方便，易于操作，只要用手指触摸屏幕上的图形对象，计算机就会执行相应的操作，人和机器的行为因此变得简单、直接、自然。用户可以通过触摸屏上的文字、按钮、图形和数字信息等来处理或监控不断变化的信息。触摸屏画面上的按钮和指示灯可以取代相应的硬件元件，减少 PLC 需要的 I/O 点数，降低系统的成本，提高设备的性能和附加价值。

触摸屏是一种透明的绝对定位系统。首先它必须是透明的，透明问题可以通过材料技术来解决。其次它能给出手指触摸处的绝对坐标，绝对坐标系统的特点是每一次定位的坐标与上一次定位的坐标无关。触摸屏在物理上是一套独立的坐标定位系统，每次触摸的位置可以转换为屏幕上的坐标。

触摸屏系统一般包括两个部分：检测装置和控制器。检测装置安装在显示器的表面，用于检测用户的触摸位置，再将该处的信息传送给触摸屏控制器。控制器的主要作用是接收来自检测装置的触摸信息，并将它转换成触点坐标，判断出触摸的意义后传送给 PLC。同时它能接收 PLC 发来的命令并加以执行，如动态地显示数字量和模拟量等。

S7-200 系列 PLC 支持 SMART HMI（精彩面板）、Comfort HMI（精智面板）和 Basic HMI（精简面板）三个系列的触摸屏。其中 SMART 700 IE 和 SMART 1000 IE 是专门为 S7-200 和 S7-200 SMART PLC 配套的触摸屏，显示器的对角线分别为 7 in 和 10 in。

三、组态软件 WinCC flexible

WinCC flexible 是西门子人机界面的组态软件，具有简单、高效、易于上手、功能强大的优点。基于表格的编辑器简化了变量、文本和报警信息等的生成和编辑。通过图形化配置，简化了复杂的组态任务。WinCC flexible 可以处理 Windows 字体，还可以使用图库中大量的图形对象，快速方便地生成各种美观的画面。

SMART 700 IE 触摸屏使用 WinCC flexible SMART V3 组态软件进行组态。WinCC flexible SMART V3 的主界面如图 5-4-3 所示。

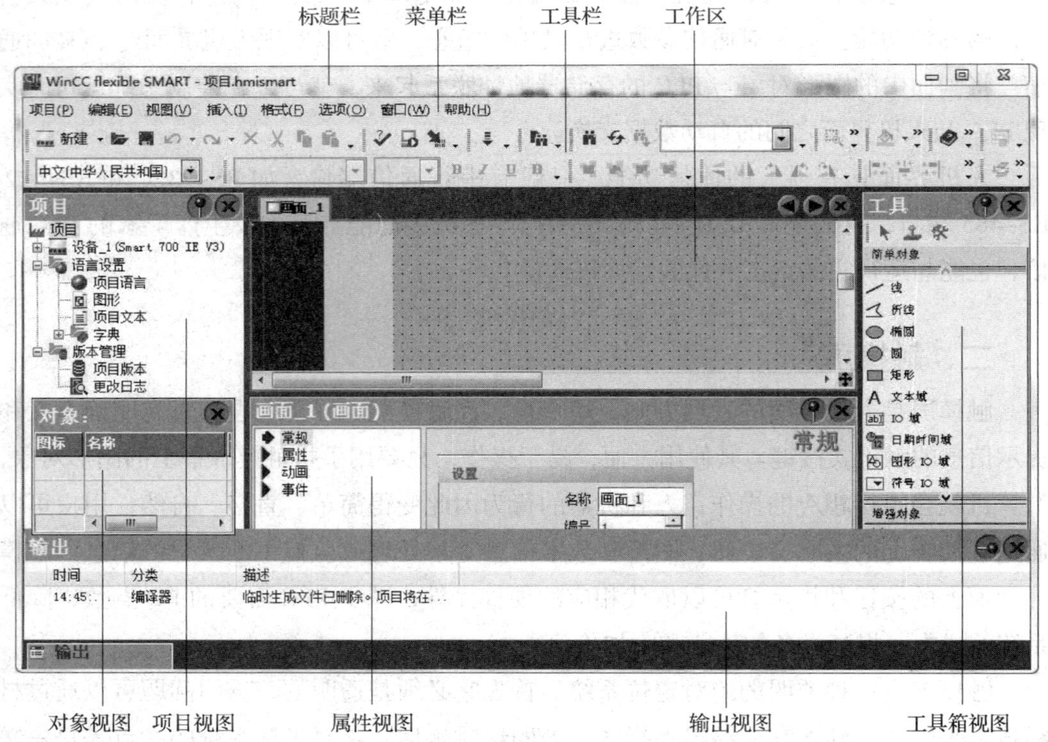

图 5-4-3　WinCC flexible SMART V3 的主界面

1. 标题栏、菜单栏和工具栏

标题栏显示项目的名称。菜单栏用来选择组态软件的各项命令，选择这些命令会弹出相应的下拉菜单，每一个下拉菜单可以执行一项命令操作。工具栏显示项目、编辑、视图等功能的相应按钮。通过操作来了解菜单栏中的各命令和工具栏中各个按钮是非常重要的。与大部分软件一样，菜单中浅灰色的命令和工具栏中浅灰色的按钮在当前条件下不能使用。例如，只有在执行了“编辑”菜单中的“复制”命令后，“粘贴”命令才会由浅灰色变成黑色，表示该命令可以执行。

2. 项目视图

项目视图的使用方式与 Windows 的资源管理器相似。项目中的各组成部分在项目视图中以树形结构显示，分别为设备、语言设置和版本管理。

项目视图包含了可以组态的所有元件。软件在生成项目时自动创建了一些元件，如名为“画面 1”的画面和画面模板等。

3. 工作区

用户可以在工作区编辑项目对象，除了工作区之外，还可以对其他窗口（如项目视图和工具箱等）进行移动、改变大小和隐藏等操作。工作区的编辑器标签处最多可以同时打开 20 个编辑器。

4. 属性视图

属性视图用于设置在工作区中选取的对象的属性，输入参数后按回车键生效。属性窗口一般在工作区的下面。

在编辑画面时，如果未激活画面中的对象，则属性对话框中将显示该画面的属性，可以对画面的属性进行编辑。

5. 工具箱视图

工具箱中可以使用的对象与 HMI 设备的型号有关。工具箱包含过程画面中需要经常使用的各种类型的对象，如图形对象或操作员控制元件。工具箱还提供了许多库，这些库包含许多对象模板和各种不同的面板。

可以用“视图”中的“工具”命令显示或隐藏工具箱视图。

根据当前激活的编辑器可知，“工具箱”包含不同的对象组。打开“画面”编辑器时，工具箱提供的对象组有简单对象、增强对象、图形和库。不同的人机界面可以使用的对象也不同。简单对象中有线、折线、矩形、文本域、IO 域等。增强对象提供增强的功能。这些对象的功能之一是显示动态过程，如配方视图、报警视图和趋势图等。库是工具箱视图元件，是用于存储常用对象的中央数据库。库中的存储对象只需组态一次，便可多次重复使用。

WinCC flexible 的库分为全局库和项目库。全局库存放在 WinCC flexible 的一个文件夹中，可用于所有项目；当前任务中经常需要使用的对象通常存储在本地项目库中，项目库中的元件可以复制到全局库中。

6. 输出视图

输出视图用来显示在项目投入运行之前自动生成的系统报警信息，如组态中存在的错误等会在输出视图中显示。可以用“视图”菜单中的“输出”命令来显示或隐藏输出视图。

7. 对象视图

对象视图用来显示在项目视图中指定的文件夹或编辑器中的内容，执行“视图”菜单中的“对象”命令，可以打开或关闭对象视图。

任务实施

一、分配 I/O 地址

根据任务分析，急停按钮 SB、左限位开关 SQ1 及右限位开关 SQ2 属于输入设备；小车装料接触器 KM 和变频器属于输出设备。其中，Q0.4 接 V20 变频器数字量输入端子 DI 1，作为小车运行 / 停止控制端；Q0.5 接 V20 变频器数字量输入端子 DI 2，作为小车低速前进控制端；Q0.6 接 V20 变频器数字量输入端子 DI 3，作为小车高速后退控制端。对输入 / 输出端口进行地址分配，见表 5-4-2。

表 5-4-2　I/O 地址分配

输入			输出		
输入设备	文字符号	输入继电器	输出设备	文字符号	输出继电器
急停按钮	SB	I0.0	小车装料接触器	KM	Q0.0
左限位开关	SQ1	I0.1	变频器数字量输入端子 8	DI 1	Q0.4
右限位开关	SQ2	I0.2	变频器数字量输入端子 9	DI 2	Q0.5
			变频器数字量输入端子 10	DI 3	Q0.6

注意

S7-200 系列 CPU226（AC/DC/RLY）的输出端子是分组的，其中 Q0.0 ~ Q0.3 和 Q0.4 ~ Q0.7 分属不同的组，同一组的输出端子必须使用同一个电源。小车装料接触器 KM 连接的输出端子 Q0.0 使用了 AC 220 V 电源，则同一组其他输出端子 Q0.1 ~ Q0.3 就不能再连接变频器数字量输入端子 DI 1 ~ DI 3，因为变频器数字量输入端子使用的是 DC 24 V 电源。因此，变频器数字量输入端子 DI 1 ~ DI 3 只能连接另外一组输出端子 Q0.4 ~ Q0.6。

二、绘制并安装 PLC 控制线路

如图 5–4–4 所示为 PLC、触摸屏和变频器联机控制小车运料系统接线图。安装时，变频器暂时不接到 PLC 输出端，待模拟调试程序通过后再连接。

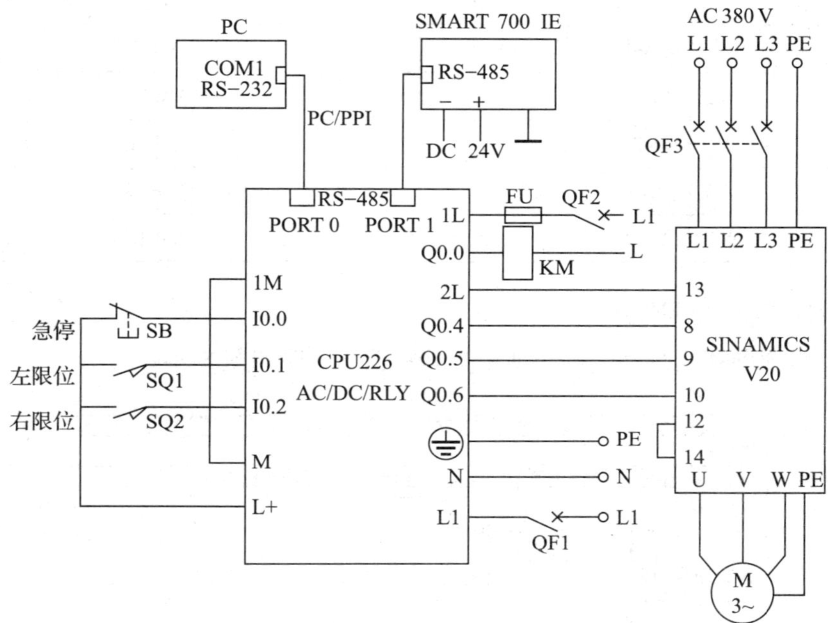

图 5–4–4 PLC、触摸屏和变频器联机控制小车运料系统接线图

三、设计和下载 PLC 控制程序

1. 编辑符号表

编辑符号表，如图 5–4–5 所示。

			符号	地址	注释
1			急停按钮SB	I0.0	
2			左行程开关SQ1	I0.1	
3			右行程开关SQ2	I0.2	
4			装料接触器KM	Q0.0	
5			变频器端子8	Q0.4	DI 1
6			变频器端子9	Q0.5	DI 2
7			变频器端子10	Q0.6	DI 3
8					

图 5–4–5 符号表

2. 设置触摸屏变量与 PLC 寄存器的对应关系

触摸屏变量与 PLC 寄存器的对应关系见表 5–4–3。

表 5-4-3　触摸屏变量与 PLC 寄存器的对应关系

变量含义	寄存器
启动按钮	M1.0
停止按钮	M1.1
点动前进按钮	M1.2
点动后退按钮	M1.3
装料时间	VW10
卸料时间	VW12
需完成次数	VW14
已完成次数	VW16

3. 设计 PLC 控制程序

PLC、触摸屏和变频器联机实现小车运料控制程序如图 5-4-6 所示。

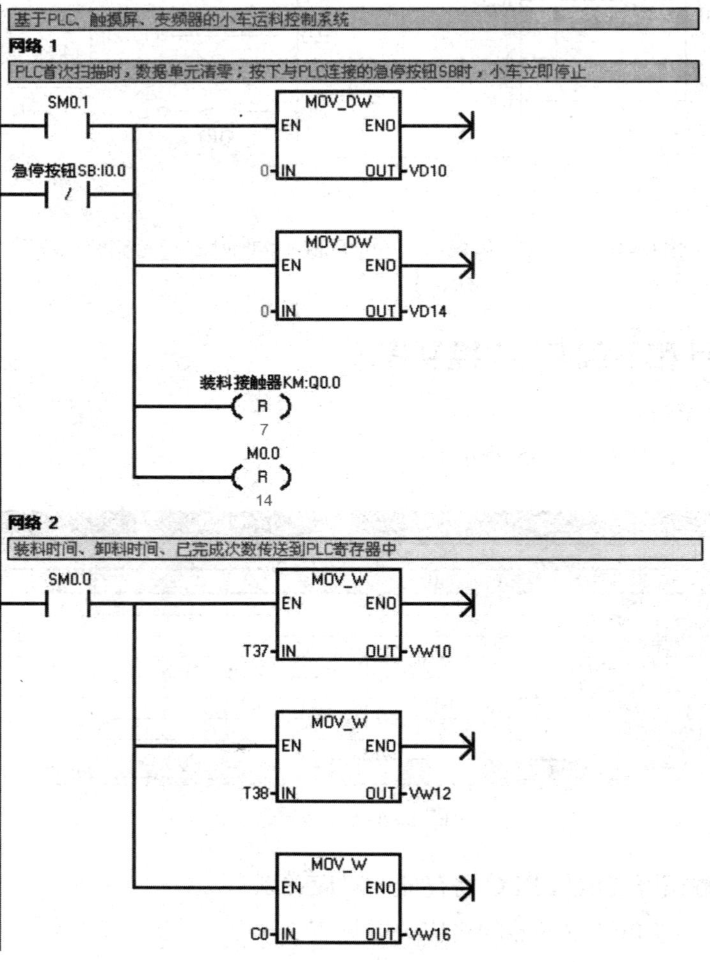

网络 3

启动

M1.0 左限位开关SQ1:I0.1 M0.1 M0.2 M0.3 M0.0 S 1 M0.4 R 1

网络 4

装料

M0.0 左限位开关SQ1:I0.1 C0 装料接触器KM:Q0.0

T37 IN TON 50 PT 100 ms

网络 5

时间到，停止装料

T37 M0.0 R 1 M0.1 S 1

网络 6

低速前进

M0.1 变频器端子9:Q0.5

M0.5

网络 7

到达B点，停止前进，人工卸料

右行程开关SQ2:I0.2 P M0.1 R 1 M0.2 S 1

网络 8

卸料时间控制

M0.2 右限位开关SQ2:I0.2 T38 IN TON 100 PT 100 ms

网络 9

卸料时间到，停止卸料

T38 M0.2 R 1 M0.3 S 1

网络 10

高速后退

M0.3 变频器端子 10:Q0.6

M0.6

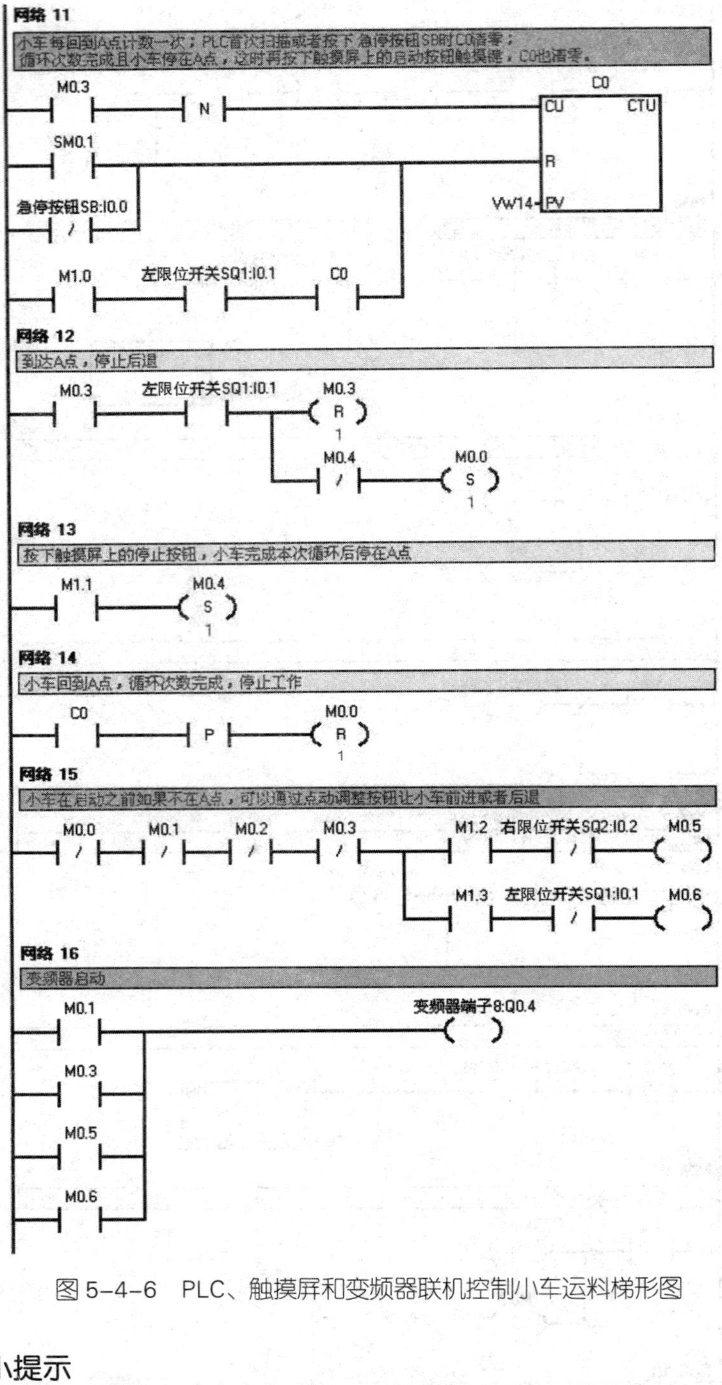

网络 11
小车每回到A点计数一次；PLC首次扫描或者按下急停按钮SB时C0清零；
循环次数完成且小车停在A点，这时再按下触摸屏上的启动按钮触摸键，C0也清零。
M0.3
N
C0
CU
CTU
SM0.1
R
急停按钮SB:I0.0
VW14-PV
M1.0
左限位开关SQ1:I0.1
C0

网络 12
到达A点，停止后退
M0.3
左限位开关SQ1:I0.1
M0.3
R
1
M0.4
M0.0
S
1

网络 13
按下触摸屏上的停止按钮，小车完成本次循环后停在A点
M1.1
M0.4
S
1

网络 14
小车回到A点，循环次数完成，停止工作
C0
P
M0.0
R
1

网络 15
小车在启动之前如果不在A点，可以通过点动调整按钮让小车前进或者后退
M0.0
M0.1
M0.2
M0.3
M1.2
右限位开关SQ2:I0.2
M0.5
M1.3
左限位开关SQ1:I0.1
M0.6

网络 16
变频器启动
M0.1
变频器端子8:Q0.4
M0.3
M0.5
M0.6

图 5-4-6　PLC、触摸屏和变频器联机控制小车运料梯形图

小提示

设计梯形图时，要注意触摸屏变量与 PLC 寄存器的对应关系。初学者可以先设计没有触摸屏变量的梯形图，然后在此基础上加入触摸屏变量，不断修改和完善梯形图。

4. 设置通信参数

计算机使用COM1串口，比特率设为9.6 Kbit/s，使用PC/PPI电缆与CPU226的PORT 0端口连接，计算机默认地址为0。触摸屏使用RS–485端口，比特率设为19.2 Kbit/s，使用网络连接器或RS–485电缆与CPU226的PORT 1端口连接，触摸屏默认地址为1。PLC控制程序编写完成后，单击浏览条中的“系统块”，将“通信端口”选项卡的“端口”区中端口0的地址设为1，比特率设为9.6 Kbit/s；将端口1的地址设为2，比特率设为19.2 Kbit/s，如图5–4–7所示。

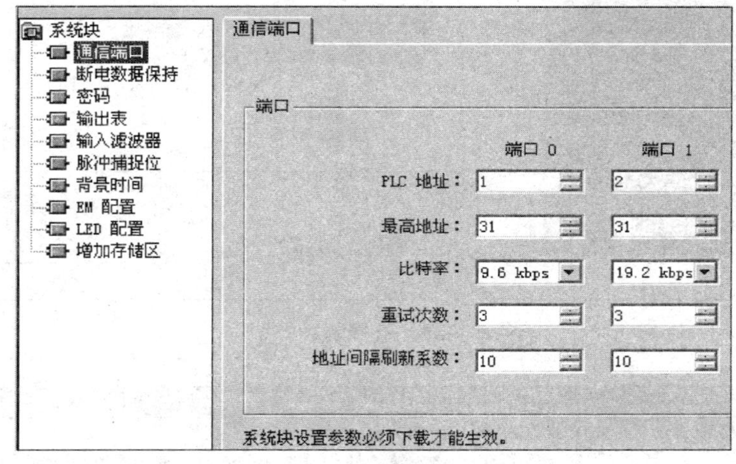

图5–4–7 设置PLC通信端口

5. 下载PLC控制程序

将图5–4–6所示的PLC控制程序下载到CPU226模块中，注意选中“系统块”，因为系统块设置的参数必须在下载后才能生效。

四、组态项目

1. 创建新项目

双击Windows桌面上的“WinCC flexible SMART V3”图标，选择“创建一个空项目”，在出现的“设备选择”对话框中选择使用的触摸屏型号“Smart 700 IE V3”，如图5–4–8所示。

单击“确定”按钮，即可生成项目，得到如图5–4–9所示的WinCC flexible SMART V3的主界面。这里可以修改默认为“画面_1”的名称。

单击菜单“项目”→“保存”，选择合适的路径和文件名（如“小车运料”），将项目保存。

双击项目视图中的某个对象，将会在中间的工作区打开对应的编辑器。单击工作区上面的某个编辑器标签，将会显示对应的编辑器。单击右边工具箱中的“简单对

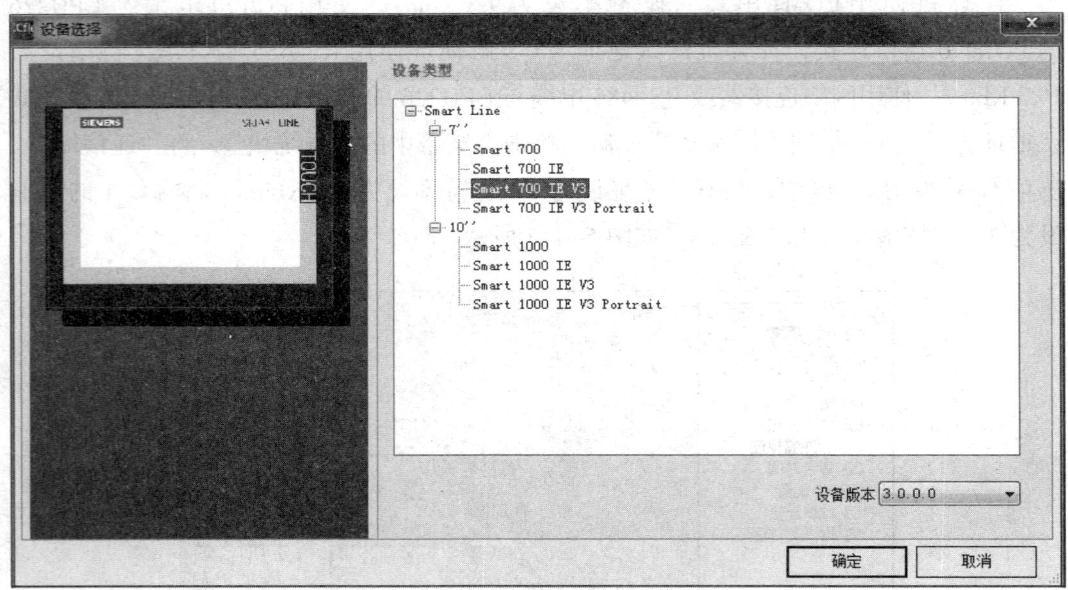

图 5-4-8　选择触摸屏型号

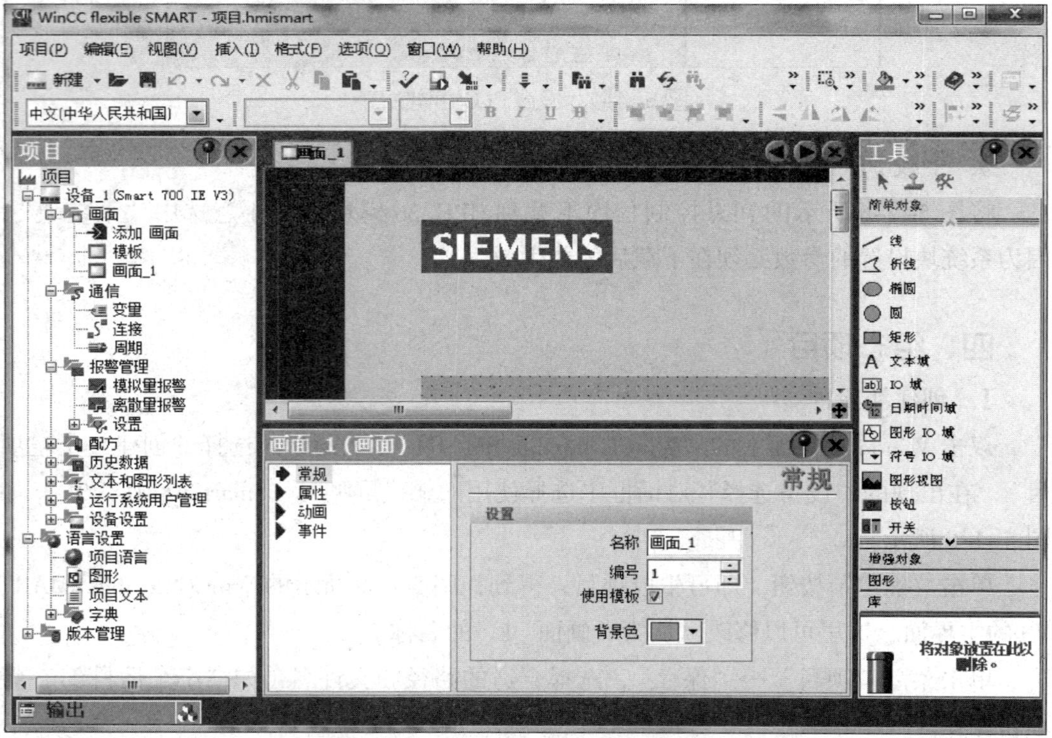

图 5-4-9　WinCC flexible SMART V3 的主界面

象”“增强对象”“图形”和“库”，将打开对应的文件夹。工具箱包含过程画面经常使用的对象，工具箱内的对象与人机界面的型号有关。

2. 组态通信连接

SMART 700 IE V3 触摸屏组态通信连接后才能与 S7-200 系列 PLC 正常通信。

选择项目视图中的“项目”→“设备_1”→“通信”→“连接”，双击“连接”，打开“连接”编辑器。在“连接”编辑器中，双击“名称”下面的空白处，表内会自动生成一个连接，其默认名称为“连接_1”，“通信驱动程序”选择“SIMATIC S7-200”，“在线”选择“开”。连接表下面的参数视图中给出了通信连接的参数、PLC 地址和网络配置。“参数”选项卡中“接口”设置为“IF1 B”，“HMI 设备”中选择最小的比特率 19 200（应该与 PLC 系统块中设置的通信速率相同），地址选择“1”。“网络”中选择“MPI”配置文件（用于 19 200 比特率）。“PLC 设备”地址选择“2”，如图 5-4-10 所示。

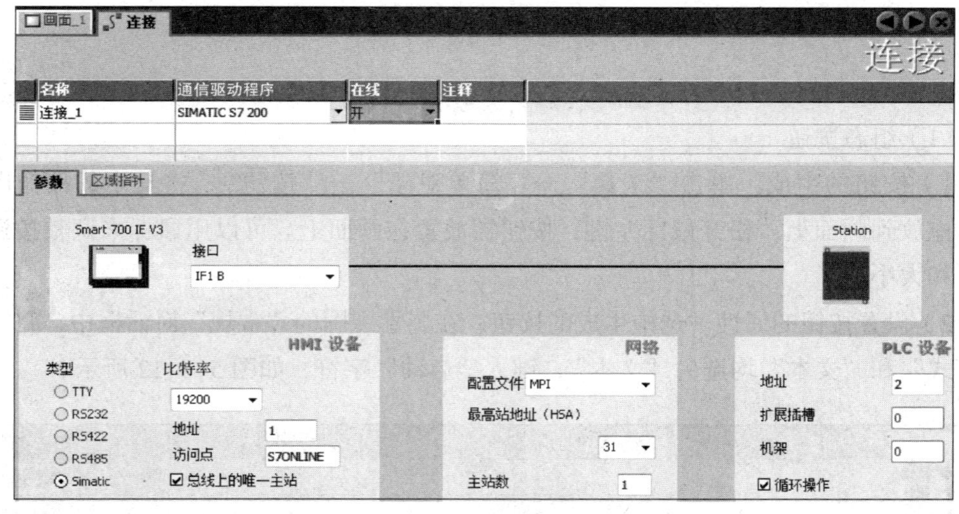

图 5-4-10 组态通信连接

3. 组态变量

变量分为外部变量和内部变量。外部变量是 PLC 存储单元的映像，其值随 PLC 程序的执行而改变。触摸屏和 PLC 都可以访问外部变量。内部变量存储在触摸屏的存储器中，与 PLC 没有连接关系，只有触摸屏能访问内部变量。内部变量用名称来区分，没有地址。

选择项目视图中的“项目”→“设备_1”→“通信”→“变量”，双击“变量”，打开“变量”编辑器，双击名称下面的空白表格，表内会自动生成一个变量，其默认名称为“变量_1”，将其更名为“启动按钮”，数据类型选择“Bool”，地址为“M0.0”。

双击下面的空白行，将自动生成 1 个新的变量，新变量的参数与上一行变量的参数基本相同，地址则按顺序排列。依次建立其他变量，如图 5-4-11 所示。

名称	连接	数据类型	地址	数组计数	采集周期	注释	数据记录	记录采集模式	记录周期
启动按钮	连接_1	Bool	M 1.0	1	1 s		<未定义>	循环连续	<未定
停止按钮	连接_1	Bool	M 1.1	1	1 s		<未定义>	循环连续	<未定
点动前进按钮	连接_1	Bool	M 1.2	1	1 s		<未定义>	循环连续	<未定
点动后退按钮	连接_1	Bool	M 1.3	1	1 s		<未定义>	循环连续	<未定
左限位开关	连接_1	Bool	I 1.1	1	1 s		<未定义>	循环连续	<未定
右限位开关	连接_1	Bool	I 1.2	1	1 s		<未定义>	循环连续	<未定
装料	连接_1	Bool	Q 0.0	1	1 s		<未定义>	循环连续	<未定
前进	连接_1	Bool	Q 0.4	1	1 s		<未定义>	循环连续	<未定
后退	连接_1	Bool	Q 0.5	1	1 s		<未定义>	循环连续	<未定
反转	连接_1	Bool	Q 0.6	1	1 s		<未定义>	循环连续	<未定
装料时间	连接_1	Word	VW 10	1	1 s		<未定义>	循环连续	<未定
卸料时间	连接_1	Word	VW 12	1	1 s		<未定义>	循环连续	<未定
需完成次数	连接_1	Word	VW 14	1	1 s		<未定义>	循环连续	<未定
已完成次数	连接_1	Word	VW 16	1	1 s		<未定义>	循环连续	<未定

图 5-4-11　组态变量

4. 组态画面

（1）组态按钮

1）按钮的生成。单击“工具”→“简单对象”→“按钮”，将其中的按钮图标 OK! 拖放到画面上，松开鼠标左键，按钮被放置在画面上。可以用鼠标来调整按钮的位置和大小。

2）设置按钮的属性。选中生成的按钮，在属性视图的“常规”对话框中，将“按钮模式”和“文本”均选为“文本”，键入“启动”字符，如图 5-4-12 所示。

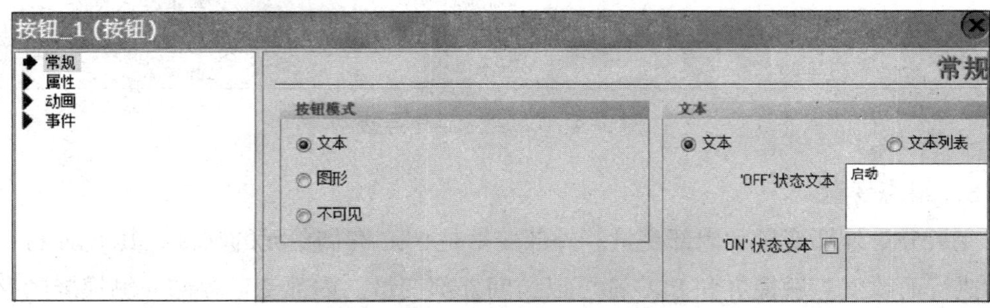

图 5-4-12　设置按钮的属性

在属性视图中，选择“属性”→“文本”，打开“文本”对话框，可以定义按钮上文本的字体大小和对齐方式等，如图 5-4-13 所示。

在属性视图中选择“属性”→“外观”，打开“外观”对话框，可以修改它的前景（文本）色和背景色，如图 5-4-14 所示。

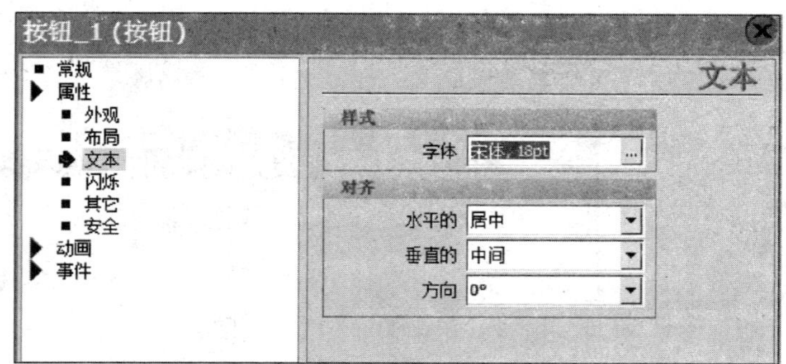

图 5-4-13 组态按钮文本属性

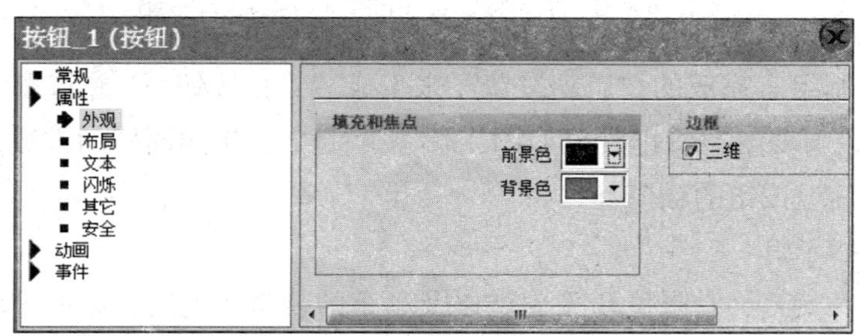

图 5-4-14 组态按钮外观属性

3）设置按钮的功能。在属性视图中选择“事件”→“按下”，打开“函数列表”对话框，单击视图右侧最上面一行，再单击它右侧出现的▼键（在单击前它是隐藏的），然后选择“系统函数”→“编辑位”→“Set Bit”，如图 5-4-15 所示。

图 5-4-15 设置按钮的功能

单击表中第 2 行右侧隐藏的▼按钮，打开出现的对话框，单击其中的变量“启动按钮（M1.0）”，如图 5-4-16 所示。在运行时按下该按钮，将变量“启动按钮”置位为“1”状态。

用同样的方法，在属性视图中选择“事件”→“释放”，打开“释放”对话框，设置释放按钮时的系统函数为“ResetBit”，将变量“启动按钮”复位为“0”状态。即该按钮具有点动按钮的功能，按下按钮时变量“启动按钮”被置位，释放按钮时被复位。

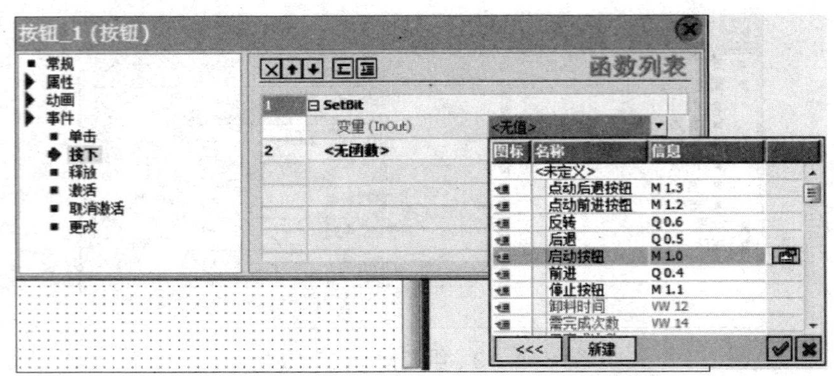

图 5-4-16　组态按钮按下时对应的函数及变量

可通过复制组态完成的“启动按钮”来生成“停止按钮”，并将按钮上的文本更改为“停止”，与变量“停止按钮（M1.1）”关联起来。按照同样的方法，制作点动前进按钮和点动后退按钮的触摸键。

（2）组态指示灯

左限位开关 SQ1、右限位开关 SQ2 以及小车的装料、前进、后退等动作需要在触摸屏上进行状态显示，即需要在触摸屏上组态指示灯。

1）指示灯的生成。单击“工具”→“简单对象”→“圆”，将其中的空心圆图标拖放到画面上，松开左键，空心圆被放置在画面上。可以用鼠标来调整空心圆的位置和大小。单击“工具”→“简单对象”→“文本域”，键入“SQ1”字符。

2）设置圆的属性。选中生成的圆，在属性视图中选择“属性”→“外观”，打开“外观”对话框，设置边框颜色为黑色，填充颜色为鲜红色，边框宽度为 3 个像素点，如图 5-4-17 所示。

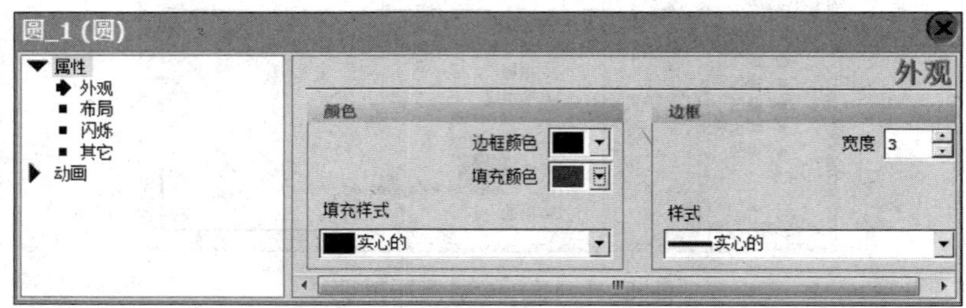

图 5-4-17　设置圆的属性

通过动画功能，使指示灯在变量“左限位开关”为“0”和“1”时的背景色分别为鲜红色和绿色，如图 5-4-18 所示。

按照同样的方法，组态 SQ2 和装料指示灯以及小车前进和后退的图形指示灯。其中，小车前进和小车后退的箭头图形在如图 5-4-19 所示的“工具”→“图形”→“WinCC flexible 图像文件夹”下。

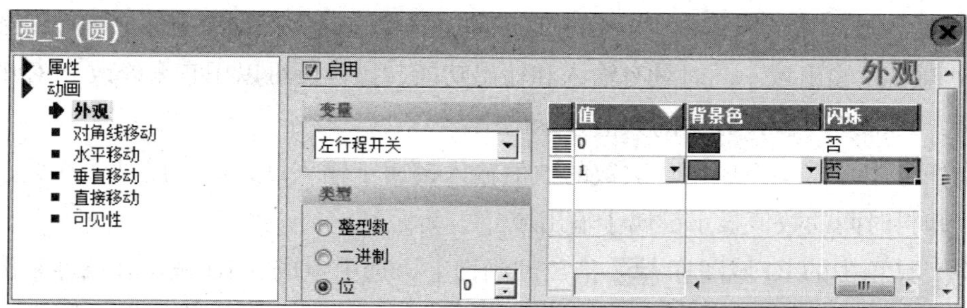

图 5-4-18 组态指示灯外观动画

图 5-4-19 小车前进和小车后退的箭头图形

为了更加形象直观地显示，对于小车前进和小车后退的箭头图形，可以在其动画视图的“可见性”对话框中，选择“启用”，并单击“变量”右侧出现的▼键，选择对象状态为“可见”，即小车前进或后退时，该箭头显示；小车停止前进或停止后退时，该箭头隐藏，如图 5-4-20 所示。

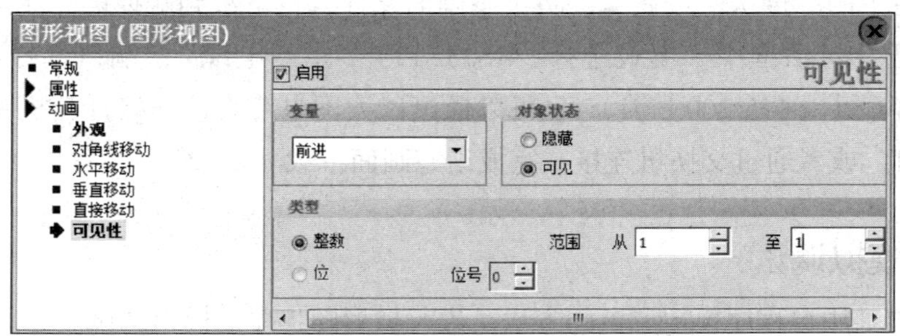

图 5-4-20 小车前进和小车后退的图形动画

（3）组态 IO 域

IO 域有以下三种模式：

1）输出域。用于显示变量的数值。

2）输入域。用于操作员键入数字或字母，并将它们保存到指定的 PLC 的变量中。

3）输入 / 输出域。同时具有输入和输出功能，操作员可以用它来修改 PLC 中变量的数值，并将修改后 PLC 中的数值显示出来。

本任务中，需要完成循环次数的数值输入键属于输入域；已完成循环次数、装料时间、卸料时间的数值显示键属于输出域。

将工具箱中的 IO 域图标 abI 拖放到画面上，选中生成的 IO 域。在属性视图中选择“常规”，打开“常规”对话框（见图 5-4-21），在其中的“模式”选择框中设置 IO 域为输出域；在“过程变量”区设置过程变量为“装料时间”；在“格式”区设置格式类型为默认的“十进制”，设置“格式样式”为 99（2 位整数）。按照类似的方法完成 IO 域组态。

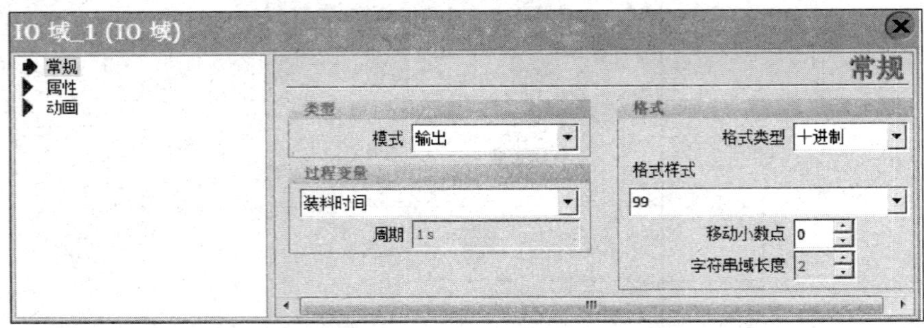

图 5-4-21　组态 IO 域

最后，输入文本“小车运料系统操作界面”，完整的触摸屏画面即组态完毕，如图 5-4-2 所示。单击“保存”按钮保存项目。

5．下载组态画面

通过 PC/PPI 电缆连接组态计算机和触摸屏，同时为触摸屏提供 24 V 直流电源，单击工具栏中的“传送”按钮，将组态画面从计算机下载到触摸屏。注意“选择设备进行传送”对话框中，模式选择“RS232/PPI 多主站电缆”，端口选择“COM1”，比特率选择最小（115 200 bit/s）。也可以通过以太网电缆直接连接计算机和触摸屏的以太网端口，或者通过交换机连接，完成组态画面下载。

五、模拟调试

按照 PLC 用户程序模拟调试的方法，进行梯形图程序的模拟调试。

六、联机调试

1．触摸屏与 PLC 通信调试

（1）检查确认触摸屏与 PLC 已经连接正确。

（2）通过操作触摸屏上的触摸键和急停按钮 SB 以及限位开关 SQ1、SQ2，观察触摸屏上的指示与 PLC 输出的指示变化是否符合要求，如不符合则应检查并修改触摸屏画面或 PLC 程序，直至符合控制要求为止。

2. 变频器与 PLC 连接

完成 PLC 输出端子与变频器端子的连接，变频器暂时不接电动机。

3. 变频器调试

（1）恢复出厂设置。将 P0010 设为 30，P0970 设为 21，表示将所有参数及设置复位至出厂默认状态。

小提示

P0970=1，表示参数复位为用户默认设置（如已存储），否则复位为出厂默认设置；P0970=21，表示参数复位为出厂默认设置并清除用户默认设置（如已存储）。

（2）设置电动机参数。电动机参数按照表 5–3–10 进行设置。

（3）设置 V20 变频器参数，见表 5–4–4。

表 5–4–4 V20 变频器参数

参数号	出厂值	设置值	说明
P0003	1	2	访问级为扩展级
P0700	1	2	命令源选择“由端子排输入”
P0701	0	1	电动机运行 / 停止
P0702	0	16	固定频率选择器位 1
P0703	9	17	固定频率选择器位 2
P1000	1	3	选择固定频率设定值
P1002	15	20	选择固定频率 1
P1003	25	–30	选择固定频率 2
P1120	10	5	斜坡上升时间
P1121	10	5	斜坡下降时间

（4）通过操作触摸屏上的触摸键和急停按钮 SB 以及限位开关 SQ1、SQ2，观察触摸屏上的指示、PLC 输出的指示以及变频器显示区域的指示是否符合要求，如不符合

要求则应重新调试变频器，直至符合控制要求为止。

4. 系统调试

（1）断开变频器电源，将电动机连接到变频器的 U、V、W、PE 端，并检查确保连接正确。

（2）按照表 5-4-5 进行操作，观察系统运行情况并做好记录。

表 5-4-5　程序调试步骤及运行情况记录表

<table>
<tr><th>步骤</th><th>操作内容</th><th>观察内容</th><th>观察结果</th></tr>
<tr><td>1</td><td>模式选择开关拨至 STOP 位置，合上电源开关 QF1、QF2 和 QF3</td><td rowspan="2">“STOP”“RUN”及 I/O 指示灯状态</td><td></td></tr>
<tr><td>2</td><td>模式选择开关拨至 TERM 位置，通过编程软件运行 CPU 模块</td><td></td></tr>
<tr><td>3</td><td>在触摸屏上的“需完成次数”中输入 3，触摸“启动”触摸键，启动电动机循环运转</td><td rowspan="3">（1）PLC 的输出指示灯 Q0.0 和 Q0.4 ~ Q0.6
（2）触摸屏上的装料、SQ1、SQ2、前进、后退等位状态显示情况
（3）触摸屏上的装料时间、卸料时间、已完成次数等数值显示情况
（4）变频器上 LCD 显示的频率
（5）小车装料接触器 KM 以及电动机实际运行是否符合任务要求</td><td></td></tr>
<tr><td>4</td><td>运转 3 次循环结束后，再重新启动电动机，在电动机运行过程中触摸“停止”触摸键</td><td></td></tr>
<tr><td>5</td><td>运转 3 次循环结束后，再重新启动电动机，在电动机运行过程中按下急停按钮 SB</td><td></td></tr>
<tr><td>6</td><td>触摸“点动前进”触摸键或“点动后退”触摸键（配合手动操作限位开关 SQ1 和 SQ2）</td><td>（1）PLC 的输出指示灯 Q0.4 ~ Q0.6
（2）触摸屏上的 SQ1、SQ2、前进、后退等位状态显示情况
（3）变频器上 LCD 显示的频率
（4）电动机实际运行是否符合任务要求</td><td></td></tr>
<tr><td>7</td><td>通过编程软件停止运行 CPU 模块，模式选择开关拨至 STOP 位置</td><td>“STOP”“RUN”及 I/O 指示灯状态</td><td></td></tr>
<tr><td>8</td><td colspan="3">关断电源开关 QF1、QF2 和 QF3</td></tr>
</table>

附录

编程元件和指令索引

课题 / 任务	编程指令	编程元件
课题一　可编程序控制器基础知识		
任务 1　初识可编程序控制器		
任务 2　可编程序控制器硬件安装与接线		
任务 3　可编程序控制器编程软件的使用		变量存储器 V
课题二　基本控制指令应用		
任务 1　三相异步电动机单向连续运转 PLC 控制	1. 取指令 LD 2. 取非指令 LDN 3. 与指令 A 4. 与非指令 AN 5. 或指令 O 6. 或非指令 ON 7. 输出指令 = 8. 置位指令 S 9. 复位指令 R	输入继电器 I 输出继电器 Q 辅助继电器 M 特殊辅助继电器 SM
任务 2　三相异步电动机正反转 PLC 控制	1. 栈装载与指令 ALD 2. 栈装载或指令 OLD 3. 逻辑进栈指令 LPS 4. 逻辑读栈指令 LRD 5. 逻辑出栈指令 LPP 6. 装载堆栈指令 LDS	
任务 3　三相异步电动机Y－△降压启动 PLC 控制	1. 接通延时定时器指令 TON 2. 断开延时定时器指令 TOF 3. 保持型接通延时定时器指令 TONR	定时器 T

续表

课题 / 任务	编程指令	编程元件
任务 4　声光报警器 PLC 控制	1. 上升沿检测指令 EU 2. 下降沿检测指令 ED 3. 增计数器指令 CTU 4. 减计数器指令 CTD 5. 增减计数器指令 CTUD	计数器 C
任务 5　花式喷泉 PLC 控制		
课题三　顺序控制设计法及顺序控制继电器指令应用		
任务 1　液压动力滑台 PLC 控制		
任务 2　气动机械手 PLC 控制		
任务 3　多种液体自动混合机 PLC 控制	1. 装载顺序控制继电器指令 LSCR 2. 顺序控制继电器转换指令 SCRT 3. 顺序控制继电器结束指令 SCRE	顺序控制继电器 S
任务 4　自动门 PLC 控制		
任务 5　按钮式人行横道交通灯 PLC 控制		
课题四　功能指令应用		
任务 1　抢答器 PLC 控制	1. 数据传送指令 MOV 2. 七段译码指令 SEG	累加器 AC
任务 2　彩灯循环闪亮 PLC 控制	1. 左 / 右移位指令 2. 循环左 / 右移位指令	
任务 3　密码锁 PLC 控制	1. 数值比较指令 2. 递增和递减指令	
课题五　PLC 综合应用技术		
任务 1　应用 PLC 改造 X62W 型铣床电气控制系统		
任务 2　应用 PLC 设计双面钻孔组合机床电气控制系统	跳转 / 标号指令 JMP/LBL 子程序指令 CALL/CRET	
任务 3　PLC 与变频器控制电动机实现多段速运行		
任务 4　PLC、触摸屏与变频器实现小车运料控制		